安全科学新分支

New Disciplines of Safety Science

吴 超 王 秉 著

科学出版社
北京

内 容 简 介

本书共6章，内容包括：创建安全科学新分支的理论基础概述和涵盖安全自然科学、安全技术科学、安全社会科学、安全系统科学与安全系统横断科学领域的30余个安全科学新分支的基本理论。本书是继国家标准《学科分类与代码》（GB/T 13745—2009）中的“安全科学技术”一级学科下属分支的新发展及其内容的夯实。

本书可供高等院校安全科学与工程类及相关专业的研究生阅读，可作为“安全学科发展动态”课程的参考教材，也可供从事安全科学研究的专业人员参考。

图书在版编目（CIP）数据

安全科学新分支/吴超，王秉著. — 北京：科学出版社，2018.3
ISBN 978-7-03-056466-5

Ⅰ.①安…　Ⅱ.①吴…　②王…　Ⅲ.①安全科学　Ⅳ.①X9

中国版本图书馆CIP数据核字(2018)第019274号

责任编辑：李　敏　杨逢渤/责任校对：彭　涛
责任印制：张　伟/封面设计：李姗姗

科学出版社 出版
北京东黄城根北街16号
邮政编码:100717
http://www.sciencep.com
北京九州迅驰传媒文化有限公司 印刷
科学出版社发行　各地新华书店经销
*
2018年3月第　一　版　开本：787×1092　1/16
2018年3月第一次印刷　印张：21
字数：500 000

定价：188.00元

作者简介

吴超 1957-，男，汉族，广东揭阳人，工学博士。现任中南大学资源与安全工程学院教授、博士生导师。1991年12月开始任原中南工业大学教授，主讲过10多门不同的本科和研究生课程，培养了100多名硕士和博士研究生；曾获国家和省部级教学与科研奖和图书奖19项；在国内外发表论文400多篇（含通讯作者），其中100多篇被EI、SCI收录；出版专著和教材30多种。前一二十年主要从事矿山安全与环保领域的教学和科研，后十多年至今主要热衷于安全科学理论的教学和科研，创立了安全科学方法学、比较安全学、安全统计学、相似安全系统学等安全科学新分支，近年出版的安全科学著作有《安全科学方法论》《安全统计学》《比较安全学》《安全文化学》《安全相似系统学》《现代安全教育学及其应用》《安全科学新分支》《新创理论安全模型》《大学生安全文化》《安全标语鉴赏与集粹》等。

王秉 1991-，男，汉族，甘肃兰州榆中人。现为中南大学安全科学与工程学科博士研究生，师从吴超教授主要从事安全文化学、安全信息视域下的系统安全学及安全学科建设等方面研究。已在*Journal of Safety Research*、*Safety Science*和《中国安全科学学报》《中国安全生产科学技术》《情报理论与实践》《情报杂志》等国内外核心期刊公开发表SSCI/SCI/CSSCI/CSCD收录论文50余篇；出版《安全文化学》《安全标语鉴赏与集粹》等专著和教材5部；先后创立了安全文化学学科理论、安全信息视域下的系统安全学理论、安全标语鉴赏评价理论等新创安全科学理论，以及安全科普学、循证安全（EBS）管理学等新创安全科学分支。同时专注安全科普工作，兼任《现代职业安全》杂志“安康文化”与“安全论道”栏目特约撰稿人。

前　言

安全是一个古老的问题，但安全作为一门科学却是崭新的。随着社会的不断发展，各种安全新问题层出不穷，安全所涉及的领域和范畴变得越来越宽广，安全科学学科体系亦在不断丰富与发展。当你看了本著作，你或许会感到奇怪：在理论研究越来越难且学术创新越来越缺的当今，是什么原因促使作者完成了这部全新的安全科学著作？其实答案非常简单。一方面，安全科学作为一门新兴交叉学科，其学科体系还不完善，其学科理论基础也非常薄弱，急需建构安全科学新分支；另一方面，如果能够从实践出发和站在科学学的高度，运用安全科学的交叉属性和新交叉的思路去创建安全科学新理论新分支，一切就变得顺理成章和水到渠成了。

在中国，尽管安全工程本科专业已有较长的办学历史，开办安全工程本科专业的高校已经达到170多所，开办安全科学与工程领域研究生教育的高校近百所，有关安全科学与工程类的理论和应用技术著作及系列教材已初步形成，特别是安全培训系列的教材和科普读物已经非常丰富，但中上游的安全科学理论著作还非常不足。中国从事安全科学与工程领域的研究人员数量非常庞大，但所从事的研究领域大都是在安全科学的应用层次。

在国外，在过去相当长时间里，安全科学基本是从各个领域遇到的安全问题出发而分散开展研究的，即使在生产和生活安全已经达到较高水准的发达国家，他们对安全科学的研究也基本是处于分散的状态和应用的层面，从创建新学科的高度开展安全学科建设的研究仍然涉猎很少。

同时，我们也发现一个与中国不同的奇怪现象，国外有许多知名安全领域的学者经常在国际刊物上发表安全科学方面的论文，但他们所在的大学里并没有什么专门的安全学科和专业存在，他们都依附于其他学科之中。例如，荷兰代尔夫特理工大学主办了国际知名刊物 *Safety Science*，而且该大学教师在其刊物中发表的论文数是世界最多的，但该大学只有一个安全科学研究组，没有设置专门的安全科学专业。相反，有一些开办有安全类专科、本科或研究生的高校，他们的教授反而很少发表安全科学研究论文，因为国外的安全类专业人才培养更多的是靠继续教育，专门开办安全类专科、本科专业教育的学校，一般都是教学型高校。

由于中国管理体制方面的强势作用，学科建设受到官方的主导作用巨大。一个学科若无官方的名分，就名不正言不顺，就不可能得到国家的投入和支持。因此，多年来和未来相当长时间里，中国的学科专业发展都需要名正言顺，得到政府官方的批准和支持，而这恰恰也是中国学科建设的优势，由此也造成了中国安全学科建设和安全类人才教育可以处于国际领先的有利条件。

在我国1992年颁布的国家标准《学科分类与代码》中，“安全科学技术”（代码620）被列为一级学科。其中，包括“安全科学技术基础”“安全学”“安全工程”“职业卫生工程”“安全管理工程”5个二级学科和27个三级学科。在2009年修订和颁布的国家标准《学科分类与代码》（GB/T 13745—2009）中，“安全科学技术”（代码620）一级学科内容增加到11个二级学科和50多个三级学科，但许多学科分支的具体内容仍然为空白。2011年，“安全科学与工程”正式成为中国研究生教育的一级学科，但其建设过程还需要相当漫长的时间。

为填补安全学科的空白和构建新的安全学科，最好的思路是从学科建设的高度先把框架搭建起来，即类似盖房先要打地基建结构。

本课题组在过去的十多年里，一直致力于安全学科分支的创建及其上游领域的研究，并做了一些奠基性工作。先后围绕安全生命科学、安全自然科学、安全技术科学、安全社会科学、安全系统科学和安全系统横断科学领域，创立了30多个安全科学新分支，并构筑了它们的基本框架，同时发表了近百篇论文，有些学科分支已经撰写出版了第一部著述。在此基础上，我们觉得非常有必要把已经构建的新的安全学科分支汇集成专著，以便这些安全科学新分支得到更快的建设。在某种意义上讲，本书是国家标准《学科分类与代码》（GB/T 13745—2009）中“安全科学技术”（代码620）一级学科内容的新发展与内容的夯实。

当然，本书所构建的绝大多数安全科学新分支还相当“稚嫩”，都仅是一个基本框架而已，且框架也还不尽完善，尚需后人在本书基础上对它们进行进一步填充和完善。此外，毋庸讳言，本书所涉及的安全科学新分支仅仅是安全科学大树中的一些分叉，且安全科学新分支是不断发展和创新的。鉴于此，通过本专著的出版和抛砖引玉，作者愿意和各方朋友互相学习，并与一切志同道合者一起，为进一步充实已创建的安全科学新分支，以及创建更多更重要的安全科学新分支而不断努力。

本书撰写中除了应用了作者吴超和王秉两人撰写的20多篇相关论文外，还采纳了易灿南、黄浪、杨冕、贾楠、康良国、胡鸿、石东平、王婷、李晓艳、黄淋妃、黄麟淇、姜文娟、方胜明、石扬、卢宁、许洁、李美婷与赵理敏数名已毕业或在读的研究生与第一作者合作发表的20多篇论文。此外，易灿南参与了6.1至6.4节的撰写，杨冕参与了2.2节的撰写，在此表示衷心的感谢。本书内容的研究和出版得到了国家自然科学基金重点项目（编号：51534008）的资助，在此也特别表示感谢。

由于作者学术水平有限和时间较紧，书中难免有疏漏之处，恳请读者批评指正。

吴　超　王　秉

2017年12月

目　　录

CONTENTS

第1章　概述——安全科学新分支构建的理论基础

【本章提要】　有关交叉科学和安全科学发展规律的基础研究很少有人涉猎。本章介绍交叉科学的特征、交叉学科的知识命名、交叉学科的研究层次、交叉学科的交叉形式等学科问题，阐述了安全学科、安全科学的创新思路、安全科学研究的视角与分类、安全科学研究成果的多样性等问题，在此基础上给出安全科学学的内涵和意义、基于安全科学学的安全学科分类和安全科学学在安全新学科创建的应用原理，并展示安全科学新分支的创新领域和发展方向。

1.1　交叉科学的学科基础问题

1.1.1　交叉科学的特征[1, 2]

安全科学是一门交叉学科，因此研究安全科学新学科创建需要了解交叉学科基础理论和得到交叉理论的指导。

如果仔细考究现代科学技术的创新和新学科的创建过程，我们会发现它们大都是基于交叉而成的，不论是理论的交叉、方法的交叉、原理的交叉还是技术的交叉，交叉都可以生产出无穷多的新的生长点。而这里要论述的不是一门学科内部细微的交叉，而是学科大类的大交叉，如理工交叉、文理交叉等。

什么是交叉科学？过去已经有许多学者对其做了科学的定义。例如，在20世纪80年代钱学森给出的定义是：所谓交叉学科是指自然科学和社会科学相互交叉地带生长出来的一系列新生学科。但人们对交叉学科的特征研究并不多。下面是通过对交叉学科性质的研究而归纳出来的一些共性特征，而且这些特征反过来可以判断一门学科是否属于交叉学科。

1）一门交叉科学的形成必须有多门专门科学做基础，没有多门专门科学的存在，就不可能有它们的交叉科学的诞生。由此也可以推出，在时间维度上，一门交叉科学的产生是在专门科学的诞生之后的。

2）一门交叉科学的形成必须是有一定的客观需要和由此引领而成，而这种客观需求的内涵是广义的，它可以是精神层面的需求、文化层面的需求、科技层面的需求、物质层面的需求等。

3）交叉学科必须要有自己的相对独立的地盘，才能称为交叉学科。没有相对独立的地盘，就如两个曲线相切但没有交集，这种情况下的交叉学科不能成立。相对独立的交叉地盘为交叉学科的土壤，有了它才能长出交叉学科自己的新东西。

4）当两门或两门以上科学出现交叉时，我们通常只能称为交叉科学，当一门科学同时与很多门科学都有交叉时，这类交叉科学也可以称为综合科学。其形成的顺序是交叉在前，综合在后。综合科学的形成是从交叉到综合，这是一个基本的规律。

5）交叉科学与相关科学的边界不可能像两条曲线的交叉有明显的界线。由于任何科学本身不可能做到绝对孤立，即一门科学本身的边界都不明显，学科交叉之后的边界更不可能很清晰，交叉科学的边界具有模糊性和不确定性。

6）交叉科学一定需要有自己地盘中生长出来的一些新知识，而且这些新知识不是简单的叠加或复合，而是经过融合升华出来的，即交叉科学也有原创性的知识。

7）由交叉科学的定义可知，交叉科学将其他学科的知识搬运到自己的交叉地盘中，这是很正常的现象，因此，交叉科学的许多知识都带有相关学科的痕迹和烙印。

8）交叉科学的发展一般都是通过借鉴别的学科知识而开始的，但交叉科学在借鉴其他学科的知识的过程中具有明显的目的性、实用性、前瞻性。

9）随着交叉科学的不断发展，其自身的地盘将越来越大，与其他学科的互渗越来越深，久而久之交叉科学的帽子逐渐被摘掉。实际上，很多应用科学和技术科学也都是交叉发展起来的。

1.1.2 交叉学科的知识命名[3]

交叉科学与专门科学的一个重要差别在于前者具有交叉特性，其实现在的专门科学也都具有某种程度的交叉特性。在开展交叉科学的研究中，除了研究交叉科学自身的本质属性和存在领域的科学与应用问题之外，交叉科学不可避免地要吸纳、运用或改造其他专门学科的知识，但如何称呼这些已经被吸纳到交叉学科中的其他专门学科的知识呢？这是多年来交叉科学遇到的尴尬问题，说是“抄的”“引的”“借的”等自然太难听，也不太符合实际情况，因为交叉科学在“抄”“引”“借”等过程中已经对其所用的专门学科的知识做了必要的改造和用于具体交叉科学的特定目的，在“抄”“引”“借”等过程中也需要经过一番细致研究和付出巨大的劳动，何况专门学科所创造的知识也是要让用的。

我们可以用“自科学”（self-science）和“它科学”（other-science）来表达和回答上述问题。所谓“自科学”，就是交叉学科在研究学科自身领域的本质特征、属性、规律、原理、方法及其应用等过程中得出的科学知识；所谓“它科学”是基于某一特定目的，通过有意识地研究、借鉴、引用、改造其他专门学科的知识，使之成为某一交叉科学的知识，这些知识尽管带有其他专门学科的痕迹甚至原型，但已经成为某一交叉科学所认可的科学知识，则可将这些科学知识称为“它科学”。“自科学”和“它科学”构成了交叉科学的整体科学内容，而且两者没有明显的界线。

以安全学科为例，安全学科是典型的交叉综合学科，安全学科的“自科学”已经存在，如各种事故致因理论、各种事故统计规律等，这里不妨将其称为“自安全科学”（self safety science）；但迄今安全学科的大部分科学知识，都是以安全为目的，通过从别的专门学科挖掘适合用于安全的理论、方法、原理等知识，使之发展成为安全科学的重要分支，这些来自“它学科”的安全知识不妨将其称为“它安全科学”（other safety science），如安全法学、安全管理学、安全心理学、安全教育学、安全文化学、安全系统工程、安全人机工程、安全检测技术、职业卫生与防护、风险评价技术、机械安全工程、化工安全工程、建筑安全工程、交通安全工程等，这些学科都是已经被业界认可的重要安全学科分支，但都带有其他学科的烙印和交叉特征。

交叉学科的“自科学”和“它科学”新分类和新命名简单明了，从字面上也可以理解其实质意义，同时也给出了一种开展交叉学科研究的方法论和基本途径。另外，随着交叉学科的发展，交叉学科的“自科学”与“它科学”也在不断地交融和变质，从而生成比较成熟的“自 – 它科学”（self-other science）。

1.1.3　交叉学科的研究层次 [4]

如果将学科分为专门学科和交叉学科（尽管现在所有的学科已经很难说没有与其他学科交叉了），专门学科的研究层次通常可分为 3 类：一是基础研究，二是应用基础研究，三是应用研究，这里简称为上中下游研究，显然上游与中游、中游与下游之间是没有明显界线的。

如果与专门学科做比较，对于交叉学科而言，其研究是否也可分为几个层次？如果可以，各个层次的内涵怎样来定义？显然回答这两个问题对交叉学科是有意义的。其实，交叉学科的研究同样可以分为 3 个层次，但各个层次的内容与专门学科是不可能相同的。

交叉学科研究的上中下游 3 个层次是：上游研究主要是学科的科学学研究，中游研究主要是学科的“自科学”和“它科学”研究，下游研究主要是学科的应用科学研究，三者相当于专门学科的基础研究、应用基础研究和应用研究 3 个层次。下面对上述交叉学科研究的 3 层次做进一步解释：

1）交叉学科的科学学研究。交叉学科自身的主要问题显然是交叉问题，而解决学科交叉的理论必然是科学学理论，这个内容与专门学科的基础理论有很大的不同，交叉学科的基础研究问题关注的是各学科之间的关联与交叉综合渗透等理论问题，是横断的科学问题；而专门学科的基础问题是自身的理论问题，是纵深的科学问题。

2）对于交叉学科，其应用基础研究主要是两大领域，一个领域是对交叉学科自身领域中的应用基础问题的研究，另一个领域是从其他专门学科中提取可作为交叉学科的科学知识的问题研究，前者称为交叉学科的“自科学”研究，后者称为交叉学科“它科学”研究，其中“它科学”研究是交叉学科不同于其他专门科学研究的重要区别。交叉学科的“自科学”研究，就是揭示学科自身本质和运动变化规律的研究，交叉学科如果没有自身的知识可研究，则学科就没有立足之地和根基。交叉学科的“它科学”研究，就是从现有各个专门学科中引用和吸纳可用知识作为某一交叉学科的理论的研究。交叉学科几乎涉及所有的学科，其知识非常浩瀚，因此，需要有一部分研究人员专门从事这一层次的研究，基于所在交叉学科的发展目标和研究目的，源源不断地从所有的专门学科中物色、提取并加以改造出大量的适用于交叉学科的科学知识，为交叉学科的应用研究提供理论和技术支持。

3）至于交叉学科的应用研究与专门学科的应用研究一样，都是应用研究。但应该补充说明的是，交叉学科的应用研究领域比专门学科的应用领域要宽广得多，因为其应用领域包括了“自科学”应用领域和“它科学”应用领域，而“它科学”应用领域几乎是涵盖所有的领域。

安全学科是典型的交叉学科。在刘潜著的《安全科学和学科的创立与实践》[5]一书的前言中，他把安全科学分为学科科学、专业科学、应用科学 3 个层次，并解释说：学科科学是揭示学科自身本质和运动变化规律的理论；应用科学是解决实际问题的方法、手段、措施的理论；专业科学是将学科科学技术基础理论转变成为具体的应用科学技术理论的桥梁和载体。刘潜关于安全科学的学科科学、专业科学、应用科学 3 个层次，与上面提出的交叉学科的科学学研究、学科的“自科学”和“它科学”研究、学科的应用科学研究 3 个层次是基本吻合的，而后者更加具体和清楚一些。

安全学科几乎与所有的其他学科都有交叉，因此也可称为综合学科，即安全学科具有综合特性，因此，安全学科的思想基础是安全系统科学思想。安全系统具有特定的目的性、功能系统性、复杂非线性和整体综合性特征。安全学科的综合特性涉及其他各学科，因此其他各学科的知识都可以应用和渗透到安全学科研究中，安全学科的知识涉及自然科学和社会科学领域。

1.1.4 交叉学科的交叉形式 [6]

交叉学科的交叉属性有利有弊，其有利的一面主要是有利于新学科、新产物等的诞生，当两种适宜的学科交叉或碰撞到一起时，可能就有了新理论、新方法、新原理的出现，但如何运用它们去解决实际问题，却有待深入研究；当两种适宜的产物交叉到一起时，可能由于发生组合或交融作用，新的产物就出现了。交叉的形式很多，具体分类方法如下。

1）按交叉的形式分类：交叉的形式有多种多样，如穿插、包叉、重叠、捆绑交叉、平面交叉、立体交叉、N 维交叉等。

2）按交叉的自动程度分类：交叉可分为人工交叉和自然交叉，人工交叉是指通过人为的干预和协调，将不同的学科交叉到一起；自然交叉是由于客观的需要，不同的学科交集到一起。当然还有一种情况是人为交叉和自然交叉同时起作用。

3）按交叉的可视化分类：交叉可分为有形交叉和无形交叉。

4）按交叉变化的情况分类：交叉可分为静态交叉和动态交叉。

5）按交叉的涌现性分类：交叉可分为正涌现交叉和负涌现交叉。

6）按交叉的范围大小分类：交叉可分为小交叉、中交叉、大交叉等。

7）还有更多的交叉分类方法。研究交叉的分类、形式和规律有利于交叉学科的发展和解决交叉中存在的问题。

现实中的交叉显现也经常给人带来许多烦恼，如组织管理机构的交叉。交叉过多出现机构重复，管理工作互相推诿；交叉不到位，就会出现管理空白和漏洞。有交叉的情况必然出现很多交叉界面摩擦、边界梯度等问题。下面列举两个典型的例子。

典型例子 1：安全管理的交叉是客观存在的，如国家安全、公共安全、交通安全、食品安全、信息安全、文化安全、生活安全、生产安全等，就经常交错在一起，而且这些安全问题又与其他问题交叉在一起，如果将管理组织归为一体化统一管理，则机构非常庞大，操作起来还是需要分解细化；如果将其分开由不同管理部门分管，则容易出现机构重复，各部门职责如果实施不到位，有推诿现象发生，就会导致出现一些无人管控的真空地带。因而，安全学科的交叉属性在本质上导致安全管理机构的设置比其他领域更加困难。

典型例子 2：撰写一部《安全管理学》教科书，大的交叉肯定会涉及安全学和管理学，因为书名就是两者之和。就安全管理学主要内容而言，也牵扯很多安全学科的分支。例如，开展安全管理需要依据安全法规进行，安全法学的引入不可缺少；安全管理需要讲到安全管理方法，人性和组织行为科学不可避免会涉及；安全管理需要讲到原理，安全科学原理不可避免要涉及；安全管理需要讲到系统管理，系统工程科学不可避免要涉及；安全管理需要讲到安全信息管理，信息管理系统不可避免要涉及；安全管理需要讲到行为管理，行为安全管理不可避免要涉及；安全管理需要讲到企业安全文化，安全文化学不可避免要涉及；安全管理需要讲到应急管理，应急管理理论不可避免要涉及；安全管理需要讲到安全统计，安全统计学不可避免要涉及；安全管理需要讲到事故调查，事故调查方法不可避免要涉及，等等。其实，就上述安全管理学各部分内容之间，也有很多相互交叉。有些不理解安全学科属性的人，经常对安全学科教材的作者提出类似“减少交叉内容、减少重复内容、划出学科分支边界”等问题，这是基本做不到的。

对于类似教材的交叉和讲授，总的来说还比较好解决。但对于安全管理组织机构来说，其重复交叉问题就没那么容易解决了。为了避免交叉重复或是出现安全管理的漏洞，这的确是个很大的难题。由于“交叉”是交叉学科的一大特征，安全学科的交叉是不可避免的问题，这是安全学科的交叉属性所决定的。

学科的交叉、知识的交叉、组织的交叉、管理的交叉、权力的交叉、信息的交叉等，各种交叉之间肯定存在相似性和互补性，交叉问题的设计、处理、实施等，存在着很大的研究空间和空白，安全学科同样如此。

1.1.5　现有交叉科学研究存在的问题[7, 8]

在深度分化基础上的高度交叉融合是当代学科发展的显著趋势和必然趋势。近年来，国内外高校和研究机构普遍高度重视、推进学科交叉，积极倡导文、理、工学科间相互渗透结合，各类跨学科计划、项目和研究平台纷纷出现。学科交叉的成绩有目共睹，以至于有人说，21 世纪是“交叉学科的时代”。

国外研究交叉科学规律已经有很长的历史，而我国学者比较系统地研究交叉科学的发展规律始于 20 世纪 80 年代，迄今也有了 30 多年的历史，并取得了一些长足进展，但学界对交叉综合学科仍然处于说起来好听做起来难的状态。人们对交叉科学的研究重视程度许多都停留在口头上，许多人对交叉科学的研究仅仅是学科的简单叠加或是跨界研究。例如，将 A 和 B 两个学科的现有研究内容、方法、原理或技术做混合和互相借用，之后把

A 成果放到 B 领域去发表，或是把 B 领域的成果放到 A 领域去发表，这种简单换位的交叉研究结果，往往不被专业人士看好和认可，甚至被认为是业余和外行，进而使交叉学科处于边缘化和虚无化。

直到今天，中国交叉学科发展的软肋之一，是用单学科体制的“旧瓶”装交叉学科研究的“新酒”。“旧瓶装新酒”造成的明显后果是交叉学科归属不明，进而带来交叉学科在基金课题申报、学位授权点申报以及学术成果发表等方面的一系列问题。

此外，人们经常看到这种情况：一些研究者“身在曹营心在汉”，自己声称身在交叉综合学科领域，但想的和做的还是某一纵深方向的研究，结果是做着做着就做到别的专门学科领域去了。

例如，安全科学研究去做矿山安全技术的选题，这类课题实际上更偏向采矿工程专业；安全科学研究去做建筑安全技术的选题，其课题实际更偏向土木建筑工程专业，安全科学研究去做信息安全技术的选题，其课题实际更偏向信息技术专业，等等。如果安全学科领域的研究者都像上述说的去选题，必然出现与现有专业做同样的事情的局面，即吃上了别人家饭碗的饭了，而这种情况下所做的安全科学也根本就不属于交叉领域的了。

再如，对于环境科学这一交叉综合学科的研究者，如果一做就做到生物技术、化工技术等，其实这是生物技术和化工技术专业主要做的事。

当然，不管什么领域的人做同一件事是允许的，但毕竟做专业的还是显得专业一些，号称做交叉科学研究而实际并不是做交叉研究的，就没有必要站在一个不入流的队伍里自己为难自己，就没有必要站在交叉综合学科的队伍里。

由上可知，出现做交叉科学研究不被认可的重要原因，是许多人的研究成果不是真正意义上的交叉。而且，当人们希望从方法论的高度找到一些可以用于指导交叉学科发展的理论或方法时，却少之又少。若从交叉学科自身反思来看的话，上述问题源于交叉学科的自身发展不成熟所致，针对学科交叉研究和交叉学科发展的专门性理论研究还不够。目前，缺乏对当代交叉学科发展全局性、整体性的理论、方法、战略、对策研究，更缺乏能够推进这一研究的学术机构、学术交流平台、人才培养机制、立项和评审渠道等。

1.2 安全科学的学科基础问题

1.2.1 安全学科概述

安全是一个古老的问题，但安全作为学科建设却是比较崭新的。随着社会的不断发展，安全所涉及的领域和范畴越来越宽广。不过，在过去相当长时间里，安全科学基本是从各个领域遇到的安全问题出发而分散开展研究的，即使在生产和生活安全已经达到较高水准的发达国家，他们对安全科学的研究也是处于分散的状态和应用的层面，从创建新学科的高度开展安全学科建设的研究仍然涉猎很少。

由于中国管理体制方面的强势作用，学科建设受到官方的主导作用巨大，而这恰恰是中国学科建设的优势，由此也造成了安全学科建设可以处于国际领先的有利条件。1992

年我国颁布的国家标准《学科分类与代码》中，“安全科学技术”被列为一级学科（代码620）。其中包括“安全科学技术基础”“安全学”“安全工程”“职业卫生工程”“安全管理工程”5 个二级学科和 27 个三级学科。2009 年修订和颁布的国家标准《学科分类与代码》（GB/T 13745—2009）中，“安全科学技术”（代码 620）一级学科内容增加到 11 个二级学科和 50 多个三级学科（表 1-1），但许多学科分支的具体内容仍然为空白。2011 年，“安全科学与工程”正式成为我国研究生教育的一级学科，但其过程相当漫长。

表 1-1　国家标准《学科分类与代码》（GB/T 13745—2009）中关于“安全科学技术”的部分

代码	学科名称	备注说明
620	安全科学技术	safety science and technology
62010	安全科学技术基础学科	basic disciplines of safety science and technology
6201005	安全哲学	
6201007	安全史	
6201009	安全科学学	
6201030	灾害学	包括灾害物理、灾害化学、灾害毒理等
6201035	安全学	代码原为 62020
6201099	安全科学技术基础学科其他学科	
62021	安全社会科学	safety social science
6202110	安全社会学	
	安全法学	见 8203080，包括安全法规体系研究
6202120	安全经济学	代码原为 6202050
6202130	安全管理学	代码原为 6202060
6202140	安全教育学	代码原为 6202070
6202150	安全伦理学	
6202160	安全文化学	
6202199	安全社会科学其他学科	
62023	安全物质学	safety materials science
62025	安全人体学	safety livelihood science
6202510	安全生理学	
6202520	安全心理学	代码原为 6202020
6202530	安全人机学	代码原为 6202040
6202599	安全人体学其他学科	
62027	安全系统学	safety systematology 代码原为 6202010

续表

代码	学科名称	备注说明
6202710	安全运筹学	
6202720	安全信息论	
6202730	安全控制论	
6202740	安全模拟与安全仿真学	代码原为 6202030
6202799	安全系统学其他学科	
62030	安全工程技术科学	safety science of engineering and technology 原名为“安全工程”
6203005	安全工程理论	
6203010	火灾科学与消防工程	原名为“消防工程”
6203020	爆炸安全工程	
6203030	安全设备工程	含安全特种设备工程
6203035	安全机械工程	
6203040	安全电气工程	
6203060	安全人机工程	
6203070	安全系统工程	含安全运筹工程、安全控制工程、安全信息工程
6203099	安全工程技术科学其他学科	
62040	安全卫生工程技术	safety hygiene engineering and technology 原名为“职业卫生工程”
6204010	防尘工程技术	
6204020	防毒工程技术	
	通风与空调工程	见 5605520
6204030	噪声与振动控制	
	辐射防护技术	见 49075
6204040	个体防护工程	
6204099	安全卫生工程技术其他学科	原名为“职业卫生工程其他学科”
62060	安全社会工程	safety social engineering work
6206010	安全管理工程	代码原为 62050
6206020	安全经济工程	
6206030	安全教育工程	
6206099	安全社会工程其他学科	

续表

代码	学科名称	备注说明
62070	部门安全工程理论	industrial safety engineering theory 各部门安全工程入有关学科
62080	公共安全	public safety
6208010	公共安全信息工程	
6208015	公共安全风险评估与规划	原名称及代码为“6205020 风险评价与失效分析”
6208020	公共安全检测检验	
6208025	公共安全监测监控	
6208030	公共安全预测预警	
6208035	应急决策指挥	
6208040	应急救援	
6208099	公共安全其他学科	
62099	安全科学技术其他学科	miscellaneous disciplines of safety science and technology

即使是发展到这种程度的安全学科，人们在谈及安全学科的交叉属性、学科基础、研究范畴等问题时，仍然非常茫然，经常会出现难以自圆其说的矛盾。

安全学科是典型的交叉综合学科，安全科学渗透着理工文管法医史哲等多学科的知识，几乎所有的行业和领域都有安全的问题。安全学科要被科学界完全承认，其学科交叉综合的特征、性质、知识命名、发展规律等基础问题必须得到解决，才能名正言顺地得到相应的学科地位。其实，安全学科的困惑，也是许多综合学科同样面临的困惑。

1.2.2　安全科学的创新思路[9, 10]

安全学科是一个典型的交叉学科，对于整体而言，安全涉及理工文管法医等、涉及生产生活各个领域、涉及各个行业等，这不得不承认它的综合属性；但具体讨论某一领域，它又可称为交叉学科，如化工安全是化工与安全两个学科的交叉，当然，若有人不承认安全是一个学科（学问），那就是只能将安全研究内容划入工学科了。

当承认安全学科的存在及其交叉属性之后，安全科学和安全学科的研究与创新之路在何方？这是一个更为重要的问题。安全学科既然是一门交叉学科，它符合交叉科学的发展规律。因此，上面讨论的交叉科学发展规律都适用于安全学科。

1）安全科学研究要着眼于未来。即使是研究已经发生的事故，从时间维度来看，为了未来不发生事故，还是需要着眼于未来。社会总是在不断发展和变化，对未来安全没有预见性，安全研究就失去意义，安全学科就失去本身的发展价值。因此，安全交叉综合学科研究一定要着眼于未来，在未来安全中寻找新课题。

2）安全科学研究要着眼于交叉。无限的综合几乎是不可能的。当有限的学科综合也遇到障碍时，两个学科的综合就显得比较容易，而两个学科的综合就是交叉。安全交叉学科研究是从安全的视角和以安全为目标，在所有学科中寻求可能的一个学科与安全学科交融。已有的实践例子可以找出很多来，安全学科中的很多分支都是这么生成的，如安全科学学、安全科学方法论、安全统计学、比较安全学、相似安全系统学等，都是基于这种思想创立的。

3）安全科学研究要着眼于综合。所谓综合不是指在现有安全学科自身的一些分支学科的综合，而是用安全的视角和以安全为目标，在所有学科中寻求可能的有限学科的综合，但这种综合绝不是简单的拼凑和排列组合，而是有机的合成，而且有 $N+N>2N$ 的"涌现"效果，也能使人耳目一新。组合也是创新，这是不可否认的。

4）安全科学研究要有科学学思想。有人说科学学已经被系统学替代了，本书认为不宜这么说。科学学思想对交叉综合学科的创新起着重要的作用，没有科学学的视角和高度，就很难俯瞰所有的现有学科，从而捕捉可能利用的已有学科，科学学思想可以把具体学科当食材和佐料，从而可能做出一道道香喷喷的美食来，科学学思想犹如总工程师的思想，把恰当的东西用到恰当的地方就是最好的。而系统学主要是系统思想或整体性看问题并开展研究，科学学和系统学是有区别的。

5）现实中，组合创新很难被瞧得起，比原始创新弱多了。那么，交叉综合学科有没有自己原创的理论和纵深的领域呢？回答是肯定的，在现实中，组合创新极易被轻视，甚至忽略，其影响力要远小于对原始创新的影响力。不同科学理论组合创新和服务于综合学科的发展，其实同样有大量的科学问题需要研究，如组合的原则、方法、原理、流程、范式、适宜性、效果评价等，各学科之间的比较、相似、交融、涌现等。还有更多的内容，其实这本身就是一个很值得的研究课题。

6）如果就具体的综合学科来说，研究内容就更加丰富了。例如，安全学科，迄今尽管应用层面的安全应用科学已经比较丰富，但安全学科自身的理论还非常少，上中游的层面（或者说是学科科学和专业科学）仍然有很多空白可以去填补，即可以发展出更多的安全学科分支出来。

在音乐领域，1234567 几个简单的数加上音高、时值、音量、表情记号及不同的乐器和演奏技巧等，可以组成变幻无穷的美妙音乐。26 个英文字母可以组合巨大的英文单词，进而由单词再组合成丰富多彩的英语。点横竖撇捺等可以组合成上万个汉字，进而由有限的字再组合成奇妙无比的汉语。人文社会科学和自然科学技术历经数千年的发展，已经形成的数不胜数的学科分支和浩瀚的知识点，其组合将与音乐和文字等一样，可以创造出无限的可能！而这种可能在于创造者的智慧和能力及其付出。当科学技术发展到一定程度以后，往纵深发展难度越来越大，组合创新将更加有利于现有学科的综合利用和发展，也有利于整个世界的优化。

1.2.3 安全科学研究的视角与分类 [9, 10]

由于安全学科是一门交叉综合学科，其维度和时空巨大，从不同的视角可以有不同的研究重点和工作方式。例如，从发生事故视角、从财产损失视角、从伤亡人数视角、从职业健康视角、从地域安全视角、从行业安全视角、从学科发展视角、从安全理论视角、从安全技术视角、从安全人文视角、从政府职能视角、从企业管理视角、从安全效益视角、从灾害类别视角、从社会稳定视角、从政治需要视角、从公共安全视角、从学科层次视角、从信息安全视角、从安全信息视角、从 N 多视角，都可以建立不同的研究领域和获得相应的研究成果，也可以得到不同的学科分类方式。

上述诸多视角还有一个很重要的问题没有提及，那就是从时间的维度来审视安全研究及其分类，按照时间轴分析，安全研究可分为“过去时研究”“现在时研究”“将来时研究”。“过去时研究”主要是针对已经存在的事物，如安全史、事故统计等方面的研究；“现在时研究”主要是针对当下的安全管理、行为安全管控、安全教育和安全工程技术等事故灾难预防研究；“将来时研究”主要是针对未来安全发展等的前瞻研究，如安全学科建设、安全科学理论创新、安全规划和预测等研究。上述 3 类研究实际上没有明显的界线，特别是研究目的总的来说都是面向未来，只是未来的时间长短不一而已。

“将来时研究”用的时间维度坐标单位不是昨天今天和明天，也不是去年今年或明年，应该是比较大的单位，如十年、二十年，甚至百年以上，历史研究可以后移到遥远的过去，一些宏观的预测研究可以延绵到无限的未来。从研究投入的人力、物力和财力等分析，3 类研究是处于“两头小中间大”的状态，因为当下的问题是人们最为重视的，“中间大”现象非常正常。

“将来时研究”更有意义。“将来时研究”包括安全学科建设研究，安全科学理论、方法、原理研究，安全科学学研究，安全预测研究，安全教育研究，安全发展研究等。这些大都属于中上游的研究，相对来说具有理论性、普适性、持久性、新颖性、间接作用性、隔代生效性等特征，这些研究不直接解决某一具体的安全问题或某一事故的防控工作。这些研究的成果呈现形式大都为论文、专著、教材、报告等，而不是具体的工程技术实物。这些研究大都是通过间接的方式，如通过教育等方式，在未来发挥其巨大潜在作用。由于安全学科是一门新兴学科，“将来时研究”目前具有较多空白可以填补，即当前是“将来时研究”的最好时机。随着安全学科不断发展的走向成熟，“将来时研究”的范畴会越来越小，机会也越来越少。因此，把握当前的“将来时研究”机遇非常重要。

安全研究可以根据各人的喜好、对问题的认识、关注的重点、已有的基础和特长等，从不同视角切入并运用与之相适应的不同手段、方法和途径等开展工作，当然取得的成果自然是五花八门、五彩缤纷。

交叉综合学科的研究模式通常是基于别的学科知识做研究。为什么很多交叉综合学科的研究都是基于别的学科理论、方法和原理呢？其实谈其原因也很容易得到。例如，因为安全学科是一门交叉综合学科，很多理论、方法、原理都是从别的学科借鉴过来的，即安全学科所应用的理论、方法、原理大都是别的学科首创的。如果从应用的层面去做研究，即将这些“他理论、他方法、他原理”用于分析解决某一具体的问题，当写文章发表时，经常有作者起标题都用“基于”自然是很恰当的表达。但从科学层面来讲，就谈不上什么原创性了，而且有的论文就是“做作业式”的，其解决的对象或应用的对象是非常普通的日常问题或是假设的小问题，就没有多少学术价值了。

1.2.4 安全科学研究成果的多样性[10，11]

许多数学问题都有唯一解，但安全问题却没有唯一解，只有相对较优解，这是安全多样性原理所决定的，或是说安全问题复杂性所决定的。

自然灾害、灾难事故、公共卫生、社会安全等是安全多样性的突出表现。多样性安全问题会产生差异化后果，其表现形式也不同。安全多样性原理是以安全科学理论和实践为基础，构成安全问题的人、物以及人与物的关系为研究对象，运用系统思维和协同理论思想，解决人们在社会生产生活中的安全问题，并实现预定安全目标的基本规律。安全多样性原理以大量实践为基础，从科学的原理出发，对具体安全实践起指导作用。安全多样性原理主要有：安全人体多样性原理、安全物质多样性原理、安全社会多样性原理和安全系统多样性原理等。

客观世界中安全人体存在形式的多样性，是安全人体多样性原理的来源和依据。安全人体是一个具有多样性存在形式的复杂集合体，从其存在形式的多重角度诠释了安全人体多样性，将其放置到存在形式的综合坐标中，以揭示其丰富而生动的本质特征，是研究安全人体多样性的一个新思路。

安全物质可能是安全的保障条件，也可能是危害的根源之一。保障或危害人的物质存在领域很广泛，形式也很复杂，甚至散布在人类身心之外的所有客观事情之中。物质的多样性存在毋庸置疑，在安全科学层面讲的“安全物质”也是多样性存在的，既有安全物质的存在，也有危险物质的存在。

安全问题更多的是属于社会科学问题，而社会科学问题很难有唯一答案或标准，这是大家公认的。社会各利益主体之间的矛盾、摩擦、冲突以不同的形式表现出来，给社会的安全稳定带来巨大灾难。安全社会多样性呈现复杂的过程，所带来的结果也是多种多样的。社会危机、经济危机、环境危机等问题都是安全社会多样性的表现和证明。

安全系统是一个复杂的巨系统，其构成要素多种多样，与安全有关的因素纷繁交错。安全系统中各因素之间，以及因素与目标之间的关系多数存有一定的灰度，决定安全系统也是一个灰色系统。安全问题所涉及范围不同，安全系统大小之差悬殊。安全问题所涉及的系统范围，包括人、机、环等方面的因素，并涵盖空间和时间跨度，人、机、环等因素彼此相互联系形成复杂的人机安全系统、机环安全系统、人环安全系统、人机环安全系统。因此，将多样性原理应用于安全系统中，将会赋予安全系统多样性原理生命力。

因此，为了丰富安全科学理论和给安全实践提供多种安全方案的选择，需要安全研究工作者从多视角去研究安全问题和发现安全规律，如建立丰富多彩的安全模型和模式等，而不要陷入追求安全唯一答案的陷阱，导致创新思维和研究领域受限。

1.2.5 建构安全科学新分支的缘由[12]

当看到本书时，想必读者在第一时间会情不自禁地发问：我们为什么要建构安全科学的学科分支？从理论上讲，就一个具有丰富内涵、广泛研究范畴和旺盛生命力及发展潜力的学科而言，它在其学科领域理应有若干个细化部分，即学科分支组成。其实，所有学科的重大发展与突破一般均会诞生其标志性的新学科分支。而对于安全科学的发展而言，理应也是如此。按理讲，安全科学作为一门新兴学科，其研究与发展急需安全科学新分支的出现和建构。同时，与任何新生事物一样，鉴于安全科学本身还是一门新兴学科。因此，毋庸讳言，安全科学的学科分支必然会和其他新兴学科一样，表现出初生的不成熟性。

我们的科学研究者往往已习惯于“学科现状”，往往仅擅长于做一些较为具体的创新研究，而一般都不擅长从学科建设高度开辟一片新而大的“研究园地”，其根本缘由也许是我们历来缺乏或忽略这种思维。而对于我们安全科学研究者而言，又何尝不是如此呢？本书认为，任何学问都不是一成不变的，我们安全科学研究者与其对安全学科新分支的责备求全，不如以开放和包容的姿态，对安全学科分支学科多进行观察、分析与思考，不如改弦更张使安全科学变得更科学、更加卓有成效，以求安全学科这门古老而又年轻的学科在扶植、建设学科分支的同时，使自己也更加丰满、完善和实用起来，使安全学科更具发展活力。

需补充的是，作为一门新学科，及早建构其主要学科分支，这就犹如给该学科绘制了一张急需的发展蓝图。毫不夸张地讲，这对该学科未来发展的深度、广度和潜力等都具有决定性的作用与价值，会给学科发展注入无限生机和活力。而正好安全学科及其分支学科恰恰就具备这一优势，因此，我们应更加重视并及时抓住这一难得机遇。由此，作者非常赞成中国著名史学家常金仓先生一直持有的一个观点：“到底什么是学术进步？在我看来，严格意义上的学术进步并非是在原来的老路上又走了多远，而是换一个思路使这门学问比先前更有效！”

本书认为，安全科学新分支的出现并非是某些研究者心血来潮的产物，而是取决于安全科学实际研究和发展的需要，安全科学事业发展的需要，尤其是完善安全学科体系及促进安全科学研究和发展的需要。由此可见，创建一门安全科学新分支一定要充分论证其是否具有充分的必要性与可行性，这应是创建一门安全科学新分支的基本前提。此外，要保证所创建的安全科学新分支的科学性、独立性与严谨性，并具有广阔的发展前景。在此，以本书建构的安全文化学及其学科分支（详见本书第 4 章）为例，具体谈谈这一问题。

在安全文化学建构之时，就开始仔细斟酌其应包含哪些主要学科分支这一重要问题。带着上述问题，根据社会科学原理，基于安全文化学研究与发展需要，先后创立了 5 个安全文化学的主要学科分支，即安全民俗文化学、安全文化符号学、安全文化心理学、安全文化史学与比较安全文化学，它们都属于本书作者首次提出，在此简单说明上述 5 个安全文化学的主要学科分支出现和创立的主要原因：

1）安全文化学研究领域的扩大和新课题的提出。从空间尺度与研究内容来看，安全文化学研究涉及的领域与问题均变得越来越多。

2）安全文化学与其各相近学科互相渗透、互相联结和综合、交叉、分化的趋势促成安全文化学学科分支的出现。一门学科的兴起，首先要有研究对象、基本原理和研究方法 3 种要素。这 3 种要素，随着学科的综合和分化，它们也在发生变化，孕育出新的学科分支。这些新的学科分支的产生，从结构方式看，一种是非交叉结构型，如安全科学学，就名称形式来说是单科（安全科学）型结构的综合性学科分支；另一种则是交叉结构型，如本书第 4 章列出的 5 个安全文化学的主要学科分支，即安全民俗文化学、安全文化符号学、安全文化心理学、安全文化史学与比较安全文化学。其中，安全文化心理学、安全文化史学与比较安全文化学可称为“同级交叉”，因为它们是安全文化学与其同一级别的学科之间的综合交叉产生的；而安全民俗文化学和安全文化符号学应属于“跨级交叉”，因为它们是安全文化学与其他学科的综合交叉形成的。

3）研究方法的更新，也是安全文化学学科分支产生的另一个重要原因。长期以来，人们用辩证唯物主义认识论研究安全文化学，收到了一定效果。近年来，研究方法有了新的发展，如作者提出的比较法、系统论法与审视交叉法等 6 种安全文化学主要研究方法，形成了比较安全文化、安全民俗文化与安全文化符号等一系列研究领域，可以设想，许多新的分支学科将从这里产生，其中，比较安全文化学就是一个典例，后期，还有可能出现相似安全文化学等安全文化学学科分支。

1.3 安全科学学及其应用原理

由于安全学科是典型的交叉综合学科，而安全科学学可以理解为一门以整个安全科学为对象，研究安全科学自身以及安全科学同经济、社会相互关系的客观运动规律的科学，研究如何利用这种客观规律以促进安全科学与经济、社会协调发展的应用原理、原则和方法的科学。因此，安全学科的建设和安全科学的创新需要安全科学学的指导。

1.3.1 安全科学学的内涵和意义[13]

安全科学学是以安全科学为主要研究对象，研究认识安全科学的内涵外延、属性特征、社会功能、结构体系、运动发展以及促进安全学科分支创建和应用等的一般原理、原则和方法的一门学科。安全科学学除了研究安全科学自身以外，还包括：安全科学研究的研究、安全科学研究成果向现实安全生产力转化的研究、安全科学发展同经济和社会相互关系的研究等，因此，可以把安全科学学理解为一门以整个安全科学为对象，研究安全科学自身以及安全科学同经济、社会相互关系的客观运动规律的科学，研究如何利用这种客观规律以促进安全科学与经济、社会协调发展的应用原理、原则和方法的科学。

从上述描述知，安全科学学主体研究内容为两大方面：一方面是关于安全科学的“认识内容”，另一方面是关于如何利用这些“认识内容”的“应用内容”。前者包括安全科学的性质、特点、分类、体系结构、社会功能、发展规律、未来趋势等，它们是对安全科学客观对象认识的概括和总结，具有系统理论的形态，构成了安全科学学的基础理论，因为这一大部分也可以称为安全理论科学学。后者包括在安全科学学基础理论指导下，研究获得的安全科学发展战略、规划以及对安全科学进行应用的原理、原则和方法等，它们是对安全科学应用研究的研究，因而这一大部分可以称为安全应用科学学。但安全理论科学学与安全应用科学学之间没有明确的界限，各分支学科之间常有不同程度的交叉或重叠。运用这两大方面所提供的安全科学学基础理论和应用原理，可以进一步发展创新安全学科和指导解决安全科学技术中的种种宏观层面上的科学问题。

安全理论科学学和安全应用科学学的内容各自包括许多不同的方面，因此，对这些不同方面分别进行的深入和展开的研究及其研究成果就形成了许多相关的安全科学学的分支学科。从安全科学学的研究内容，可以理解研究安全科学学的重要意义。

安全科学学除了对安全学科自身发展有重大作用之外，还可以帮助人们提高对安全科学技术作用的认识和重视程度；可以为国家制定发展安全科技的路线、战略、政策提供理论依据；可以促进安全科学技术的组织管理工作实现合理化和提高效率；可以帮助安全科技研究人员扩展知识宽度、推进思维深度和提高创新能力等。联系到安全科学技术在现代社会中的关键地位，安全科学学的意义就更加容易理解。

安全科学学的研究对象、研究目的和研究内容共同决定了安全科学学的学科性质。安全科学学的研究对象虽然是以安全科学为主体，但它不是研究具体的专门安全科学，而是把安全科学作为一种社会现象和社会的建制并从社会的角度来对它进行研究的，所以安全科学学的学科性质并不是纯属自然科学，安全科学学与多种社会科学相交叉，更是同工程技术相交叉。

安全学科是一个典型的大交叉综合学科，理工文管法医等都涉及，自然科学和社会科学互相交融，工程与管理并重。也由于该学科的特殊属性和巨大时空，安全学科的研究内容和层次不同于专门学科，组织机构和科研团队也不同于专门学科。

1.3.2　基于安全科学学的安全学科分类 [13]

1. 基于安全科学学的理论对安全学科层次进行划分

安全学科的研究内容可分为三个层次，第一层次是学科科学的研究，即安全科学学、安全系统学、安全科学方法论、安全新学科创建等内容的研究，这个层次的研究是不分专业或行业性的；第二层次是安全专业科学的研究，如职业安全管理与监管、职业卫生与健康等及相应安全人才培养研究，其基本理论、原理和方法很大程度是通用的；第三层次是安全应用研究，如各行各业的安全技术、安全工程等，这一层次的应用理论、原理和方法是具有针对性的，各行各业不尽相同。第一层次是少数人做的研究，第二层次的从业人数相对较多，第三层次的从业队伍最为庞大，而且与其他各学科专业互相关联、相互交融、不可分割。安全学科研究的三个层次并没有决然分割，安全学科应用层次的研究与其他学科都有交叉，而且没有明显界限，特别是安全技术领域，属于安全学科或是属于其他学科的界定有很大的主观性。

2. 基于安全科学研究对象的分类

安全现象是可观测的安全状态表象，安全规律是藏在安全现象背后的可重复联系，安全科学是关于安全现象与安全规律的知识体系。安全科学可以由安全现象到安全规律，再发展到安全科学。从顶上层次概括大安全科学体系的第一层次的学科分支应包括生命、自然、技术、社会和系统五大要素，安全科学研究的目的是人的生命安全，这是毋庸置疑的，生命理所当然地成为第一要素，而有形和无形的物质是附属于人的，在安全重要属性排序上它们是在人之下的；把自然与技术作为两大要素，主要原因是自然科学更多的是研究揭示自然现象，而技术科学更多的是研究“人造环境和人造物”的科学规律，而且后者已经发展成为为人所用的庞大学科体系；安全离不开社会，社会也是核心要素；生命、自然、技术和社会组成了一个庞大的系统，形成了第五个重要的要素——系统并给出了安全科学的属性。因此，安全科学的研究对象涉及生命、自然、技术、社会和系统五大领域的安全规律，它们的基础问题简单概括如下：

1）安全生命科学基础。安全生命科学是安全科学与生命科学的交叉学科，主要研究生命特征、生命运动规律、生命与环境的相互作用等现象对人的安全状态造成的影响，以顺应生命规律、保障人的安全、实现人的健康和舒适为根本目标。

2）安全自然科学基础。安全自然科学是安全学科体系中的一个重要的基础分支，它主要研究自然灾害和生产安全等的各种类型、状态、属性及运动形式，揭示各种灾害和事故的现象以及发生过程的实质，进而把握这些灾害和事故的规律性，并预见新的现象和过程，为预防和控制各种灾害和事故开辟可能的途径。安全自然科学主要科学问题如安全容量、安全多样性、灾害物理学、灾害化学、安全毒理学等。

3）安全技术科学基础。安全技术科学是研究指导安全生产技术的基础理论学科，以基础学科为指导，以安全技术客体为认识目标，研究和考察各个安全技术门类的特殊规律，建立安全技术理论，应用于安全工程技术客体。安全技术科学一方面将安全科学转化为安全技术，另一方面又将安全技术的一些共性原理提升为安全科学。安全技术科学是安全科学中发展相对较早、内容较为丰富的主体学科。

4）安全社会科学基础。安全社会科学主要是从文化、法律、经济、教育、伦理道德、社会结构等角度对安全现象、安全规律、安全科学进行研究，探索社会科学的诸多方面的变化对人的安全状况造成的影响，从社会科学角度总结保障人的安全的基本规律。

5）安全系统科学基础。安全系统是灾害和事故发生的场所，是安全管理的对象，安全系统思想是安全科学的核心思想，安全系统科学是安全科学学科的主体。安全系统的构成要素包括人、机、环境、信息、管理等，因此，可以将安全系统科学划分为安全系统管理、安全环境系统、安全人机系统、安全信息系统、安全系统和谐 5 个分支。

1.3.3 安全科学学在安全新学科创建的应用原理[13]

1. 安全学科的时空

安全是一个古老的问题，也是人类的基本需求。安全科学的应用领域（外延）涉及社会文化、公共管理、行政管理、建筑、土木、矿业、交通、运输、机电、林业、食品、生物、农业、医药、能源、航空等事业乃至人类生产、生活和生存的各个领域（图 1-1）。因此，安全科学具有巨大的时空。

2. 创建安全科学新学科的科学学原理

从安全科学学的高度和安全学科的属性出发，可以归纳出创建安全科学新学科的几条科学学原理。

原理一：由于安全学科的综合特性，它的应用涉及其他各种学科，其他各学科的知识都可以交叉和渗透到安全学科的研究中。

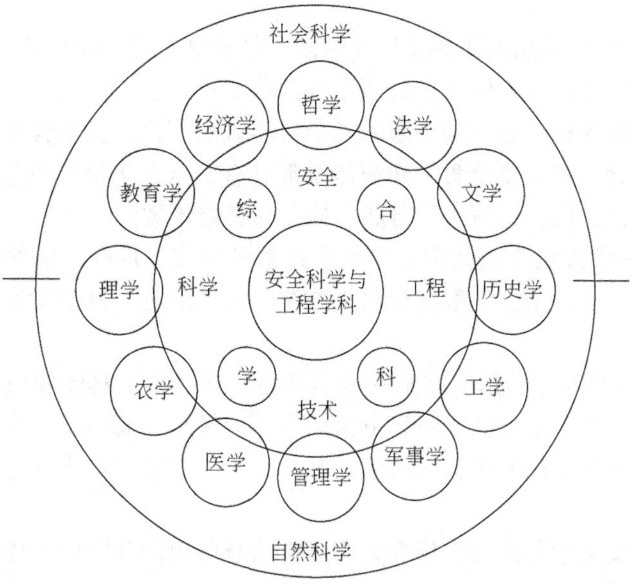

图 1-1 安全学科综合特性图示

实际上，如果以人的安全健康的特定角度和着眼点来重新组合现有的各个学科，我们甚至可以得出一个全新的学科分类体系。因为人类的一切知识都是要为人类服务的，以人为中心对学科进行分类也不无道理。由原理一告诉我们，安全科学研究需要和能够从其他所有学科中吸收知识，安全科学技术的研究要从更宽更高的视野借鉴引用其他所有学科的知识，这样才能获得更多的生长点和切入点，才能更加高效地取得成果。由于安全学科的综合特性，方法学对各种学科的研究方法都可以应用到安全学科的研究中。

原理二：由于安全学科的综合特性，安全学科的思想基础是安全系统思想。

安全的本质，不在于人类种种活动本身极其复杂与多变的外在表现形式，而体现在它是一个依据于人体的生命活动的要求，并与人相伴终生的外在保障的功能系统。这个安全的功能系统，有它必然存在的客观条件和自身的内部整体结构。正是由于安全内部构造的各因素（“人”“物”“人－物”的三要素）之间的功能互补与动态协同的安全系统（即第四因素），以及加之安全内在结构与其外在客观存在条件之间保持和谐的物质、能量、信息的系统交换，才真正实现人的动态安全。由原理二可以看出，安全系统方法学是研究安全学科的最基本和最有效的途径，系统工程学的研究方法必将更加有利于安全科学成果的涌现。也正因如此，现在在安全系统思想指导下，已经形成了安全科学技术学科体系。

原理三：由于安全学科的综合特性，它具有浩瀚的时空，安全科学方法学是研究和发展安全学科的最重要和最基本方法。

诚然，科学方法学在任何学科的研究中都非常重要，但安全学科的综合特性使其具有浩瀚的时空，安全科学方法学更显重要，从安全科学方法学的高度研究安全学科思路更宽、效果更好，安全科学方法学的研究方法必将更加有利于促进安全科学成果的涌现。基于不同层次分类，安全科学方法学可分为安全哲学方法学、一般安全科学方法学、具体安全科学方法学。

1）安全哲学方法学是从人体免受外界因素（即事物）危害的角度出发，并以在生产、生活、生存过程中创造保障人体安全健康条件为着眼点，去认识世界、改造世界、探索实现主观世界与客观世界相一致的最一般的安全科学方法理论。安全哲学方法学并不是安全哲学的一个特殊部分，整个安全哲学知识体系都具有安全方法学的功能。安全哲学既是安全世界观又是安全方法论，它适用于自然、社会和思维领域。

2）一般安全科学方法学是研究安全科学技术各分支、带有一定普遍意义，适用于许多有关领域的安全方法理论。一般安全科学方法学涉及的是一部分学科或一大类学科都采用的研究方法。

3）具体安全科学方法学是研究某一具体学科，涉及某一具体领域的安全方法理论。属于这一层次中的安全科学方法又可区分为两种不同情形：其一是与个别经验相联系的、仅能运用于特定场合的专门安全科学方法；其二是某一学科中与个别理论相联系的特有安全科学方法。

原理四：由于安全学科的综合属性，它具有浩瀚的时间和空间，横断研究方法是研究安全科学的最有效的途径。

如上所述，尽管研究方法有很多，但由于安全学科的综合属性，它具有巨大的时间和空间维度，为了提取不同时间不同领域的共性安全科学问题并使之相互借鉴和渗透，横断的研究方法是最有效的途径，如比较研究方法。实际上，通过不同地区、不同国家、不同时代、不同制度、不同行业、不同企业（组织）规模等的安全法规、安全文化、安全历史、安全经验等的比较，可以发现并借鉴很多东西。多视角的安全比较学可以提供一个新的安全方法学思路，通过不同学科、不同行业、不同国家、不同地区、不同时代的安全原理、方法、理论、技术、工程等的比较，来研究安全科学方法学，并在此基础上构建安全科学方法学体系。

原理五：从安全学科的综合属性可以得出，安全学科具有特定的目的性、功能系统性、复杂非线性和整体综合性特征。

根据系统科学的原理和安全学科的综合属性进行分析，可以得出安全学科具有如下基本特征：①特定目的性。综合科学是按照人类需要建立起来的科学技术学科群，它以满足或实现人类的不同需要为依据，划分出不同的综合学科。安全学科以满足人类安全需要为目的，以实现人的动态安全为目标。②功能系统性。每一门综合学科为之奋斗的目标本身，构成一个完整的功能系统。安全学科的科学目标安全本身，就是一个由人、物、人与物关系及其内在联系整合而成的功能系统。③复杂非线性。综合学科的科学目标系统，是由人参与其中的复杂系统。正是由于人参与其中，安全学科的目标系统即安全系统，才成为一个非线性的复杂系统。④整体综合性。由于综合学科的科学目标系统是一个非线性的复杂功能系统，综合学科实现科学目标的方法、手段、措施，也是综合的。安全学科必须运用从定性到定量的综合集成方法，从理论到实践的系统工程措施等现代科学技术，才能最终实现人的动态安全，达到它的科学目标。

1.4　安全科学的学科方向及其新学科创建展望

本节内容主要选自文献 [14] 中的部分内容，具体参考文献不再具体列出，有需要的读者请参见文献 [14] 的相关参考文献。

安全学科的综合特性，具有特定的目的性、功能系统性、复杂非线性和整体综合性特征，具有浩瀚的时空，安全科学学是研究和发展安全学科极为重要的基础，也是安全学科的上层领域和方法论前沿学科，因此，安全科学学首当其冲成为第一个学科方向。如上所述，从顶上层次概括大安全科学体系，安全科学涉及生命、自然、技术、社会和系统五大要素，因此，涉及安全科学研究对象的生命、自然、技术、社会和系统也自然需要成为 5 个学科方向。

综合起来，安全科学的学科方向由 6 个方向构成：即安全科学学、安全生命科学、安全自然科学、安全技术科学、安全社会科学和安全系统科学。下面分别对 6 个学科方向的内涵进行分析。

1.4.1　安全科学学及其新学科分支创建

安全科学学是以安全科学为主要研究对象，研究认识安全科学的内涵外延、属性特征、社会功能、结构体系、运动发展以及促进安全学科分支创建和应用等的一般原理、原则和方法的一门学科。

安全科学学除了对安全学科自身发展有重大作用之外，安全科学学可以帮助人们提高对安全科学技术作用的认识和重视程度；可以为国家制定发展安全科技的路线、战略、政策提供理论依据；可以促进安全科学技术的组织管理工作实现合理化和提高效率；可以帮助安全科技研究人员扩展知识宽度、推进思维深度和提高创新能力等。联系到安全科学技术在现代社会中的关键地位，安全科学学的意义就更加容易理解。

安全科学学的研究对象、研究目的和研究内容共同决定了安全科学学的学科性质。安全科学学的研究对象虽然是以安全科学为主体，但它不是研究具体的专门安全科学，而是把安全科学作为一种社会现象和社会的建制并从社会的角度来对它进行研究的，所以安全科学学的学科性质并不是纯属自然科学，安全科学学与多种社会科学相交叉，更是同工程技术相交叉。有关安全科学学的内涵在 1.3.1 节已经做了一些描述，这里不予重复。

1.4.2　安全生命科学及其新学科分支创建

安全生命科学是安全科学与生命科学的交叉学科，主要研究生命特征、生命运动规律、生命与环境的相互作用等现象对人的安全状态造成的影响，以顺应生命规律、保障人的安全、实现人的健康和舒适为根本目标。从安全的范畴和视角主要涵盖以下方面的内容。

1）安全人性学。安全人性学主要是指通过研究人性的基本规律对人的行为安全产生的影响，设计出符合人性规律的生活与生产环境、制度环境、社会环境等，从而保障人的安全，并基于上述目标和过程获得的普适性基本规律。需说明的是，鉴于本书所涉及的安全生命科学领域的新分支较少，且安全人性学也涉及诸多安全社会科学知识，故本书暂且将安全人性学列入第 4 章。

2）安全人体学。安全人体学主要是通过对人体测量学、人体工程学等人体学科知识，研究人们在生活、工作中的安全和效能等方面的规律，探知人体的工作能力及其极限，使人们在所从事的工作中适应人体测量参数和人体解剖学的各种特征，进而保障生活和生产环境中人的安全，并基于上述目标和过程获得的普适性基本规律。

3）安全生理学。安全生理学是指从人的生理因素角度，研究符合人的生理规律的安全理论，解决生活与生产环境中的安全问题，并基于上述目标和过程获得的普适性基本规律。例如，运用安全生理学原理指导企业安全管理，需要从人的作业能力、职业适应性、劳动负荷影响、施工环境等考虑人的生理性危害。

4）安全心理学。安全心理学主要是研究人的心理现象与安全行为的关系的学科，安全心理学原理是通过研究人的行为特征和对各种事故的安全心理过程，并基于上述目标和过程获得普适性基本规律。需说明的是，鉴于本书所涉及的安全生命科学领域的新分支较少，故本书暂且将所涉及的安全心理学领域的新分支，即心理创伤评估学与相似安全心理学分别列入第 4 章和第 6 章。

5）安全生物力学。安全生物力学主要是通过研究人在各种行为状态下身体各部位与其接触的所有物体的力平衡、变形或运动的关系和表达问题，使人的生活和工作符合人的生物力学规律，从生物力学的角度探讨对生活和各种作业环境中人的安全保护，并基于上述目标和过程获得的普适性基本规律。

安全人性学、安全人体学、安全生理学、安全心理学和安全生物力学相互协调，构成了安全生命科学的核心内容。

1.4.3　安全自然科学及其新学科分支创建

安全自然科学是安全学科体系中的一个重要的基础分支，它主要研究自然灾害和生产安全等的各种类型、状态、属性及运动形式，揭示各种灾害和事故的现象以及发生过程的实质，进而把握这些灾害和事故的规律性，并预见新的现象和过程，为预防和控制各种灾害和事故开辟可能的途径。安全自然科学主要科学问题如安全容量、安全多样性、灾害物理学、灾害化学、安全毒理学等。

1）事故致因理论基础。事故致因理论是从大量典型事故的本质原因分析中所提炼出的事故机理和事故模型。这些机理和模型反映了事故发生的规律性，能够为事故原因的定性、定量分析，为事故的预测预防，为改进安全管理工作等，从理论上提供科学的、完整的依据。

2）安全容量问题。在某一确定的系统中，允许各种人、物、环境及其组合作用下的各种非正常变化或活动引起的“扰动”，当这种“扰动”达到最大时系统仍然安全的最大允许值。由此看出安全容量是一个与风险相关的临界量，即在整体风险可承受的范围之内，由各个具体的生活和生产活动环境中的风险所综合确定的一个安全临界总量。安全容量是基于对各种确定系统内的安全容量的研究所获得的普适性基本规律。

3）安全多样性问题。安全多样性是安全系统的基本属性之一，决定了安全系统的复杂性。安全多样性是一个具有普遍意义的客观存在，它包括安全物质多样性、隐患多样性、安全状态多样性、安全过程多样性、安全功能多样性、事故类型多样性等，这些多样性既有安全系统本身具有的多样性，又包括人类活动所创造的多样性，如人造物质多样性、人类需求与创造多样性、人类生产过程多样性、生产环境多样性等。认识安全多样性，揭示安全多样性的内在规律是全面系统地认识安全现象、安全规律、安全科学的基础，它是我们长期面临的一项基础性研究课题。

4）灾害物理学。灾害物理原理主要指在研究由于物理现象、物理因素、物理过程等原因引起的灾害问题、灾害机理及其防灾减灾过程中获得的普适性基本规律。物理性的安全问题是随着现代工业的发展而出现并发展的，如生产过程中高温、高压、高流速及低温、超低温的出现，使物理过程的安全问题变得严重，提出了许多新的课题。灾害物理研究极为广泛，如噪声、振动、采光、温度、辐射等物理性因素的危害、预防和防治；由于机械能、分子运动能、流体能、电磁能引起的安全现象；高压气体、液化气体及物质状态变化过程引起的安全问题、事故规律；热过程及热变化引起的安全问题、事故机理和规律等。

5）灾害化学。灾害化学研究的主要目的是对自然灾害的化学问题、有毒有害的危险化学品在生产、使用、经营、储存和运输过程中，由于自然或人为原因，引起燃烧、爆炸、泄露、腐蚀、污染、中毒等，造成人员伤害或财产损失的事故进行事先预防和事后处理，灾害化学原理是基于上述目标和过程获得的普适性基本规律。

6）安全毒理学。毒理学在学科性质上本属于预防医学，但将其作为安全科学的基础学科也同样重要。首先，在学科理念上，毒理学和安全科学一样都是贯穿着预防为主的思想；其次，毒理学与生理学、化学、生物学、生态学、环境保护学有联系，与工业、农业、经济有联系，与地球上整个生命的未来有联系，因此在安全科学内开展毒理学研究理所当然。

1.4.4　安全技术科学及其新学科分支创建

安全技术科学是研究指导安全生产技术的基础理论学科，以基础学科为指导，以安全技术客体为认识目标，研究和考察各个安全技术门类的特殊规律，建立安全技术理论，应用于安全工程技术客体。安全技术科学一方面将安全科学转化为安全技术，另一方面又将安全技术的一些共性原理提升为安全科学。安全技术科学是安全科学中发展相对较早、内容较为丰富的主体学科，可以从物质、设备、能量、工程、环境五个方面将安全技术科学划分如下。

1）安全物质学。安全物质学是以人的安全健康为着眼点出发，研究各种物质（含人裸眼不可见物质）的状态及其演化对人安全健康的直接和间接危害的规律，用最少投入获得预防、减低、控制乃至完全消除这些危害的方法、措施和设施，使关系到人的安全健康的物质及其演化总是处于安全的状态，安全物质学原理是基于上述目标和过程获得的普适性基本规律。对物质的认识是一切创造的前提，因此对安全物质学的研究属于安全技术科学研究中的最基础环节。

2）安全设备学。安全设备学是在设备的设计、选材、制造、安装、使用、维护、评价、认证等一系列工程领域中，使设备从根本上实现安全化所采用的安全科学理论、方法、技术、策略的总称，安全设备学是以保障生产安全为目的，基于研究机械、工具、装置等各种设备的本质安全化和功能安全及其无害化所获得的普适性规律。

3）安全能量学。机械能、热能、电能、化学能、声能、生物能等，它们的意外释放都可能造成对人的伤害或物的损坏。安全能量原理是基于研究生产过程中能量的流动、转换，以及不同形式能量的相互作用，防止发生能量的意外释放或逸出等过程和目的，所获得的普适性基本规律。

4）安全工程学。安全工程原理是安全技术科学原理中的核心部分，安全工程原理是以人类生产、生活中发生的各种事故为主要研究对象，综合运用各种知识，辨识工程领域中的不安全因素，采取有效的措施控制事故，并基于上述目标和过程获得的普适性基本规律。安全工程原理的研究内容与安全系统管理原理的研究内容等存在交叉。

5）安全环境学。安全环境原理主要是研究“人－机－环”系统中的环境子系统，即研究生产生活环境中的危险有害因素，创造良好的工作环境、生活环境，保障环境中人的安全与健康，并基于上述目标和过程获得的普适性基本规律。

1.4.5 安全社会科学及其新学科分支创建

安全社会科学主要是从文化、法律、经济、教育、伦理道德、社会结构等的角度对安全现象、安全规律、安全科学进行研究，探索社会科学的诸多方面的变化对人的安全状况造成的影响，从社会科学角度总结保障人的安全的基本规律。核心内容主要如下：

1）安全文化学。安全文化通常指人们的安全知识、态度、观念和价值观等。大量实例表明安全文化在安全生活、生产过程中起决定性作用，安全文化原理主要是指研究安全文化的特征要素、安全文化体系建设、安全文化评价方法以及安全文化与安全管理之间的作用关系等，从提高安全文化的角度加强安全管理，保障生活、生产安全，并基于上述目标和过程获得普适性基本规律。

2）安全法学。安全法学是安全科学与法学的交叉学科，是将法学运用于安全领域后产生的一门新学科。安全法学是关于通过法律法规的控制手段，保障人的身心健康免遭外界因素危害的科学活动及认识成果的总称。安全法律法规原理是基于安全法律法规的理论基础、安全法学科的建设、安全法学的应用实践、安全法学的人才培养等方面的研究目标和过程所获得的普适性基本规律。

3）安全经济学。安全经济学主要是以经济科学理论为基础，以安全为目的，为各种安全活动提供最优化理论指导和实践依据，其核心思想是以最少的资金投入取得最大的经济效益和可持续发展。安全经济学原理主要指在研究事故对经济的影响、事故保险的运行机制、安全资源配置、安全效益理论和投入产出、安全成本变化、安全供求关系及变化等过程中所获得的普适性基本规律。

4）安全教育学。安全教育学是以安全科学和教育科学为理论基础，以保护人的身心安全健康为目的，对安全领域中的一切与教育培训等活动有关的现象、规律进行研究的一门应用性交叉学科。安全教育学原理主要指在研究安全教育基础理论、安全教育方法学、安全教育手段与模式等过程中获得的普适性基本规律。

5）安全伦理学。安全伦理学是以安全道德现象为研究对象，研究人的安全道德情感、安全道德行为、安全权利以及安全道德规范现象等，探讨安全道德的本质、起源和发展、安全道德水平同物质生活水平之间的关系、安全道德的最高原则和安全道德评价的标准、体系、教育、修养以及安全人生观、安全价值取向、安全态度等问题，并基于上述目标和过程获得的普适性基本规律。

1.4.6　安全系统科学及其新学科分支创建

安全系统是灾害和事故发生的场所，是安全管理的对象，安全系统思想是安全科学的核心思想，安全系统科学是安全科学学科的主体。安全系统的构成要素包括人、机、环境、信息、管理等，因此，可以将安全系统科学划分为安全系统管理、安全环境系统、安全人机系统、安全信息系统、安全系统和谐 5 个分支。

1）安全系统管理学。安全系统管理学主要指在研究安全系统的基本特征、安全系统管理的对象、安全系统管理的思想方法和手段等目标和过程中所获得的普适性基本规律。安全系统的基本特征包括整体性、层次性、目的性、非线性、混沌性等；安全系统管理的具体对象，如人流、物流、资金流、信息流等；安全系统管理的思想、方法和手段，如人本思想、系统整体性思想、事故因果连锁思想、能量转移思想、扰动起源论、轨迹交叉论、变化论、综合论、安全系统论、安全控制论、安全信息论、安全耗散结构理论、安全协同理论、安全突变理论、安全灰色理论等。

2）安全环境系统学。在安全系统中，人与环境相互作用是普遍存在的。安全环境系统学研究主要指在研究环境因素对人的影响及其控制等过程中所获得的普适性基本规律。安全环境系统原理涉及的主要研究内容包括：安全环境系统的认识，如辨识环境中的危险源、隐患等有害因素；安全环境系统的控制，在认识的基础上控制环境系统中各参量的状态变化等；安全环境系统的评价，如建立安全环境系统的评价指标体系、定期进行环境评价、保障环境中人与物的安全等。

3）安全人机系统学。安全人机系统学研究主要指研究人 - 机之间的相互作用关系，探讨如何使“机”符合人的形态学、生理学、心理学等方面的特性，使人 - 机相互协调，以达到人的能力与机操作要求相适应，创造出安全、高效、舒适的工作条件，并基于上述目标和过程获得的普适性基本规律。

4）安全信息系统学。安全信息是安全系统的精髓。安全信息系统学研究主要指在研究安全信息流，如组织系统的信息流、上下级之间的信息流、人机系统的信息流、环境的信息流、致灾源和危险源信息流等过程中所获得的普适性基本规律。研究内容包括：安全信息的制作、搜集、传输、处理的方式方法；安全信息的预测预报等；如何建立现代化的安全信息管理体系，运用安全管理信息系统进行安全监督管理等。

5）安全系统和谐研究。安全系统是复杂的巨系统，研究安全系统浩瀚的时空属性、综合属性，任何一种客观的安全现象背后都隐藏着千丝万缕的复杂联系，事故的致因因素是多维的，因此在实际处理中，我们很难实现整个安全系统的功能最优化，我们只能抓住问题的主要矛盾，追求安全系统的局部和谐，这种对“系统”中“部分”的有效控制才是安全系统科学能够实际应用的精华所在，安全局部和谐原理是基于上述目标和研究过程所获得的普适性基本规律。若要全面系统地分析安全问题，就必须开展安全局部和谐原理的研究，对各个行业的关键事故致因因素进行控制，安全局部和谐原理有利于指导行业安全中的常见事故处理，有利于指导企业生产的安全标准化建设，有利于各级别的安全生产监督管理人员抓住问题的主要矛盾，有利于将安全系统思想切实运用到具体的系统安全之中。

参 考 文 献

[1] 刘仲林 . 现代交叉科学 [M]. 杭州 : 浙江教育出版社，1998.

[2] 史建斌 . 交叉性新学科孵化器问题研究 [D]. 中国科学技术大学博士学位论文，2013.

[3] 吴超 . 综合交叉学科知识的新分类与新命名 [EB/OL]. 科学网 . http://blog.sciencenet.cn/blog-532981-993734.html[2016-7-31].

[4] 吴超 . 综合交叉学科研究的层次问题 [EB/OL]. 科学网 . http://blog.sciencenet.cn/blog-532981-993958.html[2016-08-01].

[5] 刘潜 . 安全科学和学科的创立与实践 [M]. 北京 : 化学工业出版社 , 2010.

[6] 吴超 . 综合学科的交叉属性有待深入研究 [EB/OL]. 科学网 . http://blog.sciencenet.cn/blog-532981-996280.html[2016-08-13].

[7] 吴超 . 综合交叉学科，创新路在何方？ [EB/OL]. 科学网 . http://blog.sciencenet.cn/blog-532981-993034.html[2016-07-27].

[8] 王秉 . 从事交叉学科研究真是“痛并快乐着”！ [EB/OL]. 科学网 . http://blog.sciencenet.cn/home.php?mod=space&uid=1953670&do=blog&id=1062584[2017-06-23].

[9] 吴超 . 基于时间维度对安全研究的分类 [EB/OL]. 科学网 . http://blog.sciencenet.cn/blog-532981-955984.html[2016-02-13].

[10] 吴超 . 不要陷入追求安全问题唯一解的误区 [EB/OL]. 科学网 . http://blog.sciencenet.cn/blog-532981-992468.html[2016-07-24].

[11] 吴超 . 为何安全领域的论文标题以“基于”开头的如此之多？ [EB/OL]. 科学网 . http://blog.sciencenet.cn/blog-532981-1005187.html[2016-09-26].

[12] 王秉 . 为什么要建构安全科学新分支？ [EB/OL]. 科学网 . http://blog.sciencenet.cn/home.php?mod=space&uid=1953670&do=blog&id=1064852[2017-07-06].

[13] 吴超 . 安全科学学的初步研究 [J]. 中国安全科学学报，2007，17(11):5-15.

[14] 吴超，杨冕 . 安全科学原理及其结构体系研究 [J]. 中国安全科学学报，2012，22(11): 3-10.

第2章　安全自然科学领域的新分支

2.1　安全信息学

【本节提要】在当今信息时代，安全信息学已成为安全科学与信息科学交叉领域势在必建的分支学科，目前该学科已初步形成。本节基于学科建设高度，充分论证科学层面的创立安全信息学的缘由，并深入探讨安全信息学的10个学科基本问题，即学科名称、学科定义、学科内涵、学科属性、学科基础、学科外延、学科任务、研究对象、研究内容与研究方法。

在高度信息化和智能化的今天，信息在人类生产生活中的地位日趋重要。正因如此，信息科学便应运而生。毫不夸张地说，信息科学是信息时代的标志性学科，是21世纪乃至今后很长一段时间里最具生命力的学科[1]。其实，“信息”一词自被提出，就被诸多学科广泛使用[1]，这就为信息科学与其他学科领域的互动和交叉研究提供了充分可能并奠定了坚实基础。特别是在当今世界科学技术高度“分化与综合”总发展趋势的驱动和影响下，信息科学与其他学科的互动与互补关系愈加显著，从而为子系信息学科（即二级信息学科分支）的快速形成和发展构筑了良好的学科发展平台与学术背景。正因如此，近年来，信息科学与其他学科综合而衍生出的二级信息学科分支学科层出不穷（如医学信息学、生物信息学、体育信息学、化学信息学与材料信息学等）[1-3]，并已在多个学科领域中发挥了促进创新发展的重要作用。

同样，在安全科学领域，近年来安全科学的“信息学化”特征日趋更加明显，“信息就是安全，安全就是信息”已成为信息时代的一条最基本和最重要的现代安全管理思想和理念[4, 5]。由此表明，“I”（information）安全管理时代已经到来，且全面实施“I”安全管理手段已是大势所趋和安全科学研究实践所需。正因如此，安全科学与信息科学的结合，即安全信息学的创立和发展已成为安全科学与信息科学拓展的历史必然，目前该学科已初步形成[6-9]。近年来，安全信息学方面的研究与实践成果层出不穷。概括而言，其突出地体现在以下4个方面：①信息技术[主要包括传感与测量技术（信息获取技术）、通信与存储技术（信息传递技术）、计算与信息处理技术（信息认知技术）、智能决策技术（信息再生技术）、控制与显示技术（信息执行技术）、信息系统技术（信息全局优化技术）及自动化技术等]被广泛应用于现代安全管理之中，并已取得显著应用成效[10-12]；②世界各国的安全信息服务，即“数字化安全”和安全标准化已进入全面筹备和推进阶段，安全信息网资源及安全（尤其是职业安全与健康及公共安全）数据库建设全面展开，并均已取得长足进步[13]；③安全信息学研究已多方开展[7-9, 14-17]，相关安全信息服务业已初步形成；

④安全信息相关教育在安全科学教育中已被逐渐渗入并稳步实施。总之，就目前安全科学研究与实践而言，安全信息学是安全科学领域势在必建的分支学科，亦必是目前乃至今后安全科学领域最具活力的新兴分支学科领域。

毋庸讳言，作为一门安全科学的新兴学科分支，安全信息学尚显得极其“稚嫩”。单就安全信息学研究而言，由于安全信息学方面的实践应用明显先于安全信息学研究，再加之传统的安全科学研究者以理工科背景学者为主，导致尽管目前学界已取得众多应用层面的安全信息学研究成果，但鲜有基础理论与应用基础层面的研究成果，尤其是学科建设高度的研究极少，尚未明晰安全信息学的学科体系，导致安全信息学的基础理论极为薄弱，学界对安全信息学的认识和理解仍非常片面（即大多停留在信息技术在安全科学研究实践中的应用层面），安全信息学研究的理论性、学理性、规范性和系统性明显不足，安全信息学研究、实践与发展方向模糊不清。此外，还有以下 3 个方面的原因。

1）根据我国现行的学科划分标准[6]，“安全信息论”（代码 6202720）已被划归为“安全科学技术”（代码 620）下的一门三级学科（需说明的是，与“信息科学”不等同于“信息论”一样[1]，“安全信息学”亦不等同于“安全信息论”，具体理由这里不再赘述）。

2）创立安全信息学不仅具有坚实的现实基础和充分的现实条件，就科学层面而言，创立安全信息学亦具备充分依据、可能性和必要性（将在 2.1.1 节进行详细论证）。

3）就安全科学自身学科体系内部而言，安全信息学的概念、理论与方法已逐渐向安全科学的各个分支学科领域广泛渗透，成为一门纵横交叉的新兴学科。事实上，安全信息学的发展已为系统安全学、安全管理学与安全行为学等提供了大量新颖的研究课题、方法和思路。此外，在安全信息学理论的促使下，一大批安全信息技术亦迅速发展起来，成为当代新的安全工程技术的中流和核心。

综上可知，急需开展学科建设层面的安全信息学的基本架构研究，以期构建完整的安全信息学学科体系，从而促进安全信息学的建设及其研究与实践。同时，以期进一步丰富、发展和更新安全科学与信息科学的研究方法、研究视角、研究领域和研究内容，从而为安全科学与信息科学发展注入无限生机。

2.1.1　科学层面的安全信息定义及创立安全信息学的缘由

1. 科学层面的安全信息定义及其释义

显然，安全信息作为安全信息学的研究对象，是安全信息学的最基本和最重要概念。因而，为准确定义与理解安全信息学，极有必要深究安全信息这一概念。限于篇幅，这里仅扼要阐释科学层面的安全信息定义。尽管安全信息这一概念提出已久，但学界鲜有给出安全信息的明确定义。根据信息科学的研究习惯，我们需重点了解两个重要层次（即本体论与认识论）的安全信息定义，具体解释如下。

1）本体论安全信息。目前，较具代表性与科学性的安全信息的定义，仅有王秉和吴超[4]从安全科学与系统相结合视角给出的本体论层面的安全信息定义，安全信息是系统安全状态及其变化方式的自身显示。换言之，任何系统的本体论安全信息是指该系统所呈现（表述）的安全状态及其变化方式。就该安全信息定义，需说明 3 点：①该定义中所说的“系统”包括系统内的所有与安全相关的人、物和事；②该定义中所说的“安全状态”是指系统在特定时空中呈现的相对稳定的安全状况和态势；③该定义中所说的“安全状态变化的方式”是指系统的安全状态随时空的变化而变化的动态样式。显然，本体论安全信息的表述者是系统本身。因而，本体论安全信息仅与系统本身的因素有关，而与安全信息认识主体（即安全信宿）的因素无关。

2）认识论安全信息。任何安全信息认识主体（即安全信宿）关于某系统的安全信息，是安全信息认识主体所表述的该系统的安全状态及其变化方式，包括安全状态及其变化方式的形式、含义和效用。认识论安全信息的表述者是安全信宿，它既与系统本身的因素有关，亦与安全信宿的因素有关，是主观（认识主体）与客观（系统客体）相互联系、相互作用的结果。需指出的是，根据“全信息”的定义[1]，认识论安全信息本质是一种典型的“全信息”类型，这是因为它同时涉及了系统的安全状态及其变化方式的形式（称为语法安全信息）、含义（称为语义安全信息）和效用（称为语用安全信息），即是它们三者的有机统一体。

此外，这里从科学层面出发，基于安全信息的定义，对安全信息的定义进行简要释义：

1）安全信息具有整合功能，安全信息是安全科学中普遍存在的研究对象。从系统的角度看，安全科学的具体研究对象是系统内的所有与安全相关的人、物和事，安全科学的研究对象亦可统一概括为所有与安全相关的人、物和事，而安全信息作为与安全相关的人、物和事的安全状态及其变化方式的表征。由此观之，安全信息可将所有安全科学研究对象整合为一体，即安全信息是安全科学所有研究对象的集合体，是安全科学中普遍存在的研究对象。换言之，安全信息在安全科学研究中无处不在，无时不有，普遍存在于安全生命科学、安全自然科学、安全社会科学、系统安全科学及安全工程技术科学等安全科学分支学科领域。

2）安全信息与安全物质（安全相关物质）间的区别与联系。安全物质是安全信息的载体，安全物质的运动是产生安全信息的基本源泉，但安全信息仅是系统（包括系统内的安全物质）安全状态及其变化方式的表征，并非是系统（包括系统内的安全物质）的本身。

3）安全信息与安全能量（安全相关能量）间的区别与联系。传递安全信息和处理安全信息均需安全能量，驾驭安全能量（事故致因理论之能量意外释放理论[17]表明，事故是因能量意外释放所致。因此，从能量的角度看，防控事故需从控制能量着手）则需安全信息。另外，安全信息是安全物质的安全状态及其变化的表征，安全能量则是安全物质产生安全破坏力的本领。

4）由本体论安全信息和认识论安全信息的定义可知，系统安全行为主体（个体或组织）若要认识系统安全状态就必须要获得系统的安全信息（本体论安全信息），优化（包括控制）系统安全状态则必须通过利用相关认识论安全信息形成相应的安全策略信息。因而，系统安全行为主体认识系统安全状态和优化系统安全状态的过程是一个安全信息过程。基于此，王秉等[4, 17]给出了安全信息角度的系统安全管理失败的基本发生模式，即“安全信宿所需的安全信息缺失→系统安全行为失误→系统安全管理失败”。由此可见，系统安全管理失败的根源可统一归为安全信息缺失，解决安全信息缺失问题是避免系统安全管理失败的根本抓手[4]。

5）安全信息与安全行为（安全相关行为）间的区别与联系：安全行为开始于安全信息，安全行为的活动过程就是安全信息的运动过程，干预安全行为则需从安全信息着手，即基于安全信息的安全行为干预[17]。此外，安全信息又是安全行为及其变化的表征。

2. 科学层面的创立安全信息的重要缘由论证

从理论而言，具备充分的学科普适性与独立性及极强的学科必要性和重要性是创立一门新学科的基本前提条件。换言之，就建立安全信息学而言，即需回答“安全信息学，何以成立？何以为用？”这一关键问题。因而，除需分析创立安全信息是否具有坚实的现实基础（前面已论述，这里不再赘述）外，更需深入论证在科学层面上创立安全信息的重要缘由。

根据安全信息的定义及其释义，可得出 3 条重要结论：①安全信息普遍存在于安全科学研究之中（细言之，在安全科学领域，安全信息是无处不在、无时不有的一类研究对象）；②安全信息不等同于安全物质、安全能量与安全行为中的任意一种；③安全信息作用巨大（毋庸置疑，安全信息是一切安全工作的基础，研究安全信息是所有安全科学研究的起始点。其实，以往的安全科学，尤其是系统安全学研究与实践对安全信息的广泛关注亦可反证这一结论的正确性。此外，随着现代社会逐步进入信息时代和大数据时代，安全科学的“信息学化”特征会日趋变得更加明显，安全信息的作用会日趋变得更加凸显）。由此，运用严密的逻辑推理方法，可得出以下 3 条重要推论。

推论 1　安全信息普遍存在于安全科学研究之中 ⇒在安全科学领域，对安全信息现象及其运动规律的研究具有普适性意义与价值 ⇒安全信息学的学科普适性成立。

推论 2　安全信息不等同于安全物质、安全能量与安全行为中的任意一种。概括而言，传统安全科学的特定研究对象可统一概括为安全物质、安全能量与安全行为 3 种（传统安全自然科学的特定研究对象是安全物质和安全能量，传统安全社会科学的特定研究对象是安全行为）⇒在安全科学领域，对安全信息现象及其运动规律的研究自然应当成为一门独立的安全科学分支学科（换言之，在安全科学领域，以安全信息为基本研究对象的安全信息学本身就是传统安全科学学科分支无法替代的一门独立的学科）⇒安全信息学的学科独立性成立。

推论 3　安全信息作用巨大⇒为能够更好地实现与利用安全信息的巨大价值，就极有必要，亦急需深入地研究安全信息⇒安全信息学的学科必要性与重要性成立。

经论证，就科学层面而言，创立安全信息具备充分的学科普适性与独立性及极强的学科必要性与重要性。此外，就现实层面而言，创立安全信息具备坚实的现实基础。总之，开展安全信息学的创建研究具有重要的学术与实践价值，极有必要对其开展研究和探索。

2.1.2　安全信息学的提出

1. 学科名称

“名不正，则言不顺”。因此，一门学科学科名称的确立就显得尤为重要。在 20 世纪 90 年代之前，甚至现在，在学界和实践界仍然存在“信息”与“情报”概念用法混淆现象。1992 年 10 月，中华人民共和国国家科学技术委员会为使技术术语规范化，规定在科学技术领域将“情报”一词改用“信息”。同时，就含义与范畴而言，“信息”均比“情报”更为丰富而全面。因而，经调研考察，在安全科学领域，“安全信息”一词已被广泛使用，且绝大多数学者一致赞成使用“安全信息”一词而非“安全情报”。此外，学界习惯于用“学科研究对象 ××+ 学”的方式来命名一门学科的学科名称，即“×× 科学”或“××学”（如安全科学领域的安全文化学）。鉴于此，我们可将以安全信息为研究对象的科学或学问命名为“安全信息学”。

2. 学科定义

经分析，就直接以学科研究对象 ×× 为称谓的学科，即 ×× 科学，人们一般采用“×× 科学是研究 ×× 现象及其运动规律的科学”的方式来定义这门学科。显然，安全信息作为安全信息学的研究对象，类似于人们对任何其他科学的定义，我们亦可将安全信息学定义为：安全信息学是研究安全信息现象及其运动规律的科学。

毋庸置疑，上述安全信息学定义是完全正确的。不过，由于该安全信息学定义过于简洁、原则而笼统，不易清晰而系统地理解和把握安全信息学的内涵。鉴于此，这里给出更为科学、精确而具体的安全信息学的定义：安全信息学是以“系统安全管理失败的根源可统一归为安全信息缺失”为基本理论依据，以安全信息为研究对象，以全部安全信息运动过程的规律为研究内容，以安全科学和信息科学为学科基础，以解决系统安全管理过程中的安全信息缺失问题为侧重点，以实现与拓展系统安全行为主体，即系统安全信宿（人）的安全信息功能为直接研究目标，以实现基于安全信息的系统安全行为干预为最终研究目的的一门新兴交叉综合学科。

3. 学科内涵

根据安全信息学的定义，扼要剖析安全信息的基本内涵。安全信息学的基本内涵是指在安全科学领域研究与实践中，以安全科学知识体系为根本基础，融合信息科学理论与方法，应用计算机科学、数学、统计学与管理学等中的各种工具与方法，研究安全信息运动过程（包括安全信息的产生、搜集、整合、存储、检索、研究、报道、服务与利用等安全信息活动过程）的规律和方法手段，最大限度地优化系统安全行为主体的安全信息行为［即指导和促使系统安全行为主体最大限度地阐明和理解大量安全信息（包括安全数据）所包含的安全科学意义，并充分利用认识论安全信息］，以期解决系统安全管理过程中的安全信息缺失问题，并为基于安全信息的系统安全行为（包括安全预测行为、安全决策行为与安全执行行为[17]）干预提供理论依据与方法，从而进一步发展安全科学理论与方法，为安全科学研究、实践与发展提供新理念、新理论与新方法，并加快安全科学的现代化发展。

4. 学科属性

随着信息技术在各个学科领域的应用普及，各个学科均在形成一个关于本学科信息问题的系统性知识体系。因而，与安全管理学、安全文化学与安全经济学等一样，安全信息学既是安全科学“信息化”的产物，亦是信息科学本身发展的必然趋势。细言之，安全信息学是信息科学理论与方法在安全科学领域的渗透与应用，其介于安全学科与信息学科的交叉处，属安全学科与信息学科通过交叉与综合而派生出的边缘性学科。同时，安全基础科学研究安全事物运动的一般规律，信息科学研究信息运动过程的一般规律，而安全信息学研究安全信息运动过程的专门规律。因而，安全信息学与安全科学、信息科学的关系亦是一般与特殊的关系和共性与个性的关系。此外，鉴于以下 3 点重要原因：

1）安全信息学与系统安全学的基本性质（综合性、基础性、普遍性与媒介性）完全一致。安全科学、信息科学同属交叉综合性学科，安全信息学研究与实践必然涉及安全科学二级学科分支（如安全自然科学、安全社会科学、安全生命科学及安全工程技术科学等）多学科知识，安全信息学类属于上述各安全科学分支学科的交叉范畴，具有高度的综合性。与此同时，鉴于安全信息是一切安全工作的基础，研究安全信息是所有安全科学研究的起始点，每一门安全科学的分支学科必然离不开安全信息学的支持与影响。由此观之，安全信息学是安全科学内部各分支学科进行交叉融合的产物，亦是安全科学各分支学科间的媒介科学。其实，根据文献 [4] 可知，就安全科学二级学科分支而言，唯有系统安全学亦完全具备安全信息学的上述性质。

2）信息科学方法是一种系统安全学研究的重要方法论。所谓信息科学方法，就是基于信息视角对某一复杂系统运动过程的规律性认识的一种研究方法 [1]。细言之，信息科学方法是指运用信息的观点，把系统的有目的性的运动抽象为一个信息传递和变换（主要包括输入、存储、处理、输出、反馈）过程，通过对信息流程的分析和处理，获得对某一复杂系统运动过程的规律性认识的一种研究方法。由此可知，信息科学方法是一种系统安全学研究的重要方法论。

3）系统安全学研究与实践离不开安全信息。“安全信息”一词的滥觞于系统安全学，安全信息一直被视为一种必要而重要的系统安全要素，是系统安全学的最基本和最重要概念之一 [4]，安全信息的经典定义亦是从系统安全学角度出发定义的。

综上可知，相关学者及我国现行的学科划分标准将安全信息学相关研究划归为安全科学二级学科分支之系统安全学的一个分支学科，是具有充分的理论依据和现实基础的，是科学而合理的，作者亦持这一观点。此外，根据学科结合的不同形式，可将学科结合的类型划分为线性（即将一门学科的原理与方法应用至另一门学科之中）、结构性（即两门或两门以上的学科融合生成一门新学科）、约束性（即在一个具体目标要求的约束下，进行多学科的协调与融合）3 种 [18]。显然，安全信息学是安全科学与信息科学两门学科通过“线性”与“结构性”学科结合形式形成的一门新兴学科。再加之安全信息学本身具有基础性与普遍性。因而，作者认为，在安全科学学科体系中，将信息科学定位为一门安全科学基础学科分支更为科学而合理（尽管过去不少学者单纯从“线性”学科结合形式角度，将安全信息学误解为应用型科学或安全工程技术科学）。为便于内容安排，本书暂且将“安全信息学”内容安排在本章中（安全自然科学领域的新分支）。

5. 学科基础

对动态现象的运动规律的认识是安全科学与信息科学的共同理论基础。从狭义角度看，由安全信息学的定义，以及对安全信息学的交叉综合属性的分析可知，安全信息学的直接理论基础是安全科学与信息科学原理与方法。此外，从广义角度看，由安全信息学的综合性、基础性、普遍性与媒介性性质可知，安全信息学研究与实践必然会涉及其他安全科学分支学科，乃至其他一般性学科的原理与方法。换言之，安全信息学的理论基础应是安全信息学研究和实践所涉及的各学科理论的交叉、渗透与互融。由此，根据各学科与安全信息学间的联系的紧密程度，构建安全信息学的学科基础体系，如图 2-1 所示 [需说明的是，图 2-1 中仅罗列一些与信息科学（安全信息学）研究和实践较为密切的学科，其余学科不再一一列出]。

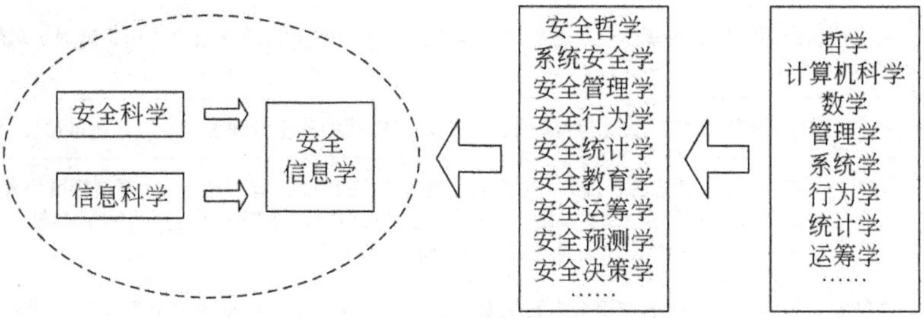

图 2-1　安全信息学的学科基础体系

6. 学科外延

就安全信息学的外延而言，其主要体现在信息技术在系统安全管理、安全产品研发、安全科学相关文献与情报研究，以及安全科学教育与科研等方面的应用，具体主要内容如图 2-2 所示。

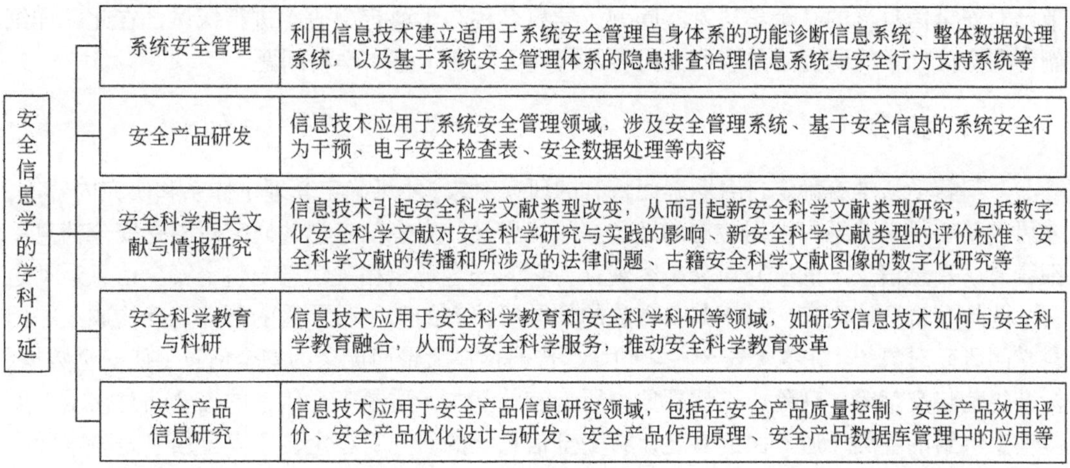

图 2-2　安全信息学的学科外延

7. 学科任务

由安全信息学的定义可知，安全信息学的侧重点是解决系统安全管理过程中的安全信息缺失问题，其直接研究目标是实现与拓展系统安全行为主体的安全信息功能，其最终研究目的是实现基于安全信息的系统安全行为干预。基于此，可得出安全信息学的基本任务：通过对安全信息的有效研究与组织、管理与控制及开发与应用，从而实现安全信息（包括安全知识）的充分利用与共享，提高系统安全行为（即系统安全管理）的效率和质量。此外，从实践的角度看，安全信息学手段与方法的应用与更新具有 4 项基本功能（表 2-1）。因而，从实践的角度看，安全信息学的基本任务是实现安全信息学手段与方法的重要功能。

表 2-1　安全信息学手段与方法的 4 项基本功能

功能名称	具体释义
整合功能	安全信息产生与发展的基本规律对安全科学实践及系统安全管理领域中的相关流程、职能与要素等进行整合
辅助功能	使系统安全管理技术向现代化与智能化发展，不仅能帮助安全管理者“看”，还可帮安全管理者“想”
拓展功能	利用安全信息规律，增强与扩展人（包括安全管理者）的信息 / 智力功能，主要包括增强人的感觉功能（即安全信息的提取、检测与传递等功能），拓展人的思维功能（即安全信息的转化、存储、识别与处理等）及安全行为功能（即利用安全信息进行调整与优化人的安全行为）
支撑功能	系统安全行为支持系统的应用将为系统安全行为主体提供更好的系统安全管理和系统安全促进支持，尽可能避免系统安全行为出现失误，从而极大地提高系统安全管理水平与质量

2.1.3　安全信息学的研究对象、研究内容及研究方法

明确一门学科的学科基本问题是建构这门学科并推动其发展的首要问题。因此，极有必要基于安全信息学的定义与内涵，系统阐释并明晰安全信息学的学科基本问题。2.1.2 节已对安全信息学的 7 个学科基本问题（学科名称与学科定义等）进行探讨，在此，详细阐释安全信息学的研究对象、研究内容及研究方法 3 个基本学科问题。

1. 研究对象

一门新学科唯有确定自身明确而特有的研究对象，才可确定其理论体系和研究内容等，才可在整个科学体系中占据应有的地位。顾名思义，安全信息学的研究对象是安全信息。细言之，安全信息学的研究对象是客观存在着的安全现象相关信息与整个安全信息运动过程。此外，就理论而言，对于某一现象的领域所特有的某一种矛盾的研究，就构成某一门科学的研究对象[3]。在各个安全科学领域，普遍存在大量而庞杂的安全信息（如安全数据、标准规范与文献等）现象，这些现象中所特有的基本矛盾是安全信宿的安全信息需求与安全信息供给的各类矛盾。由此观之，将安全信息学的研究对象定位于安全信息是科学而合理的。对于安全信息的定义与基本含义，已从科学层面作了详细探讨，这里不再赘述，这里仅从安全信息的整合功能角度出发，深入解读安全信息学的研究对象。

从现代科学意义上讲，从系统安全和“流”的角度看，可将安全科学具体研究对象及系统安全影响因素归纳为以下 4 类，即安全物质（safety-related material，SM）流、安全能量（safety-related energy，SE）流、安全行为（safety-related behavior，SB）流（包括安全经济行为流与安全文化行为流）与安全信息（safety-related information，SI）流。根据安全信息的整合功能，可提出“四流合一”系统安全理论：某一系统内的 SM 流、SE 流

与 SB 流可统一整合为 SI 流。因而，从表面看，安全信息学的研究对象是 SI 流；从深层看，安全信息学的研究对象实则是 SM 流、SE 流与 SB 流的信息化统一体。由此也不难发现，现代系统安全管理所利用的表征性安全资源是安全信息资源，这是安全信息学在当今时代问世的根本原因。

综上可知，"四流合一"系统安全理论是从安全信息视角对系统安全问题的深层次认识，其理应是系统安全学与安全信息学的核心理论之一。此外，由于安全信息学逐渐被安全科学理论界与实践界所广泛关注和重视，以"SM-SE-SB"为中心观念的传统安全科学（系统安全学）研究与实践逐渐必然会被以"SM-SE-SB-SI"为中心观念的现代安全科学（系统安全学）研究与实践所替代。

2. 研究内容

一般而言，一门学科的研究内容可划分为上游研究（学科基础理论研究）、中游研究（应用基础研究）与下游研究（实践应用研究）3 个不同层次。鉴于此，这里分别论述安全信息学的上游研究内容、中游研究内容与下游研究内容。

（1）安全信息学的上游研究（学科基础理论研究）内容

安全信息学的上游研究内容是安全信息学基础理论，主要是研究安全信息的性质及其运动规律，总结和提炼安全信息学的方法论，以及研究安全信息学的学科框架。其中，就研究安全信息的性质及安全信息学方法论与学科框架研究而言，比较容易理解（所谓安全信息的性质研究，主要是指研究安全信息的定性本质与定量测度方法；所谓安全信息学方法论研究，主要是指从哲学高度，基于哲学、信息科学方法论与安全科学方法论等理论，以安全信息学研究为主体，总结并提炼对安全信息学的研究方法与范式体系等内容起宏观指导作用的研究方法；所谓安全信息学的学科框架研究，主要指研究安全信息学的学科基本问题，本研究就隶属于安全信息学学科框架研究）；就研究安全信息的运动规律而言，其相对抽象，需从安全信息运动过程模型着手才可准确理解和把握。

根据安全信息认知通用模型及安全信息处理的"3-3-1"通用模型[17]，借鉴中国著名信息科学学者钟义信[1]提出的信息过程的基本模型，可构建安全信息运动过程的基本模型，如图 2-3 所示。该模型是由对象系统、认识主体（系统安全行为主体）、安全信息、安全信息行为与安全行为 5 个核心要素所构成的抽象安全信息系统。根据该模型，可将安全信息运动过程最直观简明地描述为：对象系统产生本体论安全信息作用于认识主体→认识主体产生安全信息行为，同时产生两类认识论安全信息→认识主体基于策

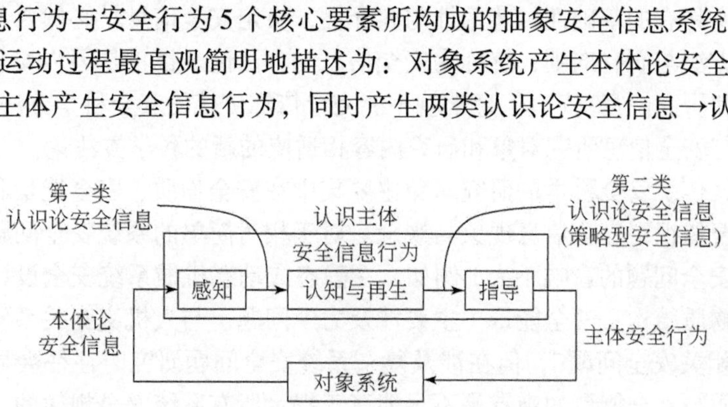

图 2-3　安全信息运动过程的基本模型

略型安全信息产生主体安全行为反作用于对象系统。细言之，安全信息运动过程是：对象系统产生本体论安全信息→本体论安全信息通过主体的感知功能转换为第一类认识论安全信息→第一类认识论安全信息通过主体的认知功能生成安全知识→在目标引导下通过再生功能把安全知识转换为第二类认识论安全信息（策略型安全信息）→策略型安全信息指导主体发出相应的主体安全行为反作用于对象系统，且安全信息传递贯穿于上述安全信息运动过程。

由图 2-3 可知，安全信息学所研究的安全信息运动规律主要包括本体论安全信息生成规律、安全信息行为规律 [包括安全信息获取（感知）规律、安全信息认知规律与安全信息再生规律等]、基于安全信息的安全行为生成（干预）规律（安全信息行为与安全行为二者间的互动规律）、安全信息传递规律、安全信息运动过程中的安全信息缺失规律及其解决方法，以及安全信息系统（安全信息运动过程的基本模型本身是一个抽象的安全信息系统）的组织与优化规律。

（2）安全信息学的中游研究（应用基础研究）内容

根据上游研究（学科基础理论研究）内容及已有的安全信息学的中游研究（应用基础研究）成果，经分析归纳，作者概括归纳出安全信息学的中游研究（应用基础研究）的 12 个方面具体研究内容，具体如图 2-4 所示。

（3）安全信息学的下游研究（实践应用研究）内容

由于安全信息学的下游研究内容是在安全信息学的上游研究内容与中游研究内容基础之上的进一步拓展，极为广泛，很难进行逐一列举和罗列。鉴于此，作者从理论思辨层面出发，仅对安全信息学的下游研究内容的分类方法进行扼要分析，以期指导安全信息学的具体下游研究。根据安全科学的一般应用实践内容，可从安全信息学应用层面、安全信息学应用领域、典型行业安全信息与具体对象系统等角度出发，构建安全信息学的下游研究（实践应用研究）内容分类体系（图 2-5）。此外，需指出的是，图 2-5 中给出的各安全信息学的下游研究（实践应用研究）内容还可进一步细分出更多的研究内容。

3. 研究方法

由于安全信息学具有特有的研究对象和全新的研究内容，尤其是安全信息学在安全科学学科体系中所具有的基础性、普遍性与媒介性，决定安全信息学必然要形成自身独特的科学观、主体方法与研究准则，统称为安全信息学方法论。也正是因为安全信息学具有全新的研究对象和研究内容，安全信息学就不能完全依靠传统的安全科学方法论来解决问题，而需开创一套与安全信息研究对象和研究内容相适应的新的科学方法论。

毋庸讳言，传统安全科学的研究对象主要集中在安全物质、安全能量和安全行为 3 个领域，弱化甚至忽视了安全信息现象与观念。对于相对简单的系统安全问题，忽略安全信息对解决系统安全问题的影响不大 [例如，在静态或动态机械系统安全设计时，只要把机械系统的安全物质结构、安全能量（主要涉及力学问题）与人机交互关系研究清楚，就可解决该系统的相关安全问题]，但在涉及复杂系统安全问题研究时往往会显得力不从心，即仅用安全物质与安全能量的观点是不可能真正揭示所有系统安全规律的。由此可知，建构安全信息学亦是安全科学方法论发展之需，安全信息学必然要问世的理由亦是极为明显

安全信息学的中游研究(应用基础研究)内容体系

序号	研究内容名称	具体解释
1	安全信息技术研究	安全信息输入技术、安全信息输出技术、安全信息存储技术、安全信息自动标引与检索技术、安全信息门户技术及安全信息可视化技术等
2	安全信息标准化研究	安全信息表达的标准化、安全信息供给的标准化、安全信息交换的标准化及安全信息处理与流程的标准化
3	安全信息有序化研究	通过安全信息整合，可减少系统安全信息流的混乱程度，提升安全信息资源的质量和价值，提高安全信息资源开发利用的针对性，节省系统安全信息活动的总成本
4	安全信息供给与获取研究	安全信源研究、安全信息资源库(包括安全数据库)建设研究、安全信息供给与选择理论研究、安全信息供给与获取方法研究、安全信息供给与获取技术研究及安全信息用户的安全信息素养提升研究
5	安全信息交流研究	安全信息的传递与交流是系统安全管理不可缺少的安全管理活动，系统安全行为主体一刻也离不开安全信息传递和交流
6	安全数据分析与处理技术研究	安全数据获取、存储、分析和可视化等研究内容，以及安全大数据技术研究
7	专门安全信息系统研究	生产安全信息系统、公共安全信息系统、职业健康信息系统、企业安全信息系统、城市安全信息系统、政府安全监管信息系统与安全科学文献系统等研究
8	系统安全行为支持系统研究	靠智能化的系统安全行为支持系统；依赖于安全信息资源，辅助系统安全行为工具为系统安全行为主体提供所需的安全信息；研究系统安全行为支持的方法与技术，如情报学方法与科学计量学方法等
9	安全科学知识体系计算机表示与模拟研究	安全科学理论的计算机建模研究、数字安全科学理论实现方法研究、事故发生过程模拟与仿真研究、安全专家系统研究、系统安全管理信息可视化和虚拟技术等
10	安全知识管理研究	安全知识素养研究、安全知识学习研究、安全知识创造研究、安全知识支撑和安全知识工程研究
11	安全科学文献信息资源研究	安全科学文献信息资源的获取、保护、存储、处理与传播研究
12	人工智能安全问题及其解决方法研究	人工智能技术作为典型的现代信息技术，近年来已被广泛应用于人们的生产与生活领域。但令人遗憾的是，人工智能技术所引发的安全问题(如机器人伤人安全事件)时有发生。因此，人工智能安全问题及其解决方法研究亦是安全信息学的主要研究内容

图 2-4 安全信息学的中游研究（应用基础研究）内容体系

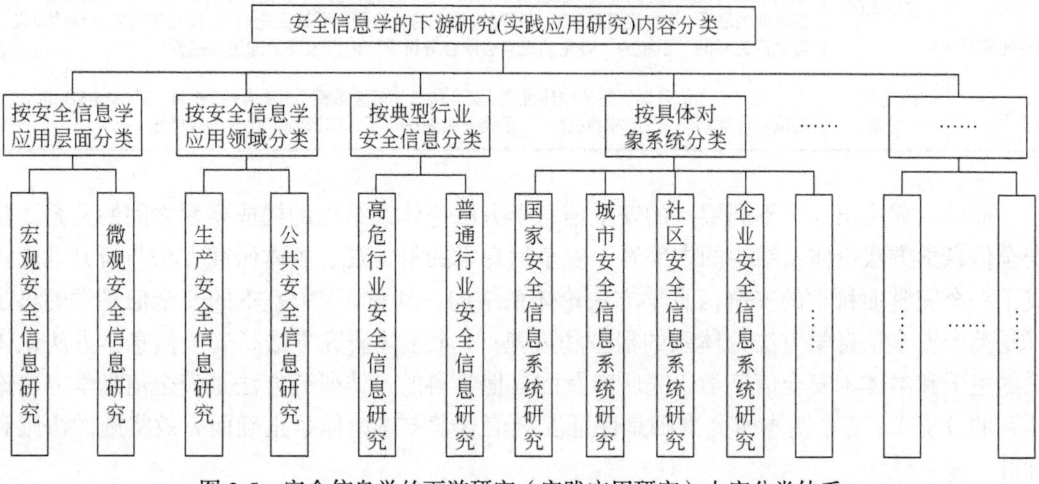

图 2-5 安全信息学的下游研究（实践应用研究）内容分类体系

而明确的。此外，需特别说明的是，安全信息学方法论并非与原有的传统安全科学方法论无关，恰恰相反，安全信息方法论是原有安全科学方法论的重要补充与发展。

综上可知，安全信息学方法具有自身相对独立而完整的体系结构。这里，作者根据安全信息学的定义、特点及已有安全信息学相关研究文献，提出安全信息学方法论体系结构的构成要素。理论而言，完整的安全信息学方法论体系结构由相互紧密联系的3个基本层次的要素（即科学观、主体研究方法与研究准则）构成。根据文献[1，4]，对安全信息学方法论体系结构的构成要素进行具体阐释，见表2-2。

表2-2　安全信息学方法论体系结构的构成要素

层次名称	具体要素名称	具体释义
科学观	信息观	一是从安全信息视角出发考察和研究系统安全问题，把系统内安全相关事物的运动过程抽象为安全信息的传递与转换过程；二是研究者在研究以安全信息为主导影响因素的系统安全问题时，为便于观察、研究和揭示主导系统安全影响因素的运动规律，应暂且撇开系统中的安全物质因素、安全能量因素与安全行为因素或运用“四流合一”系统安全理论将上述3方面因素统一为安全信息因素，从而准确地抓住主导系统安全影响因素（即安全信息因素），深入观察、分析和研究系统的安全信息运动过程及其规律
	系统观	为确保对于开放复杂安全信息系统的安全信息运动规律进行全面研究和准确把握，研究者在研究开放复杂安全信息系统时，应当强调系统地、整体地把握安全信息现象及其运动规律。所谓系统地、整体地把握安全信息现象及其运动规律，是指在“全时空”条件下研究整个安全信息运动过程
	机制观	为深刻明晰开放复杂安全信息系统的本质，安全信息学研究需将开放复杂安全信息系统的工作机制作为研究的根本目标，而非仅仅满足于追求阐明安全信息系统的具体结构、功能、行为或其他表面性现象
主体研究方法	信息科学主体研究方法	在其他安全科学分支学科中，信息科学研究方法尚未突出体现。显然，信息科学研究方法是安全信息学研究方法的核心，是安全信息学的主体研究方法。信息科学的主体研究方法是信息转换方法。鉴于此，安全信息学的主体方法应是安全信息转换方法，具体包括安全信息系统分析法（其主要解决高级复杂开放的安全信息系统的工作机制认识问题）、安全信息系统综合法（其主要解决高级复杂开放的安全信息系统的工作机制的实现问题）与安全信息系统进化法（其主要解决高级复杂开放的安全信息系统的优化与完善问题）
研究准则	整体准则	系统安全学研究强调整体准则。安全信息学作为系统安全学的分支学科，其研究理应遵守整体准则。细言之，信息科学方法运用于系统安全问题研究，并非是割断系统内各系统安全影响因素之间的联系，并非是用孤立的、局部的、静止的方法研究系统安全问题，而是需直接从整体出发，尝试用关联的、系统的、转化的观点去综合分析系统内安全要素的运动过程
	“四流合一”准则	为了实现安全信息学研究的整体准则，安全信息学理应遵循“四流合一”准则，即“SM-SE-SB-SI”四流一体准则（已对“四流合一”系统安全理论作了详细探讨，此处不再赘述）

此外，需指出3个不同层次的安全信息学方法论体系结构的构成要素之间的关系。从安全信息学方法论体系结构的内部看，安全信息学的科学观、主体研究方法与研究准则构成了一个完整而科学的安全信息学方法论体系结构。其中，3个基本的安全信息学的科学观是整个安全信息学方法论体系的根基和灵魂；1个主体研究方法是安全信息学方法论体系的主干和本体（安全信息学研究所涉及的其他学科的具体研究方法是安全信息学方法论体系的分支）；2个基本研究准则是保证安全信息学方法论体系正确而有效实施的法则和标准。

2.1.4　结论

安全信息学作为安全学科与信息学科通过交叉与综合而派生出的一门边缘性学科，是当前安全科学与信息科学领域势在必建的分支学科，亦必是目前乃至今后安全科学领域最具活力和生命力的新兴学科分支领域。本节在国内外学者研究的基础上，首次充分论证科学层面的创立安全信息学的缘由，并重点深入剖析安全信息学的学科基本框架（主要包括学科定义、学科内涵、学科属性、研究对象、研究内容与研究方法等 10 个安全信息学的学科基本问题）。本节内容不仅在理论层面为未来的安全信息学研究实践绘制了一幅科学严谨的“研究大纲”（特别是明晰了安全信息学的基本研究框架和思路），对完善安全信息学的学科理论体系、深化和丰富安全信息学学科内涵与研究内容、促进安全信息学研究与发展具有重要的理论意义，也在实践层面对安全信息学应用实践具有重要的指导意义。

本节内容是安全信息学学科基础理论研究，其仅在学科基础理论层面为安全信息学研究奠定了扎实的基础，并提供了宏观层面的安全信息学研究与发展的基本框架。因此，今后尚需围绕确立的安全信息学的基本学科框架，开展大量后续安全信息学研究与实践，从而促进安全信息学研究快速发展。

2.2　安全混沌学

【本节提要】本节将混沌科学中的现代化知识运用到安全科学领域的理论与实践中；提出了安全混沌学的定义，并分析其内涵，从现代非线性理论角度构建安全混沌学的理论分支体系，并详细论述了各分支体系的内涵及其研究方法；综合安全混沌学领域所涉及的文献资料，依据大量的应用实例探讨混沌理论在安全科学中的应用，阐述安全混沌学应用与研究的重要意义与广阔前景。

本节内容主要选自本书第一作者吴超和杨冕发表的题为“安全混沌学的创建及其研究”论文[19]，为节省篇幅该文的参考文献没有全部引入本节，读者需要了解时请阅读该论文。

混沌科学自其诞生 40 多年来，犹如水银泻地，无孔不入。混沌的思想广泛地渗透到自然与社会的各种学科，涉及生物、医学、信息、气象、经济、环境及文艺等众多领域，产生了如混沌图像处理、混沌控制、混沌经济学、混沌医学、混沌艺术等一系列混沌学分支，为交叉与边缘学科的基础理论研究做出了极大的贡献。例如，产生于 1980 年的事故变化论与 1998 年的新安德森模型充分发挥了系统论和扰动论的思想，与混沌科学有密切的联系，将安全信息方面的事故致因理论向前推进了一大步。

在安全科学学思想的指导下，通过对混沌科学与安全科学基本属性的比较，通过对混沌动力学理论、耗散结构理论、突变理论、协同理论、分形理论等混沌科学理论与事故致因理论、系统安全分析、系统安全评价、系统安全管理等安全科学理论本质特征的比较，可以发现，混沌学与安全学两者之间具有极大的相似性，混沌科学中的许多前沿理论都可以在安全科学中得到有效的应用。因此，针对目前安全科学基础理论发展尚不完善、传统安全学原理实践落后的现状，创建安全混沌学，在新的时代背景下完善安全科学基础理论，使安全原理的发展焕发新的强大生命力，则显得至关重要！

2.2.1 安全混沌学的定义及其内涵

基于混沌科学理论与安全科学理论的发展现状，给出安全混沌学的定义：安全混沌学是以现代数学理论为工具，以系统非线性动力学为基础，以安全系统“混沌－耗散－突变－协同－灰色－唯象－分形－拓扑”等理论为主体，以实现安全系统混沌控制、降低事故发生率和负效应为目标，对安全科学基本规律、安全学基本原理进行探索研究的学科。

从安全混沌学的定义可以看出，安全混沌学并非由各种不同的宏观学科构成，而是一门由各种角度不同却又彼此连通的现代非线性理论组合而成的独立学科；同时，这些理论又由于其本身的横断性、综合性，使安全混沌学可以渗透至各种不同的安全学科中甚至安全领域的各个方面。

1. 意义

安全混沌学作为安全科学中一个全新的学科分支，综合运用了混沌科学中一批先进的理论成果，使得其在安全科学研究中主要具有如下 5 个方面的重要意义：

1）运用安全混沌学思想，可以进一步深化对安全系统本质特征的认识。安全系统具有客观存在性、抽象性、结构性、开放性、动态性，属于远离平衡态的非线性自组织系统，并以耗散结构存在，具有混沌特性，认清安全系统的本质有利于把握安全系统的运行规律。

2）安全混沌学的理论可以衍生出新的事故致因理论和新的系统安全分析法，是对安全学传统原理的突破与创新。例如，通过安全混沌学的研究，人们可以认为事故是由微小的扰动引起的涨落使安全系统失稳导致的结果；可以定量分析安全氛围的量化作用和机理；另外在系统安全分析中，可以引入安全熵 S 测量系统的无序程度，还可以引入安全超熵量 $\delta^2 S$ 计算超熵产生 $\delta_x P$ 判定安全系统的稳定性。

3）运用安全混沌学思想，可以重新塑造人们对安全管理的认识。在确定性的安全系统中，由于事故的发生具有内在随机性，唯有依靠连续不断的安全管理才能监控调节系统的控制参数，将系统的运行稳定在预期的轨道上，实现安全系统的混沌控制。

4）运用安全混沌学思想，可以产生新的安全评价方法和事故预测手段。例如，尖点突变评价理论、模糊综合评价理论以及安全灰色预测理论，为安全系统的分级、综合评价、聚类分析和事故预测整理出了较系统的解决办法。

5）安全混沌学对于安全科学的研究还具有重要的哲学指导意义，使人们认识到安全系统确定性与事故发生随机性的统一，为安全科学理论研究中工具的选择与方法的运用指明了方向。

2. 方法应用

安全混沌学的方法可以有如下几大类型的应用：

1）将安全混沌学方法应用于安全领域的不同方面，如可在工业生产安全、道路交通安全、食品卫生安全、自然灾害安全、国防军事安全、经济社会安全等不同领域中分别建立与之相适应的安全混沌学模型。

2）将安全混沌学方法应用于安全研究的不同环节，如可在系统安全分析、系统安全管理、系统安全评价、事故统计及调查研究等不同环节中分别采用安全混沌学理论进行研究。

3）在同一环节中交叉应用安全混沌学中不同的理论方法，如可在对象系统的安全分析中同时运用安全突变理论、安全协同理论、安全灰色理论、安全唯象理论对系统状态进行多角度分析，加强结论的可靠性。关于安全混沌学的理论分支，将在 2.2.2 节做详细论述。

3. 研究步骤

一门全新的学科，其研究步骤的确立应该是一个不断探索的过程，在此对安全混沌学应用于实践中的研究步骤仅做一种方法论陈述。

1）分析所需要研究的对象系统的特点，选择安全混沌学中具体的理论；

2）基于所选择的理论，建立相应的安全系统混沌动力学方程（组）；

3）收集安全系统状态变量数据序列、控制参数数据序列，代入模型计算处理；

4）根据分析结果，做出安全决策并指导安全管理；

5）监测系统安全动态，不断反馈，与实测值进行比较，若误差较小则返回第二步修正混沌动力学函数，再次计算，若误差过大，则返回第一步重新选择分析理论。

安全混沌学的研究步骤示意图如图 2-6 所示。

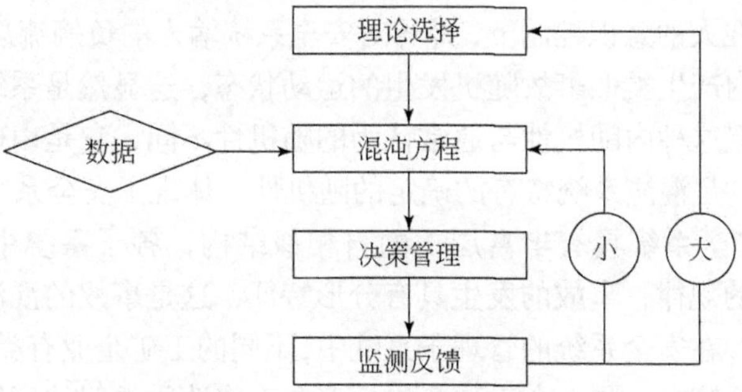

图 2-6　安全混沌学的研究步骤

2.2.2　安全混沌学的理论分支

根据安全混沌学的定义，安全混沌学的主体框架应该是由各种不同的理论分支构成的，根据对混沌科学部分知识的系统研究并结合安全科学发展的需要，对安全混沌学理论分支的构造作如下拟定：安全混沌学主体内容应该包括安全系统混沌理论、安全耗散结构理论、安全突变理论、安全协同理论、安全灰色理论、安全唯象理论、安全现代数学理论等。构造如图 2-7 所示。

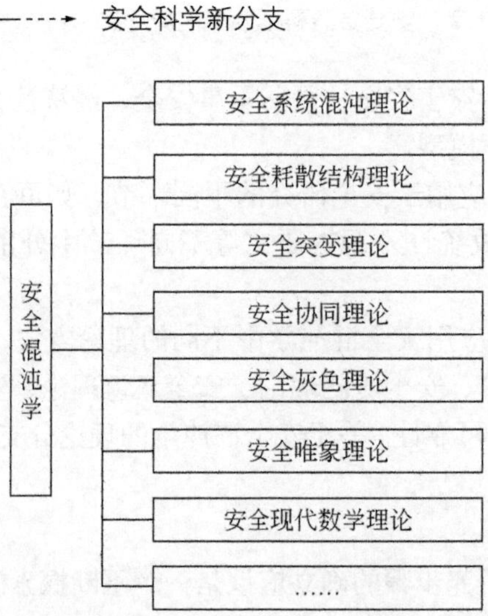

图 2-7 安全混沌学理论分支的构造

1. 安全系统混沌理论

安全系统混沌理论主要包括安全系统混沌动力学与安全系统混沌控制两大部分。

（1）安全系统混沌动力学

在安全系统混沌动力学中，安全系统具有五大混沌动力学特性：

1）有界性。根据事故致因理论中的“轨迹交叉论”，安全系统中各元素的运动轨线始终局限于一个确定的区域，这个确定区域的大小与安全系统的范围有密切关系。

2）内随机性。在人的意识控制下，外界对安全系统输入的负熵流总是确定的、有序的，然而却在安全系统内产生类似事故随机发生的运动状态，这显然是系统内部自发产生的，故称为内随机性，但这种内随机性与通常认为的随机性不同，它是由确定的安全系统对初值的敏感性造成的，是混沌系统特有的确定的随机性，体现了安全系统的局部不稳定性。

3）分维性。安全系统具有丰富层次的自相似结构，各子系统中事故的发生虽轨迹不一，却又有共同的规律，事故的发生具有分形特征，这是事故的混沌运动与随机运动的重要区别之一。同时，在安全系统的管理子系统中，不同的工矿企业有类似的安全管理体制；在安全系统的人子系统中，同一个工种会包括多个工作性质类似的班组，在不同的班组中又似乎都有一个核心领导者。另外，还可以探讨$D_S=\dfrac{\ln b}{\ln a}$及 Hausdorff 测度$H^S(F)=\lim\limits_{\delta\to 0}H^S_\delta(F)$在安全系统维度计算中的运用。

4）标度性。安全系统的混沌运动是无序中的有序态，只要对系统中各变量数值的影响参数掌握足够全，测量设备精度足够高，总可以在一定尺度的安全系统混沌域内预测事故发生的相关信息。

5）普适性与统计特征。安全系统中事故的发生规律表现出一定的统计特征，总有一些普适的常数，如海因里希法则的 1 ∶ 29 ∶ 300，事故规模大于 X 的安全事故与其数目 Y 之间满足如下关系式：$\lg Y=a-bX$，这些普适性与统计性极类似于 Feigenbaum 常数和 Lyapunov 指数。

既然安全系统具有显著的混沌动力学特性，则在理论上应该存在安全系统的混沌吸引子，可以在综合各种变量因素的基础上，寻找安全系统中正的 Lyapunov 指数，从而确定安全系统混沌吸引子的存在。另外，以上的这些基本属性还决定着安全系统中事故发生的一些外在现象特性，如突发性事故所表现出的对初始条件的敏感依赖性，地震、滑坡、瓦斯爆炸等事故所表现出的有限的可预测性等。

在充分认识安全系统的混沌动力学特性的基础上，则可将混沌动力学理论用于探索安全系统中某状态变量的演变规律。下面特举一例“运用混沌理论中的相空间重构技术处理安全系统的时间序列预测难题”，其步骤如下：

1）由时间序列重构相空间吸引子，提取安全系统动力学特性。

设安全系统一单变量时间序列为｛$X(t_i)$，i=1，2，3，…，N｝，其采样时间间隔为 Δt，则重构相空间如式（2-1）：

$$X_i(t)=\{x(t_i),\ x(t_i+\tau),\ \cdots,\ x[t_i+(m-1)\tau]\}\ (i=1,\ 2,\ \cdots,\ M) \tag{2-1}$$

式中，$X_i(t)$ 为相空间中的点；m 为嵌入维数；$\tau=k\Delta t$，为时间延迟；M 为相空间中的点数，且 $M=N-(m-1)k$，集合｛$X(t_i)$，i=1，2，3，…，N｝描述安全系统在相空间中的演化轨迹，只要 m、τ 选择恰当，在此过程中拓扑等价，Lyapunov 指数、Kolmogorov 熵、分数维等特征量均保持不变。

2）采用加权一阶局域法进行相空间重构的预测。

设中心点 X_k 的邻近点为 X_{ki}，(i=1，2，…，q)，并且到 X_k 的距离为 d_i，设 d_m 是 d_i 中的最小值，定义点 X_{ki} 的权值 P_i 为

$$P_i=\frac{\exp[-a(d_j-d_m)]}{\sum\limits_{j=1}^{q}\exp[-a(d_j-d_m)]} \tag{2-2}$$

式中，a 为参数，取 a=1，则一阶局域线性拟合为 $X_{ki+1}=ae+bX_{ki}$，(i=1，2，…，q)，其中 $e=(1,\ 1,\ 1,\ \cdots,\ 1)^{\mathrm{T}}$，当 m=1 时，应用加权最小二乘法有

$$\sum_{i=1}^{q}P_i(X_{k+1}-a-bX_{ki})^2=\min \tag{2-3}$$

对式（2-3）求解 a，b，得到预测公式 $X_{k+1}=a+bX_k$，然后构造下一个中心点及其邻近点，继续用上述方法计算下一点的预测值。此外还可以使用 Kolmogorov 熵法分析安全系统状态变量的确定性时间尺度预测。

（2）安全系统混沌控制

混沌科学的发展大致经历了 3 个不同的阶段：第一阶段为从有序到混沌，主要是认识自然界混沌现象的普遍性，认识到非线性系统才是最一般的系统，线性系统只是其中的特殊例子；第二阶段是研究混沌中的有序，认识混沌中的几个普适常数（如 Feigenbaum 常数），认识混沌中的内在规律性；第三阶段为从混沌到有序，即混沌控制研究，通过对系统参数作小扰动并反馈给系统实现将混沌系统的轨道稳定在人们预期的一条特定轨道上。

实现安全系统的混沌控制是安全混沌学的追求目标，安全系统虽然是复杂的多维系统，但其变量的运动具有一定的规律性，仔细地选择小扰动可对安全系统的长时间行为产生大

的有益变化。传统的系统安全分析法中的可操作性分析（HAZOP）主要是以关键词为引导，分析工艺过程中状态参数（如温度、压力、流量）的变化，通过对控制参数的调节，稳定系统状态变量，实现系统的安全运行。若将 HAZOP 发展为现代的"多维可操作性分析"将会对安全系统的混沌控制大有裨益。

2. 安全耗散结构理论

（1）安全耗散结构理论的成因

安全系统是一个多元化多功能多目标、预测和控制非线性、人 - 机 - 环各种因素相互作用的复杂系统。相关研究证实，复杂的安全系统是以耗散结构形式存在的自组织系统。关于安全混沌学中的安全系统耗散结构论，可基于以下分析：

1)安全系统是一个开放的、动态的系统。安全系统与外界发生物质、能量、信息的交换，从外界引入负熵流来抵消自身内部熵的增加，安全系统熵变满足公式 $ds=d_es+d_is$，当外界负熵流 $d_es<-d_is$，系统熵减少，形成有序化。

2）安全系统是非线性系统。系统内会产生大量的突变现象引发事故，同时安全系统内各要素之间存在非线性相互作用。

3）安全系统是远离原始平衡态的系统。值得强调的是，这里的原始平衡态指的是一种无组织、无纪律状态，在这种状态下，人的不安全行为、物的不安全状态广泛存在，但并不是系统发生事故的概率最大状态，理论上 100% 的事故率同样是一种远离平衡态的状态，是人为的蓄意控制。

4）安全系统的自组织现象是突变过程产生的。原始平衡态系统中存在涨落，或者说是扰动，这些涨落按人的价值观可以分为有益的涨落（安全的）和有害的涨落（危险的）。这些本身随机的涨落在系统远离平衡时，通过外界（主要是人）能量流的输入与维持导致平衡态系统处于不稳定的临界状态，其中的某种涨落被放大为"巨涨落"，从而使不稳定的原始系统突变跃迁到新的有序的安全系统状态。

（2）涨落理论与安全状态表达的几点说明

关于安全混沌学中的涨落理论，有以下几点需要说明：

1）与化学耗散结构中涨落的随机性所不同的是，虽然以耗散结构存在的安全系统是一种稳定化了的巨涨落，但由于维持安全系统耗散结构的能量流、物质流具有"意识性"，本质随机的涨落呈现出一种人为控制下的"可选择的涨落"，即演化为安全系统的涨落并不是纯粹的最先出现的随机或偶然。

2）由于安全系统是一复杂的多维系统，在其运行过程中，除系统内部涨落外，外界环境也会给安全系统输入随机因素，可称为"外噪声"。

3）站在安全混沌学的角度，"事故"可以被定义为"某一偏离安全有序状态的涨落被放大，引起安全系统局部失稳导致的结果"，这一观点可以看作是对传统的事故致因理论中的"扰动起源论"即"P 理论"的进一步发展。

（3）安全耗散结构理论的运用

虽然广义层面上的安全系统包括了灾害系统、事故系统，但在具体的安全系统耗散结构理论研究中，可以参考比较国内外专家学者对灾害系统的耗散结构研究，因为狭义层面的安全系统与灾害系统具有对立互补关系，如果灾害系统从根本上是耗散结构的，那么为了控制灾害事故的演变而产生的安全系统必然也是耗散结构。运用安全耗散结构理论建立系统的动力学方程举例如下：

在土壤侵蚀灾害的耗散结构中，土壤侵蚀连续性方程可表示为

$$\frac{\mathrm{d}q_s}{\mathrm{d}L}=(R/t \cdot s+K/t \cdot s)\xi \tag{2-4}$$

式中，q_s 为泥沙通量；L 为坡长；R 为降雨径流侵蚀力；t 为时间因子；s 为坡度因子；K 为土壤抗蚀性因子；ξ 为系数（包括植被及管理因子和水土保持措施因子）。土壤侵蚀耗散结构的形成与发展是基于外界连续给这一灾害系统输入一定阈值的物质流与能量流，当物质流与能量流的输入小于阈值或输入停止时，土壤侵蚀灾害系统的耗散结构也就终止。

3. 安全突变理论

（1）安全突变理论的定义

事故的发生具有渐变与突变两种形式，前者可运用安全耗散结构理论研究，后者则需要进一步运用安全突变理论进行分析。目前关于突变理论的定义有多种：

1）突变理论是研究从一种稳定组态跃迁到另一种稳定组态的现象和规律的理论；

2）突变理论是研究系统的状态随外界控制参数连续改变而发生不连续变化的理论；

3）突变理论是揭示事物质变方式是如何依赖条件变化的理论。

为了能够精确地定义安全混沌学中的安全突变理论，先做如下假设与推理：

1）安全系统是复杂的多维系统，决定安全系统状态的变量也是多维的，但可以将多维的内部变量统一转化为以安全熵 S 这一系统状态特征量为标准的一维变量参照系统，即安全系统状态函数 $P=F(S)$。

2）安全熵 S 可以被看作仅由 3 个控制参数决定，分别是 u（安全系统内人的因素）、v（安全系统内物的因素）、w（外界的因素），即 $S=f(u, v, w)$。

3）根据以上两点，系统的状态变量为 1 个、控制参数为 3 个，并且安全系统本质上是不可逆系统，系统中的突变现象更是不可逆的，故可以选择突变理论中的燕尾突变模型对安全系统进行分析，则此时安全系统突变模型：

$$\text{势函数 } V_{(s)}=s^5+us^3+vs^2+ws \tag{2-5}$$

$$\text{突变流形 } \mathrm{d}V_{(s)}=5s^4+3us^2+2vs+w=0 \tag{2-6}$$

分叉集由方程消去 s 得到：

$$\begin{cases}\mathrm{d}V_{(s)}=5s^4+3us^2+2vs+w=0\\ \mathrm{d}^2V_{(s)}=20s^3+6us+2v=0\end{cases} \tag{2-7}$$

通过以上动力学方程可以看出描述安全系统突变的相空间应该是一个四维的超曲面，这意味着我们并不能像以往那样简单地画出安全系统突变流形图。在以上的假设中，安全

系统的混沌动力学方程可写为$\frac{ds}{dt}=f(\{s\},\{u,v,w\})$，方程的右半部分可以表达为势函数 $V(\{s\},\{u,v,w\})$ 的梯度，即 $\frac{ds}{dt}=-\frac{\partial V}{\partial S}$，它的定态解由$\frac{\partial V}{\partial S}=5s^4+3us^2+2vs+w=0$解得，求出的定态解 $\{S_0\}$ 在安全系统突变的相空间中表现为奇点。

因此，安全突变理论可被定义为：安全突变理论就是利用势函数 V 来研究安全系统突变的相空间中的奇点是如何随控制参数 u、v、w 变化，以及安全系统势函数 V 与状态变量 $\{s\}$ 和控制参数 $\{u,v,w\}$ 的拓扑不变关系的理论。

关于安全熵 S 的定量计算与控制参数 u、v、w 的定量化选择，将在今后的研究中进一步探讨。

（2）安全突变理论的应用

安全突变理论目前在许多领域都有实际的应用，如基于事故致因理论的尖点突变评价模型在事故危险性评价中的应用，安全突变理论在岩土工程灾变分析中的应用、在采矿工程灾变分析中的应用、在水利工程灾变分析中的应用等，关于安全突变理论应用的具体实例可参考 2.2.3 节。

4. 安全协同理论

（1）安全协同理论的定义

参考哈肯对协同学的定义，可以认为安全协同理论是研究安全系统中子系统之间是怎样合作以产生宏观的时空结构和功能结构，以及安全系统中局部事故灾变系统是怎样通过各种致因因素协同作用产生事故的理论。

（2）安全协同理论的应用步骤

安全系统是一个复杂的高维系统，安全协同理论处理问题的基本思想就是把事故致因机理研究、安全管理要素分析等高维的非线性问题归结为用一组维数很低的非线性方程（即序参量方程）来描述。序参量方程控制着安全系统在临界点附近的动力学行为，安全协同理论的运用主要有以下步骤。

1）建立安全系统初始动力学方程。设安全系统运动方程为常微分方程组：

$$\frac{dq_j}{dt}=f_j(q_1,q_2,\cdots,q_n,\mu)(j=1,2,\cdots,n) \tag{2-8}$$

式中，q 为安全系统状态变量；μ 为控制参数。

2）对式（2-8）动力学方程作线性稳定性分析，调节控制参数 μ，使安全系统线性失稳、出现分岔，确定稳定模和不稳定模。

3）运用支配原理消去快弛豫变量或快弛豫模式，得到一个或少数几个由慢变量或慢变模式主导的非线性随机微分方程，即序参量方程，如果把 n 个状态变量作如下缩写 $q_1(x,t)$，$q_2(x,t)$，…，$q_n(x,t)\equiv q(x,t)$，则安全系统序参量方程为

$$\frac{\partial q}{\partial t}\Big|_{(x,t)}=N[\mu,q,\nabla,x]=F(t) \tag{2-9}$$

式中，q 为序参量; N 为非线性函数向量驱动力; 微分算子 $\nabla=(\partial/\partial x, \partial/\partial y, \partial/\partial z)$; μ 为控制参数; 函数 $F(t)$ 表示来自内部或外部的随机涨落力，安全突变理论认为，安全熵 S 为安全系统重要的序参量。

4）在忽略涨落和考虑涨落两个情形下求解序参量方程，得出系统的宏观结构。

根据不完全统计，安全协同理论在洪涝、泥石流、森林火灾、边坡岩土工程灾变、煤矿安全、电力系统大停电事故等灾害预测和控制中都有实际应用。

5. 安全灰色理论

大量事实表明，安全系统具有灰度特征，是一典型的灰色系统，主要表现在：表征系统安全的参数是灰数；影响系统安全的因素是灰元；构成系统安全的各种关系是灰关系。安全灰色理论是指通过对安全系统状态变量白色部分的灰色动态建模，得到描述其行为的微分方程，求解微分方程，预测安全系统状态变量灰色部分的行为。

同样以安全系统状态变量安全熵 S 为例，若已知安全熵 S 的时间序列为

$$S^{(0)}=(S^{(0)}{}_{(1)}，S^{(0)}{}_{(2)}，\cdots，S^{(0)}{}_{(n)}) \tag{2-10}$$

则可建立安全熵 S 灰色预测的 GM(1, 1) 模型，基于一阶微分方程的 GM(1, 1) 模型为

$$\frac{\mathrm{d}S^{(1)}(t)}{\mathrm{d}t}+aS^{(1)}(t)=u \tag{2-11}$$

$S^{(1)}(t)$ 是 $S^{(0)}(t)$ 的一次累加结果，方程的微分项为安全熵 S 的时间增量。方程的响应函数为

$$\hat{S}^{(1)}(t)=\left[S^{(1)}{}_{(0)}-\frac{u}{a}\right]e^{-at}+\frac{u}{a} \tag{2-12}$$

还原得到预测值：

$$\hat{S}^{(0)}(t+1)=\hat{S}^{(1)}(t+1)-\hat{S}^{(1)}(t) \tag{2-13}$$

关于灰色理论在安全科学领域中的应用已有大量的先例，这里不再赘述。

6. 安全唯象理论

显然，前面几种安全混沌学理论都涉及对安全系统微观机理的探讨研究，与上述几种理论不同的是，安全唯象理论是一种对安全系统所表现出的宏观现象的描述，是为了解释一些实验事实而提出的经验型安全理论，也可以被看作安全前科学，如安全科学中的许多经验公式，其推导并不是从科学原理严格导出，也不需要太深奥的数学知识。

由于安全系统具有复杂的混沌属性，对其微观机理的探索是一漫长的过程，又由于在经济社会中生产与安全矛盾的解决具有现实的迫切性，这就使唯象理论在安全领域的应用与发展具有广阔的空间，安全唯象理论正是基于这一背景被提出。

传统安全原理中许多系统安全预测与决策方法都属于安全唯象理论的范畴，如安全灰色预测法、马尔可夫链预测法、安全技术经济评价法、模糊决策法等。安全系统中的一些典型事故影响模型与计算，如气体泄漏模型、重气云扩散模型、喷射火灾模型、爆炸模型

及事故伤害计算方法所采用的公式理论大都属于安全唯象理论的范畴。另外，近年来提出的一些安全科学理论，如“安全流变－突变”模型，其本质也是对安全系统宏观现象的描述与运行规律的一种表达，可看作是安全唯象理论的重要实践。

传统观点认为，由于安全系统具有巨大的灰色特征，建立元与系统之间的定量映射关系是不大可能的，但如果充分发展安全混沌学中的安全唯象理论，对安全科学的定量化发展必将产生积极的作用。

7. 安全现代数学理论

安全现代数学理论是安全混沌学的数学工具，主要包括：安全分形理论、安全拓扑学、安全模糊数学、安全分岔理论、安全随机数学等。运用现代数学知识对安全系统中的各种现象进行表达与描述，既深化了人们对安全系统本质规律的认识，又为安全混沌学中诸多理论的运用与发展奠定了数学基础。

以安全分形理论为例，安全分形理论主要研究安全系统中的自组织分形特征，我国早期的部分研究实践已证明安全系统中许多事故的发生都具有分形性质。研究认为如果事故等级 r 与事故数量 N 之间满足关系式 $N=cr^{-D}$，则可认为该事故发生具有分形特征，事故分形维数 $D=c-\dfrac{\ln N}{\ln r}$，其中 c 为待定常数，如地震灾害、洪涝灾害的发生都满足幂次率关系，即：$N\propto E^{-D}$。此外关联维数 $D_g=\lim\limits_{\delta\to 0}\dfrac{\ln c(\delta)}{\ln(1/\delta)}$ 在安全系统的事故描述中也有广泛应用，式中关联函数 $C(\delta)=\dfrac{1}{N^2}\sum\limits_{i,j=1}^{N}H\{\delta-|x_i-x_j|\}$。

通过对安全分形理论的进一步研究认为，安全系统也许并不存在一个普适的分形维数，仅用一个分形维数描述安全系统复杂的非线性动力学演化过程而形成的结构是远远不够的，还可以引入局部分维 $\alpha=\lim\limits_{L\to 0}\dfrac{\ln p}{\ln L}$ 来描述安全系统的多重分形，进而深入探讨由局部分维 α 构成的奇异谱 $f(\alpha)$ 与系统安全熵之间的可能关系 $f(\alpha)=\lim\limits_{L\to 0}\dfrac{nS(\varepsilon,\alpha)}{\ln(1/L)}$，$L$ 为局部区域线度；ε 为对应线度 L 的标度指数；$S(\varepsilon,\alpha)$ 为安全熵函数。另外，安全系统是不断发展变化的，其分维数也不应该是一个定值，所以可以引入广义分维 $D(\varepsilon)=-\dfrac{\mathrm{d}[\ln N(\varepsilon)]}{\mathrm{d}(\ln\varepsilon)}$ 描述安全系统的动态分维数，此时的分维 D 不再是一个常数，而是标度 ε 的函数 $D(\varepsilon)$。

因为分形是自组织系统的量度，所以安全分形理论的研究同时也是对安全系统具有自组织特征的证明。总而言之，现代数学理论对安全科学的补充与发展具有极大的促进作用，安全现代数学理论在安全混沌学中担当着基础性的作用，具有广阔的研究尺度。

至此，安全混沌学理论分支的整体框架结构就构建起来了，通过具体分析安全混沌学中主要理论的内涵及其应用，从中可以看出安全混沌学有着丰富的内涵与强大的活力。这一学科体系的分支结构图如图 2-8 所示。

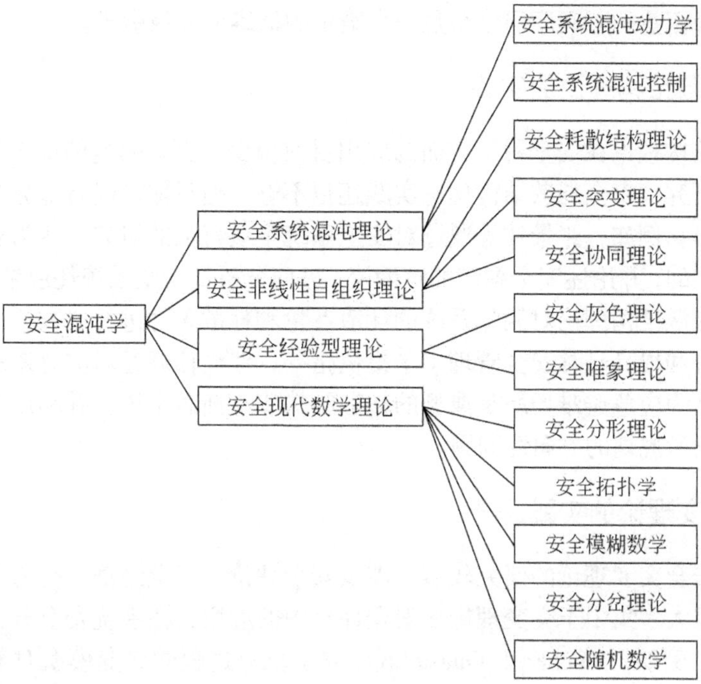

图 2-8　安全混沌学学科体系框架图

2.2.3　安全混沌学的实践

安全混沌学是安全科学与混沌科学的交叉学科，其主要功能是为研究安全科学的基本规律提供新的方法与手段，在作者建立安全混沌学分支体系之前，许多研究者已经分散运用了安全混沌学的思想对安全领域的诸多问题进行研究。依据上述构建的安全混沌学理论分支体系，探讨当前安全混沌学的实践情况。

1. 安全系统混沌理论的实践

安全系统混沌理论目前已有一定的发展，较多地应用于安全系统中事故的演化分析方面，对事故的混沌控制有了初级的认识。例如，Jean-Christophe Le Coze 通过分析安全系统的自组织特性，探讨现代自组织理论在技术风险评价与安全检查中的应用，并认为目前的安全领域研究已经具备将非线性理论引进传统的安全系统分析中的条件；邵辉等研究了混沌理论在事故分析及预测中的应用，指出了事故对初始条件的敏感依赖性和事故的长期不可预测性，分别利用相空间重构技术和 R/S 分析法对安全事故统计资料进行了有效的分析；施式亮等研究了瓦斯爆炸事故的混沌特性及混沌控制，初步建立了瓦斯爆炸事故混沌分析模型；钟茂华等提出了事故过程的确定性混沌分析方法，介绍了混沌分析方法的计算步骤，并以矿井火灾过程进行了实例分析，指出混沌分析可对事故过程的系统状态进行连续分析；段树乔运用混沌理论对电力安全系统的灾变进行了探讨，指出简单互联电力系统具有 Smale 马蹄意义下的混沌，在临界点系统将跳跃到不可回归的灾难；杨思全等利用混沌理论对洪水灾害动力机制进行了研究，结果表明天山黄水沟突发性洪水具有混沌动力系统的特征，洪峰流量的时间序列分布是一个确定的低维混沌吸引子。

2. 安全耗散结构理论的实践

关于耗散结构理论在安全科学方面的应用目前很少，更多的是偏重于与安全相关的岩土工程方面的研究，安全耗散结构理论实践还很不够，但目前已经有部分学者在这方面做了开创性的工作。例如，张景林等通过对安全系统本质特征的研究，认为安全系统是以耗散结构形式存在的，并论述安全系统的负熵流，进而分析了安全系统耗散结构的形成过程；王从陆等利用耗散结构理论对故障系统的耗散参量和耗散条件进行研究，为预防故障，促进系统安全运行和提高日常安全管理水平提供指导；钱洪伟通过对应急避难场所环境影响评价的研究，认为应急避难场所是典型的耗散结构非平衡态系统，并利用耗散结构理论分析了应急避难场所规划的方向性问题。

3. 安全突变理论的实践

目前涉及安全突变理论的研究较多，涉及安全评价、安全经济、交通安全、社会安全等各个方面，但大多集中于突变理论在安全评价中的应用，在系统安全分析、系统安全管理中报道较少。例如，Stephen J. Guastello 建立了事故过程的突变模型对美国芝加哥市与密尔沃基市已完成职业危害调查的 8 家金属加工厂的 68 个工作组进行抽样研究，发现工业事故率的变化是非线性动力学作用的结果，并认为非线性模型比传统的线性模型在分析事故方面更为有效；蒋军成研究了突变理论在安全工程中的应用，探讨了事故过程突变分析的流形与势函数两种分析方法，阐述了系统安全动态模糊突变分析与评价法在罐区安全评价中的应用；周荣义等在突变理论的基础上建立了油库火灾爆炸尖点突变模型，实现了对油库安全状态的模糊动态分析与评判，结果证明运用突变评价模型可以避免评价指标权重的确定问题，减少评价人员主观因素的影响；郭晋秦等运用突变理论分析社会安全中人群拥挤现象的形成机理，建立了拥挤人群的尖点突变模型，有效地描述了人群状态的非连续性现象，为拥挤人群安全状态的控制指明了方向；袁大祥等对事故的发生机理进行了突变理论研究，并提出事故潜势概念，建立了事故潜势突变模型，认为事故潜势是事故发生的本质特征；翁文国等对建筑火灾中的轰然现象进行了突变动力学研究，建立了轰然现象的突变流形方程，讨论系统控制参数和工况条件之间的关系；何学秋等开展了安全科学的“流变－突变”基础理论研究，针对安全演化过程具有“流变－突变”的特点，建立了安全科学的“R-M”基本理论模型，为揭示事物的安全本质提供了一条新的路径。

4. 安全协同理论的实践

调查发现，协同理论虽然在矿业工程、水利工程、自然灾害、电力系统等与安全科学相交叉的领域有一定的应用，但在纯安全科学领域应用较少。目前安全协同理论的实践大多偏向于安全管理等软科学方面的应用，对安全系统序参量方程的建立、控制参数的调节等定量化研究尚鲜见报道。例如，Vera L. G. Blank 等通过对瑞典采矿业 1911 ~ 1990 年的调查研究，分析技术进步与职业事故之间的关系，发现两者之间的函数关系由线性最终演变为非线性，得出结论认为职业事故率是在众多因素的协同作用下变化的，技术进步不是唯一决定因素，对职业事故率的变化研究需要更为深入的发展；姚有利应用协同学原理和方法对煤矿安全状况与经济发展的协同特性进行了定性分析，对煤矿安全状况与经济发展从无序到有序的协同发展进行了定量分析研究，建立了煤矿安全与经济协同发展的协调度评价指标体系；郭志明在协同理论的基础上论述了灾害管理能力及其影响因素，指出了灾害管理能力的建设依靠创新，明确了灾害战略管理的目标定位；黄典剑等对城市重大事故应急协调的机理进行了研究，建立了城市重大事故应急系统的协同关系模型，为应急协调性的量化奠定了基础；徐道一探讨了灾害链演变过程的似序参量，通过把灾害链的隐性有序性变量类比为协同理论的序参量，提出了“似序参量”概念，作为表示灾害链演变的重要参数。

5. 安全灰色理论的实践

安全灰色理论目前被广泛应用于工业安全、交通安全、自然灾害安全等安全领域的不同方面，以及系统安全分析、系统安全评价、安全决策、事故预测等安全研究的不同环节，在此举几个有代表性的例子。

牛会永在城市道路交通安全评价研究中，应用灰色系统理论对道路交通安全的 3 项指标进行归纳和计算，判断各城市所属的灰类，更合理地评价各城市的交通安全状况，取得了较为满意的效果；孔留安等运用灰色关联度分析法分析了影响安全生产状况的经济社会发展指标，得出农业产值占 GDP 的比重对安全生产状况的影响最大，第三产业的影响其次，科技和教育经费的投入指标对安全生产状况的影响度较小的结论，为解决安全生产问题提供了新颖的思路；梅强利用灰色理论建立了安全投资 - 效益系统关联模型，判断影响安全投资效益的关键因素，从而为制定正确的安全投资方向提供了充分的决策依据。侯立峰等通过灰关联度确定了事故造成的人员伤亡和经济损失等各属性指标的不同权重，定义了事故间的加权欧氏距离，利用聚类分析对事故进行了分类。

6. 安全分形理论的实践

分形理论在安全科学的研究中已经初见成效。例如，Cunderlik J. M. 等利用水文数据资料研究了洪水的分形特征；Luciano Telesca 等研究了意大利中部翁布里亚 - 马奇地区 1997 ~ 1998 年的地震震级的时间尺度属性，证明了区域地震的分形特征；潘伟等根据我国“十五”期间事故统计数据，利用关联维数的基本原理，对事故时间序列进行了分形特征分析，该研究对建立事故时间序列的预测模型有较大的参考价值；何俊等利用分形几何的手段分析瓦斯涌出严重程度与地质构造之间的定量关系，结果表明井田地质具有分形特征，对瓦斯区域预测研究有重要价值；朱晓华对自然灾害的奇异分形现象作了综述研究，总结了地震、旱涝、火山喷发、滑坡、泥石流、海啸等自然灾害的分形特征；谢和平在 20 世纪 80 年代就在我国开展了裂纹扩展的分形运动学研究，其研究工作对安全系统中的防灾减灾具有重要的指导意义。

对于安全分形理论的应用，目前比较局限于事故发生特征的研究，还可以进一步拓展到对安全系统本身的分形特征研究，从而真正深化对安全系统的认识，指导安全管理实践。

7. 安全拓扑学的实践

例如，俞娉婷等采用贝叶斯网络拓扑模型对事故进行分析，在事故致因理论的基础上提出了一种基于“危险因素—事故—事故危害”的三层贝叶斯网络拓扑模型，并通过实例验证该模型的有效性；吴卢荣等根据 1991 ~ 2006 年中国公共聚集场所火灾统计资料，运用灰色拓扑预测方法探讨公共聚集场所火灾发生的规律，并建立灰色拓扑预测模型，预测 2007 ~ 2011 年火灾发生情况；禹东方等运用拓扑分析法对产生违章行为的心理原因进行了研究，指出了违章行为是随着个体和环境的变化而变化的。

8. 安全模糊数学理论的实践

模糊数学理论在安全科学中已经得到大量应用。安全模糊数学理论绝大多数被应用于安全评价中，以模糊综合评价法为典型，模糊数学也经常出现于系统安全分析中，如事故树的模糊数学分析。目前安全模糊数学方面的研究论文虽多，但应用渠道还很单一。例如，Peng-cheng Li 等用模糊数学理论对安全系统中人为失误危险性进行了评价，并建立了模糊评价模型，确定了人为失误危险中三大因素指标的权重，结果证明运用模糊方法对人为失误进行评价是切实可行的，比传统的评价方法更为有效；狄建华研究了模糊数学理论在建筑安全综合评价中的应用，并提出了一种定量化的多级综合评判法，为建筑安全评价提供了参考依据；曹树刚等研究了石化企业储罐区消防安全的模糊综合评价，结合石化企业储罐区火灾爆炸事故发生的特点，确定了适宜于该类设施消防安全的评价指标体系，并建立了相应的模糊综合评价数学模型；张悦等运用模糊数学分析法对聚合釜爆炸事故树进行了研究，将事故树和模糊数学有机地结合，解决了以往事故树无法解决的基本事件发生概率值的问题，使事故树分析的范围得以扩展和延伸；曾晓等提出了一种基于 HAZOP 定性分析和模糊数学定量分析相结合的新方法，全面分析安全系统运行过程中人的操作可靠性，量化其危险性，从而改良人机系统，促进本质化安全；Zhang 和 Beer 运用安全模糊数学的方法建立了模糊评价模型，并对海水侵蚀环境下近海构筑物的可靠性进行分析，解决了在信息贫乏情况下传统分析模型的参数取值仅是一粗略的范围无法精确测定的难题。

2.2.4 结论

1）宏观安全系统是一个极复杂的巨系统，它的发生、演化具有相当复杂的特性，如有序化、突变性、不可逆性、长期不可预测性以及模糊性、灰色性等，这些特征都是传统的牛顿力学所不能描述的，然而安全混沌学中的各种非线性理论使从总体上研究安全系统的非线性动力学发生、演化过程及其控制因素成为可能。

2）安全混沌学中的基本理论，特别是其动力学原理所采用的非线性随机微分方程、安全熵函数等现代数学工具对计算处理复杂的安全系统非线性问题具有适用性，对安全科学的定量化发展具有重要指导意义，同时安全混沌学的理论尚很不完善，需要更多的安全同行开展深入研究，不断补充丰富。

3）结合具体的安全系统对运用于安全领域的现代非线性理论抽象、归纳、演绎并创新，从而产生了安全混沌学；同时，安全系统是线性与非线性的综合，是复杂的、进化的，是必然性和偶然性的统一，研究越来越复杂的变化对象，必将引起科学观念与研究方法质的变化，安全混沌学的创建就是一个典型的例证。

2.3　安全预测学

【本节提要】本节针对目前学界在理论层面对安全预测研究极其缺乏的问题，立足于学科建设高度，进行安全预测学的建立研究。首先，根据预测的定义，基于系统视角，给出安全预测的定义，并分析其内涵。其次，提出安全预测学的定义，并深入剖析其内涵及创立安全预测学的依据。最后，系统探讨安全预测学的学科性质、研究内容、学科分类与学科基础 4 个学科基本问题。

本节内容主要选自本书作者发表的题为“安全预测学：安全科学中势在必建的分支学科”[20] 的研究论文，具体参考文献不再具体列出，有需要的读者请参见文献 [20] 的相关参考文献。

“凡事预则立，不预则废”与“人无远虑，必有近忧”等古语均强调了预测的重要性。据考证，人类的预测活动古已有之（正如德国著名预测学家拜因豪尔曾言：“这种想在今天知道明天事件的愿望，像人类本身的存在一样，是由来已久的。”），早就受到了理论界与实践界的广泛关注，并于 20 世纪 40 ~ 50 年代已形成预测学这门独立学科。至此，预测学作为一门独立学科越来越突显出其不可争议的作用，其原理与方法现已广泛应用于社会科学与自然科学领域，并已与诸多学科发生交叉融合，形成经济预测学、军事预测学、社会预测学、科学预测学、人口预测学、教育预测学、人才预测学与图书馆预测学等数十门预测学的分支学科。而就安全科学而言，从系统的视角看，安全科学旨在科学研究、控制和优化系统未来的安全状态，且人类的安全实践活动历来均强调“预防为主”与“防患于未然”，而做到有效预防的关键和基本前提又在于科学合理的安全预测。正因为如此，近十几年来，特别是大数据时代的来临，预测学相关原理与方法也被逐步广泛引入安全科学领域的研究与实践，现已取得显著的应用成效和大量颇具价值的研究成果，也为安全科学研究与实践开拓了一个更广阔的新领域。显而易见，极有必要和基础开展预测学与安全科学二者的综合交叉研究。换言之，理应急需创建安全预测学这门安全科学与预测学的新的分支学科，其研究不仅有可为，且大有可为。

安全预测是现代安全管理与防灾减灾工程的基石。换言之，若无科学合理的安全预测，就会出现类似于“盲人骑瞎马，夜半临深池”的诸多安全问题。其实，就安全预测而言，它并非是一个新课题。人类的预测思想与活动实则滥觞并贯穿于人类的整个安全科学研究与实践历程（安全预测可谓是人类历来皆有、最为原始且贯穿于安全科学研究与实践的安全思想与方法论）。例如，①原始人就已用占卜和卦象等具有迷信色彩的方式来预测灾难与危险；②“居安思危，思则有备，有备无患”与“安不忘危，预防为主”等体现安全预测的重要性的古语；③中国汉代张衡发明的地动仪可预测地震发生的大体位置；④渔民出海时用占验天气方式预测天灾与矿工用“老鼠搬家”现象预测矿井瓦斯事故等众多安全民俗文化；⑤直至近年来开展颇多的事故灾难预测、自然灾害预测与安全预警应急管理等安全科学领域的热点研究课题等。但令人遗憾的是，尽管就应用层面而言，目前学界已开展相对广泛和深入的安全预测研究，但就理论层面而言，研究成果甚少，且研究成果极其零散（散见于安全学、灾害学、安全系统学、安全统计学及一些安全工程技术科学分支之中），尚未提炼出安全预测的共性原理与方法等，导致安全预测研究和实践缺乏相对完整而体系化的理论基础，进而严重影响安全预测的可靠性与有效性。

鉴于此，针对目前学界在安全预测理论研究方面所存在的严重不足，充分借助从学科建设高度开展安全预测研究的诸多优势（如可对已有的安全预测研究成果和实践经验进行总结和理论升华；可构建完整的安全预测学的理论体系；以及可使安全预测研究与实践变得更为科学而规范等），基于安全预测应用实践方面已具有的深厚基础，立足于理论思辨层面，主要运用文献分析法与总结归纳法，提出安全预测及安全预测学的定义，并分别分析它们的内涵。在此基础上，详细论述创立安全预测学的依据及安全预测学的学科基本问题，以期构建完整的安全预测学学科体系，从而促进安全预测学的建设及其研究与实践。

2.3.1　安全预测的定义与内涵

1. 定义

所谓预测，简言之，就是由已知推测未知，由过去和现在推测未来。细言之，预测是指基于现有信息，依照一定的方法和规律对未来的事情进行推测和估计，以预先了解事情发展的过程与结果。而就“安全预测”一词而言，尽管人们使用已久，但尚未给出统一而明确的定义。基于系统视角，拟给出安全预测的定义：安全预测是基于系统现有的安全信息，依照一定的安全科学方法和规律，对系统未来的安全状态做出推断和估计，以预先控制和优化系统未来的安全状态，从而为系统安全决策服务的一种安全对策或安全管理活动。基于此，构建安全预测的概念模型，如图 2-9 所示。

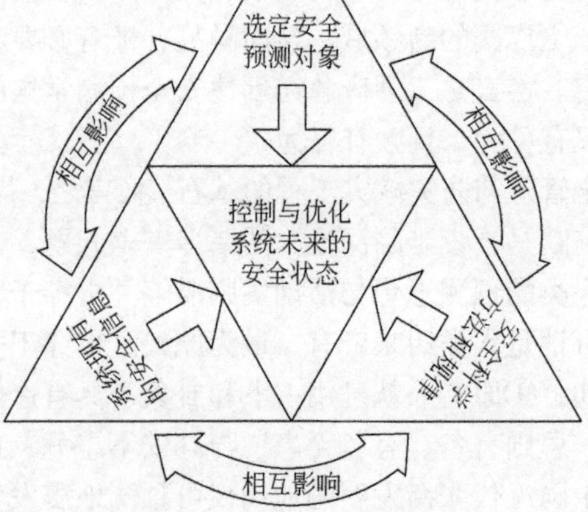

图 2-9　安全预测的概念模型

2. 内涵

为阐明安全预测的具体含义，基于安全预测的定义与安全预测的概念模型，对安全预测的内涵作以下 3 点扼要解析。

1）安全预测的最基本依据是“系统未来的安全状态的可预测性”。在开展任何科学研究与实践之前，最先均需探讨“它可能吗？”或“它可行吗？”这一基本哲学问题（换言之，就是要论证它的可行性与可能性）。就安全预测的可能性与可行性而言，其最基本的依据无疑应是“系统未来的安全状态的可预测性”。换言之，若“系统未来的安全状态的可预测性”这一假设成立，则安全预测可能且可行。在此，就这一假设是否成立，可从以下 4 个不同角度来进行具体论证：

第一，从安全科学角度看，鉴于理论而言，“事故预防的前提在于科学合理的安全预测”，因此，根据安全科学定理之“事故的可预防”定理（在实践中，其也是绝大多数组织所公认的最基本的安全理念），可反推出“系统未来的安全状态的可预测性”这一假设成立。此外，为清晰起见，还可将上述推理过程用逻辑表达式简单表示为

$$\text{“事故的可预防”定理} \land \text{“事故预防的前提在于科学合理的安全预测”} \Rightarrow \text{“系统未来的安全状态的可预测性”} \tag{2-14}$$

第二，从哲学角度看，由哲学原理可知，事物的未来是客观的；事物运动具有客观规律性和预兆性；只要向事物发展规律“询问”，得来的预言就是科学的预言。鉴于此，系统未来的安全状态也是客观的，基于对系统的安全状态发展变化规律（如事故的因果性及其致因规律等）的充分认知（即对系统内的安全信息的充分掌握与利用），就可对系统未来的安全状态进行科学预测，而科学的安全预测就是事实。基于此，这里不妨提出一个安全预测假设：理想而言，若系统的安全信息趋于无限充分（即对称），系统未来的安全状态是完全可预测的（即所有事故均是可预测的）。但理论而言，系统的安全信息不可能达到完全充分（即对称），故安全预测并非无所不能，需辩证看待和恰当运用。

第三，从预测学角度看，预测学存在的根本基础是预测活动可能且可行，而安全预测活动应隶属于预测活动，且预测学这门独立学科早已形成。由此易知，安全预测也是可能且可行的，即“系统未来的安全状态的可预测性”假设成立。

第四，从“理论—实践”的综合角度看，理论而言，在技术与条件等许可的情况下，所有事故（包括自然灾害）都是可预测的，而安全实践事实也是如此，人类在漫长的与事故博弈的过程中，已获得了诸多预测事故的技术与手段等，因此，“系统未来的安全状态的可预测性”假设成立。也正是因为，目前学界与实践界就“事故可预防（包括可预测）”这一安全科学定理已达成基本共识，同时这也是人类不断追求“零事故与零伤害”这一安全终极目标的动力与信念来源和基础。

综上所述，开展安全预测研究与实践的前提是要建立“系统未来的安全状态的可预测性”的思想，但无论任何一个系统，若要预测其未来的安全状态，就须掌握其在一定时期内的安全方面的内在规律性，否则，安全预测将是无本之木，无水之源，即会失去安全预测的科学性与意义。

2）安全预测的三要素分别是安全预测对象（即某系统）、系统现有的安全信息及安全科学方法和规律。其中，①安全预测对象是指安全预测研究与实践所要进行安全方面的认识和改造的客体，它是实施安全预测活动的目标对象，从系统的视角看，安全预测对象应是某一具体的系统（如一个生产系统、企业、社区、地区、行业、国家，乃至整个社会或安全科学体系等）；②系统现有的安全信息是指与系统过去和现在的安全状态发展变化相关的信息（如事故数量、安全文化状态、危险有害因素、人的安全素质与安全投入等），它是实施安全预测活动的基础与保证，即立足点；③安全科学方法和规律是指为安全预测活动提供方法指导与理论依据的安全科学方法与规律，它是实施安全预测活动的科学手段与依据。此外，上述安全预测的三要素彼此相互影响，共同决定安全预测活动的具体操作过程及安全预测结果的有效性。

3）安全预测的侧重点是推断和估计系统未来的安全状态。安全预测的侧重点是由安全工作本身所具有的未来属性所决定的。就安全工作的本质而言，它实则是为使某一系统在未来能够处于安全状态或尽可能降低在某一系统内未来发生的事故所造成的损失（最为典型的为安全预警应急），这就是安全工作的未来属性。显而易见，安全工作本身所具有的未来属性，可表明推断和估计系统未来的安全状态，即开展安全预测研究与实践极其必要而重要，同时也可表明安全预测的侧重点应是推断和估计系统未来的安全状态。此外，显然，安全工作的未来属性又是开展安全预测研究与实践的另一基本依据。

4）安全预测的最终目的是预先控制和优化系统未来的安全状态，直接目的是为系统安全决策服务。①显而易见，安全预测的最终目的是根据系统的安全状态的发展变化采取相应的安全措施，使人们早期控制和优化系统未来的安全状态，即预防事故、降低事故损失或优化系统未来的安全状态；②安全预测的发展首先源于安全决策的需要。换言之，科学合理的安全预测是做出有效的安全决策的前提，故安全预测的直接目的是为系统安全决策服务。细言之，为提高系统安全决策的正确性与有效性，需由安全预测提供有关系统未来的安全状态的信息，使安全决策者增加对系统未来的安全状态的了解和认识，把系统未来的安全状态方面的不确定性或无知程度降至最低限度，并基于此尽可能做出最优的系统安全决策。

5）安全预测的本质是一种安全对策或安全管理活动。①从方法论的角度看，安全预测是一种安全科学思想与方法，其属于安全科学方法论的范畴。因此，安全预测的本质可看成是一种安全对策，其类似于安全“3E”[①]对策，但比安全“3E”对策更接近于安全科学方法论的范畴，更具备安全科学方法论的指导价值；②从安全管理学角度看，安全预测是安全决策的前提，是安全管理的重要组成部分。因此，安全预测的本质还可看成是一项安全管理活动。

2.3.2 安全预测学的定义与内涵

1. 定义

将预测作为一门科学或学问来研究，目前学界尚未形成统一的称谓与定义。就称谓而言，不同学者持有不同的观点，绝大多数学者将其称为“预测学”，但也有部分学者称其

① 3E 分别指安全工程技术（engineering）、安全教育（education）、安全法制（enforcement）。

为“未来学”，本节统一采用“预测学”这一称谓。其实，无论何种称谓，学者对其的理解是基本一致的，即预测学是运用定性或定量的科学方法，通过研究现在和过去进而揭示未来的一门综合性、交叉性学科。

若要把安全预测作为一门科学或学问来研究，就其称谓而言，作者认为，将其称为“安全预测学”比“安全未来学”更为确切、合理而科学，这是因为：①“安全预测学”的称谓强调安全预测的原理与方法，而安全预测的原理与方法应是安全预测研究的最重要部分；②“安全预测学”的称谓本身含有“未来”之意，这是因为“预测”的定义本身就涵盖了“未来”这层含义；③“安全未来学”的称谓强调安全预测的结果与目的，未能体现安全预测的全过程，也未能突出系统现有的安全信息对安全预测研究的重要性；④在安全科学领域，“安全预测”一词使用已久，人们更为习惯和更易认可与接受“安全预测学”这种称谓。

基于安全预测的定义与内涵，以及上述对预测学的理解，易给出较为科学而具体的安全预测学的定义：安全预测学是以事故预防为直接着眼点，以“系统未来的安全状态的可预测性”的思想与安全工作本身所具有的未来属性为基本依据，以推断和估计系统未来的安全状态为侧重点，以预先控制和优化系统未来的安全状态为最终目的，以为系统安全决策服务为直接目的，以安全科学和预测学为学科基础，以系统未来的安全状态为研究对象，以系统现有的安全信息为立足点，运用定性或定量的科学方法，预测系统未来的安全状态的一门融理论性与应用性为一体的新兴综合交叉学科。简言之，安全预测学是根据系统过去和现在的安全状态发展变化相关的信息，研究与探讨系统未来的安全状态发展变化规律的一门科学。

2. 内涵

显而易见，根据上述安全预测学的定义，通过分别设定 7 个不同边界条件（即学科的着眼点、基本依据、目的、学科基础、研究对象、立足点及方法论）就可给出较为完整、科学而简明的安全预测学的定义（需指出的是，这种定义安全预测学的方法也可拓展并运用至定义其他任何学科。换言之，该定义学科的方法具有通用性）。基于此，易构建安全预测学的概念模型，如图 2-10 所示。由图 2-10 可知，可用同一平面内的 7 条有向线段来分别表示定义安全预测学所需的 7 个不同边界条件，并将 7 条有向线段首尾依次连接构成一个封闭七边形，则表示安全预测学被定义，即为安全预测学的概念模型。

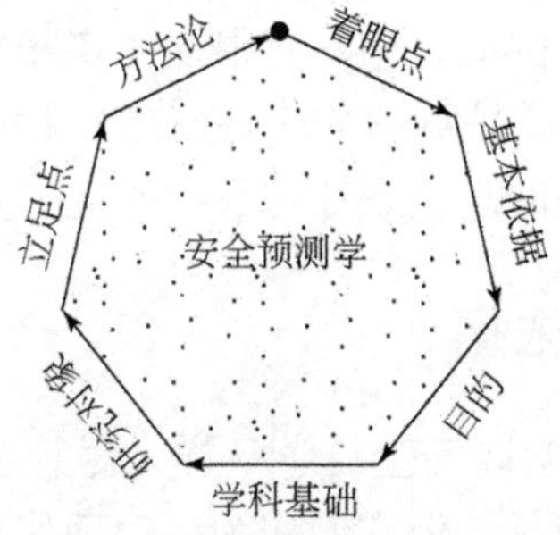

图 2-10　安全预测学的概念示意图

作为一门学科，其定义中所有的概念都应具有一定的科学性与实际意义，故极有必要对安全预测学的定义中的有关概念做进一步解释。鉴于在分析安全预测的内涵时，已对安全预测学的基本依据、目的与立足点做过详细阐释，故此处不再赘述，仅对安全预测学的着眼点、学科基础、研究对象与方法论等进行扼要剖析。具体包括以下 5 点：

1）安全预测学的直接着眼点是事故预防。安全科学研究与实践历来均强调“预防为主”，从狭义角度看，这里的“预防为主”就是指“事故预防”，而事故有效预防的直接前提和必要条件又是科学合理的安全预测。由此易知，从狭义角度看，事故预防应是安全预测学的直接出发点与归宿点，即其应是安全预测学的直接着眼点。此外，由这一直接着眼点还可引申和拓展出更多的安全预测学研究内容，如安全预警应急与安全科技预测等。

2）安全预测学的学科基础是安全科学与预测学。学理上而言，安全预测学应同时隶属于安全科学与预测学的应用性分支学科。换言之，从狭义角度与最直接关联关系看，安全预测学是安全科学与预测学间的一门边缘学科，是预测学在安全科学中的有机运用与创造性渗透。总言之，安全预测学是安全科学与预测学间相互直接渗透与融合的产物。因此，安全科学与预测学理应是安全预测学的最直接和最重要的学科基础。

3）安全预测学的研究对象是系统未来的安全状态。从系统角度看，安全预测学是研究和预测系统未来的安全状态的科学。因此，安全预测学的研究对象是系统未来的安全状态。需指出的是，因安全预测学的研究对象是系统未来的安全状态，而安全预测学可针对不同的系统开展研究，故安全预测学的具体研究对象具有不确定性。换言之，安全预测学的具体研究对象会随着安全预测对象的变化而变化。

4）安全预测学的方法论包括定性与定量的科学方法。推测与判断系统未来的安全状态，并非是凭空猜想的，不仅需以系统现有的安全信息为立足点，还需以科学的安全预测方法为手段，二者缺一不可。安全预测方法多种多样，且尚在不断发展和丰富之中，无法一一枚举穷尽，但无论何种安全预测方法，无外乎是定性与定量的安全预测方法两大类。因此，安全预测学的方法论可统称为定性与定量的科学方法。

5）安全预测学融理论性与实践性为一体，即其是一门理论与实践完美结合学科。①安全预测学的主要研究内容是安全预测的一般原理与方法，因此，它具有很强的理论性；②安全预测学诞生于人类的安全生产与生活领域，其强调安全预测原理与方法的具体运用，且其应用范围极其广泛，可解决一系列现实中的安全问题（将在 2.3.3 节探讨创立安全预测学的依据时进行深入解释），因此，它具有很强的实践性。

概括而言，安全预测学的本质是对一个动态系统未来的安全状态的预料、分析和判断，以及用系统未来的安全信息反馈的观点来处理系统的现实安全问题的一门综合交叉学科。

2.3.3 创立安全预测学的依据

由 2.3.2 节可知，安全预测学同安全科学一样，尽管关于它们的实践活动古已有之，即它们的发展历史可谓是源远流长，但它们作为一门现代意义上的科学或学问，却都极为年轻。特别是就安全预测学而言，它还完全是一门崭新的科学。那么，是否可说，仅仅由于目前尚未有安全预测学，就应创立安全预测学呢？显然不是的。由科学发展史可知，一门新学科的产生和形成，须有充分的理由和足够的条件（即依据）。就建立安全预测学而言，即需回答“安全预测学，何以成立？何以为用？”这一关键问题。

鉴于此，有必要基于安全预测及安全预测学的定义和内涵，详细论述在安全科学中建立安全预测学分支学科的理由和条件。宏观而言，其至少有如下 6 条理由和条件。

1）“系统未来的安全状态的可预测性”与“安全工作本身所具有的未来属性”为建立安全预测学提供了充分可能和根本依据。这已在分析安全预测及安全预测学的内涵时做过详细阐释，此处不再赘述。

2）安全预测学的产生是当前社会安全发展与安全科学研究实践的客观需要。①社会需求是科学发展的最重要的动力。正是当代社会发展中的新安全问题的日趋变多变杂与安全预测相对迟滞的巨大反差，使安全科学研究与实践急需以安全预测基础理论和方法为基础与方法指导。②从预测学与发生学角度看，绝大多数事故均是因安全信息不对称所引发的安全预测失误而导致的。③安全科学已日趋成熟，其进一步研究与发展急需一些新思想和新方法等，而安全预测学的提出正好可为安全科学研究与发展注入新动力。④在当前大数据背景下，安全预测学研究显得日趋重要，这是因为大数据的主要目的是预测，同样安全大数据的重要目的也是安全预测。换言之，用安全大数据预测的科学思维方式思考并解决未来的安全问题，是社会安全发展与安全科学发展的必然要求和未来方向。总言之，安全预测学是因社会安全发展与安全科学发展之需，势在必建的安全科学的分支学科。

3）建立安全预测学已具备深厚的理论基础和丰富的研究方法与手段，即其条件与时机已成熟。①预测学本身的研究、实践与发展，以及非安全科学各领域大量预测研究与实践成果的积累和部门预测学（如科学预测学、经济预测学与社会预测学等）的科学化和发展程度已达到相当的程度，这为建立安全预测学提供了丰富的理论依据和实践经验；②人们在安全科学领域进行安全预测研究的实践活动及其形成的大量研究成果，尤其是应用性研究成果，已积累到相当的程度，基本上可满足进行理论概括与总结，进而形成安全预测学这门新兴学科理论体系之需；③安全科学之分支学科中的安全系统学、安全统计学、安全运筹学、安全信息论、安全控制论和安全模拟与安全仿真学等，以及诸多现代科学技术（特别是数学与信息技术），为安全预测学研究提供了丰富的研究方法与手段。总言之，目前将安全预测进行学科化整合和构建的条件与时机已相当成熟。

4）安全科学注重安全预测的历史传统、自身所固有的高度综合性及专业性特点，使其应责无旁贷地担当起建立安全预测学的重任。当代学科的种类已极其繁多，但唯独安全科学研究者可担当起建立安全预测学的重任，也可保证所构建的安全预测学理论体系的科学性，这主要是因为：①安全预测是人类历来皆有、最为原始且贯穿于整个安全科学研究与实践的安全思想与方法论，即安全科学具有注重安全预测的历史传统；②综合交叉性是安全科学固有的最显著特点，这就决定其研究与发展需积极与其他学科进行交叉与融合；③尽管学理上安全预测学同时隶属于预测学与安全科学，但鉴于预测学的研究范围极广，且纯粹的预测学研究者欠缺相应的安全科学研究基础，故纯粹的预测学研究者难以胜任建立安全预测学的重任，也难以使其突出安全科学的特色。换言之，正是安全科学的专业性，要求安全科学研究者应责无旁贷地担当起建立安全预测学的重任。

5）安全预测学具有独立的研究对象和确定的研究领域。理论而言，独立的研究对象和确定的研究领域是建立一门学科的基本要求。①就安全预测学的研究对象而言，由安全预测学的定义可知，其研究是系统未来的安全状态，这完全有别于其他学科的研究对象，即安全预测学具有独立的研究对象；②就安全预测学的研究领域而言，安全预测学是以安全科学领域的未来研究和未来预测活动为研究、指导和实践对象的学科，故其也具有确定的研究领域。

6）安全预测学具有重要的功能（即广阔的应用前景）。就安全预测学的主要功能而言，可大致归纳为6个方面，见表2-3。

表2-3　安全预测学的重要功能

功能名称	具体含义
为安全决策服务	由安全预测及安全预测学的内涵易知，为安全决策（如安全规划、安全政策制定与安全预警应急管理等）的科学化与有效化服务是安全预测学的最基本与最主要功能
为提升安全效益服务	获取尽可能大的安全经济效益和安全社会效益（包括降低事故所造成的生命与财产损失及其他负面影响，以及安全资源的优化配置等），是安全预测学的又一重大功能
为系统安全和谐发展服务	通过安全预测学研究，可预测并发现系统发展过程中可能出现的安全新问题、新倾向及其可能引起的严重后果，提醒人们预先制定预防的安全对策（需指出的是，安全预测学的此功能对于保障公共安全，即社会安全和谐发展更为重要）
为安全科学发展的未来方向定位服务	根据所预测的未来可能产生的安全新问题，可揭示安全科学（包括安全科学技术）发展的未来趋势和可能性，进而探测出未来安全科学（包括安全科学技术）发展的重点
为安全专业人才培养服务	安全预测学不仅可丰富和增加安全专业人才培养的内容，还可利用其融安全社会科学与安全自然科学于一体的优势，培养知识面更广、更能符合现实安全管理需要的安全专业人才
为人类预防事故提供方法指导并增强其主动性	首先，安全预测学为人类预防事故提供了一种方法或手段；其次，安全预测学旨在引导人们用科学而系统的研究来加以解决系统未来的模糊而随机的安全问题，改变人类消极应对安全新问题、对系统未来的安全新问题逆来顺受的被动局面，即增强了人类预防事故的主动性

2.3.4　安全预测学的学科基本问题

明确一门学科的学科基本问题是建构这门学科并推动其发展的首要问题，因此，极有必要基于安全预测学的定义与内涵，系统阐释并明晰安全文化学的学科基本问题。一般而言，学科基本问题主要包括学科性质、研究对象、研究内容、学科分类与学科基础等。鉴于在分析安全预测学的内涵时，已对安全预测学的研究对象做过详细阐释，故下面仅详细阐释安全预测学的学科性质、研究内容、学科分类与学科基础几个学科基本问题。

1. 学科性质

根据安全预测学的定义与内涵，可将安全预测学的学科性质总结归纳为以下 5 个方面。

1）安全预测学的综合交叉性。①宏观而言，安全预测学是安全科学、预测科学、系统科学、数理科学、决策科学、管理科学、信息科学、思维科学与行为科学等诸多学科的交叉学科；②微观而言，安全预测学是由安全科学与预测学进行直接渗透与交叉融合而成的。

2）安全预测学的方法论性。从安全科学方法学角度看，安全预测具有一个显著的内在特性，即其属于安全科学方法论的范畴，这就决定了安全预测学应具有方法论性这一基本属性（即其类似于比较安全学与安全统计学等）。简言之，从安全科学方法学角度看，鉴于安全预测学是一门旨在研究安全预测的一般原理与方法的学科，它是一门具有安全科学方法论意义的安全科学分支学科。

3）安全预测学的基础性。在整个安全科学学科体系中，安全预测学有类似于安全学和安全科学学等安全科学基础学科一样的基础性特性，这是因为：①安全科学的直接目的是预防事故与优化系统安全状态，而预防事故与优化系统安全状态需以合理科学的安全预测为基本前提与保证；②从学科角度看，安全预测学同时横跨安全社会科学、安全自然科学及安全技术科学，而从应用领域看，安全预测学又可同时广泛应用于生产安全与公共安全领域，因此，在安全科学领域研究与实践中，安全预测学的原理与方法具有很强的通用性与广泛性。综上，作者暂且对它在安全科学学科体系中的学科定位是：安全预测学应隶属于安全科学基础科学。

4）安全预测学的应用性。①由安全预测学的重要功能可知，安全预测学的建立与研究立足于现实，即其是一门极具现实意义的应用性学科；②从预测学的角度看，尽管预测方法颇多，但因各种预测方法往往源于不同学科领域，故它们的内在逻辑性较弱。鉴于此，预测学着重强调各种预测方法的应用性，这就决定了安全预测学的实用性；③安全科学旨在研究与解决各类安全问题，它是一门应用性极强的学科。因此，隶属于安全科学的安全预测学也理应强调安全预测学的一般原理与方法的实际应用，即应突出其极强的应用性。

5）安全预测学既具有科学性，也具有艺术性。学界在探讨预测学的学科特征时，基本均提及预测学集科学性与艺术性于一体。鉴于安全预测学隶属于预测学，故它也具有预测学的上述这一学科特征。

2. 研究内容

由安全预测学的定义与内涵可知，安全预测学主要解决两大问题：①探讨如何去认识安全预测对象的安全状态发展变化规律的一般原理和方法；②探讨如何运用上述原理和方法去开展安全预测的一般程序与机制，尤其要探讨较宏观层面的安全预测的原理、机制、原则与方法等。围绕安全预测学需重点解决的上述两大问题，可得出安全预测学的一系列主要研究内容，并可将它们划分为理论层面（包括基础层与重要层两个层面）与应用实践层面两个不同层面（表 2-4）。

表 2-4　安全预测学的主要研究内容

层次		具体研究内容
理论层面	基础层	①界定安全预测的概念（包括定义安全预测的方法及其构建安全预测的概念模型等）；②阐释安全预测的本质，并探讨安全预测的基本特征、基本功能与类型划分等；等等
		探讨安全预测的思维形式。哲学层面而言，安全预测是一种对系统未来的安全状态的认知方式，属于超前认识论的范畴。因此，极有必要研究安全预测中的超前思维形式，如安全感、安全分析、安全决策、安全规划、安全评价、安全推理、安全经验等与安全预测间的关系
		①提出安全预测学的定义；②分析安全预测学的内涵、建立依据与学科基本问题（如研究对象与研究内容等）；等等
		……
	重要层	安全预测学的学科定位研究。①探讨安全预测学与预测学的关系问题，旨在阐明二者间的联系与区别；②探讨安全预测学作为一门安全科学分支学科在安全学科体系中的地位、作用、基本特点和功能；③探讨安全预测学与安全科学内部其他各分支学科间的相互关系；等等
		安全预测学的学科结构研究。①探讨安全预测学的学科分类问题，即构建安全预测学的学科分支体系；②从宏观层面，确定安全预测学的整体学科理论体系的构成；等等
		安全预测学的形成与发展历史研究。①研究安全预测思想与方法等的起源与演进；②安全预测研究回顾与评述；③安全预测研究的分布领域与地区等；④安全预测学形成与发展的缘由及其内在逻辑关系；等等
		安全预测学的基本原理研究。学科基本原理是一门学科的命脉，研究学科原理极为重要。简言之，安全预测学原理是指在安全预测研究与实践中所获得的普适性规律。安全预测学的原理不仅应包括预测学的一般原理（如惯性原理与相似性原理等），更应结合安全预测学的特色，将它们加以集中论述及具体改造和创新，从而建立安全预测学的专门理论体系
		安全预测学方法论研究。学科研究需方法论的指导，研究学科方法论极为重要。所谓安全预测学方法论，是指从哲学高度总结并提炼的安全预测学的研究方法。①探讨安全预测学的研究原则；②探讨安全预测的一般条件与基本程式；③在梳理、归纳、总结和科学阐述各种具体的安全预测方法的基础上，提出安全预测学的研究方法论；④研究安全预测模型和所采用的安全预测假设；⑤还可具体探讨减小安全预测误差或提升安全预测结果的可靠性的方法；等等
		……
应用实践层面		安全预警研究。安全预测学最直接的应用就是安全预警。安全预警的目的和作用是识患防患，超前预控，安全预警应用研究，对系统实施预先安全控制具有重大现实意义。因此，安全预警应是安全预测学应用实践中的一项重要内容
		安全预测学的具体应用研究。安全预测学的应用范围极其广泛，如安全预测学原理与方法在各行业（如交通、食品与化工等）与各领域（如安全效益、伤亡事故、自然灾害、职业健康与安全科技等）的具体应用研究等
		安全预测的辅助技术手段研究。实施安全预测学研究与实践需一些辅助技术手段（特别是数学与信息技术等手段），应根据安全预测的辅助技术手段的需要，开展一些相应的安全预测的辅助技术手段的研发与改进等研究
		……

3. 学科分类与学科基础

理论而言，一门具有丰富内涵与研究内容的学科应包括诸多分支学科。因此，安全预测学理应也有一系列分支学科。但鉴于一门新学科（包括一门学科的分支学科）是基于社会与学科发展需要而产生的，而安全预测学作为一门刚建立的崭新学科，讨论其具体分支学科尚早（即条件与时机尚未成熟）。因此，作者仅在理论思辨层面，对安全预测学的学科分支的划分方法进行扼要分析，以指导后期的安全预测学的学科分支的具体划分与建立。

根据安全预测学的研究与应用领域，以及安全预测学与安全科学分支学科的交叉，可从安全预测研究的侧重点、安全预测研究的层面、安全预测研究的领域、典型行业安全预测与具体安全预测对象等角度出发，构建安全预测学的学科分类方法及其分支学科体系（图 2-11）。根据图 2-11 中基于不同视角提出的安全预测学的学科分类方法，可指导后期的安全预测学的分支学科体系的构建。此外，需指出的是，图 2-11 中给出的各安全预测学的分支学科还可进一步细分出更多的安全预测学的子分支。

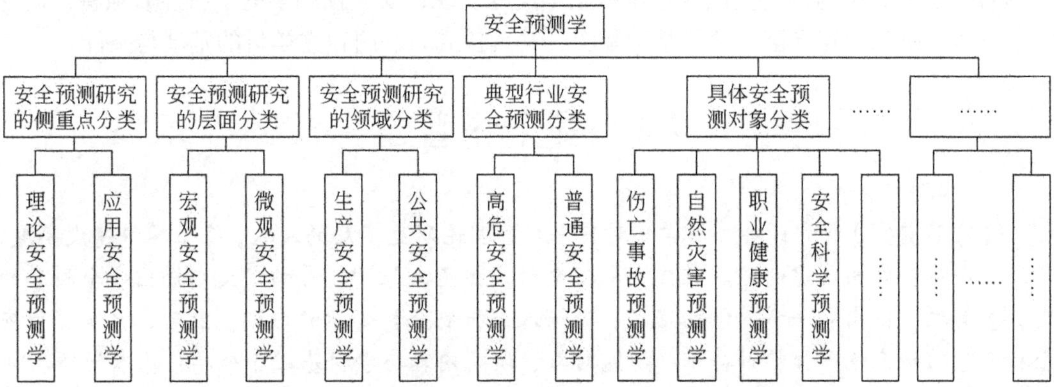

图 2-11　安全预测学的学科分类方法及其分支学科体系

从狭义角度看，由安全预测学的定义及对安全预测学的综合交叉属性的分析可知，安全预测学的直接主要理论基础是安全科学与预测学原理与方法。此外，从广义角度看，根据预测学的学科基础，预测学（安全预测学）研究还需主要以哲学（安全哲学）、系统学（安全系统学）、统计学（安全统计学）、信息学（安全信息学）、运筹学（安全运筹学）、控制论（安全控制论）、经济学（安全经济学）、社会学（安全社会学）、行为学（安全行为学）、心理学（安全心理学）、管理学（安全管理学）与数学等学科为理论与方法为支撑。需指出的是，这里仅罗列一些与预测学（安全预测学）研究和实践较为密切的学科，其余学科不再一一列出。换言之，安全预测学的理论基础应是以上各学科理论的交叉、渗透与互融。由此，根据它们与安全预测学间的联系的紧密程度，构建安全预测学的学科基础体系，如图 2-12 所示。

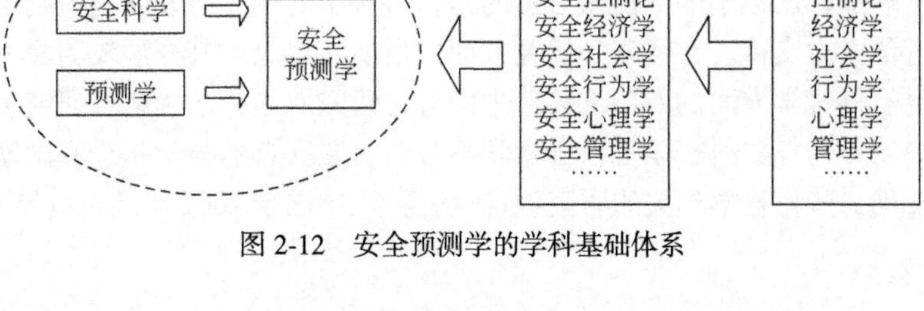

图 2-12　安全预测学的学科基础体系

2.3.5 结论

1）安全预测学是以事故预防为直接着眼点，以“系统未来的安全状态的可预测性”的思想与安全工作本身所具有的未来属性为基本依据，以推断和估计系统未来的安全状态为侧重点，以预先控制和优化系统未来的安全状态为最终目的，以为系统安全决策服务为直接目的，以安全科学和预测学为学科基础，以系统未来的安全状态为研究对象，以系统现有的安全信息为立足点，运用定性或定量的科学方法，预测系统未来的安全状态的一门融理论性与应用性为一体的新兴综合交叉学科。

2）创立安全预测学的依据充分。通过分析安全预测学的学科性质、研究对象、研究内容、学科分类与学科基础 4 个学科基本问题发现，安全预测学的学科性质独特，研究对象具体，研究内容丰富，学科基础坚实，其具备成为一门独立学科的基础与条件。

2.4 安全科普学

【本节提要】本节针对目前学界对安全科普理论研究不足的现状，基于学科建设高度，开展安全科普学的创建研究。首先，从安全科学视角，基于科普的定义，提出安全科普的定义。其次，提出安全科普学的定义，并深入剖析安全科普学的内涵。最后，系统探讨安全科普学的研究范围、学科特征、研究对象、研究内容与学科基础 5 个学科基本问题。

本节内容主要选自本书作者发表的题为“安全科普学的创立研究”[21] 的研究论文，具体参考文献不再具体列出，有需要的读者请参见文献 [21] 的相关参考文献。

科普（science popularization）作为一种可使科学实现社会化和大众化的重要途径，特别在当前以知识为主导地位的知识经济时代，急需借助科普手段来提升民众科学素质已成为当今世界各国人们最广泛的共识。就中国而言，2016 年国家主席习近平在“科技三会”上指出，要把科学普及放在与科技创新同等重要的位置。此外，1970 ~ 2016 年，中国在广泛开展科普活动的同时，科普理论及其研究机构也得到快速发展，并于 20 世纪 70 年代首创科普学这门独立学科。毋庸置疑，安全需求作为人类的基本需求，安全发展作为构建和谐社会与平安社会的基石，安全科普（safety science popularization）作为提升人的安全素质成为保障安全的根本对策，安全科普理应是“安全科学为保障人类生产生活安全服务”与“提升民众安全素质”的重要媒介与手段之一。因此，安全科普研究不仅有可为，而且大有可为。

据考证，尽管国外学者很早就开始关注科普理论与方法研究，但科普学是由中国学者饶忠华与周孟璞等首次提出的。值得一提的是，科普学的创立与发展也得到了中国著名科学家钱学森等的大力支持。在科普学研究方面，目前学界已对其开展较为深入和广泛的研究（例如，已有科普学方面的专门论著；中国科普研究所主办的《科普研究》学术刊物；已提出医药科普学与气象科普学等科普学学科分支；国家自然科学基金和国家社会科学基金近年来也资助一些科普学相关的研究项目；等等），中国于 2002 年颁布世界上第一部《中华人民共和国科学技术普及法》。在安全领域，虽然社会各界已开展大量的安全科普实践活动（例如，就中国而言，于 2007 年举办“全国安全科普知识竞赛”；于 2008 年举办“自然灾害防御及公共安全科普展”；办有“安全科普网”与“安全生产科普网”等诸多安全科普门户网站；著有一些安全科普读物；等等），但关于安全科普的理论研究尚基本处于空白，导致安全科普实践活动缺乏相应的理论做指导和支撑，严重影响安全科普效用的有效发挥。

此外，由本书作者调研及近年来的安全科普实践经历可知，安全科普学具有极强的实用性，众多专家学者，甚至是普通民众均支持创立安全科普学这门学科。换言之，安全科普学研究具有深厚的现实基础与广泛的应用前景，急需开展安全科普学方面的理论研究。鉴于此，本节从理论思辨层面出发，基于学科建设的高度，对安全科普学的建构开展深入研究，以期勾勒完整的安全科普学的学科架构，从而为安全科普学研究与发展提供理论依据和指导。

2.4.1 安全科普的定义、内涵及功能

1. 定义

简言之，科普是科学技术普及的简称。就科普的具体定义，诸多学者均给它下过定义。中国学者周孟璞等经综合比较若干较具代表性的科普的定义发现，科普的内容应包括“五科”，即科学知识、科学方法、科学思想、科学精神和科学道德。目前中国学界认为，中国学者朱丽兰给出的科普定义是迄今较为权威的科普的定义，即科普是指以公众易于理解的内容和易于接受、参与的方式，普及科学技术知识、倡导科学方法、传播科学思想与弘扬科学精神。

目前，学界尚未给出安全科普的定义。简单而言，所谓安全科普，即安全科学普及的简称。基于上述科普的内容及具体定义，结合安全科学的学科特色，作者拟给出安全科普的具体定义：安全科普是以提高公众的安全素质为目的，以公众与社会的安全科学需求为导向，运用通俗化、大众化及公众乐于接受和参与的方式，普及安全知识与技能、倡导安全科学方法、传播安全科学思想、弘扬安全文化与树立安全伦理道德的社会实践活动。

显然，上述安全科普的定义较为准确、概括而简洁。经分析发现，该安全科普的定义完整包含 6 个主要要素（即安全科普的目的、对象、导向、方式、内容与本质）。基于此，可将该安全科普的定义抽象表达为如式（2-15）所示的集合表达式，具体为

$$安全科普的定义 = \{X_1, X_2, X_3, X_4, X_5, X_6\} \tag{2-15}$$

式中，X_1 为安全科普的目的；X_2 为安全科普的对象；X_3 为安全科普的导向；X_4 为安全科普的方式；X_5 为安全科普的内容；X_6 为安全科普的本质。

2. 内涵

为准确理解安全科普的定义，有必要基于式（2-15），对其内涵进行解释，具体分析如下。

1）安全科普的目的与对象。“以提高公众的安全素质为目的”包含两层含义：①安

全科普的直接目的是提高公众的安全素质。研究表明，绝大多数事故原因均与人的不安全行为有关，因此，保障安全的根本对策是提高人的安全素质。②安全科普的对象是公众群体（需指出的是，这里的公众群体并非一定指全民，也可以是具有某一共同属性的诸多个体所构成的群体，如学生、农民与工人等群体）。“科普的对象应是公众”及“安全是每一个人的事”已成为理论界与实践界的普遍共识。

2）安全科普的导向。“以公众与社会的安全科学需求为导向”表明，安全科普应以“公众与社会的安全科学需求”为原则（即着眼点）来策划和组织安全科普实践活动。①公众的安全科学需求是指公众从自身工作和生活的实际出发，立足解决其实际工作和生活的安全问题或要具备某项安全工作能力而对安全科学知识与技能等产生的需求；②社会的安全科学需求主要指国家政府部门或其他社会组织等为维系社会安全可持续发展，需对公众普及相关安全科学知识与技能等而产生的需求。

3）安全科普的方式。“运用通俗化、大众化及公众乐于接受和参与的方式”的内涵是：①“通俗化”与“大众化”表明，安全科普的形式需生动活泼且通俗易懂；②“公众乐于接受和参与”体现了安全科普的互动性、双向性、主动性与能动性。

4）安全科普的内容与本质。“普及安全知识与技能、倡导安全科学方法、传播安全科学思想、弘扬安全文化与树立安全伦理道德的社会实践活动”表明：①安全科普的内容不仅应包括安全知识与技能，同时应包括日趋重要的安全科学方法、安全科学思想、安全文化与安全伦理道德（需说明的是，在安全科学领域，安全文化与安全伦理道德极为重要，且它们更为具体和实用，故将它们纳入安全科普的重要内容）；②从社会学角度看，科普是一种广泛的社会现象，是一种不可或缺的社会实践活动。同理，安全科普的本质也是一种重要的社会实践活动。

3. 功能

为明晰创立安全科普学的必要性与重要性，有必要对安全科普的功能进行深入剖析。所谓安全科普的功能，是指安全科普对保障人类生产生活安全所产生的有效作用。细言之，安全科普具有5项主要功能，即安全教育功能、安全科学功能、安全文化功能、社会功能与经济功能，具体解释见表2-5。

表2-5　安全科普的基本功能

层次	基本功能	具体含义
基本功能	安全教育功能	安全科普教育同正规安全教育一样，它们均是提高人的安全素质的重要途径与手段。此外，与正规安全教育相比，安全科普教育还具有受众面广、灵活性与易接受等优势。因此，提高民众安全素质，需正规安全教育与安全科普教育相互促进，更需深入挖掘和充分利用安全科普在安全教育方面的优势
	安全科学功能	安全科普的安全科学功能主要体现在以下3个方面：①通过安全科普获得大众对安全科学的认同与支持，进而促进安全科学发展；②通过安全科普向大众分享安全科学的研究成果，使安全科学研究成果实现“落地”；③通过安全科普促进公众理解安全科学，进而启蒙大众的安全科学思想
	安全文化功能	安全文化作为一种人们后天通过习得的安全习惯与安全价值观，安全科普应是大众习得安全文化的一条重要手段。安全科普的安全文化功能主要体现在以下3个方面：①安全科普可促进先进安全文化的发展与传播；②安全科普可推动大众安全文化建设；③安全科普可提升安全文化落地速度与效果

续表

层次	基本功能	具体含义
延伸功能	社会功能	安全科普的社会功能主要体现在以下 3 个方面：①社会的安全发展离不开安全科学技术的推广与应用；②通过安全科普可促进社会安全文化建设；③安全科普是构建平安社会与和谐社会的重要保障
	经济功能	安全科普的经济功能主要体现在以下 3 个方面：①安全文化产业的发展离不开安全科学研究成果的宣传、推广和应用；②安全科普是安全科学技术发挥其效用的桥梁；③安全科普为经济发展提供安全技术与知识保障

由表 2-5 可知，安全科普的 5 项功能可划分为两个层次，即前 3 项是安全科普的基本功能，而后两项是安全科普的延伸功能。其中，基本功能是安全科普的最基础功能，可为安全科普的延伸功能的发挥提供基础和支撑；而延伸功能是安全科普的基本功能的扩大与升华，可大幅度提升安全科普的效用。此外，概括而言，安全科普的主要功能是为了满足社会安全发展、安全学科发展、大众的安全科普及安全科普实践 4 方面的需要。

2.4.2　安全科普学的提出

1. 定义

安全科普是一项社会实践活动，也是一种社会现象，它存在着其自身的规律，并有其自身的理论。因此，若把安全科普当作一门学问来研究，就可构建一门新学科，即安全科普学。安全科普学不是安全科普。基于安全科普的定义，并结合科普学的定义与安全科学的特色，提出安全科普学的定义。

安全科普学是以不断提高大众在生产和生活中的安全保障水平为根本目标，以提升大众的安全素质为出发点，以安全科学和科普学为主要学科基础，以大众及社会的安全科普需求为实践基础，以安全科普这种特殊的社会现象为特定研究对象，通过研究与探讨安全科普的定义、内涵、特征、功能、过程、原理、技术、方法、保障体系、作品创作、管理及效果评估等，以揭示安全科普规律，从而指导安全科普实践活动的一门融理论性与实践性为一体的新兴应用型交叉学科。简言之，安全科普学是专门研究安全科普学规律的一门科普学与安全科学学科分支。安全科普学的概念示意图如图 2-13 所示。

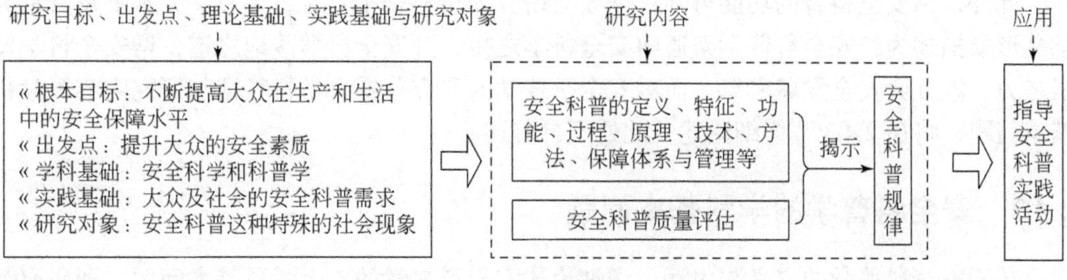

图 2-13　安全科普学的概念示意图

2. 内涵

作为一门学科，其定义中所有的概念都应具有一定的科学性与实际意义。因此，有必要对安全科普学的定义中的有关概念做一定解释。具体解释如下。

1）安全科普学以不断提高大众在生产和生活中的安全保障水平为根本目标。简言之，安全科普就是向大众普及保障生产与生活安全的安全知识与技能等，其直接目的是预防和减少事故发生，其更深层次的目的是使人的生产与生活变得更安全、舒适和高效，即提高在生产和生活中的安全水平，这也是人们重视并积极开展安全科普活动的根本动力来源。

2）安全科普学以提升大众的安全素质为出发点。由安全科普的定义可知，安全科普的直接目的是提高公众的安全素质。因而，提升大众的安全素质理应是安全科普学的出发点和归宿点。此外，安全科普学的出发点也是实现安全科普学的根本目标的切入点（即着眼点）。

3）安全科普学以安全科学和科普学为主要学科基础。学理上而言，安全科普学是安全科学与科普学进行直接交叉渗透融合而形成的一门新兴交叉学科。因此，安全科学与科普学的相关原理与方法等应是安全科普学的最基本学科基础。

4）安全科普学以大众及社会的安全科普需求为实践基础。就实践而言，安全科普学的实践基础是大众及社会的安全科普需求。正是因为大众及社会具有诸多安全科普需求，这才为创立与研究安全科普学奠定了实践基础。换言之，若大众及社会无安全科普需求，那么安全科普学的创立与研究也就失去了其意义和价值。

5）安全科普学以安全科普这种特殊的社会现象为特定研究对象。任何一门学科的独立性，首先取决于它有特定的研究对象，即不同于其他学科的研究对象。对安全科普学而言，安全科普学就有其自身特定的研究对象，即安全科普这种特殊的社会现象。换言之，安全科普学存在与其他学科相区别的边界条件。

6）安全科普学是指导安全科普实践活动的一门融理论性与实践性为一体的新兴应用型交叉学科。①安全科普学诞生于人类的安全实践领域，这是因为安全科普的直接研究对象是人类的安全科普实践活动，这也充分体现了安全科普学的实用性特色与优势；②安全科普学旨在通过对安全科普学理论的研究，以期将相关安全科普学理论用于指导与服务人们的安全科普实践，这样还可再次升华并发展成为新的安全科普学研究内容与理论。

此外，由安全科普的功能可知，创立与研究安全科普学具有重要意义，本书将其重大意义形象描述为：安全科普学架通向安全科学之桥，开安全科学落地之道，增安全科学发展之力，添社会安全发展之翼。而对安全科普学的研究范围、学科特征与研究内容等学科基本问题，将在2.4.3节详细论述，此处不再赘述。

2.4.3 安全科普学的学科基本问题

基于安全科普学的定义与内涵，详细论述安全科普学的5个学科基本问题，即研究范围、学科特征、研究对象、研究内容与学科基础。

1. 研究范围

确定安全科普学的研究范围是明确安全科普学的具体研究对象和研究内容的基本前提，因此，有必要明晰安全科普学的研究范围。理论而言，其研究范畴有广义与狭义之分。

1）从广义角度看，安全科普学的研究范围可涵盖各个领域（包括生产安全、生活安全、国家安全与文化安全等领域）中的与安全科普有关的一切现象与活动等。

2）从狭义角度看，安全科普学的研究范围应仅局限于当前的生产安全与生活安全领域，即主要针对目前开展的安全理念、安全法律法规、安全知识与安全技能等的安全科普活动，以及与之对应的安全科普辅助活动进行安全科普学研究。

显然，为保证当前的安全科普学研究具有针对性、实用性及扎实的实践基础，目前的安全科普学研究范围确定为狭义的安全科普学研究范围更为科学而合理。需指出的是，随着安全科普学的研究与发展，以及安全科普实践范围的不断拓宽，安全科普学的研究范围也定会随之不断进行延伸。

2. 学科特征

理论而言，了解安全科普学的特征是明晰安全科普学的深层次内涵的基础。经分析，安全科普学除具有实践性、交叉性、综合性与大众性等显著特征外，它还具有以下 3 方面的重要特征。

1）安全科普学的学科属性。本书认为，可从以下 3 方面来理解安全科普学的学科属性：①就学理上而言，安全科普学是安全科学与科普学进行综合交叉形成的一门学科。②就学科归属而言，安全科普学应同时隶属于安全科学与科普学。此外，学界一致将科普学归属于社会科学，鉴于此，安全科普学还可归属于安全社会科学。③就研究的学科跨度而言，安全科普渗透于安全科学的各个分支学科领域并与它们同存，是一种派生或共生现象。从这个意义上讲，安全科普学是把各安全科学学科分支共有的普及现象抽取出来加以研究（即安全科普学研究横跨至所有安全科学学科分支，可将安全科普学视为是安全科学技术基础学科、安全自然科学与安全社会科学的“中间地带”），故可将安全科普学看作是一门横断学科。

2）安全科普学的系统性与人本性。①系统性：各安全科普要素（主要包括人、物、环境与管理 4 个要素）在安全科普活动实施过程中，均按自身一定的规律与属性运动并发生交互作用，且它们共同构成了一个和谐的开放系统。②人本性：提升人的安全素质是安全科普学研究的出发点与归宿点；所有安全科普活动的直接作用对象均是人（即大众），安全科普学研究与实践需以人的心理与生理等人因为基础。基于上述分析，可对安全科普学的系统性与人本性进行抽象表达，如图 2-14 所示。

3）安全科普学的独立性。经对比分析，安全科普学与安全科学学及安全教育学的关系极为密切，有必要对它们进行深入分析。①安全科普学与安全科学学研究涉及一些共同问题（如安全科普与和谐社会、生产安全、安全科学发展及安全科学人才培养等的关系等），但安全科普学研究更多的是研究一些其特有的问题（如安全科普的对象、内容、方法、手段、基本规律及作品创作等），安全科学学可指导安全科普学，但却无法完全包含和替代

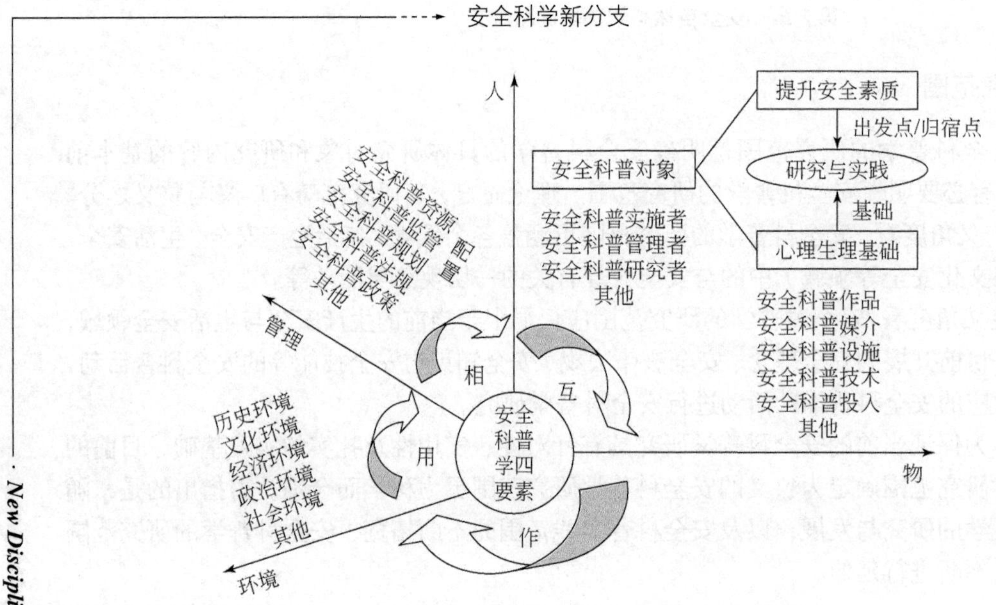

图 2-14　安全科普学的系统性与人本性

安全科普学；②按安全教育的形式分类，安全科普教育属于安全教育的一类。但由安全教育学的定义可知，安全教育学的研究对象应是正规的安全教育，而安全科普学的研究对象是安全科普，二者的研究对象相比，后者的研究对象有其自身的特殊性，因而，安全科普学可从安全教育学中汲取营养，但不可用安全教育学完全包含和代替安全科普学。由此可知，安全科普学具有极强的独立性。

3. 研究对象

由安全科普学的定义可知，安全科普学的研究对象是安全科普现象。理论而言，安全科普学的研究对象的布局应是立体的，即所有安全科普现象构成整个安全科普现象网络体系，安全科普学的具体研究对象如同某一确定坐标般设于其中。此外，科学史证明，对研究对象进行科学的分类，进而可暴露其各类的本质和联系。因而，为满足安全科普学的实际研究与实践的需要，极有必要根据不同的分类标准，对安全科普学的研究对象进行分类。需指出的是，对安全科普学的研究对象（即安全科普现象）的分类，实质上就是对安全科普的分类。

基于上述分析，根据安全科普学的实际研究与实践的需要，并结合安全科学的特色，可按以下 4 种分类方式对安全科普学的研究对象进行分类，具体见表 2-6。

表 2-6　安全科普学的研究对象划分

分类方式	具体类型	主要安全科普内容实例
按安全科普的具体对象（学生、职工或全民）	学生安全科普	安全思想观念、安全法律法规、基础安全知识与基本安全技能等
	职工安全科普	职工所在组织的安全理念及职工在工作与生活中所需的安全知识与技能等
	全民安全科普	安全观、安全法律法规、居家安全知识、食品安全知识与事故应急知识等

续表

分类方式	具体类型	主要安全科普内容实例
按安全科普的内容层次	安全观念科普	安全观、安全态度、安全科学思想、安全原则、安全价值与安全规律等
	安全法制科普	安全法律法规、安全标准规范与其他安全规则等
	基本安全知识科普	安全基本常识、灾害学知识、事故预防对策与方法与职业卫生基本知识等
	基本安全技能科普	事故现场自救互救基本技能与安全设施设备的使用方法等
	行业安全科普	电气安全、食品安全、消防安全、消费安全与特种设备安全等的安全科普
按安全科普的内容性质	安全理论科普	安全观、危险识别方法、事故预防方法与策略及灾害学知识等
	安全实践科普	设施设备与工具的安全操作使用及事故现场自救互救基本技能等
按事故（包括伤害）的发生过程（即事前与事后）	事故预防科普	安全意识科普、事故预防方法与策略及设施设备与工具的安全操作使用等
	事故应急科普	事故现场自救互救知识与技能和事故伤害的理性应对方式等

4. 研究内容

基于安全科普学的定义及狭义的研究范围，可提炼出安全科普学的 6 个方面主要研究内容，即安全科普学方法论、安全科普学基础理论、安全科普学学科体系、安全科普创作与实践、安全科普组织与管理，以及安全科普技术与保障，具体解释见表 2-7。

表 2-7　安全科普学的主要研究内容

层面		研究内容	具体研究内容举例
理论安全科普学	方法论	安全科普学方法论	主要包括安全科普学研究方法论及其体系；安全科普方法与技术；安全科普信息加工处理方法；安全科普的途径制定与平台设计方法；安全科普创作的地位、目标、任务、原则、方法及作品类型与体裁；安全科普效果评估方法；安全科普政策制定原则；安全科普规划方法及安全科普方针、原则与指导思想等
	基础理论	安全科普学基础理论	主要包括两方面，①宏观性基础理论：安全科普学的概念、内涵和外延、特征与功能、学科理论、应用理论及学科基本概念等；②微观性基础理论：安全科普学原理、安全科普过程与规律、安全科普内容与模式、安全科普认知与传播机理、安全科普立法、安全科普投入产出、安全科普资源配置、安全科普效果评估、安全科普人才培养、安全科普产业发展，以及安全科普的传播学、教育学、心理学、生理学与人文学等基础等
		安全科普学学科体系	主要包括安全科普学的学科属性、学科层次与地位、学科体系架构与关联关系（安全科普学的主要学科分支及各分支学科间的相互关系，以及安全科普学与其他相关学科间的相互关系）
应用安全科普学	应用实践	安全科普创作与实施	主要包括两方面：①安全科普作品的设计、创作、开发与推广；②安全科普对象（即大众）特征研究、安全科普模式设计、安全科普任务安排、安全科普平台（如网站或实体等）的设计与维护、安全科普活动组织与实施，以及安全科普方法与手段确定等
		安全科普组织与管理	主要包括安全科普政策规划、制定与实施，安全科普实践的监管，安全科普资源配置，安全科普法制建设，安全科普体制及组织管理机构设置，安全科普相关学科专业设置，安全科普人才培养，以及安全科普科学研究管理等
		安全科普技术与保障	主要包括两方面：①安全科普技术的应用基础，安全科普关键技术的应用与推广，以及安全科普技术的研究、开发与创新等；②安全科普的保障（如资金保障、技术保障与人才保障等）对策与具体措施等

由表 2-7 可知，根据安全科普学的 6 个方面主要研究内容的层面的不同，可将它们划分为方法论（即安全科普学方法论）、基础理论（即安全科普学基础理论与安全科普学学

科体系）与应用实践（即安全科普创作与实施，安全科普组织与管理，以及安全科普技术与保障）3 个小的层面。基于此，根据上述 3 个层面所涉及的研究问题的性质，还可将它们进一步划归为理论安全科普学（即方法论与基础理论）与应用安全科普学（即应用实践）两个大的层面。此外，理论而言，理论安全科普学与应用安全科普学应是安全科普学的两个主要学科分支，这为安全科普学的学科分支划分提供了理论依据。

5. 学科基础

由安全科普学的定义可知，安全科普学的最重要学科基础是安全科学与科普学。但细言之，安全科普学研究与实践会受社会环境、自然环境、社会突出安全问题、文化环境、经济状况与宗教背景等的制约，需涉及诸多人文社会科学，特别是安全社会科学问题。同时，安全科普研究与实践也需依赖自然科学，特别是需以安全自然科学知识与技术等为支撑。此外，安全科普学研究与实践还需以哲学（安全哲学）为方法论指导。总言之，安全科普学具有较为扎实的学科基础，其学科基础应是以上各学科理论的交叉、渗透与互融（图 2-15，图中仅罗列一些与安全科普学研究和实践较为密切的学科，其余学科不再一一列出）。

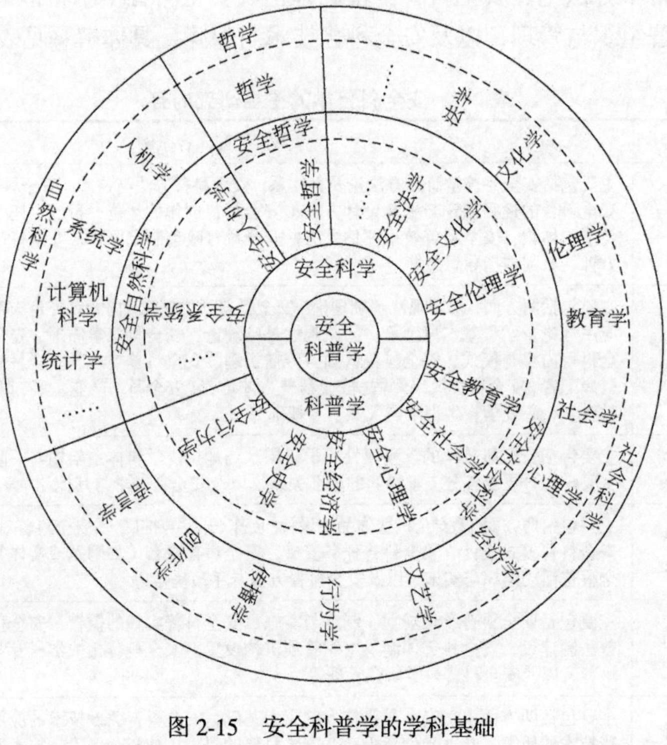

图 2-15　安全科普学的学科基础

2.4.4　结论

1）安全科普是以提高公众的安全素质为目的，以公众与社会的安全科学需求为导向，运用通俗化、大众化及公众乐于接受和参与的方式，普及安全知识与技能、倡导安全科学方法、传播安全科学思想、弘扬安全文化与树立安全伦理道德的社会实践活动；安全科普具有安全教育功能、安全科学功能与安全文化功能等 5 项主要功能。

2）安全科普学是以不断提高大众在生产和生活中的安全保障水平为根本目标，以提升大众的安全素质为出发点，以安全科学和科普学为主要学科基础，以大众及社会的安全科普需求为实践基础，以安全科普这种特殊的社会现象为特定研究对象，通过研究与探讨安全科普的定义、内涵、特征、功能、过程、原理、技术、方法、保障体系、作品创作、管理及效果评估等，以揭示安全科普规律，从而指导安全科普实践活动的一门融理论性与实践性为一体的新兴应用型交叉学科。

3）通过分析安全科普学的研究范围、学科特征、研究对象、研究内容与学科基础 5 个学科基本问题可知，安全科普学的研究范围明确，学科特征独特，研究对象具体，研究内容丰富，学科基础坚实，其具备成为一门独立学科的所有条件。

参考文献

[1] 钟义信 . 信息科学原理 (第 5 版)[M]. 北京 : 北京邮电大学出版社，2013.
[2] 赵越 . 医学信息学 [M]. 北京 : 清华大学出版社，2016.
[3] 许惠玲 . 体育信息学建设再议 [J]. 现代情报，2005，25(6): 126-128.
[4] 王秉，吴超 . 安全信息视阈下的系统安全学研究论纲 [J]. 情报杂志，2017，36(9):24-32.
[5]Yang F. Exploring the information literacy of professionals in safety management [J]. Safety Science，2012，50(2):294-299.
[6] 中国标准出版社 . 学科分类与代码 [S]. 北京：中国标准出版社，2009.
[7] 王飞跃，王珏 . 情报与安全信息学研究的现状与展望 [J]. 中国基础科学，2005，7(2):24-29.
[8] 黄仁东，刘倩倩，吴超，等 . 安全信息学的核心原理研究 [J]. 世界科技研究与发展，2015，37(6): 646-649.
[9] 李仪欢，陈国华 . 安全管理信息系统学的创建、内涵与外延 [J]. 中国安全科学学报，2007，17(6): 129-134.
[10] Lee J K，Bharosa N，Yang J. Group value and intention to use: A study of multi-agency disaster management information systems for public safety [J]. Decision Support Systems，2011，50(2):404-414.
[11] Young E. Using data to drive safety management: The enterprise risk management information system[J]. Journal of Chemical Health & Safety，2012，19(4):54-54.
[12] Park J，Park S，Oh T. The development of a web-based construction safety management information system to improve risk assessment[J]. KSCE Journal of Civil Engineering，2015，19(3):528-537.
[13] 现代职业安全编辑部 . 数字“化”安全 [J]. 现代职业安全，2017，17(5):3.
[14] 吴超 . 安全信息认知通用模型及其启示 [J]. 中国安全生产科学技术，2017，13(3): 59-65.
[15] 王秉，吴超 . 安全信息行为研究论纲——基本概念、元模型及研究要旨、范式与框架 [J]. 情报理论与实践，2017，40(7):103-107.
[16] 雷志梅，王延章，裘江南 . 应急决策过程中信息缺失的研究 [J]. 情报杂志，2013，32(6):10-13.
[17] 王秉，吴超，黄浪 . 基于安全信息处理与事件链原理的系统安全行为模型 [J]. 情报杂志，2017，36(8):9-18.
[18] 崔蒙，尹爱宁，李海燕，等 . 论建立中医药信息学 [J]. 中医杂志，2008，49(3):267-269.
[19] 吴超，杨冕 . 安全混沌学的创建及其研究 [J]. 中国安全科学学报，2010，20(8):3-16.
[20] 王秉，吴超 . 安全预测学：安全科学中势在必建的分支学科 [J]. 科技管理研究，2018，38(6).
[21] 王秉，吴超 . 安全科普学的创立研究 [J]. 科技管理研究，2017，37(24): 248-254.

第3章　安全技术科学领域的新分支

3.1　安全统计学

【本节提要】本节基于安全科学、系统科学和统计学原理，提出安全统计学定义，并分析其内涵。从统计研究的侧重点、安全系统统计范围、典型行业安全统计、具体统计对象和统计指标等方面构建安全统计学的分支体系，并阐述各分支体系主要研究内容。通过对安全统计学的研究方法和分析方法的比较，得出不同方法的优缺点和适用性。最后，就行业安全统计学、伤亡事故统计学、自然灾害统计学、职业健康安全统计学、安全经济统计学和安全社会统计学进行实践研究，阐述安全统计学的研究内容及发展方向。

本节内容主要选自本书第一作者吴超和王婷发表的题为“安全统计学的创建及其研究”论文[1]，为节省篇幅该文的参考文献没有全部引入本节，读者需要了解时请参见文献[1]的相关参考文献。

事故是安全科学的一项重要研究内容，但事故的发生具有随机性和突发性，很难准确预测，统计方法为这种考虑随机现象的问题提供了很好的思路。所以，事故统计方法是安全科学的一种重要研究方法，由此提出安全科学的一个重要分支——安全统计学，这将为解决安全领域内问题提供系统的方法和手段，对安全学科的发展具有重要意义。

3.1.1　安全统计学的定义

安全统计学是运用统计分析方法，对大量客观事实进行观察，进而分析安全现象的特征和变化规律，反映安全现象的变化规律在一定时间、地点等条件下的数量表现，以揭示事件及事故的本质、相互联系、变动规律和发展趋势。

安全统计学是安全科学和统计学的交叉学科，它为安全资料的收集、整理、分析和研究等提供统计技术支持，对所研究的对象和数据资料去伪存真、去粗取精，从而分析与安全有关的各种现象之间的依存关系和潜在规律。

由此可进一步定义：安全统计学是综合利用安全科学、系统科学和统计学的原理和方法，研究人们在生产、生活领域中与安全问题有关的信息的数量表现和关系，揭示安全问题的本质与一般规律，对安全生产、生活规律进行预测和决策，并提出具体的应对措施，保障安全运行的一门综合性应用学科。

安全统计学具有综合交叉属性。安全统计学的目的是统计研究安全系统中的事故，借助数据的直观表现分析其内在联系、发生规律，预测未来可能出现的安全问题，制定合理的预防控制措施。

3.1.2　安全统计学的性质

安全科学是从安全目标出发，研究安全本质及运动规律、人 - 机 - 环 - 管等之间相互作用的科学，运用现代科学技术，追求人类生产实践和生活活动安全的科学知识体系。

安全科学的重要研究内容之一是各种事故，由于事故发生具有随机性和突发性等特征，统计方法正是解决随机问题最有效的工具，因此，事故统计方法就成为安全科学的核心方法之一，安全统计学也由此成为安全科学的重要分支。实际上，在安全科学发展史中，事故统计分析方法早已运用于安全科学的研究中。例如，1931 年，美国海因里希在《工业事故预防》一书介绍其搜集 5000 多起伤害事故，通过深入研究，得出著名的海因里希法则，即重大伤亡事故次数：轻微伤害事故次数：无伤害事故次数：不安全行为次数 = 1 ∶ 29 ∶ 300 ∶ ∞。

统计学从统计的性质和特点可分为理论统计学和应用统计学。由于安全科学是一门应用科学，安全统计学也是一门应用统计学；运用统计方法描述安全现象，预测可能出现安全问题的数量及特征，具有描述统计学和推断统计学的属性；由于安全统计学是一门正在创建的学科，需建立相关理论，也属于理论统计学。

3.1.3　安全统计学的学科基础

安全统计学既属于安全学与方法学的交叉学科，又属于统计学的分支，具有边缘性和交叉性。由于统计学具有以数据为研究对象的特征，安全统计学是建立在有安全数据的学科分支的基础上。

1）根据辩证唯物主义关于存在决定意识的原理，安全统计学依照质与量辩证统一的原理，从对大量个别事物的观察中，总结出现象的总体特征。安全统计研究的指导方法还包括认识论、事物普遍联系和不断运动发展等原理。

2）安全统计学的基础学科包括安全科学、统计学、数理统计学、经济学、系统科学、社会学和自然科学各学科等，它们为安全统计学实践和应用提供理论基础，并将这些基础学科的基本原理、知识体系与方法等理论广泛应用于安全统计学规律的研究中，满足安全统计学交叉属性对理论基础的广泛要求。

3）安全统计学的工程技术理论学科基础包括安全信息工程和各种安全工程技术、防灾减灾工程、安全法律法规、安全管理工程、安全经济、系统可靠性、系统危险分析技术等，它们与安全统计学有着紧密的联系。

3.1.4　安全统计学的学科分类

根据安全统计学的研究领域以及安全统计学与安全科学技术的交叉分类，安全统计学的分类方法可按统计研究的侧重点、安全系统的统计范围、典型行业安全统计、具体的统计对象、安全特征统计指标等来分类，如图 3-1 所示。根据图 3-1 中底层的各个安全统计学分支，还可进一步细分出更多的安全统计学子分支出来。不同的统计视角可以得到不同的分类方法。

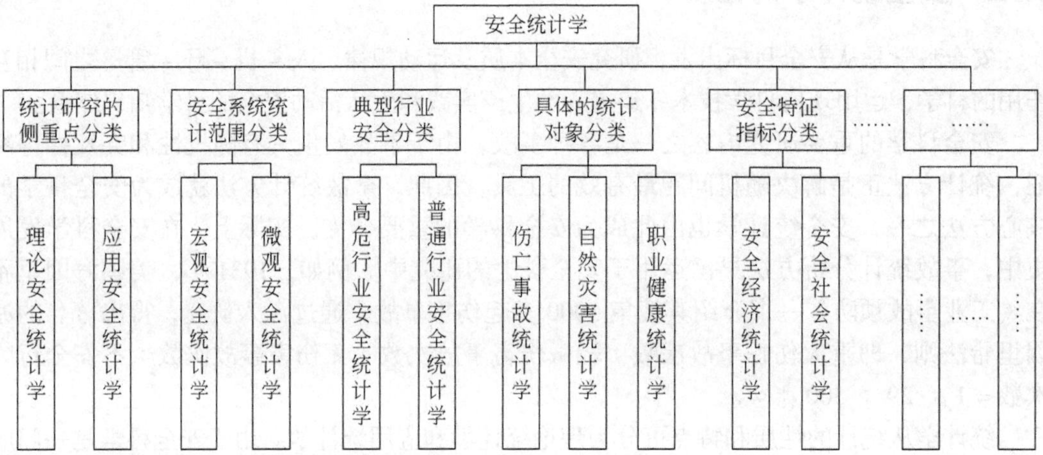

图 3-1　安全统计学学科分支分类

1. 按统计研究的侧重点来建立的安全统计学学科分支

根据安全统计学的理论与应用程度，安全统计学可分为理论安全统计学和应用安全统计学两大类。

1）理论安全统计学主要研究内容包括：①安全统计学的理论基础，如数理统计学理论、统计物理学理论、信息论、灰色预测理论等；②安全统计学的方法理论，如统计调查方法、统计分析方法、趋势预测方法等；③安全统计学的体系理论，如体系结构、指标设置、相互衔接理论；等等。

2）应用安全统计学主要研究内容包括：①安全统计工作的程序与操作规则，如统计时间要求、安全统计报表的填报、安全统计法规制度的制定与执行、安全统计数据的获取与发布等；②计算方式，如各种统计指标的计算公式等；③安全损失评估方法，它主要用于对各种具体灾害的危害后果进行价值评价与估算等。

2. 按安全系统统计范围来建立的安全统计学学科分支

按安全系统大小分为宏观安全统计学和微观安全统计学。宏观安全统计学主要是统计研究一个较大区域内安全生产与经济发展的关系、事故对社会经济的影响规律、事故的损失和安全活动的经济效益，为安全科学管理和安全决策的最优化等提供科学统计方法。微观安全统计学主要是统计研究一个小区域，如一个企业（单位）的事故和隐患规律，有关事故数据的产生、收集、描述、分析、综合和解释，并为推断事故的对策等提供科学统计方法。

3. 按典型行业安全统计来建立的安全统计学学科分支

行业安全统计学是通过对不同行业安全问题数据的收集、描述、分析、处理和存储，研究行业事故的规律，为开展预测预报提供科学统计方法。根据《国民经济行业分类与代码》（GB/T 4754—2011）和《企业安全生产费用提取和使用管理办法》（财企 [2012]），基于安全理论的角度将行业分为高危行业和普通行业，研究内容见表 3-1。

表 3-1　行业安全统计学的子学科分支及其实例

行业分类例子		统计实例
高危行业安全统计学	采矿业安全统计	调查采矿业在特定时期、区域的事故，按事故类型（如透水、瓦斯爆炸、坍塌等）和事故等级（特重大、重大、较大和一般）分类统计，分析该行业事故的规律性等
	危险化学品业安全统计	调查危化品行业在特定时期、区域的事故，按事故类型（如火灾、爆炸、中毒和窒息等）和事故等级分类统计，分析事故的规律性等
	建筑业安全统计	调查建筑业在特定时期、区域的事故、按照事故类型（如高处坠落、物体打击、机械伤害等）和事故等级统计，分析事故的规律性等
	交通业安全统计	调查该行业的事故情况，按事故类型（如追尾、弯道事故等）和发生环境（如城市公路、山区公路和干线公路）分类统计，分析事故的规律性等
	民用爆破业安全统计	调查民用爆破业的事故情况，按事故类型（如爆炸、火灾、中毒等）和事故等级分类统计，分析事故的规律性等
普通行业安全统计学	能源行业安全统计	该行业包括电力、石油、天然气、水、核和清洁能源等技术行业，调查该行业的事故情况，按 20 种事故类型和事故等级分类统计，同时需记录未发生的事故和潜在的隐患，分析事故间和事故—隐患的规律性等
	社会服务业安全统计	调查该行业在特定时期、区域的事故情况，按事故类型、伤亡人群的区别和事故等级进行分类统计，分析事故的规律性，预测对社会的影响等
	制造业安全统计	包括食品、医药和金属等加工制造行业，按事故类型（如机械伤害、触电、火灾等）和事故等级分类统计，分析不同的制造业的事故规律性，预测事故的发展趋势等
	其他行业安全统计	包括房地产业、文化教育及广电业和科学研究综合技术服务业，调查不同行业的事故情况，按 20 种事故类型和事故等级分类统计，分析不同行业间事故规律性等。

4. 按具体的统计对象来建立的安全统计学学科分支

安全统计学的研究对象很多如可通过伤亡事故、自然灾害、职业健康等方面的数量统计特征和数量关系等来建立其学科分支。

1）在伤亡事故现象和过程的研究方面，通过搜集生产过程中的事故数据，分析其数据表现，直观反映出该领域或企业的安全生产、安全管理现状，提出安全措施，防止事故发生，保证生产顺利进行，并形成伤亡事故统计学学科分支。该学科分支的研究内容非常广泛，如通过研究安全生产领域、社会领域、经济领域等各种事故现象与社会、经济互相影响的数量关系，并从大安全观和社会各领域互相联系的角度入手对事故现象进行全方位的观察、描述、分析和评价。其子学科分支及其研究实例见表 3-2。

表 3-2　伤亡事故统计学的子学科分支及其研究实例

伤亡事故统计学分类	研究实例
事故原因统计	按人为原因、物与技术原因、管理原因引起的事故等统计
事故伤害性质统计	按 15 类物理伤害，5 类化学伤害，5 类生物伤害，6 类生理、心理伤害，5 类行为伤害和 4 类其他伤害引起的事故等统计
事故类型统计	按物体打击、车辆伤害等 20 类伤亡事故类型统计
事故等级统计	按事故伤亡人数划分等级（特别重大、重大、较大、一般）和按经济损失程度划分等级（特别重大、重大、较大、一般）的事故等统计
其他事故统计	按照事故伤害部位、事故致因物引起事故等统计

2）在自然灾害现象的研究方面，如对于非人为的自然灾害，通过对不同时期、区域、种类的自然灾害的数量表现、数量关系进行分析和比较，揭示不同的自然灾害与时期、区域的关系，描述灾害对社会、经济的影响，从而建立自然灾害统计学学科分支。其子学科分支及其研究实例见表 3-3。

表 3-3　自然灾害统计学的子学科分支及其研究实例

自然灾害统计学分类	研究实例
生物灾害统计	按灾害类型（如虫害、鼠害、赤潮）和发生地域（森林、农田、牧场等）分类统计，比较分析灾害的原因与种类间的数量关系与规律性等
气象灾害统计	按灾害类型（如台风、暴雨、寒潮等）进行统计，比较分析灾害频率与强度的关系和规律性等
洪涝灾害统计	结合灾害类型（如洪水、雨涝等）与发生时间、地域进行统计，比较分析灾害强度与时间、地域的内在关系和规律性等
海洋灾害统计	按灾害类型（如风暴潮、海啸等）统计，比较七大洋和不同国家的灾害发生情况，分析灾害次数、强度和环境的内在关系和规律性等
地震灾害统计	按地震的成因（构造地震和火山地震）、震级和震源深度分类统计，比较不同板块、震级的地震的危害程度，分析震因、震级和震源深度的内在关系和规律性等
地质灾害统计	按 12 类灾害（如地壳活动灾害、地面变形灾害等）、动力成因（自然和人为）和灾害发展进程（渐变性和突发性）分类统计，比较不同地质特点的灾害情况，分析三者的内在关系和规律性等
森林灾害统计	按灾害类型（如火灾、病虫害和气象灾害等）统计，比较不同物种属性（防护林、用材林、经济林等）的灾害情况，分析灾害的规律性等
农业灾害统计	按灾害类型（如蝗灾、雹灾、霜雪等）和发生时期、地域进行分类统计，比较不同地区、时期的灾害情况，分析其内在关系和规律性等
其他灾害统计	根据不同地域、时期的山地灾害、沙漠灾害、草原灾害、环境灾害与城市灾害分类统计，分析不同灾害类型的内在关系和规律性等

3）在职业健康现象研究方面，通过统计研究不同类型有毒物质的致病毒理，预防控制与治疗效果，不同企业、行业、工种和不同接触毒物时间与发病周期的关系，有毒有害物质检测数据统计分析等，揭示职业病与行业、工作环境的关系，提出行业卫生调整措施，建立职业健康统计学。职业健康统计学研究内容包括职业病和危害、有害因素，其中职业病共有 10 类 132 种，危险、有害因素有 7 类。其子科学分支及其研究实例见表 3-4。

表 3-4　职业健康统计学的子科学分支及其研究实例

职业健康统计学分类	研究实例
职业病患病统计	统计不同时期、行业、种类的职业病的患病人数、患病程度，分析其内在关系、规律性和影响因素提出改进该行业的卫生措施
职业病治疗统计	统计患某职业病的伤患在治疗期的治愈率、病死率等，分析其与发病率、死亡率的关系
职业病死亡统计	统计特定时期不同类型职业病的死亡人数，分析死亡率与职业病发病率关系
危险、有害因素统计	统计引发职业病的不同类型的危险、有害因素，分析其与职业病之间的内在关系

5. 按安全特征指标来建立的安全统计学学科分支

1）在安全经济现象的研究方面，研究安全经济问题，定量反映安全经济水平、安全经济分配、安全投入与安全经济效益等内容。通过对安全生产领域中经济现象的数量表现、数量关系、数量界限的分析和比较，揭示安全生产和社会发展的关系，预测安全经济的发展方向和趋势，建立其安全经济统计学及其子科学分支。其子科学分支及其研究实例见表 3-5。

表 3-5　安全经济统计学的子科学分支及其研究实例

安全经济统计学分类	研究实例
生产安全事故统计	按事故起数、死亡人数、职业病、直接经济损失等内容统计
安全投入统计	按人力资源投入和资金投入，如安全技术人员、安全培训等活劳动投入量，安全防护资源、个体防护设施、作业环境改善等安全资源的配置统计
安全效益统计	按安全经济贡献率、危险整改率、安全投资收益等统计

2）在安全社会现象的研究方面，研究社会运行过程中的安全管理、安全法学、安全教育等安全问题的发生规律和影响因素及其预测预报等问题。社会统计学的研究内容是除经济统计学之外的所有内容，如劳动统计、生活质量统计等；安全社会学是将安全科学和社会学结合起来，研究社会运行过程中所出现的安全问题，通过研究社会运行中不同区域、类型的安全问题的数量特征，揭示安全问题和社会发展的关系。通过上述的研究建立安全社会统计学及其子科学分支。其子科学分支及其研究实例见表 3-6。

表 3-6　安全社会统计学的子科学分支及其研究实例

安全社会统计学分类	研究实例
安全社会统计	统计不同时期的国家安全问题、社会安全问题、自然环境安全问题和宏观上的经济安全问题，分析其内在的数量关系和规律性，预测可能发生的安全问题数量
安全法统计	统计我国在不同时代制定的安全法律，不同国家同时期的安全法律，一定时期由于生产、使用引起的财产安全、人身安全的审判活动资料，分析内在的数量关系
安全管理统计	统计大量安全管理活动中获得的数据，研究其数量特征、数量关系和数量变化，力求通过对安全管理活动中数据的观察，分析其规律性，为安全管理过程的计划、监督、预测和决策提供有力依据
安全教育统计	统计安全教育现象的数量表现和数量关系，以此比较不同时期、区域的安全教育结果，分析安全教育的优劣，为改进安全教育提供依据

3.1.5 安全统计学的应用

安全统计学是一门交叉学科，具有交叉学科的属性，主要是为统计系统运行过程中的安全问题，分析其内在联系和外在联系，得出直观结果提供方法。在安全统计学提出之前，无论是国内还是国外，都只在事故分析和安全经济分析使用统计方法；安全科学包括基础科学、技术科学和工程技术等学科，均需运用统计的方法来整理、分析系统运行过程中的安全问题，使其从凌乱的个体成为有规律的整体。

1. 行业安全统计学的应用例子

不同行业安全问题的数量、类型均不同。统计不同行业的安全问题，对鉴别行业安全等级与高危行业的类型，分析行业安全与社会影响、经济损失间的关系有重要作用，从而制定安全措施，以减少事故风险。

例如，使用聚类分析方法确定行业事故风险等级，可提高突发事件的应对能力，为安全生产监督管理部门、企业和保险收费率提供决策依据；通过交通、采矿等行业安全问题统计，分析同行业的人－机－环之间关系与影响因素的变化；根据不同年限的行业安全统计，研究行业安全发展趋势。

2. 事故统计学的应用例子

事故统计分析是运用数理统计来研究事故发生规律，既可把事故的发生作为因变量，采用统计分析方法，寻找发生原因，确定该因素对事故发生的影响程度；又可把事故的发生作为自变量，根据事故统计分析，研究事故发展变化趋势，分析该事故可能导致的后果及其严重程度。

事故统计学需要不断完善，首先需改进事故统计指标体系，结合定量指标和定性指标、静态指标和动态指标，确定事故统计指标体系等；其次是完善事故分析，如根据事故统计数据分析事故对社会与经济的影响，为预测事故的发生趋势提供数据依据；最后是加强事故预测，预测理论具有可知性、连续性和可类推性，预测方法有回归预测法、时间序列预测法、马尔可夫预测法和灰色预测法等。

3. 自然灾害统计学的应用例子

自然灾害打乱了人类生产、生活的正常秩序，是安全科学研究的一个重要部分。因自然灾害的严重性、不可避免性和难预测性，统计灾害情况，分析对社会、经济造成的损失和预测将来灾情具有重要作用。

自然灾害统计学主要分 3 个阶段：第一阶段是研究灾害的自然属性，统计自然灾变事件、灾变强度、频次，研究灾变的空间分布与发展规律，进行灾变时、空、强的预测研究；第二阶段是研究自然灾度，在第一阶段加强灾变对社会的影响研究，如人口伤亡、经济损失等；第三阶段是研究社会承灾体受灾程度和承灾能力。

自然灾害统计在我国起步早，但仍存在灾种界定不清、统计内容不规范等问题，因此急需完善灾害统计指标等内容，在灾害统计的基础上进行时间序列建模，分析对社会经济的影响，以及构建灾害损失评估体系。

4. 职业健康统计学的应用例子

职业健康与职业医学是预防医学的学科分支，是识别、评价、预测和控制不良劳动条件对职业人群健康的影响。卫生统计学研究居民健康状况，侧重于医学研究；职业健康统计学研究职业人群在工作环境、生产过程、劳动过程中健康遭受的危害，以及劳动条件中的有害因素，侧重于安全科学研究。

职业健康统计学的研究内容首先是制定系统的统计指标，由于职业病和有害因素种类繁多，规划合理的统计指标系统可为后续工作节约大量资源；其次是量－度结合，如职业病人数等计数资料，患病程度和有害因素浓度等等级资料，统计分析应注意量－度结合；最后是分析方法的运用，如用线性回归分析指标间的关联性，用时间序列分析职业健康与社会的关系。

职业健康统计学具有战略统计、科学统计和灵活统计的原则。由于我国职业健康起步比较晚，在统计应用上仍存在大量问题，如缺乏及时性、准确性、全面性和规范性，需借鉴芬兰、瑞典等先进国家的职业健康统计的经验，以完善国内职业健康统计体系。

5. 安全经济统计学的应用例子

安全经济统计学运用安全经济学和统计学的理论来解决安全经济问题，用以分析企业的安全生产状况、影响安全的各经济因素，找出对安全状态影响较大的因素，评估安全投资效益，优选安全经济方案，预测未来可达到的规模和安全水平。

此外，用统计安全投资指标来计算安全投资的“增值产出”和“减损产出”，用“差值法”和“比较法”计算安全投资经济效益；陈万金等对安全投入指标进行统计探讨，分为 7 方面、34 指标，均给出计量单位和计算方法。

6. 安全社会统计学的应用例子

安全社会统计学的研究内容甚广，从家庭安全、人身安全到国家安全、经济安全均在内。在本书中，安全社会统计学主要研究内容是安全社会统计、安全法统计、安全管理统计和安全教育统计。

安全社会统计学包含多方面内容。安全社会统计侧重于国家、社会公共和经济的安全问题统计；安全法统计侧重于司法过程中涉及生产安全、人身安全、财产安全的法律纠纷事件，统计案件的具体情况和结论，为制定安全法律提供现实依据；安全管理统计是统计生产中因有效安全管理措施取得的安全效益与不恰当措施引发事故的管理措施；安全教育统计主要统计学员的安全教育结果，了解学员对安全常识的掌握情况，对安全教育进行改进。

3.1.6　安全统计学的展望

21 世纪以来，统计学进入了快速发展时期，由单一的记述型统计学科逐渐扩展为多分支的推断型统计学科。在预测和决策基础上，结合信息论、控制论和系统论的基本方法，运用计算机技术，促使统计学的理论和实践不断深化，发展为多学科的通用方法学理论，尤其是在现代化国家管理、企业管理和社会生活中，起着愈加重要的作用。安全统计学正是建立在不断发展的安全科学和统计学基础之上的，虽然安全工作者早已将安全科学与统计学的方法结合使用，但将安全统计学作为一门独立的学科来建立并发展，这将是首次尝试，因此还有诸多方面亟待完善，而目前我们首先要完善的有以下内容。

1. 安全统计学理论体系的建立

任何应用学科都需要理论的支撑，才能保证应用技术的发展，安全统计学是一门应用型学科，主要是运用统计理论和方法研究、分析安全系统运行过程中出现的安全问题。安全统计学理论的研究可为统计学在安全领域的运用提供指导方法。因此，为统计学能更好地应用于安全科学，首要任务是建立安全统计学理论体系。

2. 传统安全管理与统计方法的结合

传统安全管理技术是通过事故统计分析安全系统，采取相应的管理措施。随着安全科学的发展，从被动的“事后处理”进入主动的“事前预防”是安全管理进步的体现，因此现代安全管理需通过预测方法，推断可能发生的安全问题，制定相应的技术措施，预防事故发生。

3. 现代技术手段在安全统计学的应用

信息论、控制论和系统论在许多基本概念、思想和方法等方面有共同点，安全统计学结合三者的理论方法，从不同角度提出解决相同问题的方法和原则，可丰富安全统计学的理论内容与应用技术方法。将计算机技术（如 SPSS、Excel 和 Matlab 等软件）运用于安全统计学研究中，可简化各类安全问题的搜集、整理等步骤；建立合理的安全系统数据库，便于数据分享、处理，可降低安全统计分析的盲目性，完善安全信息学的研究内容。

3.1.7 结论

1）安全统计学是一门结合安全科学、系统科学和统计学的原理和方法综合性应用学科，根据目前的状况，既属于理论统计学，又属于应用统计学。

2）安全统计学的分支学科体系主要包括行业安全统计学、伤亡事故统计学、自然灾害统计学、职业健康安全统计学、安全经济统计学和安全社会统计学。

3）从安全统计学理论的建立、传统安全管理与统计学的结合，以及现代计算机技术在安全统计学的应用三方面对安全统计学进行展望，来讨论安全统计学的研究及应用前景。

3.2 安全大数据学

【**本节提要**】本节提出安全数据与安全大数据的概念，提炼基于安全大数据的安全科学研究的核心原理，分析安全大数据对安全科学研究的影响，构建并解析基于安全大数据的安全科学研究的基本范式体系。在此基础上，基于安全大数据对安全科学学科体系调整提出构想，提出安全大数据学的概念，并构建基于安全大数据的三维结构模型，指出安全大数据学的主要研究内容。

本节内容主要选自本书作者发表的题为“基于安全大数据的安全科学创新发展探讨”[2]的研究论文，具体参考文献不再具体列出，有需要的读者请参见文献 [2] 的相关参考文献。

近年来，大数据已成为科技界熟知的热词。安全领域也是如此，国家安全生产监督管理总局（简称国家安监总局）于 2014 年提出要建立安全生产统一数据库，又于 2015 年专门成立统计司，表明国家安监总局越来越重视提升安全生产“大数据”的利用能力；不仅在安全生产领域，大数据更多的是运用于公共安全领域。在大数据背景下，分析大数据对传统安全科学的影响，及早应对大数据带来的挑战，力求对大数据背景下的安全科学理论与方法进行深入探讨和思考，不仅对安全科学自身的发展具有十分重要价值，且有助于提高安全科学研究成果应用于企业、社会等的广度与深度。

大数据在安全科学领域的应用先于理论研究，如大数据在交通安全监测、食品安全风险预警与煤矿安全生产中的应用，以及公共安全大数据平台的设计等。其实，有些安全科学的理论研究的研究方法体现的就是大数据的研究逻辑，本书课题组对安全科学原理的研究，在某种程度也是基于大量相关文献资料及安全实践经验，总结、归纳大量具有普适性的安全科学原理，即更多的是从大量非结构化的安全数据信息中直接归纳、提炼安全科学原理。但目前在安全科学研究领域，尚未发现专门基于大数据的安全科学理论研究，使大数据背景下的安全科学发展方向模糊不清。

为明晰大数据对安全科学发展的影响，进而促进安全科学快速发展，本节提出安全大数据的内涵，提炼基于安全大数据的安全科学研究的核心原理，分析安全大数据对安全科学研究的影响和基于安全大数据的安全科学研究基本范式体系。在此基础上，探讨基于安全大数据的安全科学学科体系调整构想，以期为把握大数据背景下的安全科学研究、发展方向与基于安全大数据的安全科学研究提供理论参考与依据。

3.2.1 安全大数据的定义与范围

数据是对客观事物、事件的记录、描述。由此，可给出安全数据的定义，即安全数据（safety data，SD）是对客观安全现象的记录与描述，是数值、文字、图形、图像、声音等符号的集合，如事故伤亡人数、安全监控视频等。换言之，安全数据可视为安全现象的一种抽象表达方式。

基于安全数据的定义，可以给安全大数据下这样一个定义：安全大数据（safety big data，SBD）是用来记录和描述安全现象的海量数据集合。理论上讲，它与大数据（big data，BD）的关系可用逻辑表达式表示：

$$\mathrm{SBD} \subseteq \mathrm{BD} \tag{3-1}$$

由式（3-1）可知，SBD 是 BD 的子集。①当 SBD=SD 时，即把大数据看成是安全大数据，再以相关知识为支撑进行数据挖掘，进而从中分析、得出安全规律，实则体现的是从宏观层面的安全领域与其他领域之间海量数据的跨界融合，可称为广义安全大数据（generalized safety big data，GSBD）；②当 SBD ⊂ BD 时，即直接将生产安全与生活安全中的海量数据集合看成是安全大数据，再以相关知识为支撑进行数据挖掘，进而从中分析、得出安全规律，实则体现的是微观层面的安全领域内部海量数据的深度挖掘，可称为狭义安全大数据（narrow safety big data，NSBD）。显而易见，广义安全大数据包括狭义安全大数据，即 NSBD ⊂ GSBD。此外，因数据价值密度的高低与数据体量成反比，与有效数据量成正比。因而，从理论上讲，狭义安全大数据的安全价值密度显然大于广义安全大数据的安全价值密度。

由此可知，无法对广义安全大数据进行具体分类，但对狭义安全大数据而言，可基于安全科学视角，根据不同的研究需要（分类标准），对其进行分类，具体见表 3-7。需要说明的是，狭义安全大数据的分类方式并不是唯一的，随着大数据和安全科学的研究发展，还会可能产生其他不同的分类方式，以满足不同的安全科学研究与安全管理需要。

表 3-7　狭义安全大数据的类型

标准	类别	具体解释
数据变化状态	静态安全大数据	已经发生或有记录的事故、职业病、安全隐患等安全数据信息，采集、利用时要注意其时效性
	动态安全大数据	其与静态安全大数据是相对的，指动态变化的事故、危险因素、安全资源检索等安全数据信息
数据的显隐性	显性安全大数据	直接表征安全状态的数据信息，如事故数量、伤亡人数、安全隐患数量、整改率、安全投入等
	隐性安全大数据	间接表征安全状态的数据信息，如人的心理指数、人流量变化、机器声音变化、安全信息检索等
主要行业类别	普通行业安全大数据	指社会服务业、制造业、能源行业等普通行业的安全数据信息
	高危行业安全大数据	指采矿业、危险化学品、建筑业、交通业、民用爆破业等高危行业的安全数据信息
	自然灾害安全大数据	指地震灾害、气象灾害、生物灾害、洪涝灾害、地质灾害、海洋灾害、森林灾害等安全数据信息
安全科学研究对象	人本身的安全大数据	表征人的安全心理、行为、人性等状态的安全大数据，如表征人的风险感知能力的数据信息
	物本身的安全大数据	表征物的安全状态的安全大数据，如设备的可靠度、故障率、安全等级等数据信息
	事本身的安全大数据	表征事故（包括职业病）发生规律和趋势的安全大数据，如事故原因、类别、时间等数据信息
安全系统视角	自系统的安全大数据	自系统的安全大数据即安全系统内部的安全数据信息，如企业安全管理信息记录等数据信息
	他系统的安全大数据	他系统的安全大数据即非安全系统内部的安全数据信息，如企业效益、产量等数据信息
组织规模大小	企业安全大数据	表征企业安全状况的安全大数据，如企业安全管理水平、安全文化建设水平、应急能力等
	省（市）安全大数据	表征省（市）安全状况的安全大数据，如省（市）安全监管有效性、防灾减灾能力等
	国家安全大数据	表征一国安全整体状况的安全大数据，如国民的整体安全意识水平、全国企业事故总量与类型等

3.2.2　基于安全大数据的安全科学研究的基本程式

1. 基于安全大数据的安全科学研究的核心原理

基于大数据的内涵与特征，结合安全大数据的内涵及安全科学研究的特点、过程与目的，本节提炼出基于安全大数据的安全科学研究的 8 条核心原理，即全样本原理、安全数据“说话”原理、安全小数据叠加原理、安全关联原理、外推原理、安全预测原理、快速安全决策原理和安全价值原理，分别解释如下。

1）全样本原理。由统计学知识可知，基于全部样本才能找出最准确、最科学的规律。基于安全大数据的安全科学研究可以不再通过样本间接研究总体，而是能够做到直接对总体的全部安全数据进行分析处理，保证经过数据加工的安全数据能够包含研究对象的所有安全信息，即用安全数据样本总体的科学思维方式思考并解决安全问题，从而获得更具真实性的安全规律。

2）安全数据“说话”原理。基于安全大数据的安全科学研究就是通过安全数据分析，直接归纳、总结得出研究结论，使研究结果更具客观性和真实性，即直接用安全数据分析得出安全规律的思维方式思考并解决安全问题，从而得到更具说服力与实用性的研究结论。

3）安全小数据叠加原理。这是挖掘安全大数据的一种最简单且常用的方式，指针对某一安全现象，将所有基于样本的零散的、分割的、碎片化的安全小数据聚集在一起，形成样本总体的安全数据来记录、描述这一安全现象，即用样本安全数据叠加的科学思维方式思考并解决安全问题，从而获得记录与描述某一安全现象的安全大数据。

4）安全关联原理。这是挖掘安全大数据的又一重要方式，主要包括两种方式：①跨领域关联，寻找非安全领域数据与所研究安全问题间的相关性，尝试从非安全领域数据中发现与所研究安全问题相关的数据；②安全领域关联，寻找所研究安全问题与安全领域内部数据间的相关性，通过对安全领域内部数据的深挖来获取与所研究安全问题相关的数据。总而言之，就是用关联的科学思维方式思考并解决安全问题，从而获得所研究安全问题的安全大数据。

5）外推原理。确定安全数据从过去到现在的变化规律，并将这种变化规律外推至将来，这是进行安全预测的基础，即用现在推断未来的科学思维方式思考并解决安全问题，从而为安全决策奠定基础。

6）安全预测原理。大数据的主要目的是预测，同样，安全预测也是安全大数据的重要目的。将数学算法运用至海量客观、实时安全数据，通过安全大数据直接预测事故发生的可能性与发展趋势或系统的安全状态变化趋势等，即用安全大数据预测的科学思维方式思考并解决安全问题，从而为精准事故预防与控制及安全管理服务。

7）快速安全决策原理。大数据关注相关性而非因果关系，对于安全科学研究而言，转向相关性，并非不要因果关系，因果关系还应是安全科学研究的基础，只是在高速信息化的时代，为了得到即时安全信息，进行实时安全预测，在快速的大数据分析技术下，寻找到相关性安全信息，就可预测系统的安全状态变化，进而快速做出有效安全决策，可以超前进行事故预防与控制，即用关注快速安全决策的科学思维方式来思考并解决安全问题，从而为国家、政府与企业进行快速安全决策提供依据。

8）安全价值原理。是否能够通过数据分析形成安全价值是判断所采集安全大数据的有效性的重要判断标准，这也揭示了采集、分析、处理安全大数据的核心目的就是实现安全大数据的安全价值，即用在安全大数据中获取安全价值的科学思维方式思考并解决安全问题，从而通过数据分析挖掘安全大数据背后的安全规律。

2. 安全大数据对安全科学研究的影响分析

由基于安全大数据的安全科学研究的 8 条核心原理可知，对于一些很难也无需获得安全大数据的具体安全问题，以及一些根本就无安全大数据可言的安全问题（如飞机失事、核电站故障等），安全大数据对其传统研究不会产生特别影响。但是，对于研究宏观安全规律，安全大数据就具有诸多优点，对其传统研究的主要影响如下。

1）研究的安全数据对象完全不同。传统的安全科学定量研究或安全统计学研究，因无法搜集或者无法很容易、经济、快速地搜集到全体安全数据信息，通常以推断统计为核心内容，以随机抽样为基础，用样本来通过统计方式代替全体，即基于样本安全数据，很少有全体安全数据，如事故预测、安全评价、安全心理学、安全文化学等方面的定量研究。而基于安全大数据，研究的安全数据对象变成了总体，这很大程度上改变了安全数据信息的采集、挖掘和处理方式。

2）传统安全科学研究具有滞后性，安全大数据使安全科学研究更具时效性。传统安全科学研究的滞后性主要体现在两个方面：①传统的安全科学研究对于新出现的安全问题（如危险因素、系统要素等的变化）是不敏感的，一般需要等事故、故障发生或造成一定规模的伤害、损失等以后，才能搜集到足够安全数据信息进行相关分析研究；②因时空的变化影响，致使前一时间阶段的研究成果很难有效适用于解决后一时间阶段出现的类似安全问题。而基于安全大数据，可以通过海量安全数据对系统的安全状态进行实时分析，一旦有新问题、新动态、新变化立即予以关注，从而实现对事故、职业病、群体不安全行为、安全网络舆情等的早期分析、干预、预警和控制，具有前瞻性。

3）传统安全科学研究注重因果关系分析，安全大数据注重关联关系分析。换言之，安全大数据会一定程度上减弱安全科学研究对因果关系的关注。传统的安全科学注重对安全现象的解释，了解它们的因果关系，如在以往的事故致因研究方面，诸多学者通过分析因果关系，得出了诸多定性解释事故致因的理论。但基于安全大数据，定性解释事故原因是远远不够的，安全大数据甚至可以发现事故发生的潜在规律，如事故发生的周期性、关联性、地域性、时间性等规律，以供安全科学学者、专家解释安全现象，具有一定的“智能性”，某种程度上超越了传统安全科学研究的因果关系。需要指出的是，安全大数据并没有改变因果关系，但使部分传统安全科学研究中的因果关系变得不太重要，很多时候使一些因果关系成为“正确的废话”，其通过大数据直接得出安全现象背后的本质安全规律，进而完善安全科学理论。本书认为，找出事故原因是进行事故预防与控制的关键，即因果关系在安全科学研究的重要性是无法替代的。由此看来，安全大数据不过是丰富了安全科学的研究方法与思路而已。因此，在未来基于大数据的事故致因研究方面，还是应以安全科学专家、学者为主，数据科学专家、学者仅需提供数据采集、处理、分析等关键性的技术支撑。

4）传统安全科学研究的因果关系具有不确定性（模糊性），安全大数据将摆脱这种模糊的因果关系的干扰。例如，几乎所有事故致因理论都把事故的直接原因归于人的不安全行为和物的不安全状态，但处于不同环境，究竟这两种原因谁是主要原因，采用传统安全科学研究方法是难以做出科学解释的，只能说是这两种原因综合作用的结果。在此情况下，知道结果显得更为重要，再无须考虑复杂的因果关系，仅需基于安全大数据，就可以清晰得出两类事故原因的比重。换言之，大数据关注“是什么”，而不是“为什么”，基于安全大数据更擅长通过统计分析人类不能感知的“安全关联”，并建议人采取具体安全行为活动。

5）传统安全科学研究方法的主观性偏强，安全大数据可增强安全科学研究的客观性。传统安全科学研究方法的主观性主要体现在两个方面：①实验法、模拟法等是传统安全科学研究的常用方法，它们存在一个主要缺陷，即对于实验、模拟条件的控制通常会创造出不同于真实环境的安全现象，且存在一些干扰因素，使实验、模拟等很难接近真实状态，结果的可信度、实用性偏低；②统计调查法是传统安全社会科学的重要研究方法，但此方法是在接触被调查者的条件下进行的，对被调查对象的影响，再加之调查样本数量有限，会导致调查结果可信度降低。

安全大数据可避免以上安全科学研究方法的缺陷，增强安全科学研究的客观性，如对个体或群体的安全心理、安全行为、安全人性等的研究，可以在不直接接触被调查对象的前提下，直接收集其在生产、生活中的真实安全心理、安全行为、安全人性数据，从而避免了非自然的实验、模拟、调查场景可能带来的种种负面效应，使收集到的数据更加客观。

6）安全大数据对安全科学数学建模提出巨大挑战。传统安全科学研究往往采用一个或少数几个数学模型来进行安全状态评价与趋势预测等研究，如安全评价模型、事故预测模型、安全经济模型等，但任何安全数学模型都各有优缺点，即没有包治百病的全能安全数学模型。其缺点主要体现在 4 个方面：

第一，在研究某一种安全状态时，可用的安全数学模型其实较多，模型的最佳选择一直是个无解的答案，实际上，迄今为止基于某种安全数学模型对安全状态或现象进行研究得出的结论，至多仅能说明是采用该模型得出的结论，并不具有普适性，换其他安全数学模型得出的结论可能立即就变了，换言之，其实基于安全数学模型研究得出的结论是脆弱的。

第二，在研究同一安全状态时，即使采用同一种安全数学模型，安全数学模型的变量选择、估计的方法、参数设置、滞后期选择等不同，也会导致估计结果相差很大。

第三，安全状态是一个综合动态指标，一般而言，不同时段其安全影响因子的种类及其各因子对整个安全状态的影响程度是不同的（即指标的实时确定与指标权重的动态赋权问题），现有的安全数学模型还无法有效对安全状态进行实时动态准确评价与预测。

第四，在传统安全科学研究中，由于研究对象错综复杂，直接影响与间接影响因素众多，变量的完备性被认为是不可能的事情，往往只能选取少数变量来进行研究，达到一个相对满意的结果。

基于安全大数据，借助云计算与分布式处理等现代信息技术，往往可以采用成百上千的安全数学模型来对安全状态象进行评价与预测研究。此外，基于安全大数据，可以获取越来越多的变量，从而使遗失变量的可能性降到最低，这样在研究中由原来的数个变量可能会变成数十个甚至成百上千的变量。在这样的背景下，对原有的安全科学数学建模技术就带来了巨大挑战，对安全科学的发展将会产生深远影响。

7）大多数传统安全科学研究工具与手段无法适应于基于安全大数据的安全科学研究，需要创新与研发新的研究工具与手段。传统安全科学研究，一支研究团队、数个安全实验室、数台电脑、数种安全模拟软件和简单的数据分析软件就能构成较良好的安全科学研究条件。但基于安全大数据的安全科学研究在研究人员组成、计算工具与合作关系3个方面将发生巨大变化：①研究人员应有安全科学领域专家、学者及安全大数据维护、建模、分析专家；②计算工具需要广泛借助于云计算工具；③合作关系需广泛与安全大数据拥有者（企事业单位、政府安全监管部门等）、云计算服务商等合作。总之，基于安全大数据的安全科学研究急需组建跨学科、跨领域、跨部门的安全科学研究新模式。

8）传统安全科学研究表现出安全自然科学与安全社会科学的分离状态，这有悖于安全科学的综合学科属性；此外，部分传统安全科学理论研究与实践应用具有脱节现象。显然，基于安全大数据有助于将安全自然科学与安全社会科学、安全科学理论研究与实践应用趋于统一。

3. 基于安全大数据的安全科学研究的基本范式体系

由上所述可知，基于安全大数据的安全科学研究的实质是揭示安全大数据背后的安全规律。因此，有必要在构建基于安全大数据的安全科学研究基本范式体系之前，首先明晰安全数据、安全信息与安全规律之间的转化关系。

（1）安全数据、安全信息与安全规律的转化模型

依次给出安全现象、安全信息与安全规律的定义：①安全现象是指能被人感觉到的安全状态表象，如事故、不安全行为、安全表现等。②安全信息是指为实现某种安全目的而经过加工处理的安全数据，如事故发生的高峰期、不安全行为的主要类型等。简言之，安全信息是经过加工的安全数据（即安全数据处理的结果）。③安全规律是隐藏在安全现象背后的可重复联系，如海因里希法则、墨菲定律等。

基于安全数据、安全现象、安全信息与安全规律的定义，构建安全数据、安全信息与安全规律的转化模型，如图3-2所示。

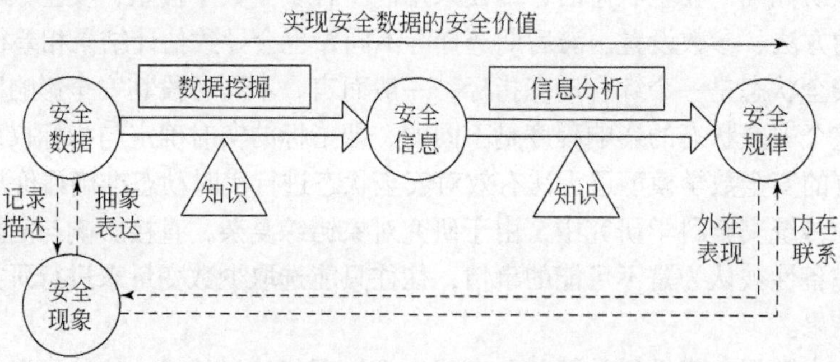

图3-2 安全数据、安全信息与安全规律的转化模型

由图 3-2 可知，该转化模型的本质是借助安全数据揭示隐藏在安全现象背后的安全规律，从而实现了安全数据的安全价值（包括安全科学研究、安全设计、安全管理与安全预测等价值）。从安全数据到安全规律是沿着“安全数据→安全信息→安全规律”的线性方向转化，“安全数据→安全信息”与“安全信息→安全规律”的转化过程都需要知识（包括安全专业领域知识与非安全专业领域知识）的支撑，知识作用于整个转化过程，即知识在整个转化过程中起着支撑作用。对转化过程具体解析如下：

1）安全数据向安全信息的转化。主要是在安全数据与安全科学研究问题之间建立相关性。安全数据加工是安全数据转化为安全信息的过程，是运用相关知识将具有相关性的安全数据整合起来，并格式化、规范化使之成为安全信息分析中的有效安全数据的处理过程。典型的安全数据加工方式应包括安全数据清洗、滤重与匹配等。这些加工过程都是基于安全数据的规律对安全数据进行加工处理，而这些规律就是知识，包括安全专业领域知识（如安全数据与安全专业领域内概念与术语之间的关系、有效安全数据的判别与筛选与转换对应等知识）与非安全专业领域知识（如安全数据结构与多源安全数据的融合等知识）。

2）安全信息向安全规律的转化。主要是采取各种相关知识对安全信息进行分析，使安全信息的结构与功能发生改变，总结、归纳得出安全规律。这些知识也包括安全专业领域知识与非安全专业领域知识，如安全信息甄别知识、相关性判断知识、计量分析知识等。

（2）基于安全大数据的安全科学研究的基本范式体系的构建与解析

大数据是根据数据分析直接得出结论，其研究逻辑是后验的。基于大数据的研究逻辑，安全数据、安全信息与安全规律的转化模型，以及基于安全大数据的安全科学研究的核心原理与安全大数据对安全科学研究的影响，结合安全科学的一般研究过程与特点，构建基于安全大数据的安全科学研究基本范式体系，如图 3-3 所示。

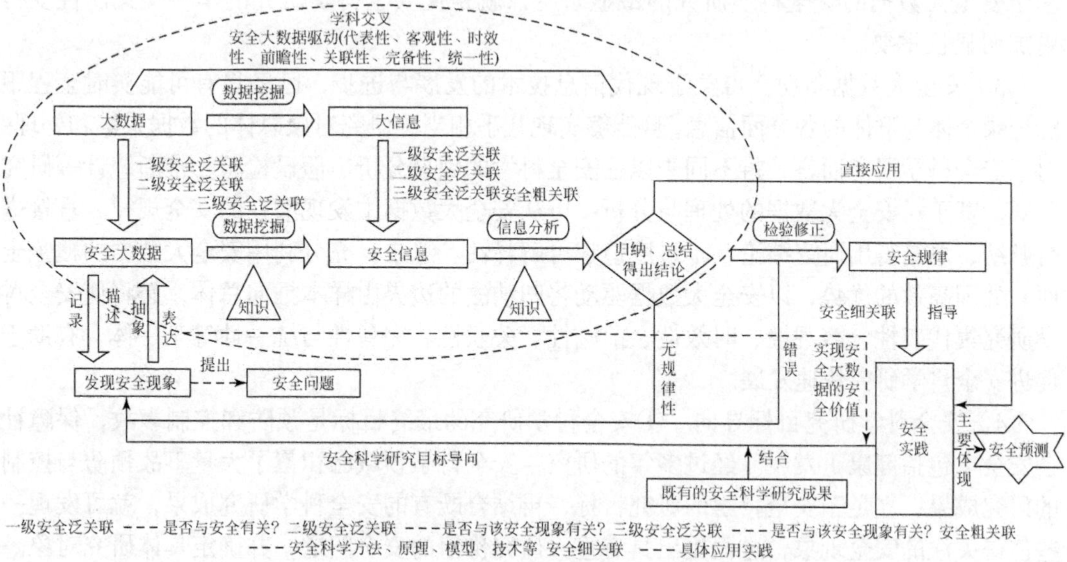

图 3-3　基于安全大数据的安全科学研究的基本范式体系

由图 3-3 可知，基于安全大数据的安全科学研究的基本范式体系是对安全数据、安全信息与安全规律的转化模型的丰富及其关键环节的细分，其核心基础是研究安全现象（问题）的总体安全大数据，换言之，基于安全大数据的安全科学研究，甚至是几乎所有未来的安全科学研究都必将越来越稳固地建立在对客观安全数据的全面准确分析之上，实现研究效率与效果的同步大幅度提升，这不仅有助于安全科学的横向拓展研究，更有助于在其纵向挖掘更深层的规律与关系。对该研究范式体系的内涵具体解析如下。

1）安全关联思想贯穿于整个研究过程。整个安全关联过程是一个逐渐从宽泛到具体的过程，具体表现如下：①大数据→安全大数据，此过程需完成一级安全泛关联与二级安全泛关联，即在意识认知层面需依次回答“是否与安全有关？”与“是否与该安全现象有关？”两个问题，从而得到描述、记录所研究安全现象的安全大数据；②安全大数据→安全信息，此过程需完成三级安全泛关联，即回答“是否与该安全问题有关？”这个问题，确定所研究安全问题的安全数据集合，再经数据加工分析，得到安全信息；③安全信息→安全规律，此过程需完成安全粗关联，即主要运用安全科学方法、原理、模型与技术等分析信息，导出安全规律；④安全规律→安全实践，此过程需完成安全细关联，即根据具体的安全需要将所得安全规律有针对性地应用于安全实践。此外，还可通过大数据→大信息→安全信息这条路径获得安全信息，在大信息→安全信息需完成一级安全泛关联、二级安全泛关联与三级安全泛关联，从而获得所研究安全问题的安全信息。

2）更加注重学科交叉。安全科学作为一门年轻的综合交叉学科，有着顺应时代的发展需求。随着大数据时代的到来，既可以充分利用安全科学的综合交叉学科优势，也会使安全科学的学科交叉性进一步增强，这是因为：①基于安全大数据进行安全科学研究的一个重要环节就是数据挖掘与分析（包括收集、存储、处理与分析等），至少这一环节需要安全科学和数据科学的知识、技术与人才的融合与合作；②数据科学本身就是一门基于计算机科学、统计学、信息系统等学科的新兴交叉学科。因此，从理论上讲，基于安全大数据的安全科学研究的最显著特点就是使安全科学研究的学科交叉属性变得更加明显且重要。

3）安全大数据驱动。得益于现代信息技术的发展与进步，已经很有可能实时全程跟踪记录个体与群体的各方面信息，且能够实现几乎相当于研究对象总体的数据采集和处理。对于安全科学研究而言，将不同于以往安全科学的因果分析、假设检验、推断统计等研究范式，基于对安全大数据的处理与分析，可从安全大数据中发现潜在的安全规律，直接进行归纳、总结得出研究结论，不过度追求可解释性。总之，充分利用安全大数据的覆盖全面、处理高效的优势，以安全大数据驱动将归纳法的边界由样本推向总体，必将使安全科学研究集代表性、客观性、时效性、前瞻性、关联性、完备性与统一性等于一体，有助于促进安全科学研究快速发展。

4）安全科学研究目标导向。①安全科学研究的最终目标是预防和控制事故，保障社会安全（包括健康）发展。经过多年的研究，安全科学领域已积累了大量事故预防与控制的研究成果。立足于安全科学的研究目标，再结合既有的安全科学研究成果，就可发现一些值得关注的安全现象，进而提出具有重大研究价值的安全问题，并确定具体研究对象。②传统的安全科学研究考察和分析的对象是人、物与事故等的外显表现，在此基础上，推理并解释人、物与事故等的内部因果关系，而最终目标又回归于预测和控制人、物与事故等的外显表现来预防和控制事故，从这个意义上讲，内部因果关系可看作若干中介变量。若直接以预测和控制人、物与事故等的外显表现的安全科学研究最终目标为导向，不过度追求对因果关系的深究，则有助于基于安全大数据直接通过对人、物与事故等的外显表现的分析，实现对人、物与事故等的外显表现的预测和控制。该思路也与数据科学的本质特征（以问题为导向）相吻合，对于实现安全科学研究的终极目标，这一全新路径也许会起到更加直接有效的作用。

5）快速检验、修正新发现的安全规律。对新发现的安全规律进行验证是保证安全规律有效指导安全生产、生活实践的必要前提，得益于高效的大数据分析技术，可以在验证阶段实现对新发现的安全规律的快速验证与修正，显著提高了研究效率和研究结果的可信度，有助于进行快速安全决策。

6）基于安全大数据的安全科学研究的 8 条核心原理贯穿于整个基于安全大数据的安全科学研究过程。例如：①全样本原理要求研究的安全数据对象必须是研究问题的总体安全数据，叠加原理与关联原理指明了采集、挖掘研究对象的总体安全数据的思路与方法。总之，这 3 条原理为基于安全大数据的安全科学研究奠定了基础，即获得研究对象的总体安全大数据。②安全关联原理和快速安全决策原理是对研究对象的总体安全大数据进行数据加工与分析的主要原则，只有这样才能突出大数据注重相关性与高效性的特征和优势。③安全预测原理表明安全预测是基于安全大数据的安全科学研究的主要目的，因为基于安全大数据可以进行准确、超前的安全预测，这是有效预防与控制事故的关键。④安全价值原理表明基于安全大数据的安全科学研究实现了安全大数据的安全价值，换言之，整个基于安全大数据的安全科学研究过程也是一个逐渐实现安全大数据的安全价值的过程。

7）体现从“实践→理论→实践”的哲学思想。安全大数据本身就是对安全现象的记录与描述，即其本质是来自于实践，通过对安全大数据的分析、研究得出安全规律，再用新发现的安全规律去指导预防与控制事故，即安全实践，这一过程完整体现了从“实践→理论→实践”的哲学思想。

3.2.3　基于安全大数据的安全科学学科体系调整构想

1. 安全大数据学的提出

在大数据背景下，安全大数据学的产生是大势所趋。本书将安全大数据学定义为：安全大数据学是以揭示安全大数据背后的安全规律，进而实现安全大数据的安全价值为目的，借助安全大数据研究各种安全现象的一门应用性学科，也是研究安全大数据学与传统安全科学关系的一门学科，它应是安全科学技术学科的新的学科分支。具体而言，安全大数据学是在安全科学研究和应用中采用安全大数据并且采用大数据思维方式对传统安全科学进行深化的新兴交叉学科。换言之，安全大数据学不仅要研究如何建模、管理和应用安全大数据，而且要深入研究在大数据思维方式冲击下，传统安全科学如何应对挑战并进行转型的问题。

2. 安全大数据学的研究内容

安全大数据学的主要研究目的是在系统认知安全大数据的基础上，不断开发并充分利用安全大数据的安全价值。要达到这一研究目的，应从理论、技术与实践3个层面着手认知并利用安全大数据。由此，建立安全大数据的三维结构模型，如图3-4所示。

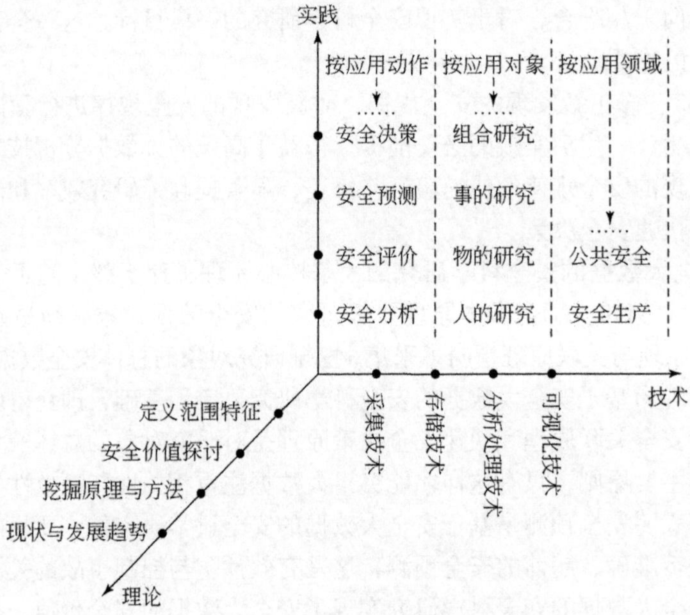

图3-4　安全大数据的三维结构模型

由图3-4可知，安全大数据学的主要研究内容包括安全大数据应用基础（理论基础、技术基础）与安全大数据应用实践两方面，即安全大数据学的两个子学科，如图3-5所示。

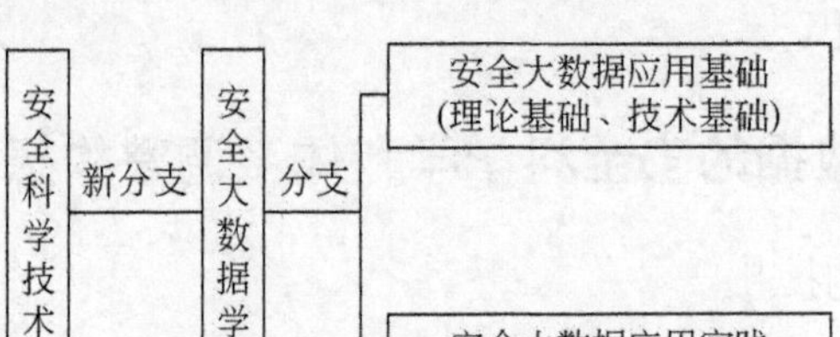

图3-5　安全大数据学的基本框架

1）安全大数据应用基础。安全大数据应用实践的基础，主要包括两方面：①理论基础，理论是认知的必经途径，也是被业界与学界广泛认同和应用的基础，主要从“基于安全大数据的定义、范围与特征理解安全大数据，即对安全大数据进行整体性描绘和定性解释”，“从对安全大数据的安全价值的探讨来深入解析安全大数据的价值所在”，“提炼、总结安全大数据的挖掘原理与方法”与“洞悉安全大数据的现状与发展趋势”4个方面研究并丰富安全大数据学应用的理论基础；②技术基础，技术是安全大数据的安全价值实现的手段和提升的基石，主要是基于计算机科学与技术、网络技术与传感器技术（如云计算、分布式处理技术、存储技术与感知技术等）等，从安全大数据采集技术、存储技术、分析处理技术与可视化技术 4 个方面不断丰富和完善安全大数据学应用的技术基础。

2）安全大数据应用实践。安全实践是安全大数据的最终安全价值的体现，根据不同的分类依据，可将安全大数据应用实践划分为不同的学科分支。本书按不同的应用动作、应用对象与应用领域，分别对其做了分类，依次为：①按应用动作的不同，可分为安全分析、安全评价、安全预测与安全决策等；②按应用对象的不同，可分为人的研究、物的研究、事（事故）的研究与人物事的组合研究等；③按应用领域的不同，可分为安全生产领域与公共安全领域等。

总之，安全大数据学是一门学科跨度很大的学科，涉及众多学科，对研究者知识的宽度和深度都提出了很高的要求。因此，其突破应该首先在安全大数据应用实践层面取得进展，其次再催生理论层面的研究，逐步做到应用研究与理论研究的共同发展，共同促进安全大数据学的研究发展。

3.2.4　结论

1）安全大数据丰富了安全科学的研究思路与方法，特别是有助于研究宏观安全规律。提炼出基于安全大数据的安全科学研究的全样本原理、相关性与高效性原理等 6 条核心原理；安全大数据对安全科学研究的影响主要包括研究的安全数据对象完全不同、安全大数据使安全科学研究更具时效性、安全大数据注重关联关系分析等 8 个方面。

2）基于安全大数据的安全科学研究的基本范式体系表明安全大数据的安全科学研究的核心基础是研究对象的总体安全大数据，整个研究过程是一个逐渐实现安全大数据的安全价值的过程，并具有更加注重学科交叉、安全大数据驱动、安全科学研究目标导向与快速检验、修正新发现的安全规律等 6 层重要内涵。

3）在大数据背景下，安全大数据学的产生是大势所趋。它是以揭示安全大数据背后的安全规律，进而实现安全大数据的安全价值为目的，借助安全大数据研究各种安全现象的一门应用性学科，也是研究安全大数据学与传统安全科学关系的一门学科，它应是安全科学技术学科的新的学科分支。基于安全大数据的三维结构模型，指出安全大数据学的主要研究内容包括安全大数据应用基础（理论基础、技术基础）与安全大数据应用实践两方面，即安全大数据学的两个子学科。

3.3　安全物质学

【本节提要】本节从科学学的角度进行安全物质学研究。结合安全科学学及物质学，提出安全物质学定义，分析其内涵，构建包括安全物质原理学、物质致灾学、物质功能安全学、人物环交互安全系统学 4 个学科分支的安全物质学学科框架，并详细介绍各分支学科的概念、内涵及研究内容。在此基础上，分别从物质安全特性、物质危害分析、物质危险性评估、物质安全功能防御 4 个角度，分析安全物质学的具体研究方法。

本节内容主要选自本书第一作者等人发表的题为“安全物质学的学科体系与研究方法”[3] 的研究论文，具体参考文献不再具体列出，有需要的读者请参见文献 [3] 的相关参考文献。

引发事故的主要原因有人的不安全行为、物的不安全状态、作业环境的不安全因素和管理缺陷等。其中，人的不安全行为和物的不安全状态是导致事故发生的直接原因。物的不安全状态是指人和物处于有可能发生人身伤亡或财产损毁的潜在危险状态。因此，创建安全物质学并将其作为安全科学的一个重要分支，可有效预防和控制事故，有助于实现系统本质安全。

2009 年 11 月 1 日实施的《学科分类与代码》标准中，安全物质学（代码 62023）被列为安全科学技术的一个二级学科。尽管国内外相关学者对物质危险性及其预防与控制的研究较多，但安全物质学这一术语使用较少，也没有以安全物质学命名的著作。安全物质学这一交叉学科在我国乃至国际领域中仍处于探索甚至空白阶段。

3.3.1 安全物质学的定义及内涵

对物质的认识是一切创造的前提，而对物质安全的认识则是安全科学技术研究的基础环节。2013 年 6 月 20 日，本书作者之一吴超以博文形式在科学网上发表的《安全物质学》指出，安全物质学是以人的安全健康为出发点，研究各种可能造成人的伤害和危害人的健康的物质（含人裸眼不可见物质）的状态及其演化对人类安全健康的直接和间接危害的规律，用最少投入获得预防、减低、控制乃至完全消除这些危害的方法、措施和工程，并使之处于安全状态。

安全物质学的内涵包括：①安全物质学是从人的安全健康需要出发，这里的“人”是指绝大多数人，而不是某类人、某群人或某区域的人；②安全物质学中的物质是与人的安全健康相关的物质，这些物质既包括肉眼可见的，也包括肉眼不可见的；③物质状态表征形态多变，既包括固体、液体、气体，也包括混合体等；④物质的演化既包括形状、大小、相态的变化，也包括物理、化学、生物等的变化；⑤物质既包括实体物质，也包括信息、能量等非实体物质。

3.3.2 安全物质学的学科框架及学科性质

1. 学科框架

安全物质学是运用自然科学等基础学科理论，研究事故的产生机理、特征、表现形式、对人和社会造成的危害等。安全物质学以物质为研究对象，以预防事故发生、保障安全状态为最终目的。安全物质学研究对象包括：可导致损害物质（致灾物）、可遭受损害物质（承灾物）、可避免或减少损害物质（避灾物）及上述 3 种物质与人、环境间的交互作用。

安全物质学主要从以下几方面开展研究：①物质特性分析研究，按物质自身的物理化学属性，研究各种物质的量变和质变等引发事故的规律和实现安全所需的管理措施等；②物质危害抵御研究，按物质间相互作用方式和途径，研究各种物质间的相互作用规律及其抑制和隔离措施等；③物质危害控制研究，按实现物质安全的控制方法，研究各种物质的安全控制措施与工程设施等；④人物环交互作用结果研究，按物质自身特性、物质相互作用，研究物质同人和环境等方面的交叉作用及相关规律等。上述几个方面的研究内容构成了安全物质学的基本框架，如图 3-6 所示。

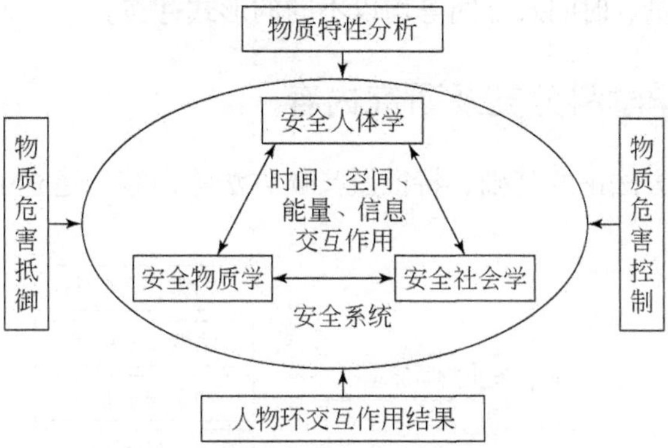

图 3-6　安全物质学基础框架

安全物质学的研究根本不是研究物质本身特性或外在表现形式，而是研究由人、物、环构成的安全系统中的物质所产生的影响。安全物质学通过构建由安全人体学、安全物质学、安全社会学组成的安全系统，研究人－物－环之间的时间、空间、能量、信息的交互作用，分析物质特性、物质危害抵御、物质危害控制和人物环交互作用结果 4 个方面内容，达到维护安全系统动态稳定的目的。

2. 物质与安全的辩证关系

安全物质学具有辩证统一性：

1）物质本身具有抽象性与具体性的统一。抽象性指物质中存在软物质，包含能量类物质（如光、磁场、电场等）和信息类物质（如状态信息、活动信息、指令信息等安全信息流等）；具体性指物质中存在硬物质，包含纯净物、化合物、混合物气态物、液态物、固态物等。硬物质在空间上具有排他性，但软物质可同硬物质共存，并常依托硬物质存在。硬物质为明显的，易引起注意；而软物质为潜在的，易被忽视。在安全物质学中，软物质的影响力更大。

2）物质对安全具有正作用与副作用的统一。物质本身表现为“三位一体”，即同时存在可导致损害物质（致灾物）、可遭受损害物质（承灾物）和可避免或减少损害物质（避灾物）。在安全系统中，不同物质由于本身特性差异，可能体现出危害性，也可能体现出防护性。

3）物质作用对象具有主体与客体的统一。物质作为器物形态、能量、信息的载体，本身既可能是致灾物，也可能是承载物或避灾物。在不同的系统环境中，物质既能以主体形式存在，也能以客体形式存在。

4）物质作用方式具有确定性与不确定性的统一。在人物环交互系统中，由于系统本身的复杂性和系统内部物质间的交互性，物质作用方式多样。物质性质在理论研究中是确定的，但在系统实际动态发展中，物质特性会呈现出不确定性。

5）物质具有普遍性与特殊性的统一。物质的普遍性是指物质存在于系统发展全过程，系统自始至终存在能量、信息等的交互。物质的特殊性指在系统具体发展过程中，物质及构成物质的信息、能量、时间及空间等均以不同的形式存在。

3.3.3 安全物质学学科分支及研究内容

结合安全物质学方法论的基础、特征及具体方法等内容，建立了安全物质学学科分支体系，如图 3-7 所示。

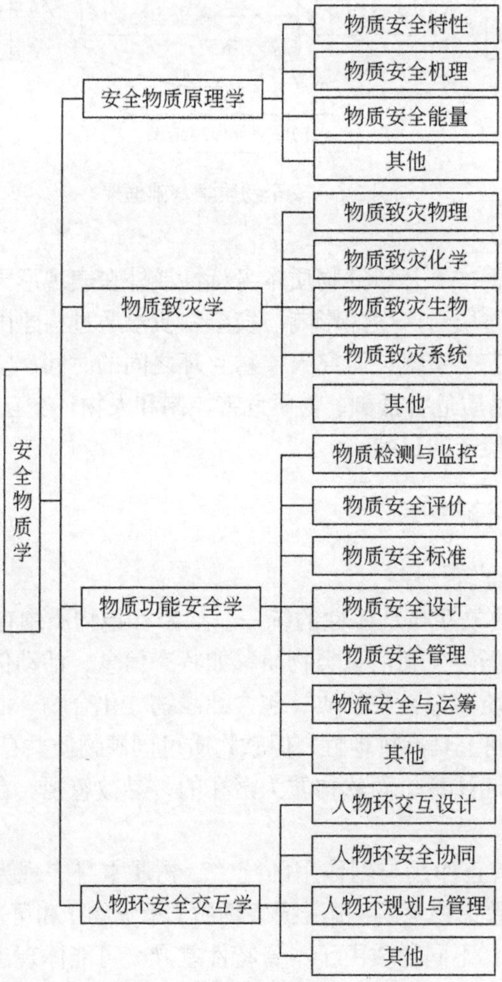

图 3-7 安全物质学学科分支树图

1. 安全物质原理学

安全物质原理学主要以人的安全健康为着眼点，研究物质的基本属性、安全性质、物质本体演化、物质间相互作用及转化的一般规律。安全物质原理学可设物质安全特性、物质安全机理、物质安全能量等学科分支，具体研究内容及典型实例见表 3-8。

表 3-8　安全物质原理学学科分支及研究内容典型实例

学科分支	研究内容实例
物质安全特性	研究物质的力学、电学、热学、化学等性能、特征及其参数，物质的组成、性质、结构、数学模型等
物质安全机理	研究物质形态演变、运动、发展规律，不同物质间的相互作用机制，物质的反应原理、反应限度、反应速率等
物质安全能量	研究同物质相伴的能量的产生、转换与利用的规律，物质反应中的能量转换、反应热平衡原理等

2. 物质致灾学

物质致灾学主要研究物质致灾特征及物质致灾机理等。可设物质致灾物理、物质致灾化学、物质致灾生物、物质致灾系统等学科分支，具体研究内容及典型实例见表 3-9。

表 3-9　物质致灾学学科分支及研究内容典型实例

学科分支	研究内容实例
物质致灾物理	以物理学的角度，研究致灾物质的共性、特性和控制原理，以及防止、防御控制危害发生方法和技术措施等
物质致灾化学	以化学的角度，研究致灾物质的共性、特性和控制原理，以及防止、防御控制危害发生方法和技术措施等
物质致灾生物	研究生物化学、遗传变异、生态安全、生物多样性、生理营养与代谢、物质与能量交换，生物与周围环境的关系，生物致灾的特性和控制原理，以及防止、防御控制危害发生方法和技术措施等
物质致灾系统	应用系统方法，研究各类物质在系统中产生灾害与灾变过程的演化规律，利用整体性评价方法、系统数学模型来描述系统中各种物质致灾的防控方法和技术措施等

3. 物质功能安全学

物质功能安全学从有效规避人的不安全行为引发的伤害或损失的角度出发，研究如何有效利用物质本质安全特性，避免危害发生。物质功能安全学可设物质安全标准、物质安全设计、物质安全管理、物质安全检测与监控、物质安全评价、物流安全与运筹等学科分支，具体研究内容及典型实例见表 3-10。

表 3-10　物质功能安全学学科分支及研究内容典型实例

学科分支	研究内容实例
物质安全标准	研究维护系统安全的基础标准、管理标准、技术标准、方法标准、产品标准等
物质安全设计	通过人机工程的考量，研究消除物质不安全因素的设计方式，使物质具备本质安全特征
物质安全管理	运用管理学的方法，研究各类物质不安全因素并且从管理上采取措施，消除危害发生
物质安全检测与监控	从预防事故、灾害发生的角度，研究物质危险因素、危害程度、范围及其动态变化，并提供检测和监控基础数据
物质安全评价	研究物质危险有害因素及其发生的可能性和危害程度，为制定相应的措施提供依据
物流安全与运筹	以物质运输流动为研究对象，应用运筹学及系统工程的原理方法，辨别物流系统危险有害因素及系统安全分析，提出相应对策措施

4. 人物环安全交互学

人物环安全交互学运用系统工程理论及方法，研究人、物、环相互关系，并对影响安全的物质因素进行分析和评价，建立综合防控系统。可设人物环交互设计、人物环安全协同、人物环规划与管理等学科分支，具体研究内容及其典型实例见表 3-11。

表 3-11　人物环安全交互学学科分支及研究内容典型实例

学科分支	研究内容实例
人物环交互设计	研究人物环之间的信息及能量的交互传递关系，确保人物环界面交流的快捷、高效
人物环安全协同	研究人物环及其所含能量、信息等在时间、空间和功能结构上的重组和互补关系
人物环规划与管理	对人物环系统各状态进行规划管理与控制，针对人物环系统组织实施规划、检测及决策

3.3.4　安全物质学研究步骤及方法

安全物质学研究可分为 3 个阶段：①进行物质安全特性识别和危险性分析，确定物质危险性质。②开展物质危险性评估，确定系统内部整体物质危险性。③根据危险性级别，采取相应的物质安全功能防御措施，进行危险控制。

1. 物质安全特性识别研究方法

物质安全特性识别主要为分析物质的物理特性、化学特性和生物特性等，为物质危险性分析提供基础。图 3-8 为物质安全特性识别的基本步骤，表 3-12 为物质安全特性识别常用方法。

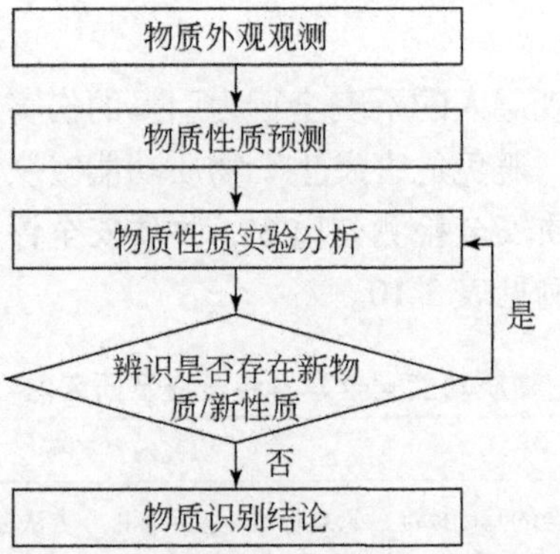

图 3-8　物质安全特性识别一般步骤

2. 物质危害分析研究方法

物质危害分析是在物质识别基础上，确定可能导致人员伤害、职业病、财产损失、作业环境破坏等的物质危险性。危害分析内容主要集中于化学性危害、物理性危害、生物性危害 3 方面。图 3-9 给出了物质危险性一些具体分析内容，常用的物质危害分析方法见表 3-13。

表 3-12　物质安全特性识别的常用方法

序号	内容	常用方法
1	物质外观观测	已知数据库对比法、级别量表法、记叙性描述法等
2	物质性质预测	统计分析法、数据对比法等
3	物质性质实验分析	蒸馏法、光谱分析法、电泳法、色谱法、场流分级法、电化学分析法、核磁共振法、成分分析法、DNA 测序法、蛋白质组分析法、代谢物组分析法、转录组分析等现代方法
4	物质识别结论	总结归纳法、数据对比法等

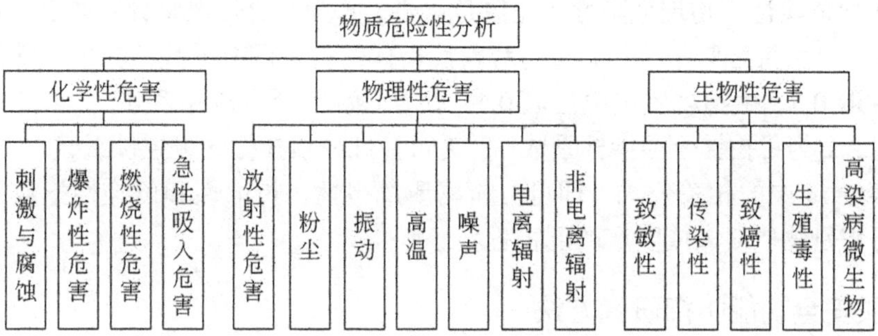

图 3-9　物质危害的一些具体分析内容

表 3-13　物质危害分析的常见方法

序号	内容	常用方法
1	化学性危害分析	物质安全数据表（material safety data sheet，MSDS）分析法，危害性分类法，物质危害检查表法，化学品测试法，单体化学元素分析法，化学化合物分析法等
2	物理性危害分析	MSDS 分析法，危害性分类法，物质危害检查表法，物理性测试法，常见物理性危害分析法（噪声、振动、粉尘），非常见物理性危害分析法（放射性物质等）等
3	生物性危害分析	MSDS 分析法，危害性分类法，物质危害检查表法，毒理分析法，动力毒理学实验法，细菌性危害分析，寄生虫危害分析，病毒性危害分析等

3. 物质危险性评估研究方法

物质危险性评估方法有定量评估方法、时间 – 空间 – 风险类比法、风险制图法、访谈法、族群会议法、讨论调查法等，书中主要介绍物质危险性定量评估方法。

在一般物质危险性评估方法中，物质危险性为物质危害性及可能性的集合。在常见物质危险性评估方法基础上，将物质因素可能性优化为扩散性和可控性两个方面。物质危险性可表示为物质危害性、物质扩散性和物质可控性的函数。综合考虑化学性物质危险性、物理性物质危险性和生物性物质危险性 3 个方面即可获得物质综合风险评估结果。表 3-14 为物质危险性评估公式。

表 3-14 物质危险性评估公式

项目	物质扩散性 S	物质危害性 W	物质可控性 K	物质危险性
化学物质	$S=L\alpha+P(1-\alpha)$	$W=\Sigma(k_if_i)$	$K=\Pi(s_ic_i)$	$C=WSK$
物理物质	$S=L\alpha+P(1-\alpha)$	$W=\Sigma(k_if_i)$	$K=\Pi(s_ic_i)$	$M=WSK$
生物物质	$S=L\alpha+P(1-\alpha)$	$W=\Sigma(k_if_i)$	$K=\Pi(s_ic_i)$	$G=WSK$
综合风险评估	—	—	—	$R=f(C, M, G)$

表 3-14 中，S 为物质扩散性指数；W 为物质危害性指数；K 为物质可控性指数；C、M、G 分别为化学危险性、物理危险性、生物危险性；R 为综合性风险评估指数；L 为物质超标程度分值；P 为接触频率分值；α 为暴露性指标的权重调节系数，其中化学物质及物理物质扩散性取 0.5，生物物质扩散性取 0.4；k_i 为危险性分项指标系数；f_i 为危险性分项指标程度分值；s_i 为可控性分项指标系数；c_i 为可控性分项指标的可控性系数。

应用表 3-14 中的相关公式，即可分析物质危害性、扩散性和可控性指数，通过该函数的构建可识别物质对人或财产的危害程度。

4. 物质安全功能防御研究方法

物质安全功能防御步骤为：首先，对危害物质进行防御，防范事故发生；其次，若无法防止危害发生或防御效果不佳时，再进行降低危害后果处理；最后，事故无法控制则进行应急救援，降低伤害程度。物质安全功能防御的主要研究内容包括防危害物质、抗危害物质和救援物质等。图 3-10 给出了物质安全功能防御基本步骤，其常研究方法见表 3-15。

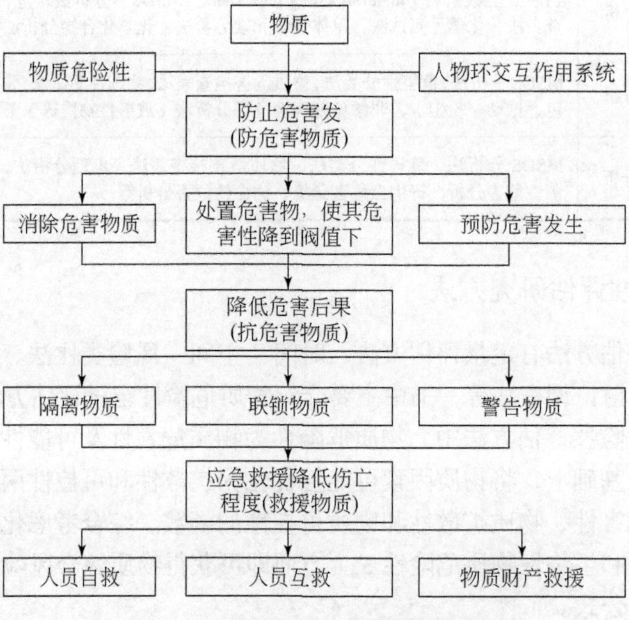

图 3-10 物质安全功能防御的基本步骤

表 3-15　物质安全功能防御的常用研究方法

研究内容	研究方法
防危害物质	文献查阅法、实验法、计算机模拟法、比较法、综合指标法、演绎法、归纳法、溯因法、物元分析法等
抗危害物质	经验法、实验法、安全检查表法、专家评价法、多目标加权评判法、计算机模拟法等
救援物质	经验法、实验法、专家评价法、计算机模拟法、优化法、规划法、反馈法、决策树法等

3.3.5　结论

1）阐述了安全物质学的定义、内涵及属性，对安全物质学的基础框架及学科性质进行分析，确定了安全物质学的研究思路。

2）从体系发展角度出发，将安全物质学学科分支划分为：安全物质原理学、物质致灾学、物质功能安全学、人物环安全交互学。针对各学科分支内容进行详细分析和实例列举，完善了安全物质学的学科体系。

3）参照方法学理论，论述了安全物质学 3 个阶段基本研究步骤：确定物质危险性质—确定系统危险性—物质安全优化。在此基础上，整理了物质安全特性识别、物质危害分析、物质危险性评估、物质安全功能防御 4 个方面的研究方法，确保安全物质学研究条理清晰。

3.4　物质安全评价学

【本节提要】 本节提出物质安全评价学定义，并从研究目的及研究对象等方面解析其内涵。根据其学科性质，从理论和应用两个方面建立包括物质风险评价理论、物质风险控制理论、物质健康风险评价、物质生态风险评价、物质事故风险评价 5 个分支的物质安全评价学研究内容体系。在此基础上，概述物质危害性辨识—物质风险分析—物质风险评估—物质风险控制 4 个步骤的研究程序，并给出各程序具体内容及研究方法。

本节内容主要选自本书第一作者等人发表的题为“物质安全评价学的构建研究”[4] 的研究论文，具体参考文献不再具体列出，有需要的读者请参见文献 [4] 的相关参考文献。

由事故致因理论可知，物的不安全状态是导致事故发生的主要原因之一。换言之，有效控制或消除物的不安全状态是预防事故的主要途径之一。而控制或消除物的不安全状态的措施等的选择必须基于对物质危险做出正确的分析和评价。因此，物质安全评价在安全科学领域是一个有价值的研究方向。

3.4.1　物质安全评价学的定义及内涵

1. 定义

物质安全评价学作为安全物质学的分支学科，结合安全评价的定义及内涵，这里对物质安全评价学作出如下定义：以实现物质及其赋存系统安全为目的，运用风险评价方法辨识物质危险有害因素，并分析、评估危险后果的严重性和危险发生的可能性，提出科学合理、经济有效的物质安全控制措施，进而做出评价结论的整个活动。

2. 内涵

对物质及其与人、环境交互作用所在的系统进行风险评估是物质安全评价的核心，是评价过程中的一个中心环节，起承上启下的作用。在此，对物质安全评价学的内涵做如下解析。

（1）研究目的

物质安全评价学的基本目的是运用安全系统工程的理论和原理，研究危险有害物质的风险辨识、分析、评估、控制等实施过程，通过风险预控管理，建立危险有害物质的安全评价模式。具体包括：

1）在系统的计划、设计、运行等全过程中考虑安全技术和安全管理问题，辨识生产过程中的物质危险有害因素及其与人、环境间的相互作用关系。

2）分析、计算研究物质存在的危险性、导致事故后果的严重程度，运用相关物质安全评价方法评价其危险性，得出分析结果，从而为物因事故的预防和控制措施选择提供理论依据。

3）对物质危险有害因素导致事故发生的原因进行分析，寻求“最满意”决策。由事故致因理论可知，查明事故原因是控制与预防事故的关键，因此，分析事故原因有助于做出“最满意”决策。

4）以实现物质及其赋存系统的本质安全为目的，掌握系统的安全状态水平，了解物质生产系统安全运行的薄弱环节，寻求达到事故率最低、损失最少、效益最优的安全措施。由安全经济学原理可知，用最少的安全投入取得最佳的安全价值是安全措施选择的重要标准，因此，有必要寻求最经济而最有效的安全措施。

5）评价物质危险性对人、环境的危害程度或造成事故的严重程度是否可被接受，促进安全技术与安全管理更加趋于标准化和科学化。

（2）研究对象

从物质的角度看，物质安全评价学旨在阐明物质间的相互作用机制及其危险性。因此，物质安全评价学的研究对象理应是物质，进而分析人 – 物 – 环系统中物质危险与安全的动态转化规律，其具体研究对象包括：致灾物、承灾物、避灾物及上述三种物质与人、环境间的交互作用，如图 3-11 所示。

物质安全评价学的研究是从物质出发，加强对致灾物、承灾物、避灾物及其相互转化规律的研究宽度和研究广度，通过构建由人、物质、环境所构成的系统，研究各要素间相互作用机制，分析事故发生的深层次原因，并提出预防及控制措施，从而达到保障系统安全的目的。

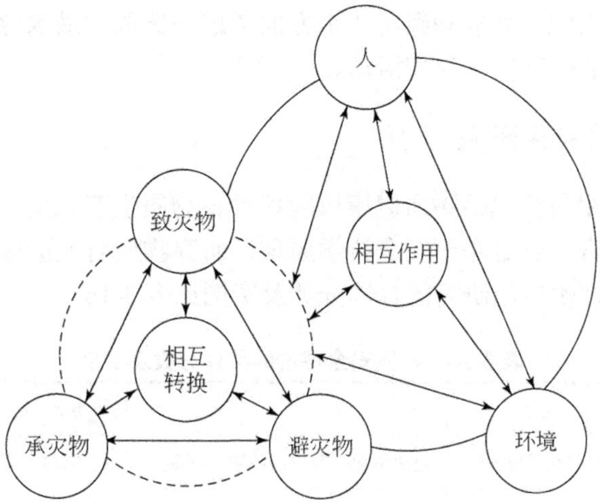

图 3-11　物质安全评价学研究对象

3.4.2　物质安全评价学的研究内容

物质安全评价学是一门兼具理论性和实践性的学科。基于物质安全评价学的定义与内涵，可从理论和应用两方面来建立物质安全评价学的研究内容体系，具体如图 3-12 所示。

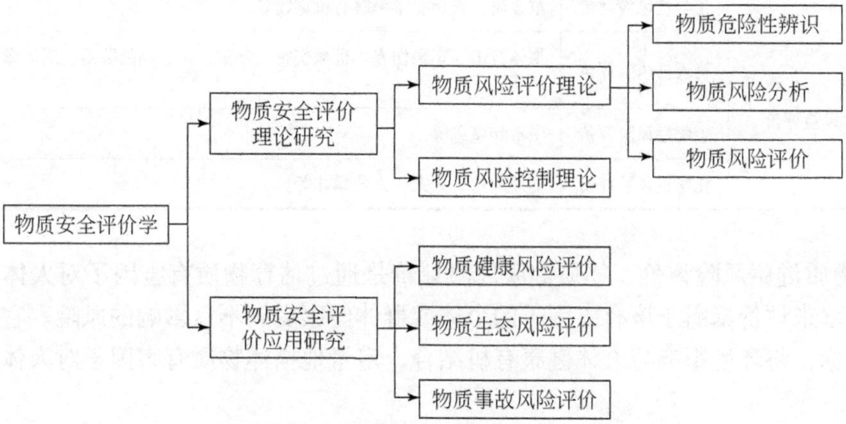

图 3-12　物质安全评价学研究内容体系

1. 物质安全评价理论研究

物质安全评价理论研究包括物质风险评价理论、物质风险控制理论两方面。

1）物质风险评价。物质风险评价是运用风险评价方法，通过物质危害性辨识、物质风险分析和物质风险评估，对物因事故发生的可能性、可能产生的后果的严重程度等进行综合分析，对物质致灾风险展开综合评价。物质风险评价为物质风险控制提供技术依据。物质风险评价包括物质危害性辨识、物质风险分析、物质风险评价 3 个方面。

2）物质风险控制。物质风险控制是在物质风险评价的基础上，依据风险的发生规律和控制技术，运用现代安全管理原理、方法和手段等，分析和研究有关物质的各种不安全因素，进行从技术、组织、管理和经济 4 个方面考虑，选取“最满意”的安全措施来控制和预防物因事故发生的一种安全管理活动。

2. 物质安全评价应用研究

物质安全评价应用研究包括物质健康风险评价、物质生态风险评价、物质事故风险评价 3 个方面。概括而言，就是基于安全科学原理，研究物质对人造成的伤害的可能性及其严重程度。物质安全评价应用研究的具体分类及实例见表 3-16。

表 3-16　物质安全评价的具体分类及实例

物质安全评价应用研究	分类	具体实例
物质健康风险评价	物理性风险评价	电离辐射、非电离辐射、高温、低温、噪声、高低气压、振动等
	生物性风险评价	生产过程中使用的原料、辅料及作业环境中都可存在某些致病微生物和寄生虫等
	化学性风险评价	生产过程涉及的物质（原料、中间产品与成品等），以及上述物质在生产过程中产生的“三废”（废气、废水和废渣）等
物质生态风险评价	物理性风险评价	大气污染物、沉积物污染、持久性有机污染物等
	生物性风险评价	水环境、平原、森林、铁路 / 公路沿线、垃圾场、采矿区、石油污染点等
	化学性风险评价	重金属、农药、难降解有机毒物等
物质事故风险评价	物理性风险评价	物体打击、车辆伤害、机械伤害、起重伤害、高处坠落、锅炉爆炸、容器爆炸等
	生物性风险评价	中毒和窒息等
	化学性风险评价	瓦斯爆炸、火灾、火药爆炸等

1）物质健康风险评价。物质健康风险评价是通过估算物质有害因子对人体不良影响产生的概率来评价暴露于该有害因子的个体或群体健康受到不良影响的风险。它以危险度为评价指标，将环境影响与人体健康有机结合，定量地描述物质有害因子对人体所造成的健康危害。

2）物质生态风险评价。物质生态风险评价是评估物质对生态风险引发的负面生态效应的发生概率的大小，并实施相关风险管理活动的过程。其目的是通过风险评估，为风险对策提供依据，以便使生态环境损失降至最低程度。生态风险评价的主要对象是生态系统及其不同生态水平的组分。

3）物质事故风险评价。物质事故风险评价是在事故发生前，预测其可能发生何种事故及其可能造成的环境或健康风险。它主要考虑易燃、易爆、有毒和放射性物质在失控状态下所引发的突发性灾难事故。由此可见，这类事故概率虽小，但影响程度极大。

3.4.3　物质安全评价学的研究程序及方法

物质安全评价学研究主要包括 4 个阶段：①进行物质危害性辨识，确定物质安全特性及其所引发事故的机理；②开展物质风险分析，确定事故发生的概率及可能产生的后果；③进行物质风险评估，确定某种物因所引发事故后果的严重度；④根据事故发生的概率及其后果的严重度，采取相应的安全措施进行物质风险控制。需指出的是，上述研究阶段完成后，还有必要进行事后反馈，以提高物因事故防控能力及物质风险管理水平。具体如图 3-13 所示。

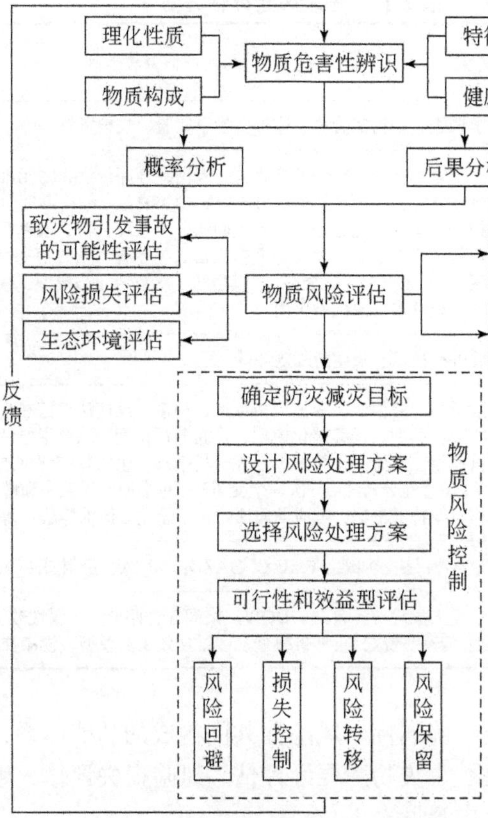

图 3-13　物质安全评价学研究程序

1. 物质危害性辨识

对所要评估的物质对象，从其理化性质、物质构成、特征参数及健康危害等方面进行危险有害因素辨识，研究其风险暴露情况，并根据风险预控管理要求，分析其危害的产生方式。从研究对象的演变、运动、发展规律及不同物质间相互作用机制、物质能量转换等方面，确认其客观存在的风险，并列出风险清单。危害性辨识是物质风险评价的首步，唯有准确地辨识风险，才可有效地规避或控制风险。

2. 物质风险分析

根据安全系统工程的原理和方法，辨识、分析系统存在的健康、生态、事故方面的危险因素，并根据实际需要对其概率和后果进行分析，从而确定物质风险度的高低。

3. 物质风险评估

运用风险评估方法，分析和计算与物质安全相关的危险源对象在某种控制状态条件下可能引发事故的可能性及其可能产生后果的严重程度。物质风险评估方法根据是否定量分为定性评价方法和定量评价方法，具体见表 3-17。

表 3-17　物质风险评估方法

物质安全评价应用研究	定量 / 定性	风险评估方法举例
物质健康风险评价	定性	流行病学调查、动物实验法、体外生物学实验、收集资料法等
	定量	F 值法、证据加权法、单因子指数法、模糊综合评价法、物元可拓综合评价法、简单评判法、详细分级法、分子结构比较、DCI 法、POSH 法、结构毒理学、敏感性分析法、外推法、数值模拟法、泰勒简化方法、专家判断法、灵敏度分析、灰色系统综合评价法、置信区间法、经典统计方法、直接使用监测数据法、概率树方法、短期简易测试系统 [污染物致突变性检测（Ames 试验）、微核]、模型法（对数 – 正态模型、威尔布模型、单击模型、多阶段模型、线性多阶段模型）等
物质生态风险评价	定性	毒理实验外推技术、长期野外观测等
	定量	相对风险模型、商值法、地累积指数法、剂量 – 反应法、潜在生态风险指数法、风险因子法、生物效应模型、迁移转化模型、暴露分析模型、综合指标评价模型（模糊综合评判、灰色评价模型、敏感因子模型、定性分析推理、生物效应评价指数法、证据权重法、层次分析法）、敏感性分析法（一次一个变量法、标准回归系数法和敏感度指标法）、采样法（可靠性分析、蒙特卡洛法、响应曲面法、拉丁超立方体抽样法、傅里叶振幅敏感性检验）等
物质事故风险评价	定性	SCL、专家评议法、LEC、FMEA、HAZOP、PHA、鱼刺图法等
	定量	蒙德法、重大危险源评价法、DOW、模糊综合评价法、属性数学模型、三角模糊数、B-S 评价模型、灰色层次分析评价模型、多维功效函数模型、模糊神经网络等

根据物质分类及其危险性、脆弱性、风险性共同构成的功能体系，物质风险评估包括致灾物引发事故的可能性评估、承灾物脆弱性评估、风险损失评估、生态环境评估及事故防控效益评估等。各评估指标内容见表 3-18。

表 3-18　物质风险评估指标内容

物质风险评估内容	具体评估指标
致灾物引发事故的可能性评估	致灾因子可能强度评估指标、致灾因子概率评估指标等
承灾物脆弱性评估	敏感性指标、暴露性指标、适应性指标、社会应灾能力评估指标等
风险损失评估	直接经济损失指标、间接经济损失指标、人员伤亡指标等
生态环境评估	理化性质指标、环境毒理指标、生态指数指标、污染风险指数指标等
事故防控效益评估	事故防控基础能力指标、事故防控管理能力指标等

4. 物质风险控制

在物质风险评价的基础上，根据物因事故防控要求，对备选安全方案进行科学有效的评估，选择“最优”的风险管理技术手段，即采取科学合理、经济有效的物质安全控制措施，减少乃至消除物因事故发生的可能性，或降低物因事故后果的严重程度。

理论而言，物质风险控制有风险回避、损失控制、风险转移与风险保留4种基本方法，依次为：①风险回避是指事先掌握灾害风险事件发生机理，通过提高系统稳定性、降低致灾因子（致灾物）致灾强度或缩短致灾因子作用时间，在灾害发生时主动采取积极应对措施，预防物因事故发生；②损失控制是在灾害风险事件不可规避的情况下尽可能降低物因事故的损失；③风险转移是指通过一定的事故防控措施，在物因事故发生前对承灾物以迁移、变换、改造的方式进行风险转移；④风险保留是指利用可利用的资源进行物因事故防控。

3.4.4 结论

1）将物质安全评价学定义为“以实现物质及其赋存系统安全为目的，运用风险评价方法辨识物质危险有害因素，并分析、评估危险后果的严重性和危险发生的可能性，提出科学合理、经济有效的物质安全控制措施，进而做出评价结论的整个活动”。

2）物质安全评价学的基本目的是运用安全系统工程的理论和原理，研究危险有害物质的风险辨识、分析、评估、控制等实施过程，通过风险预控管理，建立危险有害物质的安全评价模式；物质安全评价学以物质为研究对象；物质安全评价理论研究包括物质风险评价理论、物质风险控制理论两个方面；物质安全评价应用研究包括物质健康风险评价、物质生态风险评价、物质事故风险评价3个方面。

3）给出了物质安全评价学的研究程序及方法，即物质危害性辨识－物质风险分析－物质风险评估－物质风险控制，整理了物质风险评估研究方法，为物质安全评价方法选择提供指导。

3.5 物质安全管理学

【本节提要】本节基于物质学及安全管理学原理，提出物质安全管理学的定义，分析其内涵及理论基础。依据物质的属性以及与安全的作用方式，对物质进行分类，并分别针对致灾物、避灾物和承灾物采取相应的管理方法：对致灾物采用四模块管理法；对避灾物采用过程管理方法；对承灾物采用在技术、日常检修维护、教育培训和环境4个方面管理的方法。最后结合粒子碰撞模型，证实物质安全管理方法论体系的可行性和协调性。

本节内容主要选自本书第一作者等人发表的题为“物质安全管理学学科构建研究”[5]的研究论文，具体参考文献不再具体列出，有需要的读者请参见文献[5]的相关参考文献。

在人类的生产生活过程中物质是不可或缺的一个重要因素，人类的安全健康与物质息息相关。随着社会发展和科学技术的进步，物质系统不断发展，其危险性也日益复杂化，基于安全生产生活需要，对物质安全管理的研究一直是一个热点话题。国内外学者对物质的安全管理研究较多，但大多都是针对某一类物质或某一状态下物质的危险性的防控，如对危险化学品与露天矿机械设备等的安全管理研究，缺少从物质安全管理学学科创建高度上的研究。鉴于此，本书结合安全物质学及安全管理学原理和方法，构建物质安全管理学的学科框架，提出物质安全管理方法论体系，以期拓宽物质安全管理学的研究思路和方法，完善安全物质学学科体系，充实和提升安全管理学中物质系统性管理。

3.5.1 物质安全管理学的定义与内涵

基于安全物质学和安全管理学原理，将物质安全管理学概念界定为：以实现人的安全健康为出发点，在人对物质的认知能力基础上，运用安全科学和管理学的原理、方法，研究各类物质（包括人裸眼不可见物质）的不安全因素，并且从管理上采取措施，有效预防、降低、控制和消除物质危险性，防止危害发生的一门交叉学科。

物质安全管理学的内涵：①出发点是实现人的生命安全和身心健康；②研究的对象是物质，这里的物质是指与人们的安全健康相关的物质，包括人裸眼可见和不可见的物质；③物质安全管理学是安全科学、管理学和物质学相交叉学科，研究内容主要包括物质危险性的识别、分析及管理措施的制定与实施。

3.5.2 物质安全管理学研究对象分析

1. 物质安全管理学的作用机理

轨迹交叉理论指出：当人的不安全行为与物的不安全状态的运动轨迹在时间和空间上交叉时，就会导致事故的发生。如图 3-14 所示，运动轨迹交叉点表示事故发生。物质安全管理学就是研究物的不安全状态，试图通过管理学的方法来降低、消除和控制物的危险性，避免物的不安全状态与人的不安全行为的轨迹交叉，进而避免事故发生，其作用原理如图 3-15 所示。

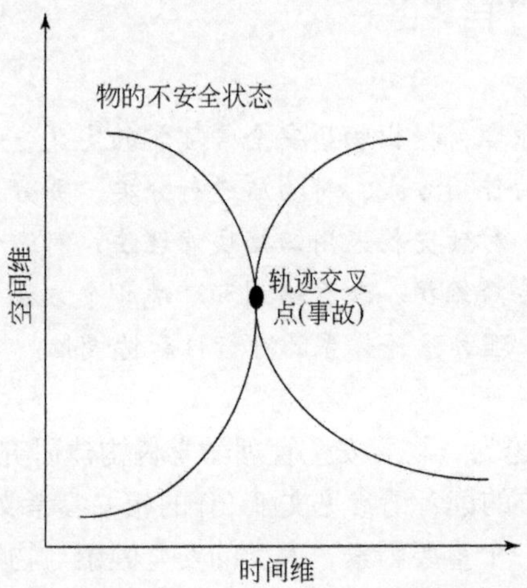

图 3-14 事故的轨迹交叉模型

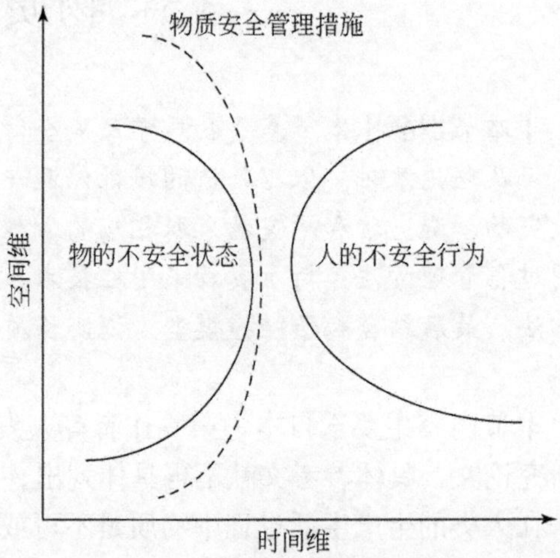

图 3-15 物质安全管理作用模型

2. 物质安全管理学中物质的分类

物质安全管理学中的物质指的是与人们生命安全健康密切相关的物质，其种类和分类方法多样性不言而喻，鉴于物质的安全管理需要，通过对物质的分类进行补充和创新，划分情况如图 3-16 所示。基于对物质安全管理方法体系研究的需要，对致灾物和避灾物进行了进一步细分。

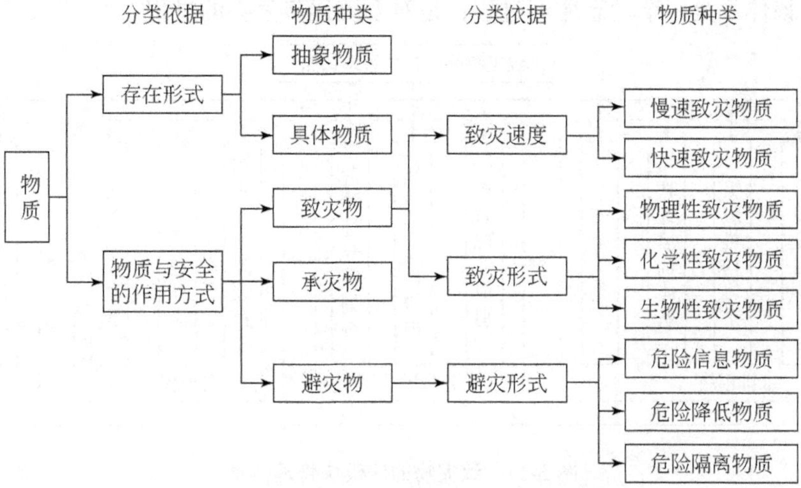

图 3-16　从物质安全管理视角的物质分类树

（1）致灾物的划分

1）按致灾物的致灾速度划分：①快速致灾物质是指能够迅速引起灾害的物质（如瓦斯爆炸、机械运行伤害等）；②慢速致灾物质是指能够引起伤害，但致灾速度缓慢的物质（如煤尘引起尘肺病、噪声聋等）。

2）按致灾物的致灾形式划分：①物理性致灾物质是指由于物质的物理性质而导致灾害的物质（如压力管道、起重设备等）；②化学性致灾物质是指由于物质的化学性质而导致灾害的物质（如硫酸、有毒物质等）；③生物性致灾物质是指由于物质的生物性质而导致灾害的物质 [如“SARS”（严重急性呼吸综合征冠状病毒）、癌细胞等]。

（2）避灾物的划分

按避灾的形式可划分为：①危险信息物质是指用来提示危险信息的物质（如蜂鸣器、安全指示灯等）；②危险降低物质是指可以降低危险性的物质（如限速装置、安全带等）；③危险隔离物质是指用来隔离危险因素，防止危害发生的物质（如绝缘手套、防毒面具、安全帽等）。

3.5.3　物质安全管理学的方法论

基于物质安全管理方法论体系研究的便利性与针对性原则，依托于物质分类树的分类准则，分别针对致灾物、避灾物和承灾物进行方法论研究，便于形成更为系统性的方法论体系。

1. 致灾物的安全管理方法论

致灾物是触发灾害的直接原因，灾害的发生往往是致灾物的管理失误或缺陷造成的，因此，致灾物的安全管理方法正确与否直接影响整个物质系统的安全性。综合安全管理思路，结合目标管理理论、风险管理理论、动态管理理论，提取出致灾物的四模块管理体系，如图 3-17 所示，该方法体系由 4 个模块组成，分别为基础模块、分析模块、管理模块和改进模块，该体系是一个动态循环过程，是对系统逐步完善的过程。

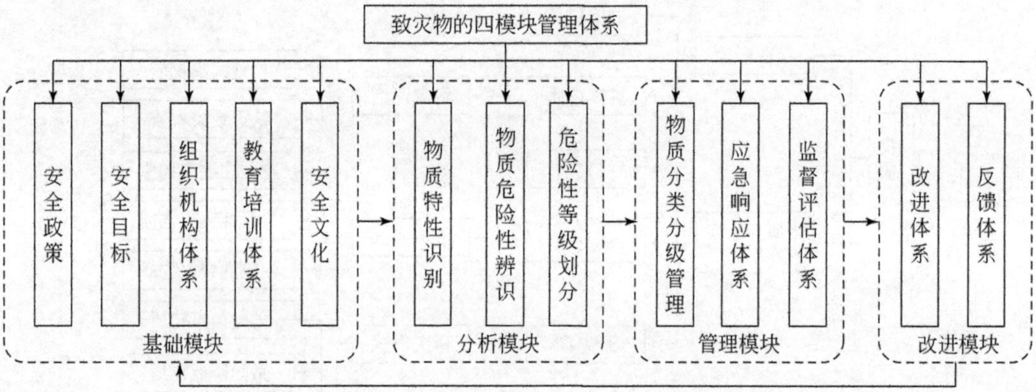

图 3-17　致灾物的四模块管理体系

1）基础模块。基础模块是整个体系运行的前提和基础，为分析、管理、改进模块提供了目标和方向、原则和宗旨、教育和文化支持等，对体系的有效运行起到了关键作用。

2）分析模块。物质特性识别是指在物质认知的基础上对物质的特性进行分析研究，为物质危险性的辨识提供基础。物质危险性辨识指的是在了解物质特性的前提下，分析物质可能存在不安全的因素、危险发生的可能性、严重程度及致灾机理。危险性辨识常用的方法有故障类型及影响分析、安全检查表、危险性与可操作性研究等。物质危险性等级划分是在危险性辨识的基础上对物质危险性进行等级划分，以便确定各级危险性的管理方法。分析模块所得分析结果为管理措施的制定提供依据。

3）管理模块。致灾物分类分级管理指的是在分析阶段的基础上，将致灾物危险性分成若干类、若干等级，对每一类致灾物进行分级管理，如图 3-18 为致灾物分类分级管理流程图。监督评估体系是对物质管理过程中，安全政策的执行情况、安全管理措施的实施情况、事故应急预案的健全情况、安全目标的完成情况以及日常的安全管理工作进行监督和评估，为改进模块的进行提供了依据。

4）改进模块。改进体系是在监督评估体系对管理活动的评估前提下，与制定的安全目标比较，如果达不到规定的安全目标，则对体系进行改进，逐步改善，直到达到目标所要求的安全程度。

2. 避灾物的安全管理方法论

避灾物指的是能够控制、降低、消除物质危险性的物质。对避灾物进行安全管理能够

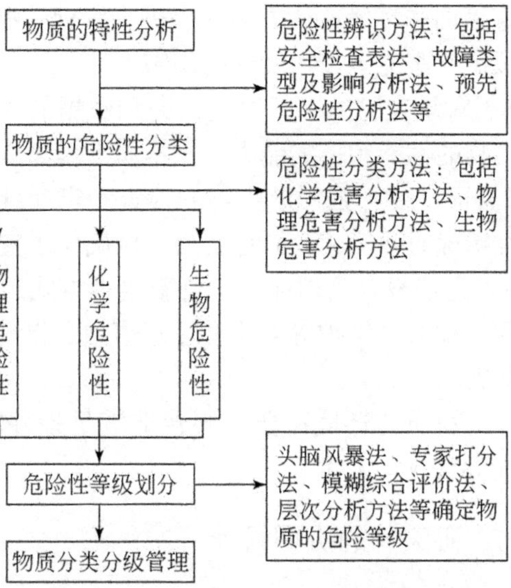

图 3-18　致灾物分类分级管理流程

有效地降低致灾物致灾的可能性和减轻致灾的严重程度，如机械设备的一些防护设施、个人防护用品、建筑内的消防设施等，这些避灾物质的合理管理和使用能够有效地预防危险的发生，降低事故的危险程度。综上可知，避灾物在物质安全管理过程中起着举足轻重的作用。由于避灾物功能无法正常实现而致灾的例子很多，如发生火灾前，烟雾报警器未能预报险情；电工带电工作时未戴绝缘手套；机械设备的防护零件制造不合格而丧失保护作用最后致灾等，避灾物在设计、制造、安装、使用、维修和检修等任意一个环节都有可能使避灾物丧失避灾能力，鉴于此，在对于避灾物的安全管理上，采用过程管理方法，见表 3-19。

表 3-19　避灾物过程管理流程

过程	管理措施
设计	避灾物的设计要符合相关设计规定和安全规范，要满足机宜人的基本要求，确保其功能的最大化、最优化
制造	避灾物在制造工艺上要达到设计规定的要求，保证避灾物按质按量地完成，不断提高制造工艺，精益求精
安装	要严格按照安装手册进行安装，满足安装的合理性、规范性、环境适应性等要求，确保其功能的正常使用
使用	要掌握避灾物正确的使用方法，避免盲目或错误使用而影响避灾功能的实现，造成灾害的发生
检修和维护	对避灾物要进行定期的检修和维护，及时发现问题并进行处理；对于丧失正常功能的避灾物及时上报更新

3. 承灾物的安全管理方法论

承灾物指的是承受灾害的主体。灾害的发生一方面由外界的致灾因素作用造成，另一方面是由于承灾物自身条件的缺陷。基于本质安全性的视角，作者从承灾物自身条件出发，从技术、日常管理、教育培训和环境 4 个方面入手进行管理，提高承灾物的本质安全性，进而提高其抗灾能力，减少或避免承灾物所受的伤害。

1）在技术方面，基于对承灾物的事故案例研究和数据的统计分析，提取有用信息，优化设计，不断提高承灾物的性能和抗灾能力，从本质上提高其安全性。

2）在日常检修维护方面，要加强对承灾物的检查和定期维护，发现其功能失效、零件破损、过期使用等异常情况时要能够及时地更换，以确保承灾物功能的正常实现。

3）在教育培训方面，完善教育培训体系，创新培训方式，使工作人员能够充分掌握承灾物的正确安装、使用、检修、维护等方法和注意事项，提高人的安全意识，从而避免人为失误而导致承灾物受灾。

4）在环境方面，基于物质的环境需要，要营造满足条件的环境条件，保持环境的安全性，防止不良环境而导致灾害发生。

4. 致灾物、承灾物、避灾物的协调管理

物质作为器物、信息、能量的载体，本身既可能是致灾物，也可能承灾物或避灾物，基于分析的便利性，将三者看成独立的个体进行分析。如图 3-19 所示，致灾物粒子分布在承灾物的周围环境中，避灾物在承灾物四周形成避灾物保护层，致灾物粒子在触发因素作用下获得能量，获能的致灾物不断向承灾物靠近，但在避灾物保护层（安全管理措施）的作用下，致灾物能量会被削弱甚至消除，致灾物的运动将会受到阻碍或停止，但是一旦致灾物粒子与承灾物发生碰撞且碰撞的损害程度超过承灾物的可承受极限，就会导致灾害的发生。利用该模型对物质安全管理学方法体系的解析如下：

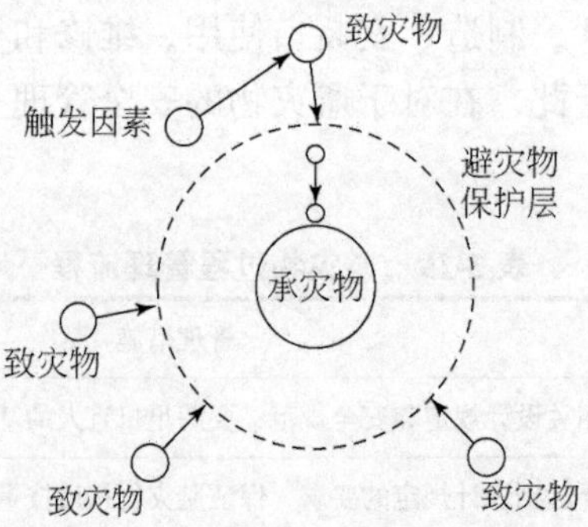

图 3-19　物质安全管理的粒子碰撞模型

1）从致灾物的角度，可运用四模块管理法对致灾物进行动态管理，降低致灾物的危险性，从而减少致灾物粒子的能量，削弱或避免致灾物粒子对承灾物的碰撞，减轻或消除对承灾物的伤害。

2）从避灾物的角度，可运用过程管理对避灾物进行管理，保证避灾物功能的最优化和最大化实现，从而增加避灾物保护层的防御能力，最大限度地阻隔致灾物的碰撞，提高承灾物的安全性。

3）从承灾物的角度，可通过技术、日常管理、教育培训和环境 4 个方面对承灾物进

行管理，增强其本质安全性，从而提高自身的抗碰撞能力（或抗灾能力），减少致灾物的伤害程度。

3.5.4　结论

1）基于安全管理学和安全物质学的理论基础，提出了物质安全管理学的定义、内涵、理论基础和作用机理，阐述了物质安全管理学的研究对象。

2）基于物质的分类和安全管理方法，将物质分为致灾物、避灾物和承灾物，并分别对这 3 类物质进行安全管理方法论研究。对致灾物采用四模块管理法，对避灾物的设计、制造、安装、使用、维护和检修等全过程采用过程管理方法，对承灾物采用在技术、日常检修维护、教育培训和环境 4 个方面进行管理的方法。

3）基于对致灾物、避灾物和承灾物三者作用机理的认识，利用粒子碰撞模型形象地表示三者之间的关系，并借助模型更直观地阐述对三者进行安全管理的意义和重要性。物质安全管理学具有很强的实践性和可行性，如果将其运用于实际的生产活动中，可以对物质进行系统的安全管理，提高物质系统的本质安全性，能够有效地防止事故的发生。

3.6　物质致灾化学

【本节提要】为完善安全物质学学科体系，本节从化学角度探究物质致灾的机理。基于物质安全学及化学的定义，提出物质致灾化学的定义，并分析其内涵；高度概括并扼要论述物质致灾化学的研究目的、学科基础及学科框架；在此基础上，从致灾物的共性与特性、致灾物质危险性分析、物质系统风险评价与预测、物质安全原理与措施 4 个方面，深入剖析物质致灾化学的具体研究内容和方法。物质致灾化学的学科理论基础深厚，研究内容与方法丰富，可作为安全科学及化学等学科体系的新兴交叉分支学科。

本节内容主要选自本书第一作者等发表的题为“物质致灾化学的学科构建研究”[6] 的研究论文，具体参考文献不再具体列出，有需要的读者请参见文献 [6] 的相关参考文献。

安全系统是由人－物－环境组成的复杂系统，物的不安全状态是引发事故灾害的原因之一。因物的不安全状态导致的事故灾害屡见不鲜，且往往损失惨重，其中诸如燃烧、爆炸、污染、毒害等许多事故灾害可以从化学的角度进行科学解释并采取措施防治。因此，基于化学的角度，从安全科学学层面，对物质安全与危险状态转化的本质规律进行深入研究，揭示物质致灾机理及过程，对防止和控制事故灾害具有重要意义。为此，本节结合安全物质学及化学等学科的知识，提出物质致灾化学定义，并分析其内涵，阐述物质致灾化学的研究内容、应用程序和方法等，以期为从化学的角度对物质致灾因素的控制提供理论依据，丰富物质致灾学和安全物质学学科体系。

3.6.1 物质致灾化学的定义及内涵

物质致灾化学是从化学的角度，研究致灾物质的共性与特性、致灾机理、致灾过程、物质安全原理及防止、防御控制灾害发生方法和技术措施的一门新兴学科。它具有如下4个学科特点：

1）系统性。物质系统包括致灾物、避灾物、承灾物，但物质致灾化学的研究对象不是单一的物质，而是物质系统在其与人、环境组成的安全系统中的影响，因此具有系统性。

2）综合性。物质致灾化学不仅包括对相关原理和技术措施的研究，还涉及管理措施。因此，物质致灾化学是一门由自然科学、工程技术科学及社会科学跨学科综合形成的学科，具有学科综合性。

3）理论性与实用性。物质致灾化学的学科内容既包括物质性质，致灾机理、致灾过程、控制原理等理论，还包括事故灾害防治的相关现代科学技术，具有理论性与实用性双重特点。

4）研究方法多样性。物质致灾化学的研究方法包括总体研究与分类研究相结合，定性研究与定量研究相结合，直接运用或借鉴相关学科的研究方法，因此，具有研究方法多样性的特点。

根据物质致灾化学的定义，其内涵有如下3点：①物质系统包括致灾物、避灾物、承灾物，这里的物质不仅包括生产过程中的化学物质，还包括与生产相关的机械设备等物质；②物的不安全状态主要有3种——致灾物失控、避灾物失效、承灾物脆弱；③物质致灾化学研究的事故灾害不仅包括燃烧、爆炸等短时间显现的事故灾害，还包括职业病等缓慢显现的问题。

3.6.2 物质致灾化学的学科基本问题

1. 研究目的

物质致灾化学主要有以下4个方面研究目的：①研究物质致灾的化学机理，分析致灾物危险性，研究消除和降低其危险性的原理和方法，从根源上避免事故灾害发生，实现本质安全。②从化学角度认识物质致灾过程，采用有效避灾物切断灾害扩大过程，避免事故灾害扩大。③分析事故灾害的破坏作用，尽量避免系统中存在对事故灾害破坏作用敏感的承灾物，从而降低事故灾害的损失。④研究相关行业防止、防御控制事故灾害发生的具体方法和技术措施，为安全防护设施的设置，安全措施的采取，安全管理制度及应急救援措施的制定等提供依据。

2. 学科基础

物质致灾化学是安全物质学与化学的交叉学科，具有边缘性和交叉性。

1）物质致灾化学的学科理论基础包括安全科学、安全物质学、化学、化工原理、系统科学、灾害学、经济学、环境学、管理学、毒理学等学科。

2）物质致灾化学的工程技术基础包括化学试验技术、危险分析技术、化工安全工程、防灾减灾工程、安全系统工程、安全经济学、安全管理工程、环境工程、职业卫生工程等。

3）由于一种物质往往具有物理、化学、生物等多重属性，可导致物理、化学、生物等多重灾害，因此，物质致灾学包括的物质致灾物理学、物质致灾化学、物质致灾生物学三者相互交叉，密不可分。物质致灾系统学强调从整体、系统的角度研究物质致灾，为物质致灾物理学、物质致灾化学、物质致灾生物学的研究提供基本思想和研究方法。

物质致灾化学与其他学科的关系如图 3-20 所示。

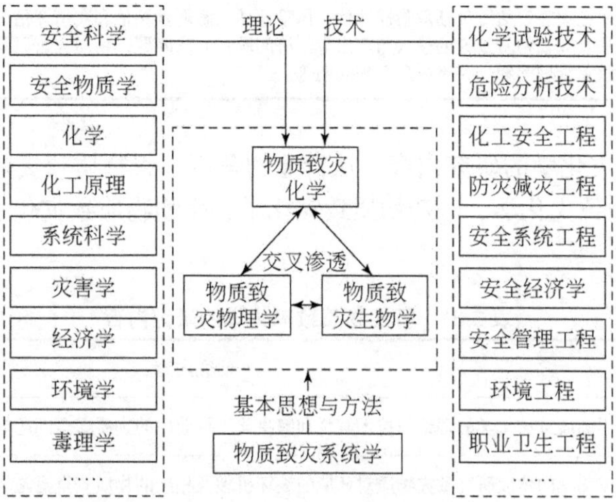

图 3-20　物质致灾化学与其他学科的关系

3. 学科框架

从综合物质致灾化学和行业物质致灾化学两个角度，概括物质致灾化学的学科框架，如图 3-21 所示。

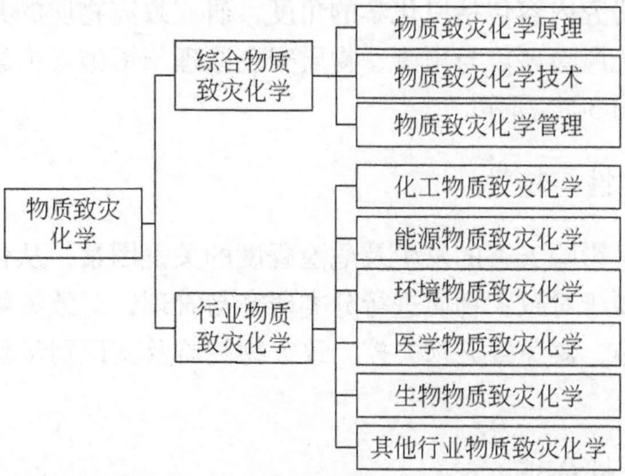

图 3-21　物质致灾化学的学科框架

1）综合物质致灾化学的研究内容。从综合物质致灾化学角度，将物质致灾化学研究内容划分为物质致灾化学原理、物质致灾化学技术、物质致灾化学管理 3 个部分，各部分的主要研究内容见表 3-20。

表 3-20　综合物质致灾化学的研究内容

研究方面	研究内容
物质致灾化学原理	以化学的角度研究致灾物质的共性、特性，物质灾害的形成与发生规律及物质安全原理等
物质致灾化学技术	从化学的角度，探讨避免、减轻和控制物质事故灾害的技术措施等
物质致灾化学管理	研究灾害评估（包括危险性评估、风险评估、脆弱性评估和灾情评估）和事故灾害预测与预报方法及减轻物质致灾的投入与产出等经济问题，立法问题，物质灾害风险管理问题，防灾、抗灾、救灾管理问题，灾害应急管理问题等

2）行业物质致灾化学的研究内容。从行业的角度，将物质致灾化学划分为化工物质致灾化学、环境物质致灾化学、医药物质致灾化学、生物物质致灾化学等，各研究方面的具体研究内容见表 3-21。

表 3-21　行业物质致灾化学的研究内容

研究方面	研究内容
化工物质致灾化学	用物质致灾化学的理论与技术解释和解决化工行业中的物质安全问题等
环境物质致灾化学	以化学的角度研究致灾物质对环境的破坏机理及相应的物质安全措施等
医药物质致灾化学	以化学的角度研究致灾物质在医药领域引起事故灾害的原理及物质安全措施等
生物物质致灾化学	以化学的角度研究致灾物质对生物遗传变异、物种多样性等方面的影响及物质安全措施等

3.6.3　物质致灾化学的研究内容及方法

物质致灾化学的研究内容包括以化学的角度，研究致灾物质的共性与特性、致灾物质危险性分析、物质系统风险评价与预测、物质安全原理与措施等内容。物质致灾化学的研究内容与应用步骤如图 3-22 所示。

1. 致灾物质的共性与特性

致灾物质的性质是影响灾害的发生及危险程度的关键因素，从化学的角度，分析致灾物质的共性与特性，便于对致灾物质进行分类研究与管理，对致灾物质的危险性相关特性采取针对性的安全措施，避免致灾物失控。致灾物性质及其识别步骤和方法实例如图 3-23 所示。

2. 致灾物质危险性分析

基于化学的角度，致灾物质的危险性主要有物理危险性、健康危害性和环境危害性，物质的危险性对应的事故灾害的主要表现形式、物质危险性相关数据及其分析方法的典型具体内容见表 3-22。

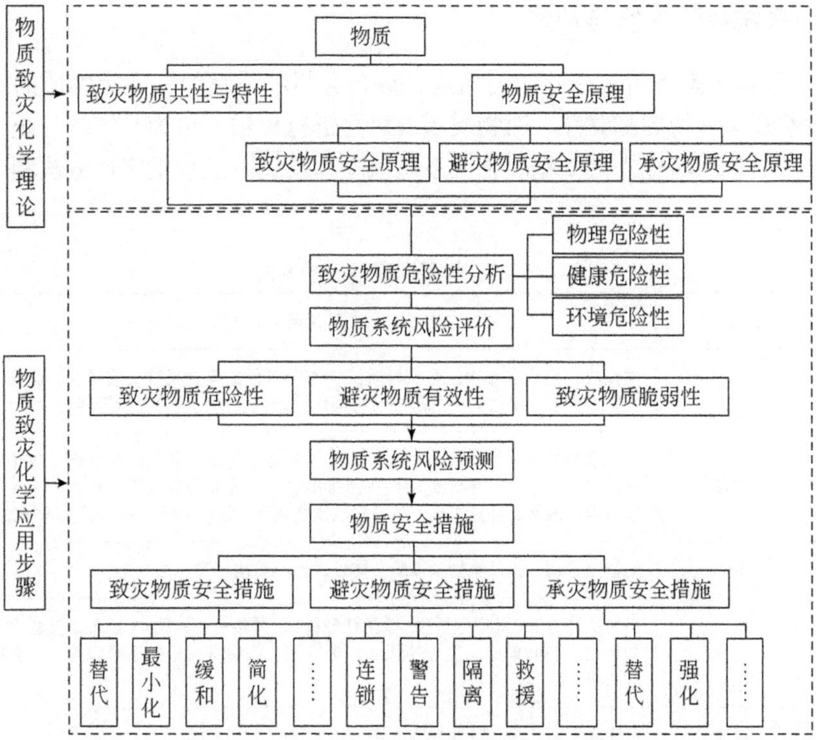

图 3-22　物质致灾化学的研究内容与应用步骤

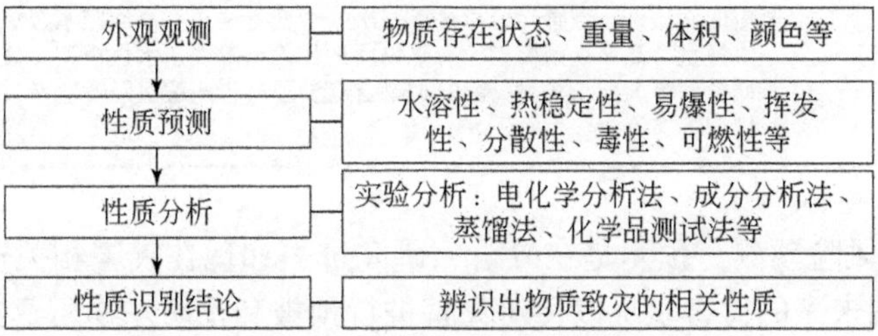

图 3-23　致灾物性质及其识别步骤和方法实例

表 3-22　致灾物质危险性的内容和分析方法

危险性	事故灾害主要形式	物质危险性相关数据	分析方法
物理危险性	火灾、爆炸、毒害、腐蚀等	燃烧性、闪电、引燃温度、爆炸极限、最低引燃能量、自燃温度等	物质安全数据表分析法，物质危害检查表法，危害性分类法，试验测试（差热扫描测试、热敏性测试、摩擦敏感性测试、动物试验等）等方法
健康危险性	急性毒性，皮肤腐蚀或刺激性、生殖细胞致突变性、致癌性、生殖毒性、特定靶器官系统毒性，吸入危害性等	绝对致死量、绝对致死浓度、半数致死量、半数致死浓度、最小致死剂量、最小致死浓度、最大无作用剂量）、最大无作用浓度、急性经口毒理学测试数据、急性经皮肤毒理学测试数据、致敏性测试数据、慢性毒性试验数据、放射性测试数据、Ames 试验数据等	
环境危险性	物质对水生环境、陆生环境和大气的影响	环境中的最大允许浓度等	

3. 物质系统风险评价与预测

1）物质系统风险评价。以化学的角度，综合分析物质系统中致灾物质的危险性、避灾物的有效性及承灾物的脆弱性，对物质系统风险进行评估，可为具体的防止、防御控制危害发生方法和技术措施提供依据。物质系统风险评价的方法包括定性方法和定量方法，见表 3-23。

表 3-23　物质风险评价的方法

主要风险	方法类型	风险评价方法
物理风险	定性	试验法、安全检查表、专家经验法、作业条件危险性反洗、演绎法、类比法、故障类型及影响分析、事故树、危险性与可操作性研究、预先危险性分析等
	定量	道化学公司火灾爆炸危险指数评价法、蒙德火灾爆炸毒性指数评价法 (ICI)、化工企业六阶段安全评价法、单元危险性快速排出法、作业条件危险性评价法、模糊综合评价法、模糊神经网络、计算机模拟法、多层次灰色评价法、物元可拓评价法、属性数学模型等
健康风险	定性	动物试验法、体外生物学试验、体外毒性测试法、类比法等
	定量	经典统计方法、毒理分析法、敏感性分析法、外推法、模型法（威布尔模型、对数单位模型、肿瘤出现时间模型、生理药代动力学模型、剂量－反应关系模型等）、直接使用监测数据法等
环境风险	定性	经验法、类比法、野外观测法等
	定量	采样法（蒙特卡洛法、拉丁超立方体抽样法、傅里叶振幅敏感性检验、可靠性分析、响应曲面法）、敏感性分析法（一次一个变量法、标准回归系数法、敏感度指标法）、空气模型（高斯烟雨模型、有限物质运作模型等）、水体模型（分散模型、区间模型、水质模型等）、土壤模型（杀虫剂根区模型、季节性土壤区间模型等）、多介质模型（SimpleBox 模型等）等

2）物质系统风险预测。预测是在分析、研究过去和现在灾害相关资料的基础上，利用科学方法，预测未来的灾害状况以便对灾害进行预报和预防。物质致灾化学学科中，从化学角度预测物质致灾的主要方法有德菲尔预测法、回归分析预测法、马尔科夫链预测法和灰色系统预测法。

4. 物质安全原理与措施

物质致灾源于系统中存在具有危险性的致灾物质，且具备致灾的基本条件，在致灾物质失控的情况下，避灾措施不足，造成灾害扩大并作用于承灾物，而承灾物的脆弱性是灾害损失进一步扩大的原因，充足有效的救援物质是减小损失的最后一步。因此，从防止、防御控制危害的角度，物质安全原理分为 3 个方面，避免致灾物的失控、确保避灾物有效、提高承灾物承灾能力。

1）避免致灾物的失控。避免致灾物失控是防止灾害发生的关键，体现了本质安全化的思想。从致灾物的角度，物质安全的原理及避免致灾物失控的措施举例见表 3-24。

表 3-24　致灾物质安全原理与相应控制措施举例

<table>
<tr><th>事故灾害类型</th><th>致灾物质安全原理</th><th>避免致灾物失控的措施举例</th></tr>
<tr><td>物理事故灾害</td><td>热平衡原理、过程控制原理、平衡移动原理、反应减速原理、条件阻隔原理、质能守恒原理等</td><td rowspan="3">①替代：用低危险物质代替高危险物质，用危险性低的反应路线代替危险性高的反应路线；②最小化：使过程中包含的物质和能量的量值最小化；③缓和：在低危险条件下使用危险物质；④简化：设计简单过程或工厂；等等</td></tr>
<tr><td>健康事故灾害</td><td>毒性最小化原则</td></tr>
<tr><td>环境事故灾害</td><td>绿色化学原理：原子经济性、节能减排、重复使用、回收、再生、拒用等</td></tr>
</table>

2）确保避灾物有效。致灾物失控时，有效的避灾物可以控制事故灾害的扩大，避免灾害作用于承灾物，有效地控制灾害，减小损失。避灾物安全原理及确保避灾物有效的措施例子见表 3-25。

表 3-25　避灾物质安全原理与确保避灾物有效的措施

避灾物类型	避灾物质安全原理	确保避灾物有效的措施例子
连锁物质	连锁原理：自动调节系统，排除故障或中断危险，控制事故灾害进一步扩大的态势	工艺连锁系统或紧急停车程序等（安全阀等）
警告物质	警示原理：警示危险程度并提示采取紧急措施及人员撤退等	关键危险参数报警
隔离物质	隔离原理：隔离保护承灾体	物质隔离保护装置（围堤、防火墙等）
救援物质	应急救援：避免事故灾害损失进一步扩大	应急救援物资（灭火器等）

3）提高承灾物承灾能力。在避灾物不能有效避免灾害作用于承灾物的情况下，提高承灾物的承灾能力，降低承灾体的脆弱性，将有效降低灾害的严重程度。提高承灾物承载能力的原理与相对应措施主要有两种：①替代，用耐受程度高的物质代替对事故灾害敏感的物质；②强化，通过物理或化学等手段强化承灾物对事故灾害的耐受程度。

物质安全措施研究方法。物质安全措施的研究方法包括试验法、经验法、类比法、行业标准查阅法、计算机模拟法、统计归纳法、演绎法、专家评价法、反馈优化法等多种方法。

3.6.4　结论

1）阐述物质致灾化学的定义、内涵及学科特征，对物质致灾化学的研究目的、学科基础及学科框架进行分析，确定物质致灾化学的研究思路。

2）从致灾物的共性与特性、致灾物质危险性分析、物质系统风险评价与预测、物质安全原理与措施 4 个部分论述物质致灾化学的研究内容、应用程序和方法。

3）物质致灾化学处于初步探索阶段，研究内容和方法等有待进一步完善。

参考文献

[1] 吴超，王婷 . 安全统计学的创建及其研究 [J]. 中国安全科学学报， 2012，22(7):4-9.
[2] 王秉，吴超 . 基于安全大数据的安全科学创新发展探讨 [J]. 科技管理研究，2017，37(1):37-43.
[3] 石东平，吴超 . 安全物质学的学科体系与研究方法 [J]. 中国安全科学学报，2015，25(7):16-22.
[4] 姜文娟，吴超 . 物质安全评价学的构建研究 [J]. 世界科技研究与发展，2016，38(6):1244-1248.
[5] 方胜明，吴超 . 物质安全管理学学科构建研究 [J]. 中国安全科学学报，2016，26(5):1-6.
[6] 石扬，吴超，陈沅江 . 物质致灾化学的学科构建研究 [J]. 中国安全科学学报，2016，26(9):19-24.

第 4 章　安全社会科学领域的新分支

4.1　安全教育学

【本节提要】本节首先通过对教育学与安全科学的比较与借鉴，从学科视角提出了安全教育学概念，阐述了其属性、特征、研究范畴、功能及其学缘关系等学科的内涵与外延；其次，在系统分析安全教育学理论的基础上，提出安全教育学六个层面的基础理论体系，阐述了安全教育学三层次六方面研究内容；最后，根据学科体系划分与构建的原则，参照安全科学与教育科学学科体系，较为系统地构建了安全教育学横向与纵向学科体系。

本节内容主要选自本书第一作者等发表的题为“安全教育学及其学科体系构建研究”[1] 的研究论文，具体参考文献不再具体列出，有需要的读者请参见文献 [1] 的相关参考文献。

安全教育是以规范人的行为安全为基本目的的社会活动。安全教育与人类生存和发展密切联系，因此安全教育是终生教育。人类要生存须基于社会生产与安全的保障，而保障安全的知识等内容需要用安全教育的方式来传承，所以安全教育是人类生存活动中最基本的重要形式之一。

现代安全科学技术实践表明，安全教育与安全管理和安全工程并重，是预防事故的三大对策之一，作为从事职业安全的专门人才，他们必须掌握一些开展安全教育的理论、方法、原理、技巧和技术等知识，以便使安全教育最优化。安全教育学正是针对上述需要而建立的一门学科，对职业安全人士意义重大。

我国《安全生产人才中长期发展规划（2011—2020 年）》中指出：安全生产人才是安全发展第一资源，是实现安全生产状况根本好转的重要保障。由此看出安全人才的重要作用。我国现阶段安全人才的培养主要从 3 个方面来看，第一是通过学历教育，第二是通过职业教育，第三是通过安全培训教育。如何有效提高对安全人才的教育与培训的质量，离不开先进科学的安全教育理论、方法和教育技术。

4.1.1　安全教育学的内涵与范畴

1. 内涵

安全教育学是以安全科学与教育科学为主要理论基础，以保护人的身心安全健康、保障社会生活、生产安全及探索安全教育活动的本质、发展规律为目的，综合运用社会科学与自然科学的理论与方法，对安全科学领域中一切与教育活动有关的现象、规律、方法和

原理等进行研究和实践的一门应用性交叉学科。安全教育学的内涵包括以下多方面的内容:

安全教育学是关于安全教育方法论、安全观、安全知识等的传播方法的论述，安全教育学的理论基础是关于安全原理和教育原理的交融，两者交融得出的基本理论与方法在一定条件下可以用来指导安全教育的研究与实践，并为安全学科的发展提供借鉴。

安全教育学研究的直接目的是探索关于安全教育活动的普遍性发展规律与本质，形成安全教育学的理论、研究方法与学科体系，用于指导安全教育实践、管理与研究等活动的科学开展；其最终目的是通过教师对安全意识、知识与技能等的教授，提高学员的安全水平，进而减少事故和人员伤亡及财产损失，促进安全水平提高。

安全教育学的核心目的是对人的安全教育，其教育对象、教师与受益者均为人，关于人的生理、心理、行为与认知等活动的规律与理论都是安全教育学学科发展、理论形成与应用实践的基础，以人为本和坚持人的核心地位是安全教育基本前提之一，人的因素是安全教育的核心，是整个安全教育学理论研究与教育实践中必须坚持的原则。

安全教育学是一门应用型的交叉学科，实践性是其突出的学科属性与特征，安全教育理论起源于大量的社会教育实践，其研究的终点也是社会教育实践，因此对安全教育的思考与研究，都要遵循“来自安全教育实践，再回到安全教育实践”的模式。

安全教育学是涉及多门学科的应用性交叉学科，其理论基础与研究方法可广泛吸取众多相关学科知识，这决定其研究手段与模式可广泛借鉴哲学、人文社会科学与自然科学的相关内容，其研究方法具有综合性与多维视角的特征，需要适合研究不同对象、不同领域与不同层次人群安全教育的需要。

安全教育学的研究对象范畴是关于安全教育活动及其有关的一切现象，涉及安全教育学原理、安全教育创新、安全教育研究方法、安全教育手段与模式、安全教育资源开发、安全教育立法、安全教育和培训实践、安全教育技术、安全教育管理等领域，研究领域与内容十分的宽广。

安全教育学属于安全科学重要的分支学科，涉及哲学、安全科学、教育学、生理学、管理学、认知学、心理学、传播学、行为科学、艺术学与信息科学等多个学科，具有综合与交叉属性，其理论基础源于上述学科理论的综合、渗透与融合，而非教育学在安全科学中的简单应用，也非安全教育实践活动的简单总结，未来可以发展为独特的学科体系。

2. 研究范畴

安全教育学通俗理解即为对安全教育的研究，其研究的对象范畴有狭义与广义之分。广义的安全教育学研究范畴指的是在各个领域中与安全教育和培训有关的一切现象、活动与规律的研究。狭义的安全教育学研究范畴局限于目前的安全生产与生活领域，针对教师开展的安全观念意识、安全法律法规、安全知识与安全技能的教育和培训活动，以及与之对应的安全教育形式、师资力量、教育技术、教育资源（教材、经费与场地等）、安全教育学科学研究、安全教育管理、组织机构与保障等方面的总和。本书对安全教育学内容阐述是基于狭义的安全教育学研究范畴，其主要包括以下的研究内容：

1）安全教育学方法论。主要包括安全教育哲学、价值观、方法论及其体系，安全教学方法与教育技术，安全教育信息加工处理的方法，以及安全教育培训方针与指导思想等，属于安全教育学的上层建筑。

2）安全教育学基础理论。主要包括安全教育学概念、内涵与外延、意义与功能、性质与特征、学科理论、应用理论、安全教育史，以及安全教育活动规律等宏观性的基础理论；安全教育学原理、教学过程与规律、教学模式、内容与层次；安全教育生理学、心理学基础与安全教学认知机理；安全教育立法、安全教育投入产出、安全教育资源分配、安全教育绩效评估体系，以及安全教育管理机制与组织等微观性基础理论。

3）安全教育学的学科体系。主要包括安全教育学学科分类及其划分标准、与其他相关学科的关系、学科层次与地位、学科体系框架、学科体系的层次结构与关系、分支体系的内容与特征，以及各分支体系间的关系与作用等。

4）安全教育培训实践。即各种形式的安全教育与培训活动的组织、管理与研究，主要包括安全教育对象特征、教学模式与形式设计、课堂教学设计、组织与控制、教学方法与手段、教学内容、课程设置与开发、教材编写、安全教育应用等。

5）安全教育组织与管理。即各类安全教育的管理与组织，涉及安全教育的行政、专业发展与科研管理3个方面，具体包括安全教育政策规划、制定与实施，安全教育实践的监管，安全教育资源投入与分配，安全教育法制建设，安全教育体制及管理组织机构的设置，学科专业的设置与发展，人才培养层次与要求、培养机构设置，以及安全教育科学研究管理等。

6）安全教育技术。主要包括安全教育技术方法学，安全教育技术基础理论，安全教育技术发展及其与学科的关系，安全教育技术体系，安全教学技术模式，安全教育技术的推广应用与安全教育技术开发与创新等。

上述安全教育学研究的内容具有递进的层次关系，安全教育学方法论处于属于安全科学哲学层次，安全教育学基础理论与安全教育学的学科体系处于安全教育学学科理论层次，安全教育培训实践、安全教育、教学与科研管理以及安全教育技术处于安全教育学应用层面。上一层次的内容是下一层次内容的指导方针与抽象，下一层次的内容是上一层次的实践基础、具体内容与应用，按照研究对象层次深度与逻辑关系而言是自上而下展开，按照研究的递进关系是自下而上的开展。

安全教育学当作安全工程本科专业的一门课程时，其内涵和范畴不可能拓展到上面阐述的那么宽广，也不可能有过高的要求。作为一门课程，主要是使学习者掌握安全教育学的基本概念，基本理论、原理和方法，安全教育的主客体、安全教育的设计、安全教育技术等基本内容，并能灵活运用上述所学知识，科学开展安全教育活动和实施各种安全培训工作，达到提高企业安全生产水平的目的。

4.1.2　安全教育学的特征与功能

1. 特征

基于安全教育学的内涵和范畴，可以归纳出安全教育学的学科特征：

1）安全教育学具有显著的实践性特征。安全教育学既是源于社会与企业的安全教育、安全培训等实践活动，又是为安全教育、安全培训等实践活动提供理论指导，以促进安全教育、安全培训等实践的科学与持续发展。因此，在安全教育研究过程中始终要抓住其实践特征，研究的手段、内容与目标都要围绕安全教育实践去开展，以是否有利于安全教育实践的发展为判断标准。

2）安全教育学学科体系的综合与交叉属性。安全教育学研究任务与对象广泛涉及安全教育学的理论、方法、实践、教育技术与教育管理等安全教育活动领域的所有问题，因此，从学科体系的目的性与指导性来看，其学科体系具有明显的综合性。当然，安全教育学学科理论基础广泛涉及哲学、人文社会科学和自然科学，其学科体系的交叉性是显然的。

3）安全教育内在因素具有系统性的特征。安全教育实践是安全教育学研究的出发点与归宿点，安全教育活动与过程是其主要的表现形式，且其各种因素（元素）在教育活动实施过程中，按其固有规律和属性运动与交互，对外界其自身构成一个开放的系统，包括人、物、环境与管理四方面因素（图 4-1）。

4）安全教育学的属人特征。一切安全教育活动直接对象均为人，安全教育内容、方式与过程都须从师生的生理与心理的角度来考虑，开展安全教育学活动与研究须以人的生理与心理等人因为基础。

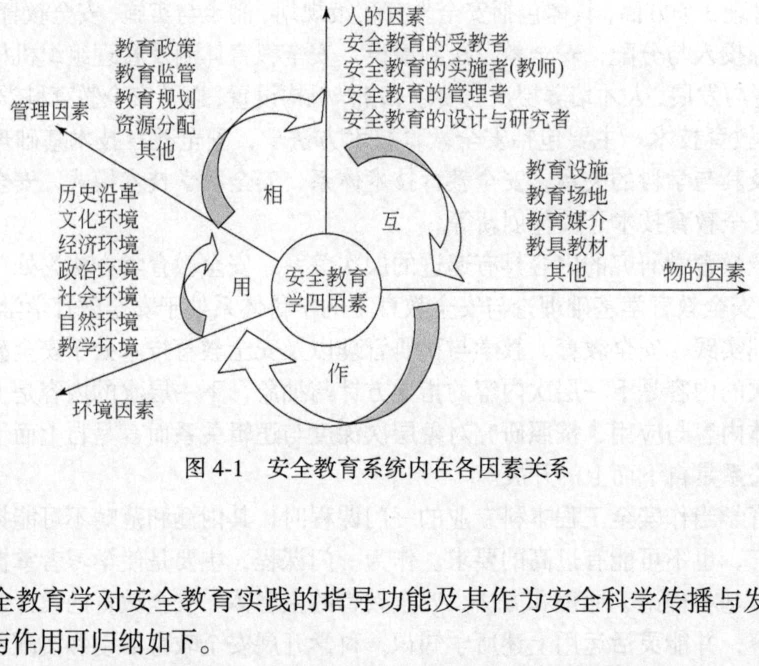

图 4-1　安全教育系统内在各因素关系

2. 功能

基于安全教育学对安全教育实践的指导功能及其作为安全科学传播与发展的重要平台，其功能与作用可归纳如下。

1）传递与诠释安全科学思想、理论与技术，推动安全科学持续发展。安全教育学作为教育学分支之一，其基本功能就是传播安全科学观念、知识与技能等，是安全知识再生产的基础。安全科学要获得持续发展都离不开安全教育学，一方面要对已有的安全科学思想观念、知识与技能等进行传承；另一方面就是基于社会需要与学科发展对其进行再生产、发展与创新，开拓安全科学的新理论、方法与领域，推动安全科学持续发展。

2）提高教师的安全知识、技能与素质，为社会培养更多安全型劳动者。安全科学技术也是第一生产力，安全教育学就是发展与推动这种生产力的最有效途径之一。企业安全教育的基本任务之一就是培养各层次的安全管理、技术与科研人员，提高生产人员的安全意识、技能与素质。一方面为企业培养合格的安全型生产者与专职安全管理人员及政府安全监管人员；另一方面，为社会培养优秀的安全科技工作者。

3）传播与普及大众安全科普知识的功能，提高民众安全意识与应急能力。安全教育学的另一主要功能是安全科普教育与宣传，构建安全和谐型社会。要预防与减少事故、保障劳动者生命健康安全与社会财物，以及实现社会的和谐与可持续发展，安全型社会的构建是前提，而普及与提高民众的安全意识、技能与素质是基础。

4）发展与完善安全教育学理论与学科体系，为安全教育实践提供指导。安全教育学的建立与发展，能有效推动对安全教育基础理论的深入研究与学科体系完善，为社会与企业安全教育培训实践提供指导。

4.1.3 安全教育学的学科体系

根据《学科分类与代码》（GB/T 13745—2009），安全教育学隶属于二级学科“安全学”下的三级学科（6202140），是介于基础学科与工程学科之间的应用学科，是安全教育学理论应用于安全教育实践的桥梁，是安全科学传播与发展不可或缺的工具，具有承上启下的作用。

安全教育学涉及社会科学与自然科学，是多学科交融起来的综合型交叉学科，学科理论与方法涉及哲学、教育学、法学、管理学、医学、工学等学科的几十个分支学科（图 4-2）。

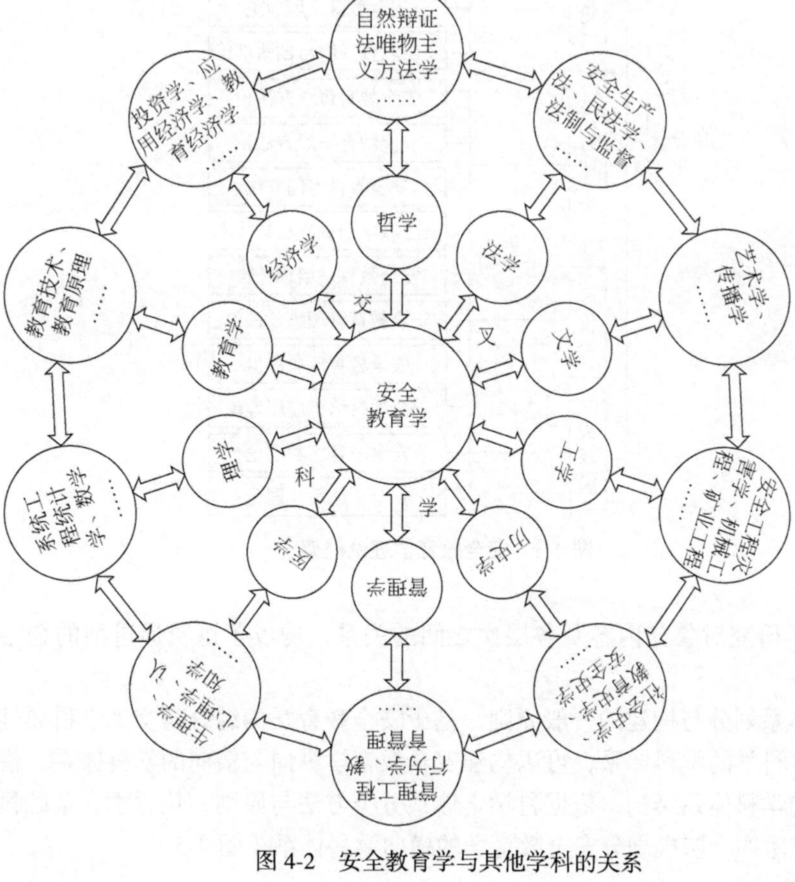

图 4-2　安全教育学与其他学科的关系

根据学科基础理论的构成原则与内容，基于安全教育学本质属性与研究对象，安全教育学的基础理论包括安全教育的本体论、方法论、基础论、原理论、评价论与实践论6个方面内容（图4-3）。

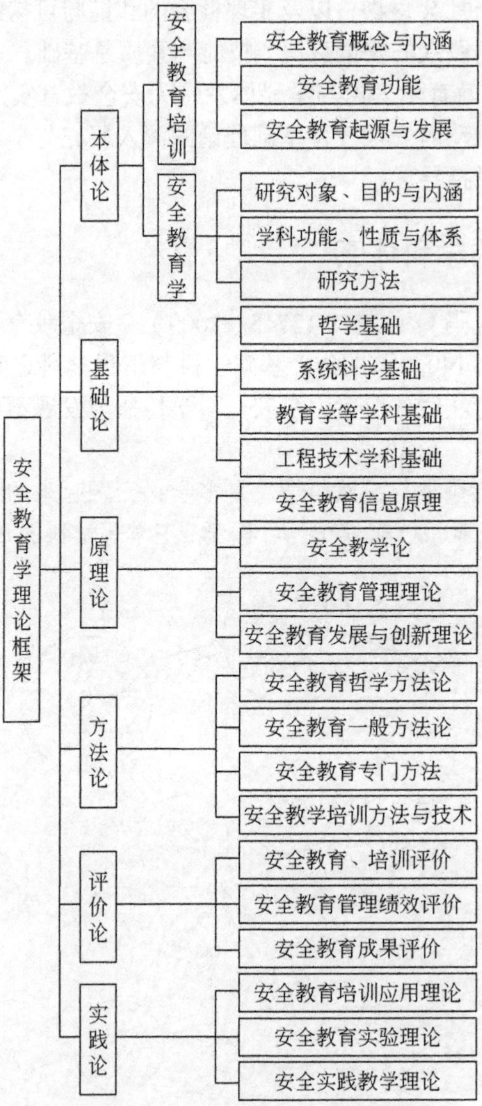

图4-3　安全教育学理论框架

安全教育学研究对象与内容及各层次之间的关系，构成了逻辑递进型的金字塔（图4-4）。

根据学科体系划分与构建的一般原则，基于安全教育学的综合与交叉学科属性，参考安全科学与教育科学的学科体系，可以构建安全教育学纵向与横向的学科体系。借鉴安全科学与教育学的学科体系结构，依据科学学体系分类方法与原则，从哲学、基础科学、技术科学与工程技术四个层次划分安全教育学的横向学科体系（图4-5）。

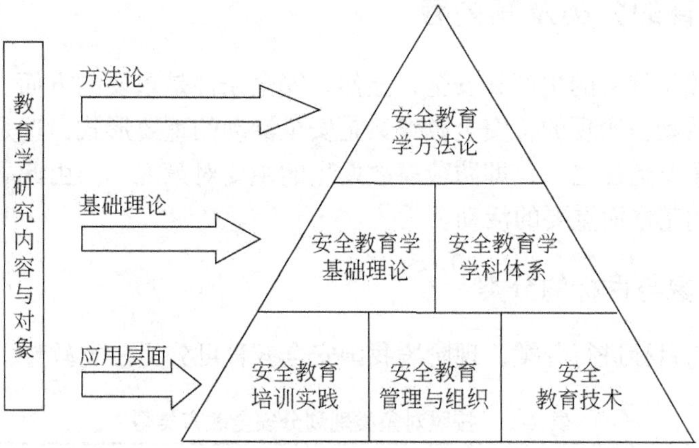

图 4-4　安全教育学研究对象与内容金字塔逻辑关系图

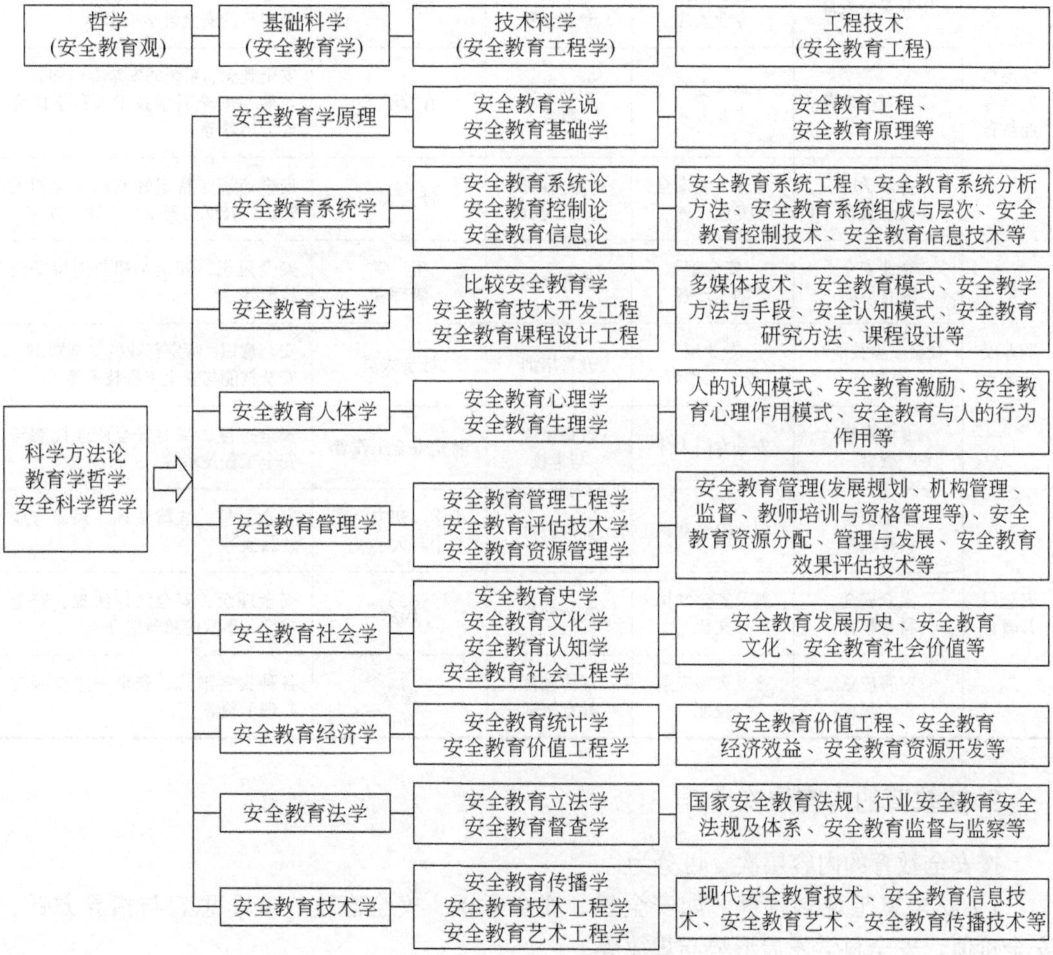

图 4-5　安全教育学横向学科体系

4.1.4 安全教育的分类及其内容

人的生存依赖于社会的生产和安全，显然，安全条件是重要的方面。而安全条件的实现是由人的安全活动去实现的，安全教育又是安全活动的重要形式，这是由于安全教育是实现安全目标的重要途径之一，即防范事故发生的主要对策之一。由此看来，安全教育是人类生存活动中的基本而重要的活动。

1. 按培养对象与目标的分类

按培养对象与目标进行分类，现阶段我国安全教育可分为三类教育，见表 4-1。

表 4-1 按照对象类别划分安全教育类型

安全教育类型	层次	培养目标	教育形式案例	对象	主要教育内容实例
学历型安全专业教育	中等安全教育	初级安全专业人才	学校专业教育	在校学员	安全态度、系统安全知识、技能与初步的安全科学技术等
	高等安全教育	高级安全专业人才	学校专业教育	在校学员	安全观念、系统的安全专业知识、技能与安全科学技术及科学研究能力培养等
	业余学历安全教育	非全日制安全专业人才	自考、函授与远程教育	社会人员	安全态度、特定领域的安全相关知识、技能与安全科学技术等
职业安全教育	企业安全教育培训	安全型的生产者	教育培训	生产者管理者	安全思想、安全纪律与岗位安全技能等
	社会安全技能教育培训	专业型安全工作者	教育培训	社会人员	安全意识、特定行业的安全知识、安全技能与安全工程技术等
	专业资格教育	安全专门人才	教育培训与考核	特定安全工作者	安全态度、某类安全职业技能与安全工程技术等
安全科普教育	基础安全科普教育	树立安全意识	宣传教育	小学、初中、高中与大学员	安全习惯、法律法规、知识与应急救援等
	大众安全科普教育	普及安全知识文化	宣传教育	民众	安全理念、安全法律法规、安全常识与事故应急救援等
	灾害应急安全教育	普及灾害应急技能	宣传教育教育培训	民众	各种灾害形式、安全应急技能与心理干预等

2. 按教育的内容层次分类

按安全教育的内容层次，可分为：

1）安全思想观念教育，如安全观、安全意识、安全态度、安全思想与指导方针、安全价值、安全科学发展形势与规律等；

2）安全法律法规教育，如对国内外安全法律法规体系与内容进行解读，包括国家安全法律、国家安全法规、行业安全规范，以及安全标准等；

3）安全基础知识教育，如安全常识、安全科学基本概念、安全学原理、安全系统工程、安全文化、安全管理、安全经济、劳动防护、职业安全卫生、事故预防与控制、安全人机等知识；

4）安全技能与素质教育，如安全分析与评价、安全管理与应急、安全功能设计与开发、事故预测、控制与处理，以及各领域安全工程专业技能等；

5）行业安全科学技术教育，如电气、机械、特种设备、消防、矿业、化工与建筑等行业的安全技术教育等。

3. 按安全教育内容性质分类

按安全教育内容性质可分为：

1）安全理论教育，如各种安全科学与技术的基本理论、原理与知识点等的教育内容，一般以课堂教育为主；

2）安全实践教育，如安全实验、安全操作、安全管理、安全检测与安全工程设计等。

4. 按安全教育的形式分类

按安全教育的形式可分为：

1）安全专业教育，如安全类专业的中专、大专、本科、硕士与博士等学历学位教育，形式覆盖全日制学历教育、自考、电大、夜校、函授与远程教育等；

2）安全培训教育，如社会各种短期的安全技能培训、安全职业资格教育培训与企业的安全生产培训等；

3）安全宣传教育，即大众安全教育，即通过媒介（图片、影像、动画、网页、微信、报纸与宣传栏等）向民众展示安全知识、法律法规、事故案例与应急救援措施等安全教育手段，内容简单形象，方式多样有趣，如安全挂图、安全漫画与动画、安全电影、安全板报、安全口号与标识等。

4.1.5　结论

1）基于对安全教育培训活动思辨，首次从学科的角度阐述了安全教育学概念，并归纳出安全教育学“以人为核心”的属人本质属性以及源于安全教育培训实践的显著特征。同时，系统地归纳出安全教育学的本质属性与内涵，阐述了安全教育学学科特征、基本功能、学科地位以及与其他学科关系等外延。

2）基于安全教育学属性与特征，对比安全科学与教育学基础理论体系，提出了安全教育学四方面理论基础体系与安全教育学“六论”（本体论、基础论、原理论、方法论、评价论与实践论）的学科基础理论。基于狭义的安全教育研究范畴归纳了安全教育学三层次六方面的主体研究内容，剖析了各研究内容的关系。

3）参照教育学分支体系，构建了安全教育学的横向学科体系，并依照安全教育内容、类别与层次体系，构建了安全教育学纵向学科体系。

4.2　安全文化学

【本节提要】本节基于已有的安全文化研究与实践成果，提出安全文化学的定义，并分析其内涵。基于此，剖析安全文化学的4个学科基本问题，即研究对象、研究范围、研究目的、研究内容，并详细论述安全文化的学科基础及5门主要学科分支，即安全民俗文化学、安全文化符号学、安全文化史学、安全文化心理学与比较安全文化学。

本节内容主要选自本书作者发表的题为“安全文化学论纲”[2]的研究论文，具体参考文献不再具体列出，有需要的读者请参见文献[2]的相关参考文献。

安全文化是近30年内安全科学领域的研究热点。目前，学界就安全文化的研究已较为广泛而深入，特别在应用层面已取得众多研究成果。值得一提的是，近年来，学界也已开展诸多安全文化学理论研究，如安全文化学的基础性问题、基础原理、方法论及学科分支等方面的研究。此外，根据中国现行的学科划分标准，安全文化学被正式划归为二级学科“安全社会科学”下的一个三级学科，但目前学界尚未从学科建设高度对安全文化学的学科体系开展系统研究，严重阻碍了安全文化学研究与发展。

综上可知，目前开展安全文化学的建构研究已具有深厚的理论与现实基础，其研究时机与条件已趋于成熟，急需深入讨论与研究安全文化学的学科建设问题。鉴于此，本节基于学科建设高度，提出安全文化学的定义，并论述安全文化学的学科基本问题、学科基础与主要学科分支，以期构建完整的安全文化学学科体系，从而促进安全学科体系建设及其发展。

4.2.1　安全文化学的定义与内涵

这里，给出安全文化学的准确定义：安全文化学以人本价值为取向，以塑造人的理性安全认识与增强人的安全意愿和素质为侧重点，以不断提高人在生产和生活中的安全水平为目的，以安全显现的文化性特征为实践基础，以安全科学和文化学为学科基础，通过研究与探讨安全文化的起源、特征、功能、演变、发展、传播与作用等规律，指导安全文化实践的一门融理论性与应用性为一体的新兴交叉学科。在此，对安全文化学的主要内涵进行扼要阐释：

1）安全文化学以人本价值为取向。①人是安全的主体与核心，安全不仅是人的本能需要（即人类创造安全文化的根本内驱力是人的安全需要。换言之，安全文化源于人的安全需要本性），更重要的是人还能创造条件实现安全（即创造安全文化）；②安全文化的发展过程实则是基于人的存在方式诉求安全的过程，此过程是通过尊重和发挥人的自然本性，预防、避免、消除和控制灾难事故的过程；③创造与发展安全文化的一切环节都指向人，且围绕人而展开和生成，离开人而谈安全与安全文化无任何意义和价值，正是人诉求安全的主体性地位，以及人在安全中的主导性与能动性力量，才创造并发展形成了丰富的安全文化。总之，安全文化建构在人本理念之上，即人本理念是安全文化形成的前提条件和必要条件，安全文化学理应以人本价值为取向。

2）安全文化学以塑造人的理性安全认识与增强人的安全意愿和素质为侧重点。①安全文化学的根本目标是使人形成一种相对完善、成熟而理性的安全观念和思维来认知与解决已有或未来可能出现的各种安全问题，特别是要对各种安全问题形成相对理性而正确的安全观念与认识，避免出现一些扭曲的安全观念与认识（如对高危工作与安全事故灾难等的异常恐慌或迷信保安方式等）；②安全文化在人类生产与生活环境之中，无处不在，无时不有，通过安全文化的教化、引导与激发等功能，可显著提高人的安全意愿与素质。

3）安全文化学以不断提高人在生产和生活中的安全水平为目的。安全文化是人们安全生产与生活实践的经验与理论的集合体，其直接目的是预防和减少事故发生，其更深层次的目的是使人的生产与生活变得更安全、舒适而高效，即提高人在生产和生活中的安全水平，这亦是人们不断创新与再生安全文化的重要动力来源。

4）安全文化学以安全本身显现文化性特征为主要实践基础，以安全科学和文化学的原理与方法为主要理论基础。①就实践而言，安全文化学的现实基础是安全的文化性特征。安全本身是一种文化积淀和传承，即安全具有文化性。具体而言，安全本身是一种人类的社会实践活动，通过人们长期以来对安全事故灾难的积极防控与深刻反思等，最终形成一系列有形无形的安全成果（如有形的安全器物及无形的安全理念、制度与民俗等），即形成人类的“安全文明”；②学理上而言，安全文化学主要是安全科学与文化学 2 门学科相互融合交叉而产生的一门新兴学科，即其是安全科学与文化学直接相互渗透和有机结合的学科产物。因此，安全文化学应主要以安全科学和文化学为理论基础，这亦是安全文化学的综合交叉学科属性的直接体现。

5）安全文化学是一门融理论性与实践性为一体、理论与实践完美结合的新兴应用型交叉学科，即安全文化学主要研究安全文化学理论与实践。①安全文化学诞生于人类的安全生产与生活领域，这是因为安全文化学的直接研究对象是由人类的安全经验与理论经总结、归纳、传播、继承、优化和提炼等形成的安全文化成果；②安全文化学旨在通过对安全文化学理论的研究，以期将相关安全文化学理论用于指导与服务安全文化学实践。此外，亦可将安全文化学实践成果再次升华并发展成为新的安全文化学研究内容，进而丰富与完善安全文化学理论。

4.2.2　安全文化学的学科基本问题

确定某门学科的学科基本问题是构建一门学科的学科体系的首要问题。在此，根据安全文化学的定义与内涵，对安全文化学的学科基本问题进行系统阐释。一般而言，学科基本问题主要包括学科研究对象、研究范围、研究内容、研究目的。

1. 研究对象

顾名思义，安全文化学是研究安全文化的学科。换言之，安全文化学的研究对象是安全文化（包括一切安全文化现象、行为、本质、体系及安全文化产生、发展与演变规律等）。本书认为，安全文化学的研究对象布局是立体的，即所有人类安全文化构成整个安全文化网络体系，安全文化学研究对象如同坐标般设于其中，这是因为：①就纵向而言，安全文化学研究对象涉及安全文化的起源、演变与发展，以及各历史剖面上的安全文化；②就横向而言，安全文化学研究对象涉及人们生产与生活的各个领域，种类繁多；③就安全文化的层次结构而言，安全文化学的研究对象是多层次的，具体包括安全物质文化、安全行为文化、安全制度文化、安全精神文化与安全情感文化（安全情感文化贯穿于其他4个层次）5个层次。综上易知，应基于不同的构成和层次，确定和考察安全文化学的研究对象。换言之，需多角度、立体式地确定和考察安全文化学的研究对象，以保证尽可能做到总揽全局并有的放矢。

2. 研究范围

确定安全文化学的研究范围是明确安全文化学研究内容的基本前提。因而，极有必要明晰安全文化学的研究范围。根据安全文化学的研究对象及已有的安全文化学研究实践成果，可确定安全文化学的基本研究范围，具体分析如下：

1）就内容而言，安全文化学的研究范围主要体现在安全物质文化、安全行为文化、安全制度文化、安全精神文化和安全情感文化等与人类安全生产和生活有密切联系的方方面面。

2）就空间尺度而言，安全文化学的研究范围先后按“核工业领域的安全文化→高危行业（如交通、矿山与危化品等）的安全文化→一般企事业单位的安全文化→大众（包括家庭、学校、社区、企业、城市与国家等）安全文化”逐步拓宽与延展，特别是随着风险社会这一时代背景与社会背景的来临，开展大众安全文化研究已是大势所趋。

总之，正是对上述各方面的研究，才使人们对人类生产与生活的安全认识及保障条件达到越来越高的程度，从而推动社会安全发展。需指出的是，安全文化学的研究范围并未一成不变，随着时代变迁与社会安全发展需求的变化，其亦会随之发生变化。但有一点是可以肯定的，那就是安全文化学的研究范围会逐步继续拓宽与延伸。

3. 研究内容

理论而言，安全文化作为客观存在的一种现象，必然存在其产生、形成和发展的客观规律。就安全文化学研究而言，旨在揭示安全文化现象的本质，揭示安全文化产生、发展与演变的客观规律，把握制约安全文化产生与发展过程的条件及影响因素，从而提出科学的结论和对策，以期为安全文化建设与实践服务。简言之，安全文化学是从总体上研究人类的智慧与实践在人类安全生产与生活方式（包括安全思维方式、安全制度方式与安全行为方式等）上的表现及其发展规律。细言之，安全文化学的研究内容可分为基础层、重要层与辅助层3个不同层次（表4-2）。

表 4-2　安全文化学的研究内容

层次	具体研究内容
基础层	根据人们的安全文化成果，界定安全文化的概念，包括定义安全文化的要素、方法及安全文化概念模型等
	研究安全文化的本质，揭示安全文化的特征、功能与类型
重要层	研究安全文化的构成（即安全文化的层次结构），揭示安全文化各个构成要素间的相互联系及其互相作用过程
	研究影响安全文化效用发挥的影响因素，即研究安全文化效用正常发挥的条件及其规律
	研究安全文化的起源与发展，旨在阐明安全文化产生的根本内驱力与条件，以及影响安全文化发展变化的因素，并揭示各影响因素间的相互联系及其影响安全文化发展变化的规律性
	研究安全文化的传播与交流规律，揭示促进安全文化有效传播的条件及其保障对策等
	研究建设优秀而强大的安全文化的基本原则、程序与方法，以及与安全文化建设的基本原则、程序与方法相联系的具体要求与操作技术等。需指出的是，这部分研究内容包括对安全文化测评（包括测评方法与技术等）的研究
	研究安全文化建设过程中的管理、组织与领导问题，以及各安全文化构成要素的具体培养、教育、宣传与强化等
	安全文化的比较与借鉴研究，即对不同群体（如国家、地区、行业或企业等）的安全文化开展综合比较与借鉴研究
辅助层	安全文化产业的建构研究，主要包括安全文化产业的概念、特征、功能、类型及其发展路径与促进发展的对策等研究
	安全文化与其他类型文化间的区别与联系，旨在区分安全文化，以及如何将安全文化有效融入其他文化进行建设与传播等

4. 研究目的

毋庸置疑，安全文化学研究兼具理论意义与实践意义。究其研究的最终目的，即减少事故和不断提高人在生产和生活中的安全保障水平。具体而言，安全文化学的主要研究目的可分为宏观层面与微观层面（微观层面的研究目的众多，无法列举穷尽，故这里仅列举部分）两个不同层面（表 4-3）。

表 4-3　安全文化学的研究目的

层面	主要研究目的
宏观层面	有助于安全文化学发展。促进安全文化学理论完善及其学科建设是安全文化学研究的基本目的，特别是面临目前学界对安全文化学理论研究不够全面和深入，对安全文化学理论体系的研究与建设尚不完善，对安全文化个案研究与调查不够充分，对安全文化学研究与现实安全生产和生活的结合不够紧密的局面，安全文化学研究就显得更为迫切而急需
	有助于文化学的丰富与发展。安全文化相对于人类文化整体而言，是一种典型的文化类型，即亚文化。毋庸置疑，文化学的一般原理，可为安全文化学研究提供一般性指导，但文化学原理仅是揭示一般文化的共同本质与规律等，其不可替代诸如安全文化这种子文化的研究。相反，安全文化研究对安全文化特殊本质及其发生发展规律的揭示与理论的概括，反倒会丰富文化学一般原理，有助于文化学的丰富与发展
	有助于安全管理学发展。安全文化最早源于企业安全管理实践，其可视为是安全管理发展的新阶段，早期的安全管理学比较注重安全技术因素、安全经济因素与安全心理因素等，但弱化甚至忽视了安全文化因素。大量研究与实践表明，安全文化客观存在于安全管理过程之中，其是改善组织安全状况的关键。因此，安全文化学研究必将会进一步完善与发展安全管理思想和理论，从而助推安全管理学迈上一个新的水准和阶段

续表

层面	主要研究目的
宏观层面	有助于安全管理的科学化。传统的安全管理侧重于依靠"头痛医头、脚痛医脚"的安全工程技术解决安全问题的"治标"模式，安全文化学研究可使这一安全理念逐步转为从根本上树立"以人为本"与"安全第一，预防为主，综合治理"的安全理念，即凸显安全管理的实质是管人，进而确立并加强人在安全管理中的中心地位，并把安全管理活动建立于对人的正确理解基础之上，促进安全管理的科学化，全面调动人的安全主动性、积极性与创新性，以达到安全"治本"
	有助于新型安全专业人才与其他管理人才的培养。①以往的安全专业人才培养，重视对安全法律法规、制度与技术等的传授和训练，对安全文化知识涉及极少，这种培养模式培养出的安全专业人才，仅懂"硬件"，不懂"软件"，更不懂"软是最硬"的安全管理道理，无法胜任安全管理实践中错综复杂的与人相关的诸多问题，更是无法有效调动人的安全积极性；②安全问题涉及人们生产与生活的各个方面，安全文化知识理应是所有管理人才必备的知识要素。因此，安全文化学研究可为新型安全专业人才与其他管理人才的培养提供新的思路与教育教学模式，尤其是对于培养适应时代与社会发展安全要求的高层次安全专业人才与其他管理人才而言，其显得尤为急需而必要
微观层面	有助于使人们正确了解与认识安全文化的价值（事故预防价值与经济价值等）及生成和发展规律等，进而自觉地重视并促进安全文化事业建设与发展
	有助于使人们树立正确的安全文化价值观念，从而使人们在现实生产与生活中自觉规范自己的不安全认识与行为，以及挖掘自身安全潜能，不断完善自身安全人性，以尽可能发挥个人的自主保安价值
	有助于促进人们对安全本身及其保障条件或要素等的认同，从而减小安全管理阻力；有助于促使全社会形成"人的生产、生活关系和谐、安全价值高扬、安全意义丰富与安全态度超迈"的良好安全文化氛围
	……

4.2.3 安全文化学的主要研究程式[3]

结合安全科学与安全文化学的学科特色，从方法论的高度总结并提炼具有普适性的6种安全文化学的主要研究程式：辩证法、叙事法、比较法、系统论法、审视交叉法与关联学科的具体方法。

1. 辩证法

为得到令人信服的研究结论，安全文化学研究必须要采用辩证法，该方法是安全文化学研究的方法准则，具体包括分析与综合、具体与抽象、归纳与演绎、历史与逻辑、理论与实践等具体方法，具体解释见表4-4。

表4-4 运用辩证法开展安全文化学研究的具体方法

具体方法名称	具体内涵及过程
分析与综合方法	安全文化学研究者须在分析考证所得相关安全文化文献资料真实性的基础上，分析其中所蕴含的安全文化要素、内涵及因素，进而综合得出相关安全文化文献中所寓有的安全文化信息
具体与抽象方法	由具体（即未经加工处理的原始安全文化现象）到抽象的过程是指从繁杂的安全文化现象中提炼出规律性的结论，这是提炼、总结安全文化学基础原理的重要方法
归纳与演绎方法	归纳是从特殊到一般，即从具体到抽象的过程，而演绎恰好相反。但仅采用归纳或演绎方法均无法接近安全文化的真实与本质，因此，归纳方法与演绎方法间不可分割，需结合运用于安全文化学研究
历史与逻辑方法	诸多安全文化学研究方法均存在主观非理性的弊病，而逻辑恰是避免它们弊病的有效措施，如对安全文化演进过程的描述，辅以逻辑联系为依据，就可有力避免研究者主观遐想因素的干扰
理论与实践方法	安全文化学源于安全实践，其理论正确与否必须要得到安全实践的检验，离开安全实践，其就失去存在的意义。因此，安全文化学研究需将抽象、概括得出的理性安全文化认识运用至安全文化实践去检验、修正、补充与完善

2. 叙事法

历史学科的叙事法（又称为历史叙事法）是一种在人文社会科学研究中被广泛运用的研究方法，如文学研究者将其用至文学研究，并将其改称为文学叙事法。以下两点原因为叙事法引入安全文化研究提供充分可能，依次为：①安全文化的诸多内容是人类过去的文化遗迹，如安全文化的器物形态；②人类对于安全（包括健康）的认知及其保障水平的提升是一个极其漫长的历史过程。

从表面上看，叙事法是一种具有客观理性的研究方法，但由于研究者的学科背景与认知水平等的差异，叙事法具有主观非理性的内质，如史学家 White 指出，历史是基于史学家假想性建构的重构，并非真实的历史存在。若运用叙事法开展安全文化学研究，为尽可能降低叙事法的弊病对安全文化学研究带来的不利影响，安全文化学研究者应基于文化认同的立场，在充分占有安全文化研究资料的基础上，采用理性的自觉，以陈寅恪先生的“了解之同情”（即基于丰富的知识与安全实践，尽力突破时空与文化的阻隔，公正而严谨地描述与评价前人的安全文化成果，实现对安全文化的零距离研究，以期为现实安全文化建设与改良提供理论指导）态度来描述安全文化的真实。

3. 比较法

诸多安全文化研究实例均已佐证比较法在安全文化学研究领域中具有重要地位。依据不同的研究目的，可将安全文化学比较研究法分为以下两种：

1）基于时间维度的纵向比较法，指从时间，即历史（主要包括古代、中世纪、近代与现代）维度出发，对同一群体（如国家与民族等）安全文化的不同时期的安全文化现象开展比较研究的方法，其主要目的是研究安全文化的特质分布及其演进与重建等。①理论层面而言，纵向比较主要是从发展的动态对安全文化进行历时性比较研究，分析某一群体的安全文化在整个人类安全文化历史阶段的类型、特征及其变迁规律，简言之，其主要是探究安全文化的演化脉络；②实践应用层面而言，纵向比较注重某一群体内部的历史安全文化与现实安全文化的比较研究，从而发现和把握该群体安全文化的演变、走向与特质等，进而指导改良或有效建设该群体安全文化。

2）基于安全文化类型的横向比较法，指从安全文化类型，即不同群体安全文化的总体或某种要素与层面出发，对同一时期不同群体的安全文化进行比较研究的方法。①理论层面而言，横向比较旨在区别不同安全文化的特点与类型，以了解异同并分析原因，进而研究不同安全文化发展的普适性或特殊规律的方法；②实践应用层面而言，通过安全文化横向比较，既可借鉴他人之长，为我所用，又能从横向比较研究中明确自身安全文化的特色并建设或完善具有自身特色的安全文化体系。需指出的是，安全文化类型比较法所选取的比较范围或层次可根据实际研究需要自由确定，如不同国家、民族、城市、社区、行业或企业的安全文化等。

总之，比较法是安全文化学研究中比较常用的一种方法，可基于比较法开展比较安全文化学的创建及其具体内容研究。此外，因采用比较法开展安全文化学研究需涉及两个或两个以上的安全文化主体、内容、形态或类型等，因此，需注意以下两点：①注意逻辑标准的统一，建立个人选择与运用安全文化素材的规范；②可交叉运用纵比（即某一群体的安全文化源流的发展比较）与横比（即同一时期不同安全文化系统或安全文化形态进行比较）方法来辅助比较研究，以便使研究结论更为全面和科学。

4. 系统论法

在哲学视阈下，系统指处在一定相互联系中并与环境发生关系的各组成部分的总和。所谓系统论方法，指用系统的观点研究和改造客观对象的方法，是当前在自然科学、人文社会科学与工程科学研究中被普遍采用的研究方法。具体而言，它是基于系统视角，全方位剖析系统内要素与要素、要素与系统、系统与环境、此系统与他系统的关系，从而把握系统内部联系与规律性，达到有效地控制与改良系统的目的。系统论方法有 4 条基本原则，具体解释见表 4-5。

表 4-5　系统论方法的 4 条基本原则及其内涵

基本原则	内涵
整体性原则	基于系统的构成要素间的相互关系，考量各要素对整体的影响，进而促进系统整体功能的最大化发挥
联系性原则	系统与外部环境以及系统内部各元素间是相互联系和制约的。换言之，系统、要素和环境 3 者是有机统一的关系
最优化原则	最优化系统论的出发点和最终目的，因此，应从整体目标实现上实现对系统构成要素的优化
动态性原则	所有系统均会与外界进行能量、物质与信息交换，且受所处环境的影响，即所有系统均具有开放性与动态性

鉴于此，将系统论方法引入安全文化学研究，至少具有以下 4 点优势：①有利于考察与探讨安全文化系统内部各要素间的相互作用，以及各要素对安全文化系统整体发展与变迁的影响；②有利于考察与探讨安全文化系统与外在环境间的相互作用和影响；③有助于考察和探讨不同时空的安全文化系统的交互作用；④此外，无论是一元论的安全文化观，还是多元论（即安全文化“二分法”或“四分法”等）的安全文化观，系统论法均是不可或缺的研究方法。

5. 审视交叉法

根据我国学科划分标准，安全文化学被划归为二级学科“安全社会科学”下的一个三级学科。此外，毋庸置疑，安全文化是文化的重要组成部分，安全文化学是文化学的学科分支。鉴于文化学的学科交叉属性，在文化学研究过程中，诸多学者尝试从文化学角度审视其他学科，或将文化学与其他学科进行交叉融合研究，并由此产生各类文化学研究学派（如传播学学派、心理学派与符号学派等）和文化学学科分支（文化社会学、民俗文化学、文化心理学与文化史学等）。该研究方法可称为审视交叉方法，属于方法论的范畴。

鉴于此，基于安全科学的主要研究内容与目的，从安全文化学视角审视与安全文化学有密切联系的其他学科，或将安全文化学与其他学科进行综合交叉研究，进而挖掘安全文化学更深层次的本质规律，或细化与丰富安全文化学原理与学科分支，吸纳相关学科的理论或综合运用相关学科理论分析安全文化现象，实现安全文化学理论体系和内容上的创新，从而更好地为安全文化研究与实践服务。由此，本书认为基于安全文化学视角，可审视或交叉融合符号学、传播学、心理学、民俗学与安全史学等学科开展相关研究，具体分析见表 4-6。

表 4-6　运用审视交叉法开展安全文化学研究的典例

学科	具体解释	研究示例
符号学	人类文化符号中有许多用以表达某种特定安全信息或意义的文化符号，如安全标语、安全标志、安全色与安全手势等，研究安全文化符号的内涵、分类、功能、形成、设计和应用等对促进安全文化得到更充分认知和传播，进而纠正人的不安全认识和行为具有重要意义	安全文化符号（系统）的设计；安全文化符号学创建研究等
传播学	安全文化传播（包括宣教）是促进人们注意、认同安全文化与不同群体间安全文化交流，并使安全文化落地（即发挥安全文化效用）的关键。因此，对安全文化学与传播学进行交叉融合研究，将会得出促进安全文化传播与效用发挥的诸多理论依据与有效方法	安全文化传播（宣教）原理与方法；安全文化宣传载体设计与布置等
心理学	由事故致因理论可知，人的不安全行为造成事故的主要原因之一，而人的行为又主要受人的心理因素的影响，对安全文化学与心理学进行交叉融合研究，可挖掘出对安全文化建设与效用发挥有影响的心理学因素或探讨安全文化受众的心理驱动机理，进而促进安全文化得到认同	情感性安全文化研究；人的行为的相关性研究；安全文化受众心理研究等
民俗学	民俗被认为是人类文化的源泉，在人类漫长的安全实践中也诞生并积累丰富的民俗安全文化，如最为典型的狩猎、渔业安全习俗及重大事故灾难祭日、生产禁忌等。从安全文化学视角出发去审视民俗学，通过研究某一民众群体的民俗安全文化现象，可客观评价民俗安全文化、挖掘并发扬符合社会安全发展要求且积极的民俗安全文化内容、鉴别并改造或剔除不符合社会安全发展要求且消极腐朽的民俗安全文化内容，从而促进全社会安全文化正向发展	研究民俗安全文化的本质、特征与功能、产生与演变，以及评价基准、方法或改良方法等；民俗安全文化学创建研究等
安全史学	文化史，即以人类文化为研究对象的文化学与历史学的研究分支，它是历史学和文化学交叉的综合性学科。鉴于此，可对安全文化学与安全史学进行综合交叉研究，主要对安全精神文化、安全制度文化与安全物质文化等历史进行研究，研究特定历史时期的安全文化特征，以及某一群体安全文化的起源、演进与发展脉络等	研究特定历史时期的安全文化观念、安全文化器物等的特征；安全文化史学创建研究等
……	……	……

6. 关联学科的具体方法

根据安全科学的综合交叉属性及安全文化学自身的学科特点 [①安全文化学学理上隶属于安全社会科学；②因安全文化学的研究最终目的旨在预防事故，进而促进人们生产、生活安全（包括健康）开展，不难理解其与自然科学（包括物理学、化学、医学、力学、数学与生物学等）的紧密联系]，可采用相关社会科学与自然科学的具体研究方法开展安全文化学研究。调查方法、文献方法与心理测量方法等社会科学方法，以及数理统计方法、影像技术方法与数字化方法等自然科学方法均可运用于安全文化学研究，限于篇幅，不再详细赘述。

4.2.4　安全文化学的学科基础及主要学科分支

1. 学科基础

由安全文化学的定义易知，安全文化学是安全科学与文化学的交叉学科，故其主要理论基础应是安全科学与文化学的原理与方法。但需指出的是，安全文化的形成与发展必然会受社会、环境、重要安全问题、历史、经济与宗教等因素的影响和制约，即安全文化的形成与发展研究需涉及诸多社会科学（特别是安全社会科学问题）。此外，安全文化传播需以自然科学（特别是安全自然科学知识）为辅助支撑。因此，为明晰其他外界因素对安全文化的作用与影响，安全文化学研究还需以哲学（安全哲学）、管理学（安全管理学）、教育学（安全教育学）、历史学（安全史学）、法学（安全法学）、行为学（安全行为学）、社会学（安全社会学）、心理学（安全心理学）、伦理学（安全伦理学）、经济学（安全经济学）、传播学、人类学与语言学等学科，以及相关自然科学（安全自然科学，如安全系统学与安全人机学等）的理论与方法为支撑。换言之，安全文化学的理论基础应是以上各学科理论的交叉、渗透与互融（图 4-6）。

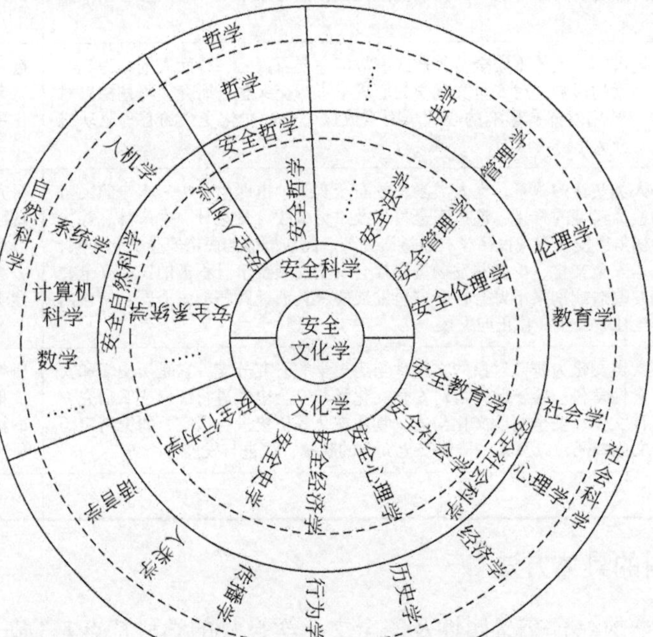

图 4-6　安全文化学的学科基础

2. 主要学科分支

以已有的安全文化学研究与实践成果为基础，借鉴文化学的主要学科分支，并根据前面提出的安全文化学的审视交叉研究方法（其属于安全文化学方法论范畴），可从安全文化学视角审视与安全文化学有密切联系的其他学科，或将安全文化学与其他学科进行综合交叉研究，从而提出安全文化学的 5 门主要学科分支，即安全民俗文化学、安全文化符号学、安全文化史学、安全文化心理学与比较安全文化学。对安全文化学的主要学科分支进行扼要解释（图 4-7）。

安全文化学的主要学科分支

学科分支	安全民俗文化学	安全文化符号学	安全文化史学	安全文化心理学	比较安全文化学
学科定义	以研究某一民众群体中的与安全相关的各种民俗等为内容，具体包括安全民俗文化的特征、功能、发生、发展、传承与利用等，以客观评价安全民俗文化、挖掘并发扬符合社会安全发展要求且积极的安全民俗文化内容、鉴别并改造或剔除不符合社会安全发展要求且消极腐朽的安全民俗文化内容为目的的一门基础性应用型学科	综合运用安全文化学和符号学的原理和方法，研究安全文化符号系统的内涵、分类、特征、功能、结构、形成、演变、运行、设计和应用等，以促进安全文化得到更充分认知和传播，进而纠正人的不安全认识和行为的一门应用型学科	以安全文化学与安全史学的原理与方法为基础，研究某一群体的安全文化的历史，即研究特定历史时期的某一群体的安全文化特征，以及某一群体的安全文化的起源、演进与发展脉络等，它是一门安全史学和安全文化学综合交叉形成的应用型学科	以安全文化学与心理学(安全心理学)的原理与方法为基础，研究心理(安全心理)和安全文化间的相互影响关系，以揭示文化和心理(安全心理)间的相互影响与整合机制，进而指导安全文化建设与人为事故预防的一门安全文化学与心理学(安全心理学)综合交叉形成的应用型学科	以比较学、安全文化学、文化学、安全科学与其他社会科学的原理与方法为基础，基于全球化的视角，运用比较意识、比较思维方式和比较方法探讨和研究不同时空的安全文化之异同，以及它们相互比较借鉴的一门比较学与安全文化学交叉形成的应用型学科
研究内容示例	研究安全民俗文化的本质、特征与功能、产生与演变，以及评价基准、方法或改良方法等	安全文化符号(系统)的结构研究；安全文化符号设计研究；安全文化识别系统研究等	中国(或国外)传统安全文化研究；中国(或国外)现代安全文化研究	情感安全文化研究；群体面对事故的心理与其安全文化间的关联研究等	纵向历时性比较研究某一群体的安全文化；横向比较研究不同群体的安全文化等

图 4-7 安全文化学的主要学科分支

4.2.5 结论

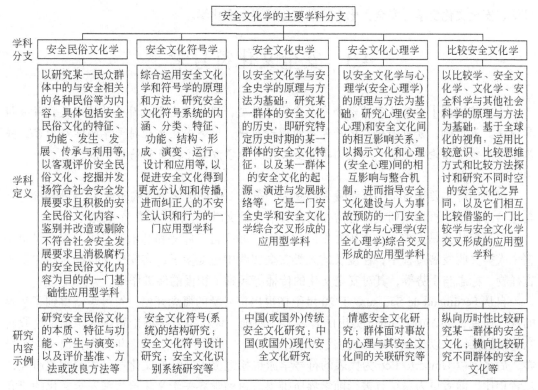

1）安全文化学以人本价值为取向，以塑造人的理性安全认识与增强人的安全意愿和素质为侧重点，以不断提高人在生产和生活中的安全水平为目的，以安全显现的文化性特征为实践基础，以安全科学和文化学为学科基础，通过研究与探讨安全文化的起源、特征、功能、演变、发展、传播与作用等规律，指导安全文化实践的一门融理论性与应用性为一体的新兴交叉学科。

2）安全文化学的研究对象是安全文化；安全文化学的研究范围主要体现在安全物质、行为、制度、精神和情感文化等与人类安全生产和生活有密切联系的方方面面，并先后按“核工业领域的安全文化→高危行业的安全文化→一般企事业单位的安全文化→大众安全文化”逐步拓宽与延展。

3）安全文化学的研究内容包括基础层、重要层与辅助层 3 个不同层次；安全文化学的最终研究目的是减少事故和不断提高人在生产和生活中的安全保障水平，安全文化学的主要研究目的可分为宏观层面与微观层面两个层面；提炼安全文化学的 6 种主要研究程式，即辩证法、叙事法、比较法、系统论法、审视交叉法与关联学科的具体方法。

4）安全文化学的理论基础应以安全科学与文化学原理与方法为主。此外，安全文化学的理论基础还涉及哲学（安全哲学）、管理学（安全管理学）与教育学（安全教育学）等学科理论和方法。安全文化学拥有 5 门主要学科分支，即安全民俗文化学、安全文化符号学、安全文化史学、安全文化心理学与比较安全文化学。

4.3 安全文化符号学

【本节提要】本节从符号学和安全文化学角度，提出安全文化符号学的定义，并分析其内涵。基于此，分析安全文化符号学的理论基础，阐述安全文化符号学的学科内容，并基于时间维与理论维等5个维度构建安全文化符号学方法论的多维结构体系。

本节内容主要选自本书作者发表的题为“安全文化符号学的建构研究”[4]的研究论文，具体参考文献不再具体列出，有需要的读者请参见文献[4]的相关参考文献。

符号被认为是人类文化累积性发展的关键，如语言、体势和艺术符号等。安全贯穿于整个人类文明发展过程中，在漫长的人类安全实践中也诞生了许多安全文化符号，如安全吉祥物、标志与手势等，其对安全文化的传播等起到了积极的促进作用。

自从Ferdinand de Saussure于20世纪初提出符号学的概念开始，符号学就得到了学界的深入研究，如Yuri Lotman提出的著名的“四维一体”符号学理论思想等。正是这股研究热潮的推动，以Yuri Lotman为代表的莫斯科——塔图学派于1973年首先提出文化符号学，后来，以Umberto Eco为代表的符号学派也相继提出并开展文化符号学的相关研究，二者相比，前者更为系统且被当前学界所推崇。目前学界关于文化符号和安全文化的研究比较广泛和深入，但还尚未从学科建设高度出发探讨安全文化符号学的建构问题，严重阻碍对安全文化本质及作用机理等的认识和研究。

鉴于此，从符号学和安全文化学角度，提出安全文化符号学，并基于安全文化学、符号学及相关学科理论，深入研究和提炼安全文化符号学的主要理论基础和研究方法。安全文化符号学的建构探讨在安全文化研究领域尚未曾见，研究具有一定的创新性和价值，以期为丰富安全科学理论和促进安全文化学研究发展起到积极的推动作用，也为读者开展安全文化学研究提供一个新视角，开辟一片新领域。

4.3.1 安全文化符号学的定义与内涵

1. 定义

从学科体系结构上看，安全文化符号学既是安全文化学的学科分支，又是符号学的应用分支。作为一门刚提出的新兴学科，研究安全文化符号学，需从其定义、内涵、功能、外延、学科基础与学科体系等方面开展研究。基于安全文化学和符号学的内涵，提出安全文化符号学的定义。

安全文化符号学主要是综合运用安全文化学和符号学的功能和原理，研究安全文化符号系统的内涵、分类、特征、功能、结构、形成、演变、运行、设计和应用等，以促进安全文化得到更充分认知和传播，进而纠正人的不安全认识和行为的一门应用性学科。

2. 内涵

对于安全文化符号学的内涵，具体解释如下所示。

1）从安全文化角度出发审视符号学或研究符号学在安全文化学领域的应用是安全文化符号学的两种基本研究思路。

2）基于上述两种研究思路，实现了安全文化学和符号学的紧密、有效融合。因此，安全文化符号学的理论基础主要包括安全文化学和符号学。另外，其研究对象是安全文化符号系统，因而，其理论基础还可具体拓展到安全科学、文化学、符号学和系统科学等。

3）安全文化符号系统的优化设计和运行是安全文化符号学的主要研究内容。

4）安全文化符号学研究的目标是通过各安全文化符号子系统的互相作用，使整个安全文化符号系统运行取得最佳效果。

5）安全文化符号学研究的深层次意义在于促进安全文化得到更充分认知和传播，表明安全文化符号学研究具有两个核心目的：①阐明安全文化符号在人们对安全文化认知中的作用；②解释安全文化符号在安全文化互动和传播中的作用。

6）安全文化符号学实则是把安全文化看成是一个由各种安全文化符号构成的体系（即安全文化符号系统）来进行一系列研究。换言之，安全文化符号学可视为安全文化学的具体表达。

7）安全文化符号学为安全文化研究提供了一种新方法，它也可以属于方法论的范畴。此外，安全文化符号具有物质性和客观性，因而，此方法可从根本上克服以往的安全文化研究方法本身所无法克服的主观性等弊病。

4.3.2　安全文化符号学的理论基础

符号学和安全文化学的理论与方法是安全文化符号学发展的理论基础，具体解释如下所示。

1）符号学是研究符号在人类认知、思维和传递信息中的作用的一门科学，其研究范围包括意指符号和非意指符号，重点研究意指符号，总地来说，符号学研究自然科学、社会科学及人文科学领域中所使用的符号，但以人文科学中的符号为主。安全文化符号作为人文科学领域的重要符号之一，因此，符号学可为安全文化符号学研究提供核心理论基础。目前比较被学界推崇的符号学重要理论有 Ferdinand de Saussure 的符号学和语言学理论、Charles Sanders Peirce 的符号学理论以及 Yuri Lotman 的符号学理论等。

2）安全文化学是研究与探讨安全文化的产生、创造、发展演变规律及其本质特征的一门科学，它以安全科学和文化学为理论基础，以一切安全文化现象、行为、本质、体系及安全文化产生和发展演变规律为研究对象。安全文化学的研究范围主要体现在物质安全文化、行为安全文化、制度安全文化和精神安全文化等与人类和人类社会的安全发展有着密切关系的方方面面，正是这些方面的研究，使我们对人类和人类社会的相关安全现象或问题的认识达到越来越高的程度，进而推动社会安全发展。安全文化符号学作为安全文化学的具体表达，因此，安全文化学也可为安全文化符号学研究提供核心理论基础。

另外，由安全文化符号学的定义可知，安全文化符号学的研究对象是安全文化符号系统，则系统科学可为安全文化符号学的研究提供指导思想，即系统科学也是安全文化学研究的重要理论基础。此外，由于安全文化符号系统的特性，系统科学中的一般系统论、信息论、控制论与认识论等理论也可为安全文化符号学研究提供方法指导。且文化符号学的研究也离不开语言学、心理学、传播学、逻辑学、社会学、管理学、设计学、美学与人类工效学等学科的理论支持。安全文化符号学的学科理论基础如图 4-8 所示。

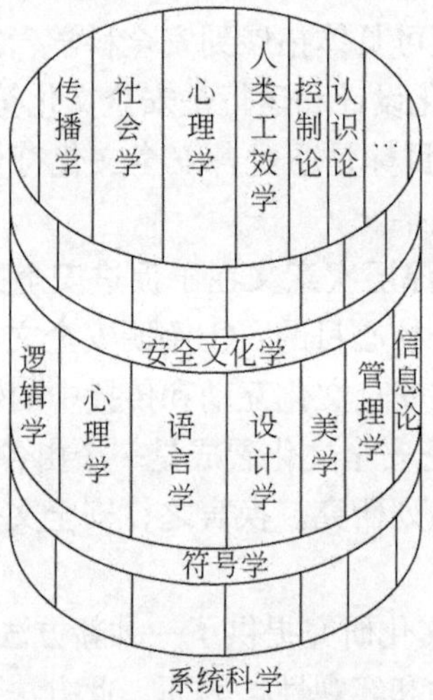

图 4-8　安全文化符号学学科理论基础的“木桶”结构

由图4-8可知,安全文化符号学学科理论基础构成了一个“木桶”结构,其具体含义如下:

1）符号学和安全文化学是安全文化学符号学研究的两个重要理论基础，它们分别作为“木桶”的上下两道桶箍，将构成“木桶”桶壁的各木板紧紧束缚在一起，表明了它们的核心地位和作用。

2）语言学与传播学等其他学科是安全文化符号学研究的辅助性理论基础，它们充当木板构成了“木桶”的桶壁，表明了它们的辅助支撑作用。

3）若要使“木桶”能够盛水，则还需桶底，系统科学就扮演了“木桶”桶底的角色，突出其也是安全文化符号学研究必不可少的理论基础。

4）构成“木桶”桶壁的各木板的宽度并不一定相同，表明各辅助性理论基础的地位也有所差异。

5）随着安全文化学符号学的发展，还可不断补充和丰富其理论基础，即通过补充木板来进行“木桶”改造。

4.3.3　安全文化符号学的学科基本问题

1. 研究对象与分类

安全文化符号学以安全文化符号系统为研究对象。人类的文化符号系统极其丰富而复杂，同样，安全文化符号系统也是。可以说，所有的安全文化行为都可视之为安全文化符号，即安全语言、行为及各类综合的形态等，都属于安全文化符号系统。正是基于复杂的安全文化符号系统，安全文化才得以记录、传承和交流。因此，只有在具体使用过程的特别情境中，安全文化符号才能体现出其特殊的价值和含义。

安全文化符号系统由多种安全文化符号形态构成，从安全文化的层次（物质安全文化、制度安全文化、行为安全文化、精神安全文化与情感安全文化）来看，分别将其符号化，即分别形成物质安全文化符号、制度安全文化符号、行为安全文化符号、精神安全文化符号和情感安全文化符号。但这种分类比较抽象，也不具体，为避免这一缺陷，经搜集整理发现，安全文化符号还可通过诸如语言、文字、服饰（如防护背心等）及各种综合形态等多种具体物质形式表现出来。因此，根据安全文化符号的具体物质形式的不同，可将安全文化符号系统分为语言符号系统（如安全谚语、安全标语与安全语音提示等）、非语言符号系统（如安全手势、安全绘画与安全信号灯等）和综合符号系统（如安全电影作品和安全文学作品等）三大子系统。

2. 研究任务

安全文化符号学的研究任务主要包括以下 5 方面：

1）研究安全文化符号的内涵，旨在阐明安全文化的符号性属性，即其本质是一个由各种安全文化符号组成的结构体系，其传播就是“传者制作安全文化符号（编码）→媒介传播安全文化符号（传码）→受众解读理解安全文化符号（解码）”的过程。

2）研究安全文化符号系统的自身独特性，强调其所具有的某些特征的绝对性，旨在区分安全文化符号系统（安全文化）和外文化符号系统（外文化），并阐明安全文化与外文化的交流的原理和过程。

3）研究安全文化符号系统的内部活动规律，旨在掌握安全文化系统的内部信息运行机制，即安全文化的内部信息互动及更新机理。

4）研究各安全文化符号子系统之间的功能性关系，旨在明确各子系统在安全文化被认知和传播中所发挥的作用，为安全文化符号系统设计和运用，即安全文化建设提供理论依据和方法，进而促进安全文化得到更充分的认知和传播。

5）研究同一时期不同民族、国家、地区、语言或文化的群体的安全文化符号系统，旨在阐明各群体的安全文化特点及相互间的异同点；或研究同一群体处于不同时期的安全文化符号系统，旨在阐明该群体的安全文化符号系统的演变规律，即该群体的安全文化发展进程。

3. 研究内容

1）安全文化符号系统的范围和特性。①从系统的观点，揭示安全文化符号系统的范畴，即“界限”；②研究安全文化符号系统的独特性、系统性、开放性、确定性与不确定性、有序与无序性、突变性与畸变性、静态特性和动态特性。

2）安全文化符号系统的组成结构。对于由各孤立的、分散的安全文化符号个体整合成的一个有层次的动态多元而相对稳定的结构体系，有必要深入剖析其组成结构，这有利于对诸多安全文化符号形式进行整体性分析。

3）安全文化符号系统的活动规律。针对安全文化符号系统的活动过程，即内部互动、运行及外部交流等过程，研究其组织、协调、控制的机理。

4）安全文化符号系统的设计原理及方法。基于安全文化符号系统的特点等或各子系统之间的功能性等关系，总结设计安全文化符号系统的原理及方法，目的是实现各子系统的最佳配置，即使整个安全文化符号系统处于最佳运行状态。

5）安全文化符号系统的更新。为了使安全文化符号系统成为一个与时俱进的动态变化的有活力的有机体，其也要以独特创新机制不断进行更新，因此，研究其更新方式等也就显得极为重要。

安全文化符号学的研究内容，如图 4-9 所示。

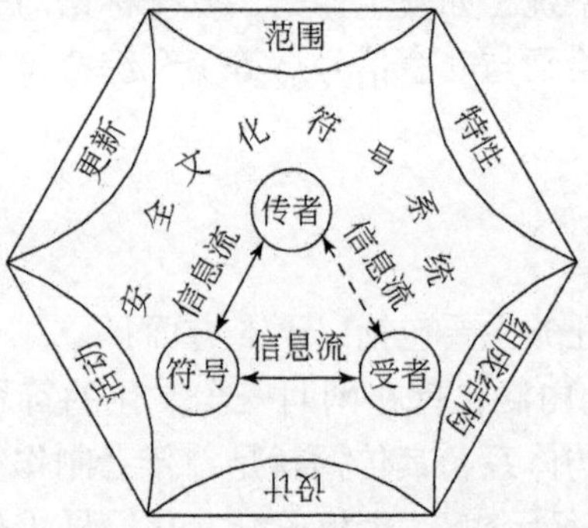

图 4-9　安全文化符号学的研究内容体系

4.3.4　安全文化符号学的方法论

1. 安全文化符号学方法论的定义

方法论不是具体的方法，是对诸多方法进行分析研究、系统总结并最终提炼出的较为一般性的原则，对方法的研究具有理论性的指导作用。基于方法论的基本内涵和安全文化符号学的学科内容等，给出安全文化符号学方法论的定义：安全文化符号学方法论是从哲学高度总结安全文化符号学研究的方法，是在哲学、符号学方法论、文化学方法论和安全科学方法论等理论的基础上，以安全文化符号系统研究为主体，对安全文化符号学的研究方法与范式体系等内容起宏观指导作用的方法论。安全文化符号学方法论阐明了安全文化符号学研究的方向和途径，对构建安全文化符号学研究范式及安全文化符号学学科框架体系均具有指导作用。

2. 安全文化符号学方法论的多维结构体系的构建与解析

安全文化符号学是一门综合性学科，内容丰富，涵盖范围广，涉及多种研究方法。安全文化符号学具有跨时间、跨文化、跨国度与跨空间等特点，其方法论不是各种方法的简单堆积，而是在安全文化符号学的理论基础上所形成的系统化、条理化的方法体系。基于安全文化符号学的理论基础及学科内容等，建立安全文化符号学方法论的多维结构体系，如图 4-10 所示。

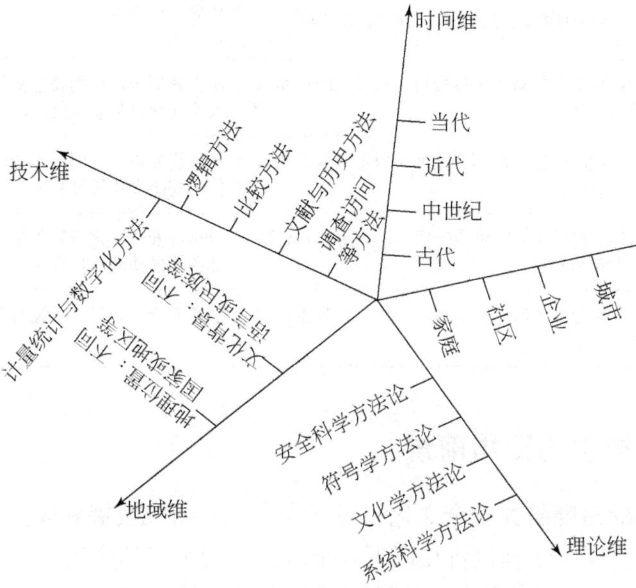

图 4-10　安全文化符号学方法论的多维结构体系

该结构体系具体解析如下：

1）安全文化符号学方法论的时间维。以时间为标准划分，不同时期的安全文化符号系统均具有不同特征。根据每个时期的不同特征，结合时代背景实际，对安全文化符号系统进行单一研究或比较研究。

2）安全文化符号学方法论的数量维。不同数量、不同特点的群体，反映的安全文化符号系统的结构、特性、运行规律等也不同。根据每个群体的自身组成和特性等，研究该群体的安全文化系统的结构、特点等。

3）安全文化符号学方法论的理论维。基于安全文化符号学的学科理论基础，可知安全科学方法论、符号学方法论、文化学方法论和系统科学方法论等均适用于安全文化符号学方法论的研究，为安全文化符号学方法论的研究提供理论性指导和支撑。

4）安全文化符号学方法论的地域维。群体所处地理位置（如不同国家或地区等）或文化背景（不同语言或背景等）不同，则各自的安全文化是有差异的，所表现出的安全文化符号系统的特点等也是不同的。因此，根据群体所处地域的差异，有必要对其安全文化符号系统进行单一研究或对比研究。

5）安全文化符号学方法论的技术维。技术维侧重于安全文化符号学的具体研究方法。由于安全文化符号学的综合性和复杂性等独特性，需要采用多种方法对其进行系统研究。研究安全文化符号学的一些具体研究方法，见表 4-7。

表 4-7　安全文化符号学的一些具体研究方法

方法名称	特点	适用范围
调查访问方法	到研究对象所在地实地考察、询问获取资料	从整体性视角，观察、了解当地的安全文化符号系统
文献与历史方法	基于各种现存的有关文献资料，从发展的视角进行研究	研究各历史阶段的安全文化符号系统，考察安全文化符号系统的变迁
比较方法	根据一定的标准，对两个或两个以上有联系的事物进行对比研究	比较研究不同时期或不同地域（类型）的群体的安全文化符号系统
逻辑方法	根据现实材料按逻辑思维的规律、规则形成概念、进行判断和推理	分析各安全文化符号子系统的内在逻辑关系和各自的功能、特点等
计量统计与数字化方法	运用数字化技术收集、整理和分析统计数据，并做出分析结论	研究安全文化符号系统的组成及人们对其的认知和接受度等

4.3.5　安全文化符号学的应用前景

从安全文化符号学的角度研究安全文化，对于安全文化研究发展和安全科学的建设，是极有价值的。安全文化符号学理论将在以下 4 个方面得到很好的应用。

1）安全文化研究方面。通过安全文化符号系统研究，可掌握安全文化的特点、溯源和发展等，即安全文化符号学为安全文化研究提供了一种新方法，其从根本上克服以往的安全文化研究方法本身所无法克服的主观性等弊病，且它也可以属于方法论的范畴，对促进安全文化研究具有积极的推动作用。

2）安全文化符号设计方面。通过对安全文化符号学的研究，把握其功能、传播机理及受众接受的过程及心理驱动，并根据受众的心理特征、所面临的实际安全问题、审美需求和文化背景等，设计出符合受众心理、文化需求及实际安全生产、生活所需要的安全文化符号，增强受众对安全文化符号的关注度、理解度和接受度，从而促进安全文化得到更充分的传播和接受。

3）安全文化氛围营造方面。通过对安全文化符号学的研究，可从以下 4 个方面着手营造组织安全文化氛围：①丰富安全文化符号形式（能指），如安全标语、标志、手势、漫画、诗歌等；②使安全文化符号内容形象生动、寓意深刻，并尽可能做到说理与抒情并存；③注重安全文化符号形式（能指）和内容（意指）的设计美感和精度，且安全文化符号要与地方文化符号相结合，使其具有深厚的文化底蕴；④根据各安全文化符号子系统的具体功能及它们之间的功能性关系，实现各安全文化符号子系统的合理配置，使整个安全文化符号系统的运行取得最佳效果。

4）安全预防管理方面。安全科学的发展不仅要通过新材料、新技术来提高物的可靠性及本质安全化程度，而且要注意安全管理方式的优化。安全文化符号均可表达某种特定的安全信息或意义，可借助其来进行安全提示、安全警示、安全指挥等，是安全预防管理的常用途径，主要可从以下 3 个方面着手：①将事故致因理论及安全科学内涵、规律、哲理等融入安全文化符号内容（意指），并通过视听觉手段使其入受众的脑和心，进而纠正其不正确认识和行为等；②通过安全文化符号可使危险有害因素（危险源）、常见的人的不安全行为等实现可视化，即让风险“看得见”；③可借助安全手势等进行作业指挥，通过人的姿势来判断是否符合安全操作规范，或通过人的表情等来辨识人的不安全心理状态等。因此，通过对安全文化符号学的研究，对创新安全预防管理手段及提升安全管理质量等都具有重要价值。

4.3.6 结论

1）安全文化符号学采用“以安全文化的观点看符号学”和“将符号学应用于解释安全文化现象”两种研究思路，其研究应该从安全科学的属性出发，从安全社会学的特点出发，以安全文化学和符号学为基础和前提进行研究。

2）安全文化符号学的学科理论基础的“木桶”结构表明安全文化学和符号学是其研究的最基本和最重要理论基础；系统科学是安全文化符号学研究的指导思想；语言学、传播学等其他学科是安全文化符号学研究的辅助性理论基础，且各自的重要性有所差异；随着安全文化符号学的发展，其理论基础还在不断补充和丰富。

3）安全文化符号学以安全文化符号系统为研究对象，以揭示安全文化符号系统的结构、运作及演变规律，阐明安全文化的本质及作用、传播、交流、更新等机理为研究任务，以研究安全文化符号系统的范围、特性、组成结构、设计和更新等为研究内容。

4）构建的安全文化符号学方法论的多维结构体系表明安全文化符号学方法论可分为时间维、数量维、理论维、地域维和技术维 5 个维度，并从其技术维度，指出了调查访问方法、文献与历史方法等一些安全文化符号学的具体研究方法。此外，安全文化符号学在安全文化研究和安全文化符号设计等 4 个方面具有重要的应用价值。

4.4 安全民俗文化学

【本节提要】本节基于民俗、民俗学、安全文化及安全文化学的定义，从民俗学和安全文化学角度，依次提出安全民俗文化与安全民俗文化学的定义，并分析安全民俗文化学的研究对象、研究目的、研究内容和研究方法等学科基本问题。基于此，剖析安全民俗文化学在安全文化学研究与安全宣教等 3 个方面的广泛应用前景。

本节内容主要选自本书作者发表的题为“安全民俗文化学的创立研究”[5] 的研究论文，具体参考文献不再具体列出，有需要的读者请参见文献 [5] 的相关参考文献。

民俗文化被认为是人类文化的源泉，在人类漫长的安全实践中诞生并积累了丰富的安全民俗文化，如最为典型的采矿业、狩猎、渔业安全习俗，安全民俗神话传说（如“普罗米修斯之火”与“大禹治水”等），以及重大事故灾难纪念等。它既是某一族群自己的安全文化，又是自己的安全生产、生活方式和有别于其他区域或民族的标志性安全文化形态，可视为是人类安全文化的源泉。

据考证，在民俗文化研究方面，已建立民俗文化学这门独立学科。在安全民俗文化研究方面，仅有对一些零散的安全民俗进行分类搜集与整理，但其学理性明显不足，且尚未正式提出安全民俗文化这一概念。此外，本章 4.2 节已从安全文化学方法论层面，提出创建安全民俗文化学这门主要的安全文化学学科分支的构想，并指出开展安全民俗文化学研究对提高安全文化的文化品位度及完善安全文化学学科体系的重要作用。但令人遗憾的是，目前尚未有学者从学科建设高度对安全民俗文化开展专门研究，严重阻碍安全文化学的研究与发展，因此，急需对安全民俗文化学的建构开展深入研究。

从民俗学和安全文化学角度，提出安全民俗文化学，并深入探讨和分析安全民俗文化学的学科基本问题和应用前景。安全民俗文化学在安全文化学研究领域尚未曾见，研究具有一定的创新性和价值，以期为完善安全学科体系、开拓安全文化学研究新领域起到积极的推动作用。

4.4.1 安全民俗文化学的内涵

1. 民俗及民俗学的内涵

著名英国人类学家威廉·汤姆斯（William Thoms）认为，民俗是民间的知识、学问和智慧。民俗就是民间的风俗习惯，是一个国家或民族在长期的历史生活过程中形成，并不断重复传承下来的生活文化。换言之，民俗是一种在历史过程中创造，在现实生产、生活中不断重复，并得到民众认同的、成为群体文化标志的独特的生产、生活方式。

目前学界尚无关于民俗学的权威定义，比较有代表性的是中国学者陈华文给民俗学下的定义：民俗学是一门基于民俗生产、生活研究、探讨其发生、发展和演变规律，从而获得一地区、一民族，乃至一国地方文化及其特点、特色的科学。纵观诸多学者关于民俗学概念的界定，它们在本质指向上是一致的，即民俗学是研究民俗事象和理论的科学。

2. 安全民俗文化的定义与含义

民俗文化的本质是一种独特的生活方式。基于此，并结合民俗和安全文化的定义，可将安全民俗文化定义为：安全民俗文化是民众群体在长期的安全生产、生活实践过程中形成的，并被民众群体自觉或不自觉遵循和认同的、重复进行的与安全相关的精神寄托、习惯、制度和行为规范等，其本质是民众的一种独特的安全生产、生活方式。就其内涵具体解释如下：

1）安全民俗文化是民俗文化的重要组成部分。①安全是与人类共生的，安全文化是一种元文化，即人类最初脱离动物状态时首批创造的文化，由此可知，人类为维护自身安全需要所创造的安全民俗文化在民俗文化中也占有重要地位；②其他民俗文化也渗透于安全民俗文化之中，具体表现如在中国黑龙江的一些矿中，他们认为“井”字不吉利，习惯将其称为“坑”，有一坑、二坑……，但大多没有“十坑”，因为“十坑”与“死”谐音，正如欧洲人避开“十三”一样，矿工都躲开“十”，以求吉利。

2）安全民俗文化是民众群体在长期的安全生产、生活实践过程中积淀形成的。换言之，安全民俗文化是基于民众群体的生产、生活安全需要产生并累积而成的，如从原始社会传承至今的一些狩猎民俗（东北人的猎熊常常都是在冬季黑熊进入冬眠之后进行，而南方捕猎各种动物大都用猎狗先行，然后或个人或集体捕杀），大大降低了狩猎的危险性。

3）安全民俗文化是民众群体约定俗成的、共有的安全信仰、习惯与规范等，为群体所认同，并支配群体成员的意识和行为，即安全民俗文化是以群体对其的认同和执行为基础来发挥其作用的。①正是基于民众群体对安全民俗文化的这份认同和执行，使得安全民俗文化在任何时候都可表现出它对民众群体的安全规约作用；②安全民俗文化在不断的循环重复中得到群体的认同而被保存下来，并成为代表群体安全文化的一种重要标志。

4）安全民俗文化是一种侧重于人们生产、生活安全需要的安全行为模式和规范，具有制度化的倾向，但更多的是存在于人们的日常生产、生活之中，即安全民俗文化的本质是民众群体的一种独特的安全生产、生活方式。其具体表现是：①它的产生是为了人们安全地生产和生活，这一点毋庸置疑；②它在重复进行（传承）时是以安全生产、生活方式进行的，如矿工摸索出井下老鼠搬家与冒顶等事故发生有密切联系时，代代相传，就形成了矿中关于老鼠搬家的忌讳；③它即使在传承中失去了原初的含义，但仍能保持独有的安全生产、生活方式，如给孩子佩带长命锁是旧时流行于汉族地区的一种民俗，原主要目的是为孩子祈福祛灾，而今则为讨个吉祥如意和审美装饰了。

3. 安全民俗文化学的定义与含义

从学科体系结构上看，安全民俗文化学既是安全文化学与民俗文化学的学科分支，又是民俗学的应用分支。民俗作为研究文化的重要中介之一，安全民俗文化学的基本研究思路是从安全文化这一视角去审视民俗，它不仅仅是民俗与安全文化的结合，而是一种对人们安全生产、生活方式和理念等的解读。鉴于此，研究安全民俗文化学应该摆脱传统的民俗文化学研究的束缚，从它的本源出发来理解和研究安全民俗文化。为此，给安全民俗文化学下这样一个定义：安全民俗文化学是以研究某一民众群体中存在的与安全相关的各种民俗习惯等为内容，具体包括安全民俗文化现象的特征、功能、发生、发展、传承、利用等，以客观评价安全民俗文化、挖掘并发扬符合社会安全发展要求且积极的安全民俗文化内容、鉴别并改造或剔除不符合社会安全发展要求且消极腐朽的安全民俗文化内容为目的，它是民俗学与安全文化学交叉与结合的一门综合性、基础性的边缘应用性学科。对于安全民俗文化学的涵义，具体解释如下：

1）从安全文化角度出发审视民俗是安全民俗文化学的最基本研究思路，并可拓展至研究民俗在安全文化传承和教育等方面的价值等。

2）基于上述研究思路，实现了安全文化学与民俗学的紧密、有效融合。因此，安全民俗文化学的理论基础主要包括安全文化学和民俗学。另外，鉴别安全民俗文化的积极、消极成分需要以安全科学原理等为依据，因而，安全科学也是其重要的理论基础。

3）在客观认识、评价安全民俗文化的基础上，根据安全科学原理等正确鉴别安全民俗文化的积极、消极成分，并找出保持或弘扬安全民俗文化的积极成分，以及改造或剔除安全民俗文化的消极成分的思路和具体方法是安全民俗文化学的主要研究内容。

4）安全民俗文化学研究的目标是挖掘并发扬符合社会安全发展要求且积极的安全民俗文化内容、鉴别并改造或剔除不符合社会安全发展要求且消极腐朽的安全民俗文化内容，使安全民俗文化对民众群体的意识和行为等产生积极的影响作用。换言之，就是要尽可能减弱直至消除消极安全民俗文化成分对民众群体意识、行为等的负面影响作用，不断促进积极安全民俗文化成分对民众群体意识、行为等的正面影响作用。总而言之，就是促进安全民俗文化的积极效用的最大化发挥。

5）安全民俗文化学研究的深层次意义在于促进全社会民众安全文化素质的提升和安全文化的发展，其具体表现是：①宣传教育功能是安全文化的最基本、最重要功能，同样，它也是安全民俗文化的最基本、最重要功能，改造或剔除了消极成分的安全民俗文化对提升民众安全文化素质具有积极的正面效应；②安全民俗文化形成并贯穿于普通民众的生产、生活之中，安全民俗文化学研究有助于提升民众对安全民俗文化的认识和鉴别能力，进而做到自主正确鉴别并发扬或摒弃安全民俗文化；③安全民俗文化对社会安全文化的发展具有巨大的影响作用，原因就在于，安全民俗文化是民众在长期的生产、生活中所获得的安全经验和所形成的安全信仰等，它不仅是一个民众群体的文化表象，也是一个民众群体的安全生产、生活方式，民众群体将其视为他们意识和行为的一种重要安全参考基准，换言之，可将安全民俗文化看成是某一民众群体的“集体无意识”。

6）安全民俗文化学为安全文化学研究提供了一种新方法，它也可以属于方法论的范畴，因为安全民俗文化是民间生产、生活中最具代表性和核心本质的安全文化内容，可以透过安全民俗文化来研究安全文化的起源和发展等，这也是它对于促进安全文化学研究的重要价值所在。

4.4.2 安全民俗文化学的学科基本问题

1. 研究对象

安全民俗文化学以某一民众群体的与安全相关的各种民俗，即安全民俗文化现象为研究对象。鉴于世界各国学者对民俗文化的认识和各自学术习惯的不同，他们对民俗文化的分类也持有不同的观点，比较有代表性的英国学者波尔尼、法国学者狄夫、日本学者柳田国男和中国学者钟敬文、张紫晨、陈华文等对民俗文化的分类。在上述关于民俗文化分类的基础上，结合安全文化的层次和安全民俗文化的自身特点等，作者将安全民俗文化分为物质安全民俗文化、社会安全民俗文化和精神安全民俗文化三大类，每一大类还可划分为若干小类。在此，对其进行具体解释，详见表 4-8 和表 4-9。

表 4-8　安全民俗文化的一级分类及其含义

类别	具体含义释义
物质安全民俗文化	人们在创造物质财富和消费物质财富中所创造的安全民俗文化，主要包括生产安全民俗和生活安全民俗，其主要目的是人们的生产、生活能够安全、舒适、健康、高效进行
社会安全民俗文化	人的生命周期中的相关安全礼俗，如诞生、寿诞、结婚、丧葬等安全礼俗，在此基础上延伸出的对逝者的祭拜以求后代平安健康等民俗。另外，事故灾难祭日等习俗也是一种重要的社会安全民俗文化
精神安全民俗文化	以信仰和文艺作品为主要内容的安全民俗文化形式，包括安全图腾、崇拜等信仰、民间安全禁忌或是一些迷信保安方式等，以及一些记录、传递安全经验等的文字或表达人们安全愿景的艺术作品等

表 4-9　安全民俗文化的二级分类及其含义

一级分类	二级分类	具体含义释义及举例说明
物质安全民俗文化	生产安全民俗	农、渔、猎、匠、作等安全民俗文化。例如，中国东北的“掏仓”捕熊民俗；福建漳州等地渔民出海捕鱼前要占验天气；打石匠工作时不准开口说话，否则可能导致工伤事故；河南等地流行戏业行规十禁，其中之一就是禁止偷摸拐骗
	生活安全民俗	衣、食、住、行、居室等安全民俗文化。例如，中国许多司机都以领袖像作为平安守护神或出门看天气、问风寒等以求出行平安；中国多地区修房造屋时要看风水等以求居住平安；大多数中国人认为白色为凶色，白色在服饰颜色方面有所忌讳以求平安吉利；中国民间还有诸多安全、健康饮食禁忌（如俗以为多食韭菜可导致神昏目眩，多食蒜可伤肝等或俗以为一些动物的内脏和血液是不干净的应忌食）
社会安全民俗文化	诞生安全礼俗	生命孕育期的安全民俗文化（包括习俗和禁忌）以及诞生后的庆贺习俗等。例如，在中国民间孕妇有诸多保护性禁忌（禁食某些事物、禁受某些刺激、禁忌钉东西或在高处挂取东西等以防伤胎）；中国江苏连云港有生了孩子之后挂红布条以求孩子平安健康的习俗；中国多地区均有给孩子举行“满月礼”的习俗，其意一个是庆贺，另一个则是祝福孩子健康长寿
	寿诞安全礼俗	寿诞礼俗是人们重视生命的一种最好的表达，它在世界各国都普遍存在。其安全文化内涵，大致可分为两方面：①健康增寿，其代表仪式是拜寿、挂寿图和吃长寿面，均含有祈求健康长寿的内涵；②禳灾保安，中国民间有说人在 55 岁（或 36 岁）、本命年、逢“9”等年龄关口时需消灾避祸的习俗
	婚姻安全礼俗	民间在男女婚姻方面所表现出的一些安全民俗文化。例如，中国民间习惯婚配要看“生辰八字”；迎娶要择定良辰吉日等，要避开女方的“天癸”即生理例假日，人们认为婚事遇到经期是极其不吉利的事情，俗说：“骑马拜堂，家拜人亡”；婚礼开始进行时的“撒谷”仪式，目的是祛邪避煞
	葬祭安全礼俗	处理逝者或祭奠逝者的安全民俗文化。例如，中国民间殡葬要择定日期和葬地等；丧葬完成后有“烧七”、墓祭（清明节时举行）、祠祭（春秋两祭）、春祭（元宵节时举行）、秋祭（中元节时举行）等祭祀民俗。它们表面上是后代对逝者的祭拜，实则是祈求死者保佑后代平安、健康、吉利
	事故祭奠习俗	祭奠事故灾难中的死者（包括消防战士等）以表对逝者的悼念，主要目的是让人们在祭奠默哀中铭刻灾难意识，提高安全意识。这种习俗在世界各地都比较普遍，如中国设定的南京大屠杀公祭日和一些重大事故灾难的“头七”祭日；乌克兰设定的切尔诺贝利核事故祭日；美国设定的“9·11”事件祭日等
精神安全民俗文化	安全信仰民俗	以安全图腾、崇拜等信仰、民间安全禁忌或是一些迷信保安方式等为主要内容的安全民俗文化，是人们为避免一些事故、伤害等发生的一种防范、祈求和无奈表达，有时也具有积极意义，但更多的是消极作用，它贯穿于各类安全民俗文化之中。例如，橄榄枝是人类永恒的安全图腾；天地江河、龙蛇、祖灵等崇拜及祭奠火神、行业保护神等中的安全寄托；借用祝语祈祷平安健康；对数字“4”（与“死”谐音）的禁忌；寿衣忌双数，以免灾祸再次降临家门；渔民忌说“翻”；占卜、看风水、巫术保安等
	安全文艺民俗	安全故事、传说、民谣、谜语、谚语、艺术品等。例如，“普罗米修斯之火”和“司马光砸缸”等安全传说故事；古人留下的“宜疏不宜堵”“深淘滩、低作堰”等安全治水方略；“寸火能焚云梦，蚁穴能决大堤”“行船防滩，作田防旱”等安全谚语；“寒冬腊月，天气干燥，小心火烛，脚炉弗要放被头里，前门栓栓，后门撑撑，水缸满满，灶膛清清”是中国无锡童谣中的消防安全文化；“风满楼时补屋漏（打安全成语）”这一谜语的谜底是未雨绸缪等；五毒图、四灵图、双喜临门图、百福图等表达人们美好安全愿景的安全艺术品

2. 研究目的

安全民俗文化学具有重要的研究价值，其核心表现就是安全民俗文化的强大功能。换言之，安全民俗文化的强大功能是安全民俗文化学研究价值的最主要基础。一般认为，功能是从事物内部提炼出来的有用性或价值体系，它侧重的是该事物对于社会、自然或周围环境等有益的一面。安全民俗文化功能就是从安全民俗文化内容中传达出来的对于社会、族群的特殊功用。鉴于安全民俗文化的功能涉及面相当广泛，对于民众群体所有人都具有巨大的影响力，本书将它的功能概括为认同、教化、规约、调控和记录五大方面。其中，认同功能是教化、规约、调控功能的基础，教化、规约、调控功能是安全民俗文化效用的直接体现，而记录功能是其延伸功能，因而可将其功能划分为基础层、效用层和外延层 3 个不同层次。具体解释见表 4-10。

表 4-10　安全民俗文化的功能分类及其含义

层次	类别	含义	具体表现
基础层	认同功能	安全民俗文化作为民众族群之内在生产、生活中累积起来的共同的安全信仰、习惯或制度等，其认同功能是一种具有文化归属与依附意义的安全民俗形式和价值认同，是一种心理的皈依，是一种对于共同安全文化的完全归顺	①对自身民众族群安全生产、生活方式的认同，它更注重重复进行的安全价值观念和安全行为模式；②存在一种地域和空间的认同功能，这是因为在同一或相近地域空间生存的族群，在安全民俗文化总是最为相近，形成了一种特殊的地域生存情结
效用层	教化功能	安全民俗文化的教化功能是指个体在社会化过程中所受到的安全民俗文化的安全教育感化功能。因安全民俗文化融入了人们的生存环境，因而安全民俗文化对人的安全教化功能是从人出生开始的，是全过程、全方位的，具有多重价值和意义	①具有塑造族群个体的安全信仰、习惯和行为的作用；②具有建立族群安全行为模式的作用（教化的目的就是使族群成员的安全行为逐渐趋同）；③使族群成员适应自己的安全文化背景或环境的作用；④具有建立和保持传承自身独特的安全生产、生活方式和安全价值体系的作用
	规约功能	安全民俗文化的规约功能是指安全民俗文化对族群个体或群体的直接或间接规范和约束，是族群成员必须遵守的传统安全价值理念、伦理道德、行为模式等	①制约族群安全民俗文化场中人的安全思想认识和行为习惯等，并由族群成员共同加以监督；②其规约独立于安全法律法规之外，其内容、效力及执行范围自成体系；③其规约功能是一种带有情感色彩的安全价值体系，主要是为了保障族群个体生产、生活的安全进行和延续
	调控功能	安全民俗文化的调控功能主要指其对维持族群生产、生活保持和谐稳定和正常有序的状态，它既是安全文化发展的需要，也是一种人类生存的内在机制的需要	①调控组群内个体与个体之间的关系，以及个体与族群的关系，因为安全民俗文化有助于族群内聚力和共同安全价值观等的形成；②调控人与自然的关系，人们通过一些与自然有关的民俗方式来祈祷免受自然惩罚或灾害、伤害，是人们面对未知伤害的一种主动的精神胜利法；③基于族群成员对族群安全民俗文化的心理认同，它有助于使族群成员保持平衡且张弛有度的生产、生活状态，即是一种心理安全感
外延层	记录功能	安全民俗文化是对人类安全文化的一种记录方式，它可凭借一定的记录手段来记录人类安全文化发展的部分痕迹，这也是安全文化传承和传播的基础之一	①非文字的记录方式，通过人的口头语言和行为语言再现的方式记录并传承安全民俗文化；②文字记录方式，有些安全民俗文化被人们用文字形式记载了下来；③艺术品记录方式，有些安全民俗文化被融入艺术品，使安全民俗文化得以记录和传承

需要指出的是，安全民俗文化本身有积极和消极元素之分，因而其影响作用也有正面和负面之分。由此可知，安全民俗文化的最为主要的研究目的就是在客观认识、评价安全民俗文化的基础上，通过某种方法来尽可能减弱直至消除安全民俗文化的负面影响，并使其正面影响作用实现最大化发挥。

3. 研究内容

1）安全民俗文化的本质。正确认识和理解安全民俗文化的本质是进行安全民俗文化学研究的基本前提，为了避免对安全民俗文化的本质产生片面或错误认识，必须要从共性（如在精神安全文化层次，安全民俗文化具有一些精神共性）与个性或地方性（如安全民俗文化具有民族性、区域性等个性）相结合的视角出发来认识安全民俗文化的本质。另外，还应充分挖掘蕴含于民俗深层的安全文化含义。

2）安全民俗文化的特征与功能。安全民俗文化作为一种存在于人们生产、生活中的完整的文化结构，其表现出了一些明显的特征（如复杂性、群体性、区域性、实用性、优劣性等）和内部本质意义上的不同功能，这些功能对于社会安全发展等具有重要意义和价值。把握其主要特征和功能有助于使我们在认识安全民俗文化时更为深刻，也更为全面和更具有整体性。

3）安全民俗文化的产生和演变。①安全民俗文化的发生是关于其在什么样的状态和人类的某种安全需要下生成的问题，每一时代发生的安全民俗文化内容总是能直接再现那一时代的人类在生产、生活中的安全需要，并在长期的实践过程中使它们成为约定俗成的安全习惯；②随着时代变迁，人们的安全认识和需要等也在不断发生变化，安全民俗文化也会随之发生演变。总之，安全民俗文化的产生和演变就是人类安全认识和需要不断变化的真实写照。

4）安全民俗文化解释。其是对某一区域的安全民俗文化的产生、意义、内容等的说明，这种说明的主要目的就是给出当地人认为合理的解释，旨在阐明某种安全民俗文化并不是没有来由的编造或没有道理的强制安全规定，而是具有历史渊源的延续、具有安全文化价值的存在、具有合乎安全信仰的认同、具有民众共同认知的安全文化。

5）安全民俗文化的传播和传承。传播和传承是安全民俗文化赖以广泛存在和发展的根本原因，两者研究的区别是传播应侧重于研究不同安全民俗文化之间的碰撞以及向周边的扩散，而传承应侧重于研究安全民俗文化在族群内的延续和继承；两者研究的共同点是均可从安全民俗文化传播和传承的范式、载体等方面展开研究。

6）安全民俗文化的结构。民俗文化的起源是多元的（即具有区域性），但随着民间交流的不断增多，民俗文化又越来越体现出了它的一体化趋势和内涵，同样安全民俗文化也是如此。因此，研究安全民俗文化的多元一体结构及区域型结构就显得极为必要。

7）对某类安全民俗文化的专门研究及其它们相互间关系的研究。①物质安全民俗文化、社会安全民俗文化和精神安全民俗文化在其内涵、内容、特征和功能等方面存在诸多差异，因此，有必要对它们进行分类具体研究；②各类安全民俗文化之间并不是完全相互独立的，它们之间有着复杂且紧密的关系，共同构成了安全民俗文化整体，因而，研究它们之间的关系也就显得尤为重要。

8）安全民俗文化的评价基准、方法，以及保持和发扬积极安全民俗文化成分（或改造和剔除消极安全民俗文化成分）的思路和具体方法。①辩证、客观地认识安全民俗文化在当时人们现实生产、生活的作用，如有些今天看似荒谬的安全民俗文化，但由于受当时安全科学技术水平等的限制，那也是人们强烈的安全意愿和意识的真实体现，因此，本书认为对安全民俗文化的价值判断和评价应站在安全民俗文化历史发展的角度，动态综合考量其功能与作用，而不能截取其发展的历史片段，以安全民俗文化的截面作出所谓“精华”与“糟粕”的判断；②对安全民俗文化优劣成分的判断和评价应以安全科学理论等为依据；

③在正确认识、评价和判断安全民俗文化优劣成分的基础上，研究和探索“扬弃（弘扬其精华，摒弃其糟粕）”安全民俗文化的思路和具体方法是保证安全民俗文化正效应最大化发挥的关键。

4. 研究方法

安全民俗文化存在于人们的生产、生活之中，存在于人们的安全信仰和习惯之中，基于安全民俗文化的这种独特的存在方式，再加之其具有复杂性、群体性、区域性、实用性、优劣性等一系列明显特征，因此，安全民俗文化学的研究方法应有别于其他的一些社会科学的研究方法，作者提炼出安全民俗文化学的 5 种主要研究方法，即实地调查法、文献法、历史地理研究法、比较研究法、动态基准考量法。就各种方法的扼要解释，见表 4-11。

表 4-11　安全民俗文化学的主要研究方法

名称	主要特点	主要适用范围
实地调查法	到研究对象所在地实地考察、询问获取资料	从整体性视角，观察、了解当地的安全民俗文化
文献法	基于各种现存的有关文献资料和材料进行研究	考察安全民俗文化的变迁、发展过程，了解其来龙去脉
历史地理研究法	采取历史的发展线索与地理分布相结合方式研究	寻找安全民俗文化的原型、发生缘由和历史演变规律
比较研究法	对比研究两个或两个以上之间有联系的事物	发现不同安全民俗文化之间的异同、优劣及互相影响痕迹
动态基准考量法	从发展的视角，基于科学的基准评价和考察事物	认识、判断、评价安全民俗文化的积极或消极成分

4.4.3　安全民俗文化学的应用前景

安全民俗文化学理论和成果将在以下 4 个方面得到很好的应用，分别解释如下：

1）安全文化研究方面。①通过对安全民俗文化的研究，使人类安全文化的溯源和发展演变脉络更清晰，使安全文化研究更具有历史的深度感和层次感，即安全民俗文化学为安全文化研究提供了一种新方法，且它也可以属于方法论的范畴，对促进安全文化研究具有积极的推动作用；②对于建立安全文化史学这一独立的学科分支、开拓安全文化研究新领域等均具有显著的促进作用。

2）安全宣教方面。①一些积极的安全民俗文化素材可以极大地丰富安全宣教内容，并可增加安全宣教内容的文化底蕴，进而增强安全宣教内容的可读性和可品性；②安全民俗文化源于人们的生产、生活的安全需要，又服务于人们的生产、生活，体现安全民俗文化的安全宣教内容更加贴近民众的生产、生活的安全需要，也更能容易使民众认同和接受；③安全民俗文化的教化功能是从人出生开始的，即是一种终身教化，因此，通过安全民俗文化学研究减弱直至消除消极的安全民俗文化成分对人的负面影响，扩大积极的安全民俗文化成分对人的正面影响就显得极为重要；④优化或净化安全宣教内容，即将含有迷信类等不符合科学的安全宣教内容予以改造或清除。

3）事故预防管理方面。①安全民俗文化是国家相关安全管理部门进行社会安全管理工作的第一手材料，对社会安全管理效果会产生直接影响；②从安全民俗文化中汲取有用的安全预防管理经验，如安全禁忌具有危险和惩罚两个明显特征，以及自我保护功能、心理自信功能（人们相信安全禁忌可以保障人们生产、生活免受伤害）和社会整合功能（人们通过安全禁忌的互相沟通和共同遵守，达到社会安全行为的规范和统一）3 项主要功能，鉴于此，可以挖掘或创造一些对保障人们生产、生活安全的安全禁忌，或还可从一些安全谚语中领悟事故预防管理智慧。

4.4.4　结论

1）安全民俗文化是民众群体在长期的安全生产、生活实践过程中形成的，并被民众群体自觉或不自觉遵循和认同的、重复进行的与安全相关的精神寄托、习惯、制度和行为规范等，其本质是民众的一种独特的安全生产、生活方式，具有丰富的内涵。

2）安全民俗文化学是民俗学与安全文化学交叉与结合的一门综合性、基础性的边缘应用性学科，其基本研究思路是从安全文化角度出发审视民俗；其研究对象是某一民众群体的与安全相关的各种民俗；其主要研究目的是在客观认识、评价安全民俗文化的基础上，通过某种方法来尽可能减弱直至消除安全民俗文化的负面影响，并使其正面影响作用实现最大化发挥。

3）安全民俗文化学的主要研究方法有实地调查法、文献法、历史地理研究法、比较研究法和动态基准考量法 5 种；安全民俗文化学理论和研究成果在安全文化研究、安全宣教与安全预防管理 3 个方面具有重要的应用价值。

4.5　比较安全文化学

【**本节提要**】本节基于比较学与安全文化学的定义，提出比较安全文化学的定义，并分析其内涵与学科基础。在此基础上，阐释比较安全文化学的比较维度、比较层次和比较基准，提出比较安全文化学的对比研究、交流研究与整体研究 3 个方面研究内容，构建比较安全文化学的研究方法论体系，并分析比较安全文化学的研究程序。

本节内容主要选自本书作者发表的题为“比较安全文化学的创建研究”[6] 的研究论文，具体参考文献不再具体列出，有需要的读者请参见文献 [6] 的相关参考文献。

各国（或企业、地区等）的文化间经常发生互相交流或学习借鉴现象。因此，学习、交流、吸收并借鉴不同时空的文化早就引起学界重视，并已开展大量比较文化学相关研究。此外，比较法是安全科学的主要研究方法之一，由此创建并研究比较安全学，同时开展比较安全法学、比较安全管理学、比较安全教育学与比较安全伦理学等的建构研究（详见本书第 6 章）。

而安全文化学同时隶属于文化学与安全科学，其诸多研究实例（如中外国家、企业、学校或安全文化史等层面的安全文化比较研究）均已佐证比较法在安全文化学研究与实践中具有重要地位，即安全文化比较研究亦是一种重要的安全文化学研究途径，但目前尚未有学者从学科科学层面对其开展相关研究。因此，有必要对比较安全文化学的建构进行深入研究。

鉴于此，作者基于学科建设的高度，从理论层面出发，提出比较安全文化学的定义，并分析其内涵、学科基础、研究方法与研究内容。在此基础上，分析比较安全文化学的比较维度、比较层次与比较基准，并构建比较安全文化学的研究方法论体系与研究程序，以期指导并促进安全文化学与比较安全学的研究与发展。

4.5.1 比较安全文化学的定义及学科基础

1. 定义与内涵

这里，给出比较安全文化学的定义：比较安全文化学是以塑造人的理性安全认识，引导完善人的安全人性，提高人的安全素质，增强人的安全意识与安全意愿等为目标，以达到保护人的安全和身心健康为目的，以比较学、安全文化学、文化学、安全科学与其他社会科学的原理与方法为基础，基于全球化的视角，运用比较意识、比较思维方式和比较方法探讨和研究不同时空的安全文化之异同，以及它们相互比较借鉴的一门交叉应用型学科。

作为一门学科，其定义中所有的概念都应具有一定的科学性与实际意义。因此，有必要对比较安全文化学的定义中的有关概念进行一定解释，具体解释如下。

1）比较安全文化学以辩证唯物主义哲学为指导思想；比较安全文化学研究与实践的基础是安全科学、文化学、比较学、社会学与方法学等的理论与研究方法；比较安全文化学是以比较意识、比较思维方式和比较方法为特征的研究学科，而不是简单的形式比较或比附，这是比较安全文化学的本体论、方法论和实践论的统一。

2）比较安全文化学主要研究安全文化理论与实践，研究对象是不同时期的某一群体的安全文化现象或不同民族、不同地域、不同国家、不同行业与不同企业等所具有的不同安全文化现象（包括安全文化传统、安全文化特性、安全文化发展史与安全文化形态等），其具有巨大的时空跨度与维度。前者的主要目的是研究某一群体的安全文化的特质分布及其演进与重建，而后者的主要目的是通过对不同群体的安全文化的同一性和各自的差异性的辩证认识，达到发现和掌握安全文化发展规律以及互为借鉴利用的目的。此外，基于安全科学角度，依据安全文化的“五分法”，将安全文化现象分为物质安全文化现象、行为安全文化现象、制度安全文化现象、精神安全文化现象与情感安全文化现象，具体如图 4-11 所示。

3）比较安全文化学的研究视角是全球化视角，原因主要包括以下两点：①就比较安全文化学的现实意义而言，比较安全文化学与全球化发展的关系极为密切，换言之，基于全球化发展这一重要的社会现实，必会促进安全文化的差异性与同一性的进一步交流；②就全球化的特性而言，比较安全文化学可使安全文化实现相互借鉴、交流与传播，从安全文化的总体性来研究安全文化，为比较安全文化学发展创造了有利时机，这是全球化与比较安全文化学的本质关联。

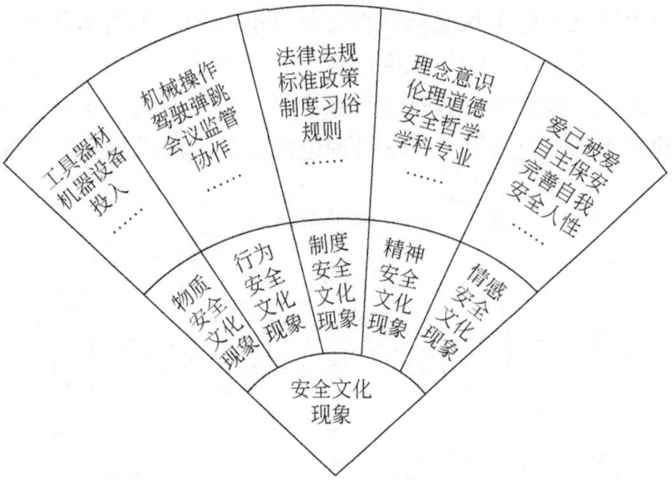

图 4-11　比较安全文化学研究对象的扇形结构

4）比较安全文化学的研究目的是探索最佳的适合本国、本地区或本企业等的安全文化体系，并用于借鉴，已达到改良和建设自身安全文化的目的；其任务是通过对不同民族、不同地域、不同国家、不同行业与不同企业等的安全文化的形成与实践进行比较分析，互为取长补短并进行借鉴移植与互相融合，借以改良、发展和完善自身安全文化体系，同时促进安全文化学研究与发展。

5）比较安全文化学是安全科学、文化学与比较学等学科相互融合交叉而产生的一门新兴学科，是安全文化学与比较文化学直接相互渗透、有机结合的学科产物，其学科交叉性如图 4-12 所示，其具有整体性、可比性、社会性、跨界性、综合性和借鉴性等特征。

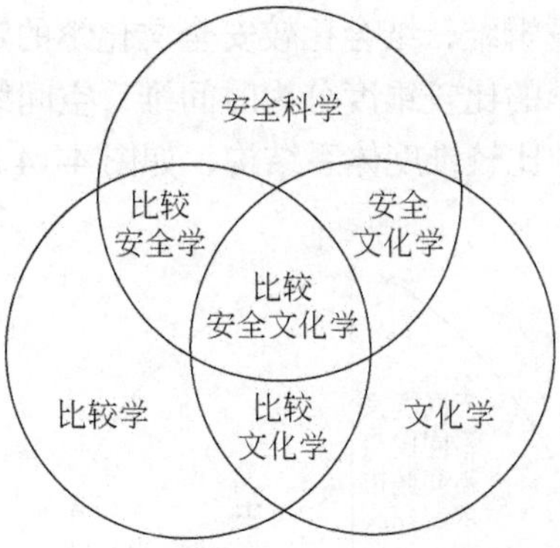

图 4-12　比较安全文化学的交叉学科属性

2. 理论基础

学理上而言，比较安全文化学隶属于安全文化学，其理论基础是辩证唯物主义方法。比较安全文化学是比较安全学与安全文化学的交叉学科，比较安全学基于比较角度研究安全现象，含有诸多学科分支。此外，安全文化的形成与发展受当时社会类型、环境特点、重要安全问题、历史发展、经济状况与宗教背景等的制约。为明晰其他外界因素对安全文化的作用与影响，比较安全文化学研究需以哲学、人类学、历史学、语言学、行为学、教育学、社会学、心理学、经济学、数理学与系统科学等学科为理论与方法支撑。换言之，比较安全文化学的理论基础应是以上各学科理论的交叉、渗透与互融，如图 4-13 所示。

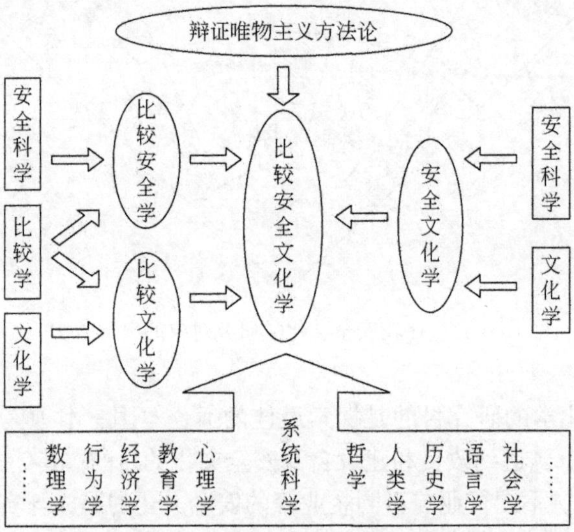

图 4-13　比较安全文化学的理论基础

4.5.2　比较安全文化学的比较维度、基准与层次

1. 比较维度

从安全科学角度，基于逻辑维，结合比较安全文化学的定义及诸多安全文化比较研究的实例，可将比较安全文化学的比较维度分为时间维、空间维与内容维 3 个维度，它们共同构成比较安全文化学的三维比较维度体系结构，如图 4-14 所示。

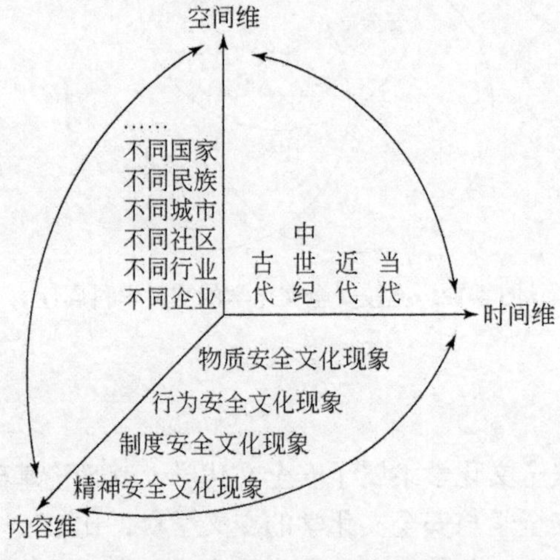

图 4-14　比较安全文化学的三维比较维度体系结构

将图 4-14 的具体内涵解析如下。

1）基于时间维度的比较。指从时间，即历史（主要包括古代、中世纪、近代与现代）维度出发，对同一群体（如国家与民族等）安全文化的不同时期的安全文化现象开展比较研究。①理论层面而言，基于时间维度的比较主要是从发展的动态对安全文化进行历时性比较研究，分析某一群体的安全文化在整个人类安全文化历史阶段的类型、特征及其变迁规律，简言之，其主要是探究安全文化的演化脉络；②实践应用层面而言，基于时间维度的比较注重某一群体内部的历史安全文化与现实安全文化的比较研究，从而发现和把握该群体安全文化的演变、走向与特质等，进而指导改良或有效建设该群体安全文化。

2）基于空间维度的比较。指从空间，即安全文化类型维度出发，对同一时期不同群体的安全文化进行比较研究。①理论层面而言，基于空间维度的比较旨在区别不同安全文化的特点与类型，以了解异同并分析原因，进而研究不同安全文化发展的普适性或特殊规律的方法；②实践应用层面而言，通过基于空间维度的安全文化比较，既可借鉴他人之长，为我所用，又能从基于空间维度的比较研究中明确自身安全文化的特色并建设或完善具有自身特色的安全文化体系。需要指出的是，安全文化类型比较法所选取的比较范围或层次可根据实际研究需要自由确定，如不同国家、民族、城市、社区、行业或企业的安全文化等。

3）基于内容维度的比较。指从内容，即安全文化现象类型（包括物质安全文化现象、行为安全文化现象、制度安全文化现象与精神安全文化现象）维度出发，对同一群体不同时期或同一时期不同群体的安全文化内容进行比较研究。①理论层面而言，首先，基于内容维度的比较旨在对安全文化的不同层面或要素间的区别与联系的研究，探讨各层面安全文化间的关系以及各层面安全文化对安全文化整体的影响。其次，其也为基于时间与空间维度比较研究安全文化提供了一种比较思路，即可对不同时空的安全文化现象分 4 种类型依次进行比较研究；②实践应用层面而言，通过基于内容维度的安全文化比较，既可有针对性地提出安全文化要素（如物质安全文化与制度安全文化等）建设的具体思路，又可把握如何分别从安全文化的各层面着手有效提升安全文化整体建设水平的方法。

4）由安全文化的特征可知，整体性是安全文化的重要属性之一，即安全文化是一个不可分割且具有内外联系的有机整体，因此，应基于整体性视角开展安全文化学研究。就比较安全文化学研究而言，单从某一维度进行安全文化比较研究得出的结论是不全面且缺乏科学性的，应交叉运用上述 3 个比较维度来做辅助综合比较研究，才可得出令人信服且准确性与实用性较强的结论。

2. 比较基准

由于比较安全文化学研究一般需涉及两个或两个以上的安全文化主体、内容、形态或类型等。因此，建立具有普适性、系统性且实用性的比较基准（即建立比较逻辑标准的统一）就显得尤为重要。从安全科学角度，根据群体应对事故的事前、事中与事后的安全文化表现（如持有态度、行为准则、制度设计与器物设置等），建立比较安全文化学的三维比较基准，如图 4-15 所示。

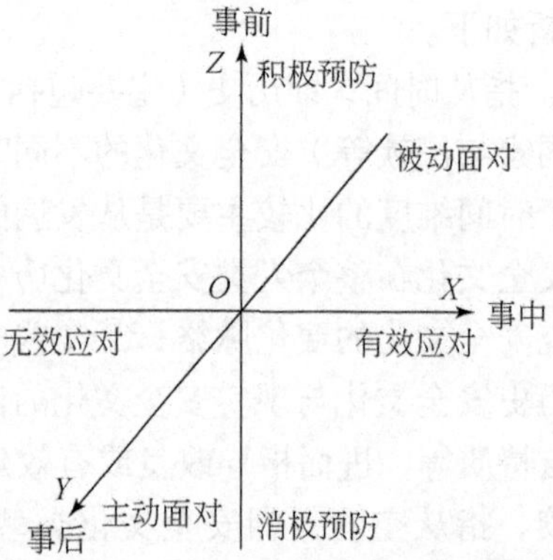

图 4-15 比较安全文化学的三维比较基准

由图 4-15 可知，群体应对事故的事前、事中与事后的安全文化表现分别构成比较安全文化学的三维比较基准的 Z 轴、X 轴与 Y 轴 3 个坐标轴，即 3 个维度。此外，各坐标轴的正负轴分别表示群体应对事故的事前、事中与事后的安全文化表现的两种情况，依次为：① Z 轴正负轴分别表示事故发生前群体的积极预防与消极预防两种安全文化表现；② X 轴正负轴分别表示事故发生时群体的有效应对与无效应对两种安全文化表现；③ Y 轴正负轴分别表示事故发生后群体的主动面对与被动面对两种安全文化表现。据此，可将三维坐标图划分为 8 个蕴含不同安全文化表现含义的卦限，分别是"积极预防—有效应对—主动面对""积极预防—有效应对—被动面对""积极预防—无效应对—被动面对""积极预防—无效应对—主动面对""消极预防—有效应对—主动面对""消极预防—有效应对—被动面对""消极预防—无效应对—被动面对""消极预防—无效应对—主动面对"。

显而易见，比较安全文化学的三维比较基准可同时涵盖比较安全文化学的 3 个比较维度，且符合比较基准的选择与设计要求。因此，基于比较安全文化学的时间维度、空间维度与内容维度 3 个维度，以比较安全文化学的三维比较基准为比较基准，可使安全文化比较研究实现比较逻辑标准统一、比较涉及面全面且研究结论科学准确。

3. 比较层次

基于比较安全文化学的定义、比较维度与比较基准，从安全文化学角度，分析比较安全文化学的已有研究成果，概括并提出如下的比较安全文化学的 3 个比较层次。

1）Ⅰ层次：民族安全文化与国家安全文化层次。民族安全文化与国家安全文化研究是比较安全文化学的基础，民族安全文化与国家安全文化层次的比较研究是一种整体性（即世界安全文化）的研究视阈，比较安全文化学就是这种整体性视阈的实践应用型学科。此外，该层次的比较研究还可把已有的安全文化研究中关于比较研究的内容与其他内容区分开来。

2）Ⅱ层次：安全文化史层次。就性质而言，此层次可视为是历史现象学的进化。安全文化研究中，安全文化史是一个重要研究内容，基于比较安全文化史的视阈，通过分析安全文化现象的差异性与同一性，发现安全文化的历史发展规律，这是比较安全文化学的较高层次的比较层次。

3）Ⅲ层次：不同安全文化类型或形态层次。理论而言，因不同类型或形态的安全文化间存在一些差异性，甚至差异巨大，因此，不同安全文化类型或形态层次的比较研究应引起学界注意。此外，此类研究必须涉及对安全文化类型或形态的划分，因此，需在已有的安全文化类型或形态分类基础上，提出更有利于比较安全文化学研究的安全文化类型或形态划分方式。

4.5.3 比较安全文化学的研究内容、方法论体系与程序

1. 研究内容

比较安全文化学不是简单的形式比较或比附。根据比较安全文化学的定义及其比较维度、基准与层次，结合安全文化学的学科特色与研究内容，概括（比较安全文化学的研究内容极其广泛，并在不断发展和延伸，无法用描述性的方法叙述穷尽）并提出比较安全文化的三大方面的研究内容：安全文化对比研究、安全文化交流研究与安全文化整体研究，具体解释见表 4-12。

表 4-12　比较安全文化学的研究内容

研究内容	具体研究内容举例
安全文化对比研究	对不同区域（即安全文化圈）的整体安全文化状况和现存的典型的安全文化圈的数量与类别等进行概述
	比较各种安全文化的特点，找出在构成一种安全文化的各种安全文化要素中显示出来的、作为区别于其他安全文化体的唯一且基本的特点
	基于跨文化的立场，对一定的安全文化现象进行比较，探讨各种安全文化之间的相互对应和相互反应
	……
安全文化交流研究	对多种安全文化体之间的相互接触或借鉴原理、方法与原则等作出概述，宏观指导各安全文化体间的相互交流与借鉴
	分析比较由于相互接触或借鉴而引起的各安全文化体在形态和特征等方面的不同变化，并总结有效的交流与借鉴经验
	探讨某一安全文化体中的某些文化要素和文化事象向其他文化体的传播规律，进而指导各安全文化元素的交流与借鉴
	阐明同一区域内新安全文化对旧安全文化的取代规律，即某一群体的安全文化的演化与发展脉络
	……
安全文化整体研究	对包含着诸多安全文化体的安全文化总体的现状和本质做出实证性的和思辨性的解释，为安全文化比较研究奠定基础
	分别对各安全文化体的存在意义做出实证性的和思辨性的解释，为各安全文化体间的安全文化相互比较研究奠定基础
	……

2. 研究方法论体系

学科研究首先需要方法论的指导，方法论不是具体的方法，是众多方法的抽象和提升，对方法的研究具有理论性的指导作用。基于方法论的定义以及比较安全文化学的定义与内涵，给出比较安全文化学方法论的定义：比较安全文化学方法论是指从哲学高度总结并提炼比较安全文化学研究的方法，是基于哲学、文化学方法论、比较文化学方法论、比较安全学方法论与安全科学方法论等理论，以比较安全文化学研究为主体，对比较安全文化学的研究方法与范式体系等内容起宏观指导作用的方法论。由比较安全文化学方法论的定义可知，比较安全文化学方法论旨在阐明比较安全文化学的研究方向与途径等，其既有利于形成多层次、多维度、多视角且有其独特的学科内涵与外延的比较安全文化学学科框架体系，又有利于指导比较安全文化学实践。

基于上述理论基础，提出比较安全学研究的知识维、技术维、逻辑维与理论维，并构建比较安全文化学研究方法论体系，如图 4-16 所示。其中，知识维是比较安全文化学的研究对象类型及其范围；技术维是比较安全文化学的研究步骤（即过程）；逻辑维是比较安全文化学的研究路径（即纵向比较与横向比较）；理论维是比较安全文化学的学科理论基础。

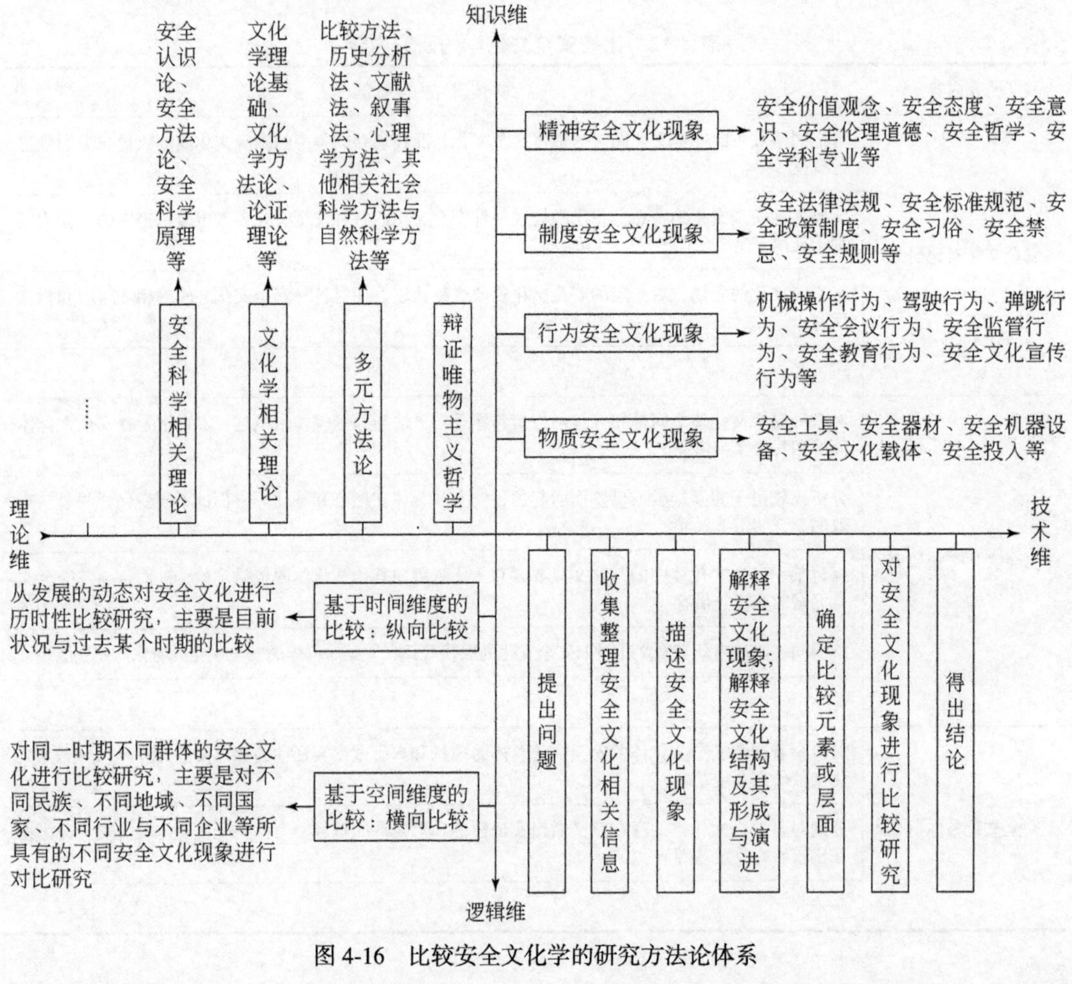

图 4-16　比较安全文化学的研究方法论体系

3. 研究程序

综合安全文化的特点，并基于比较安全文化学的研究方法论体系的技术维，提出并论述比较安全文化学研究的步骤，包括问题提出阶段、资料收集阶段、安全文化现象描述阶段、安全文化现象解释阶段、比较元素或层面确定阶段、安全文化现象比较分析阶段与结论导出阶段 7 个具有先后次序的阶段，具体解释见表 4-13。

表 4-13　比较安全文化的研究步骤及其所用研究方法

次序	步骤名称	具体内涵
1	问题提出阶段	例如，提出“中外企业（或家庭、社区等）安全文化比较研究”“中外公共安全文化比较研究”“中外应急安全文化比较研究”“其他国家（或行业、企业、城市、学校等）如何建设安全文化？”“安全文化历时性比较研究”“各层次的安全文化间的关系？”等问题，需要运用的方法有社会调查访问法、历史分析法与文献法等
2	资料收集阶段	①确定比较单元及待比较区域，主要包括自身与其他安全文化主体两方面，一般应选择具有优秀安全文化的国家或企业等与自身的安全文化进行比较研究，如中国与日本、美国、俄罗斯、德国间的比较或某些企业与美国杜邦公司、中国金川集团股份有限公司、中国石油化工集团公司间的比较等；②确定安全文化体系，即自身与其他安全文化主体的安全文化体系；③收集考察比较对象的安全文化相关资料，主要包括安全物质、行为、制度与精神文化资料。需运用的方法有观察法、访谈法、调研法、统计方法与文献法等。此外，对某一群体安全文化历时性的比较研究的资料收集阶段也与上述 3 小步类似，限于篇幅，此处不再赘述
3	安全文化现象描述阶段	①对收集的安全文化相关资料进行分析、整理和研究，并用特定的安全文化符号或其他符号记录下来；②对所搜集的安全文化相关资料进行描述、概述与辨伪，筛选出可用于安全文化比较研究目的的安全文化相关资料，并尽可能进行归类，以便于后期开展安全文化比较研究
4	安全文化现象解释阶段	对安全文化现象进行解释，主要包括两方面：①安全文化现象解释应立足于比较单元所在区域（民族、国家、城市、行业或企业等），研究者应保持客观、中立而系统的态度开展安全文化现象解释活动；②对特定的社会类型、环境特点、重要安全问题、历史、经济状况与宗教背景等影响下的比较区域内的安全文化的源头、本质、演进、特点与功能等内在机制进行解释。需运用的方法有历史分析法、逻辑推演方法、解释方法及其他具体社会科学方法与自然科学方法等
5	比较元素或层面确定阶段	确定比较参照与比较内容。①一般而言，比较参照与比较内容可确定为物质安全文化现象、行为安全文化现象、制度安全文化现象与精神安全文化现象 4 个方面或安全文化史、特征与功能等；②但是，单从这 4 个方面着手进行比较研究是缺乏统一的逻辑标准的，必须要以比较安全文化学的三维比较基准为核心准则，两者结合才可保证确定的比较参照与比较内容科学且全面
6	安全文化现象比较分析阶段	对比较安全文化学的比较单元的相关维度与属性进行比较分析。具体而言，就是在比较元素或层面确定阶段提出的比较项目的基础上，分别进行安全文化现象各要素或层面的比较研究。需运用的方法有辩证法、比较法、类比法、实验法、模拟法及其他具体社会科学方法与自然科学方法等
7	结论导出阶段	对比较过程进行分析，并总结归纳得出安全文化比较之异同的结果，深入探究相同或相似之处背后的规律，并融合发展；深入剖析不同之处的原因，并借鉴移植。需运用的方法有总结归纳法、类比法与逻辑推演法等

4.5.4 结论

1）比较安全文化学是以比较学、安全文化学、文化学、安全科学与其他社会科学的原理与方法为基础，基于全球化的视角，运用比较意识、比较思维方式和比较方法探讨和研究不同时空的安全文化之异同，以及它们相互比较借鉴的一门交叉应用型学科。

2）比较安全文化学的三维比较维度体系结构表明，其比较维度可分为时间维、空间维与内容维3个维度；其三维比较基准是群体应对事故的事前、事中与事后的安全文化表现，具体包括“积极预防—有效应对—主动面对”与“消极预防—有效应对—主动面对”等8种安全文化表现；其比较层次主要包括民族安全文化与国家安全文化层次、安全文化史层次和不同安全文化类型或形态层次3个不同层次。

3）比较安全文化学的研究方法论体系表明，比较安全学研究方法论的知识维、技术维、逻辑维与理论维4个维度，并基于比较安全文化学的研究方法论体系的技术维，提出比较安全文化学研究的步骤，包括问题提出阶段、资料收集阶段与安全文化现象描述阶段等7个具有先后次序的阶段。

4）比较安全文化学研究是一种重要的安全文化学研究途径，可为各群体（包括民族、国家、城市、行业与企业等）间的安全文化交流传播与学习借鉴提供理论指导。

4.6 安全文化心理学

【本节提要】本节基于学科建设高度，论证创立安全文化心理学的可能性与必要性，并基于安全文化学与安全心理学的定义，提出安全文化心理学的定义。基于此，分析安全文化心理学的内涵及其研究对象、学科基础、研究内容和研究方法4个学科基本问题。

文化与心理联系密切，二者相互依存、相互建构[7]。其实，文化学和心理学学者很早就开始基于文化学与心理学相结合的角度，研究文化和心理（包括行为）的相互影响关系，并由此形成文化心理学这门重要的文化学与心理学学科分支[8-12]。鉴于此，安全文化心理学理应亦是安全文化学与安全心理学交叉领域的一个有价值的研究分支。

在文化心理学研究方面，从20世纪60年代开始，文化心理学得到了快速发展，并成为文化学与心理学的最新研究领域之一，现已取得大量研究成果[8-12]。据考证，文化心理学的诞生和发展是文化学和心理学学者的共同努力，具体表现为：①文化学领域认为，文化心理学（早期称为心理文化学）按“文化人类学→心理学派（文化与人格）→心理人类学→心理文化学”的脉络演化而来，其中，心理人类学家许烺光与文化人类学家米德和本尼狄克等对早期文化心理学的发展贡献尤为突出[7]；②心理学领域认为，文化心理学的早期雏形是民族心理学（冯特把心理学研究分为个体心理学和民族心理学），心理学家鲁温、科尔与赫尔夫塔德等对文化心理学的产生与发展贡献颇多[9-12]。

在安全文化心理学研究方面，近年来也已取得一些较具代表性的研究成果（例如，①文献[3，13]指出，安全文化心理学是安全文化学的重要学科分支；②Mcsween[14]研究安全文化与安全心理（行为）间的关系；③王秉等[15-17]研究情感性安全文化、安全文化建设的安全人性学依据及安全文化宣教的心理学方法；④施波等[18]研究安全文化认同机理；⑤洪榆峰和宋焕斌[19]基于文化心理学视角探讨矿难边际成因等），但目前尚未有学者从学科建设高度对其开展专门研究，导致安全文化心理学研究缺乏宏观层面的依据和指导，严重阻碍其研究发展。鉴于此，本书基于学科建设高度，以安全文化学与安全心理学为基础，对安全文化心理学的学科体系开展深入研究，以期促进安全文化心理学研究发展，并进一步完善安全文化学与安全心理学学科体系。

4.6.1　创立安全文化心理学的可能性与必要性论证

1. 可能性论证

安全文化与安全心理间的相互影响、促进和依赖关系决定安全文化学与安全心理学间也一定存在紧密关联，这可为创立安全文化心理学提供充分的可能性。具体分析如下：

1）安全文化学的安全心理学基础。①人的心理需求之安全需要是安全文化产生的根本内驱力，正是因人类具有本能的安全需求，才促使人类通过创造安全文化来服务和保障人类生产与生活安全；②由进化观[20]可知，人类的心理（如信念、愿景和需求等）是文化形成的基础。同样，人类的安全心理（如安全需求、愿景和态度等）亦是最终积淀形成安全文化的基础；③尽管关于安全文化有诸多定义，但几乎所有安全文化定义均指出安全文化产生于某一可界定的群体之中，它是某一群体的个体所共有的且有别于其他群体的个体所共有的具体安全认知、信念、愿景和行为规范等[21]，而研究表明[20]，群体的个体所共有的具体认知、信念与行为规范等的形成与发展受人的各种心理过程的影响显著。因此，人的各种安全心理过程也必会显著影响安全文化的形成与发展；④安全文化的重要功能（如凝聚、刺激、约束与规范等）均需依赖于人的安全心理过程方可发挥其效用。

2）安全心理学的安全文化学基础。①人的心理或行为是文化和自然环境共同塑造的结果，而安全文化对人的安全心理或行为等亦具有显著的影响作用；②不同文化背景下的群体的基本心理过程和行为存在显著差异，而事实上，不同类型（或组织）的安全文化情境下的人的安全态度、认知、意愿、意识与行为也存在显著差异；③心理学固有的人文主义取向决定其研究需以文化学理论为基础，同理，安全心理学理应也需结合相关安全文化学理论来开展其研究。

由上所述可知，安全文化与安全心理是相互建构的充要条件，细言之，安全文化是安全心理的外化，而安全心理是安全文化的内化。因此，安全文化学与安全心理学研究应互为基础，即二者研究不可分割，这表明创立安全文化心理学具有充分的可能性。

2. 必要性论证

根据我国现行的学科划分标准，安全文化学与安全心理学分别被划归为二级学科“安全社会科学”与“安全人体学”下的三级学科。但遗憾的是，传统的二者研究尚存在诸多不足和局限性，主要表现在以下两方面：①在应用研究层面，研究成果较多，但实际应用效果并不理想；②在基础理论研究层面，研究相对薄弱，特别是学科层面的研究普遍偏少，导致二者的学科内涵较为空洞，学科体系尚不完善。显而易见，若对二者进行融合交叉研究（即创立安全文化心理学），是解决传统的二者研究所存在的研究弊病和缺陷的有效途径之一，具体分析如下：

1）丰富并完善安全文化学与安全心理学学科理论体系。创立安全文化心理学旨在打破安全文化学与安全心理学二者相对独立的研究模式，创立二者的交叉研究范式。传统的安全心理学研究主要沿用科学心理学理论与方法（即科学主义取向，强调自然科学研究取向和方法），而传统的安全文化学研究主要以人文主义为取向（即运用社会科学研究取向和方法），二者的交叉研究，即安全文化心理学研究无疑对二者的研究对象、研究内容、学科性质、研究方法论和学科理论等具有重要的互为借鉴、吸收和补充作用。

2）充实并提升安全文化学与安全心理学的实践应用价值。就实践应用而言，创立安全文化心理学可使安全文化学与安全心理学更好地为社会安全发展和人们的安全生产与生活服务。因为传统的二者研究存在与现实生产和生活相脱节的弊病，具体表现为：①传统的安全文化学研究缺乏考虑人的安全心理（包括安全人性）特征，致使安全文化无法有效落地；②传统的安全心理学研究以方法为中心，强调研究的“客观性”“可实证性”“可观察性”“可重复检验性”，而弱化甚至忽视了安全文化对人的安全心理（包括安全人性）与行为的影响，缺乏对人的安全心理的整体性把握，导致其研究成果往往无法符合现实安全文化环境，其研究的实际应用效果也不明显，而安全文化心理学恰恰强调基于人们的实际安全心理（包括安全人性）特征开展安全文化学研究或在人们所生产和生活的实际安全文化情境中开展安全心理学研究，其研究与实际密切相关，有助于人们全面地考察、认识和解决各种安全问题，从而提高安全文化学与安全心理学的实际应用价值和解释力。

3）建设有中国特色的安全文化学和安全心理学。2016 年 5 月 17 日，国家主席习近平在主持召开国家哲学社会科学工作座谈会时，强调要加快构建中国特色哲学社会科学[22]。同样，对于安全哲学社会科学，特别是安全文化学和安全心理学（因目前中国运用的大多安全文化学和安全心理学理论均是直接从国外相关研究中借鉴移植而来，导致其实际应用的适用性和匹配性偏差），也急需结合中国的实际安全问题、安全形势、安全文化背景和人的安全心理（包括安全人性）特性等开展具有中国特色的本土研究。而若把安全文化心理学具体至中国，就是研究中国安全文化情境中的人的安全心理（包括安全人性）和行为或研究符合中国人安全心理（包括安全人性）特性的安全文化建设和落地理论，这实则是安全文化学和安全心理学的中国化或建设有中国特色的安全文化学和安全心理学问题。

由上分析可知，目前学科建设高度的安全文化学与安全心理学研究极为必要而急需。此外，安全文化心理学研究可显著推动安全文化学与安全心理学的研究和发展。总而言之，开展安全文化心理学的创建研究具有重要的学术与实践价值，极有必要对其开展专门研究。

4.6.2 安全文化心理学的定义与内涵

1. 安全心理学的定义

安全心理学是以控制人因事故和减弱外因对人所造成的心理创伤为着眼点，以培养人的安全（包括健康）心理状态及提高人的安全意愿和意识为侧重点，以提高人的行为的安全可靠性和保护人免受外因心理创伤为目的，以描述、解释、预测和影响人的安全心理现象与行为为任务，以安全科学与心理学原理和方法为主要理论基础，以人的安全心理与行为活动为研究对象，通过研究人的安全心理现象和行为过程规律，指导行为安全管理和外因心理创伤安抚的一门兼具理论性与应用性的新兴边缘交叉学科。

2. 安全文化心理学的定义

所谓安全文化心理学，简言之，就是研究安全心理（包括行为）和安全文化间相互影响关系的学科。需特别指出的是，文化心理学强调人性彰显，且安全心理与安全人性的联系极为紧密，因此，安全文化心理学之安全心理还应还包括安全人性这层含义。

由此，基于安全文化学与安全心理学的定义，以及创立安全文化心理学的可能性与必要性论证，作者给出安全文化心理学的详细定义：安全文化心理学是以安全文化学与安全心理学间存在的必然关联为基点，以对安全文化学与安全心理学开展融合交叉研究为出发点，以揭示安全文化和安全心理间的相互整合机制为侧重点，以提高安全文化学与安全心理学研究的科学性、本土性、匹配性和适用性为目的，以安全文化学、安全心理学及安全人性学为主要学科基础，以安全文化与安全心理互为作用所产生的安全意义和价值为研究对象，通过研究和探讨安全文化和安全心理间的相互影响与相互建构的机理和规律等，从而指导具体安全文化情境下的安全心理学实践或具体群体安全心理特性下的安全文化学实践的综合新兴交叉边缘学科。

3. 安全文化心理学的基本内涵

基于创立安全文化心理学的可能性与必要性论证，极易得出安全文化心理学的基点、出发点、侧重点与目的（此处不再赘述），这里仅重点解释安全文化心理学的学科属性及其双重内涵。安全文化心理学是安全文化学与安全心理学互相审视而结合的学科产物（其学科属性如图 4-17 所示，此外，其本应也是文化心理学的学科分支之一）。基于此，结合安全文化心理学的定义，可知安全文化心理学实则具有双重内涵，具体分析如下：

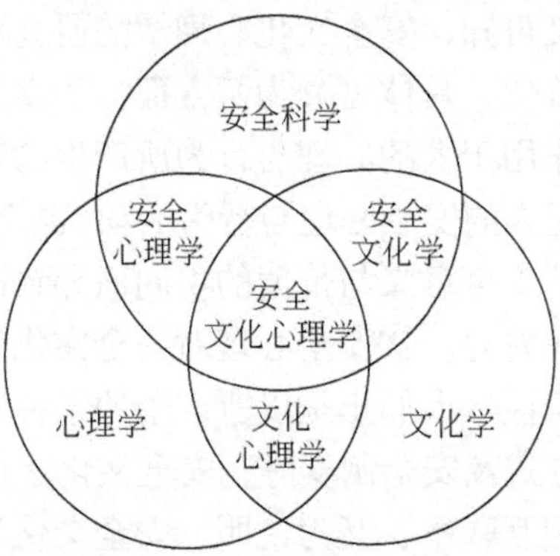

图 4-17　安全文化心理学的交叉学科属性

1）安全文化心理：从人的安全文化负载着手，把人的安全心理和行为看作是特定安全文化的产物（即人的安全心理和行为与特定的安全文化有着密切关系，无法脱离实际安全文化历史背景来研究人的安全心理和行为活动），注重各种安全文化条件下的人的安全心理和行为的独特性，尝试基于安全文化学视角，理解、解释和探究安全文化对人的安全心理与行为的影响，研究特定安全文化情境下的人的安全心理与行为表现，以实现安全心理学研究取向与思维的变革，以及实际应用价值的提升，可抽象理解为“安全文化心理”学，其研究重点是安全文化心理。

2）安全心理文化：从人的安全心理负载着手，把安全文化看作是人的安全心理和行为的积淀，尝试基于安全心理学视角，分析人的安全心理对安全文化形成与发展等的影响，探讨特定安全心理特性下的安全文化特征与表现，阐释人获取和接受安全文化意义的安全心理学机理，研究建设符合人的安全心理特征的安全文化的理论和方法，挖掘提升安全文化效用的安全心理学方法，以实现安全文化学内涵和研究内容的丰富和扩展，以及实践效果的增强，可抽象理解为“安全心理文化”学，其研究重点是安全心理文化。

总言之，上述两方面既有联系又有区别，共同构成安全文化心理学的完整内涵。分别或融合考察两个层面的研究内容是安全文化心理学研究与发展的关键问题，有效整合两个层面的内涵有助于整体理解和把握安全文化心理学的内涵。此外，从方法论角度看，安全文化心理学实则是安全文化学和安全心理学的一种新研究策略或范式，其既可拓宽安全文化学与安全心理学的研究范围和内容，又可突破传统两者研究的立场观点和方法，从而克服与弥补传统两者研究内容与研究方法的不足和缺陷。

4.6.3 安全文化心理学的学科基本问题

明确一门学科的学科基本问题是建构这门学科并开展其研究的首要问题。鉴于此，基于安全文化心理学的定义与内涵，下面详细阐释安全文化心理学的研究对象、学科基础、研究内容与研究方法 4 个学科基本问题。

1. 研究对象

由安全文化心理学的定义可知，安全文化心理学的研究对象是安全文化与安全心理互为作用所产生的安全意义和价值，具体可分为两方面：①安全文化对人的安全心理与行为的刺激和影响，即安全文化作用于人的心理与行为所产生的安全意义与价值，正是所产生的某种安全意义与价值来支配人的安全心理与行为活动，也正是安全文化作用于不同人（或群体）的心理与行为所产生的安全意义与价值的不同而导致同种安全文化作用下的人（或群体）的安全心理与行为存在差异；②安全心理对安全文化的影响，即安全心理作用于安全文化所产生的安全意义与价值，人们正是以所产生的某种安全意义与价值为中心构建其安全观念、安全生产与生活方式及安全制度等，安全文化才得以形成和发展。

显而易见，上述两方面相互联系、互为说明，安全文化与安全心理互为作用所产生的安全意义和价值反映了安全文化与安全心理的相互建构性，而相互建构又说明了上述安全意义和价值的产生与存在。因此，总言之，安全文化心理学的研究对象是安全文化与安全心理互为作用所产生的安全意义和价值。

2. 学科基础

由安全文化心理学的定义可知，就学科根基而言，安全文化心理学的核心理论基础应是安全文化学、安全心理学与安全人性学的原理和方法。但学理上而言，安全文化心理学又同时隶属于安全文化学、安全心理学与文化心理学，因此，安全文化学研究还需借鉴和吸收人类学、人种学、语言学、传播学、教育学、经济学、历史学、社会学与行为学等文化心理学的学科理论基础。此外，安全文化心理学旨在研究安全文化与安全心理两者间的辩证统一关系，因此，其研究必须要以辩证唯物主义哲学为总体指导思想和方法论。由此可知，安全文化心理学的学科理论基础应是以上各学科理论的交叉、渗透与互融，如图 4-18 所示。

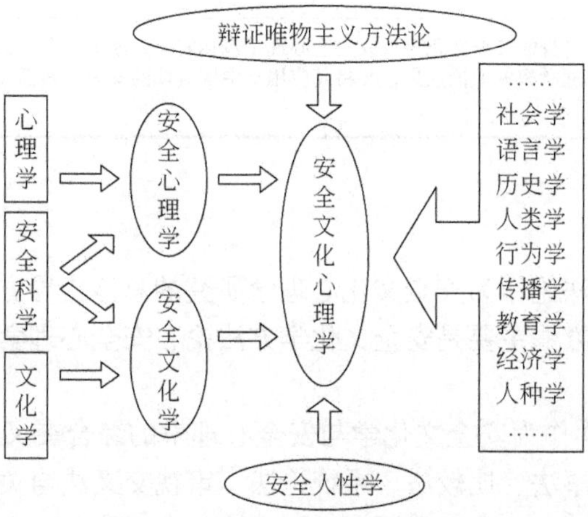

图 4-18　安全文化心理学的学科基础

3. 研究内容

由安全文化心理学的定义和内涵可知，简言之，安全文化心理学是基于安全文化学与安全心理学相结合的视角，研究人的安全心理（包括行为）与安全文化间相互影响与相互建构的机理和规律等。细言之，可将安全文化心理学的主要研究内容概括划分为 4 个层面，每一层面又包含若干具体研究内容（表 4-14）。

表 4-14　安全文化心理学的研究内容

层面	研究内容
共性研究	了解与探讨安全文化对人的安全心理与行为影响的一般共性机理与规律，具体包括安全文化如何影响与安全相关的人的认知、情感、情绪、动机、意愿、信念、态度与意识等，以及安全文化对人的行为的影响机理。简言之，旨在基于安全心理学视角，阐明安全文化的一般作用机理
	研究人的安全心理与行为活动对安全文化的组织、创造、传承、传播与强化等影响的一般共性规律（如人获取和接受安全文化意义的安全心理学机理等），探讨建设适合于人的共性安全心理的安全文化的通用理论和方法
	基于以上两方面研究，总结概括安全文化与安全心理相互影响和相互建构的一般原理和规律
	检验已经存在的一些安全心理学和安全文化学的理论和证据是否具有普遍的意义和价值，即是否具有普适性

续表

层面	研究内容
个性研究	研究特定安全文化情境下的人的安全心理与行为表现，即研究某一具体类型的安全文化作用下的人的安全心理与行为活动规律，旨在挖掘其作用的特性
	研究特定安全心理特性下的安全文化特征与表现，旨在探究人的某一具体安全心理对安全文化的组织、创造、传承、传播与强化等的影响特性
比较研究	比较研究不同安全文化情境下人的安全心理活动与行为方式的异同或不同安全心理特性下的人的安全文化表现的异同，并研究产生安全文化差异的安全心理学原因及产生人的安全心理与行为差异的安全文化学原因等
本土研究	以中国为例，针对中国的实际安全问题、管理体制与形势等，并结合自身安全文化（特别是传统安全文化）背景开展具有中国特色的安全心理学研究或结合中国人的安全心理（包括安全人性）特性开展具有中国特色的安全文化学研究
	以中国为例，结合自身的安全文化背景或安全心理（包括安全人性）特性有选择地移植或借鉴改造国外的安全文化学与安全心理学相关理论成果，并将其应用于中国具体的安全实践活动，以更好地服务于中国社会与企业等的安全发展

4. 研究方法

除辩证唯物主义方法论作为安全文化心理学研究的总体指导方法外，本书认为，安全文化心理学的其他研究方法主要是安全文化学方法论、安全心理学方法论与文化心理学方法论。具体解释如下：

1）安全文化心理学作为安全文化学与安全心理学的综合交叉学科，安全文化学方法论（主要有辩证法、叙事法、比较法、系统论法、审视交叉法与关联学科的具体研究方法等[7]）和安全心理学方法论（主要包括主观测试法、客观测试法和实验法三大类，具体有文献法、观察法、交谈法、问卷法、测试法与实验法等）理应是其核心的研究方法，限于篇幅，此处不再详述。

2）安全文化心理学也是文化心理学的学科分支之一，因此，文化心理学方法论无疑也应是安全文化心理学的重要研究方法。这里，将文化心理学的 3 种常用研究方法在安全文化心理学中的应用进行举例，具体见表 4-15。

表 4-15　文化心理学研究方法在安全文化心理学研究中的应用举例

方法名称	内涵	具体应用举例
释义学方法	一种重在理解与解释事件、事物或事实等的“意义”的研究方法	人类在生产与生活中留下的各种安全文化符号（如安全神话、安全民俗与安全艺术品等）上都会烙下人的安全心理与行为痕迹，因此，可通过分析与解释安全文化符号系统来解读和把握人的安全心理与行为
现象学方法	一种重视人的主观心理活动和现实存在（即现象），强调研究整体的人，反对将人物化，用现象还原的方法开展研究的方法	通过人的安全心理与行为现象推理其安全文化特征或通过安全文化现象来反推人的安全心理与行为特征。总言之，这种研究方法的基本主张与安全文化心理学的人本、整体和系统的思想极其吻合
民族志方法	一种可全面、具体、动态、整体和情景化地描述和反映人及其文化的方法，旨在研究特定文化中的人的价值观和行为模式等	通过分析某一群体（如国家或民族等）的历史、人物志、地理和风俗等中的安全文化元素来了解该群体的安全心理与行为特征。此外，民族志法可保证获取某一具体安全文化背景和环境下的个体或群体的第一手资料，从而可提高研究结果的可靠性、真实性和适用性

4.6.4 结论

1）安全文化心理学的创立具备充分的可能性与极强的必要性，其主要表现是：安全文化与安全心理是相互建构的充要条件，安全文化学与安全心理学研究互为基础；目前学科建设高度的安全文化学与安全心理学研究极为必要而急需；安全文化心理学研究可克服与弥补传统安全文化学与安全心理学的研究内容与研究方法的不足和缺陷，即可提高两者研究的科学性、本土性、匹配性与适用性。

2）安全文化心理学是以安全文化学与安全心理学间存在的必然关联为基点，以对安全文化学与安全心理学开展融合交叉研究为出发点，以揭示安全文化和安全心理间的相互整合机制为侧重点，以提高安全文化学与安全心理学研究的科学性、本土性、匹配性和适用性为目的，以安全文化学、安全心理学及安全人性学为主要学科基础，以安全文化与安全心理互为作用所产生的安全意义和价值为研究对象，通过研究和探讨安全文化和安全心理间的相互影响与相互建构的机理和规律等，从而指导具体安全文化情境下的安全心理学实践或具体群体安全心理特性下的安全文化学实践的综合新兴交叉边缘学科。

3）安全文化心理学具有“安全文化心理”学和“安全心理文化”学双重内涵；从方法论角度看，安全文化心理学实则是安全文化学和安全心理学的一种新的研究策略或范式；此外，安全文化心理学的研究对象明确，学科基础牢固，研究内容丰富，研究方法多样而全面，其研究可显著推动安全文化学与安全心理学的研究与发展。

4.7 安全文化史学

【本节提要】本节立足于学科建设高度，论证创立安全文化史学的可能性与必要性，并基于安全文化学与安全史学的定义，提出安全文化史学的定义。基于此，分析安全文化史学的内涵及其学科基础、研究对象、研究内容、研究方法和研究步骤 5 个学科基本问题。

本节内容选自本书作者的《安全文化学》[23] 著作，具体参考文献不再具体列出，有需要的读者请参见文献 [23] 的相关参考文献。

文化与历史是一组有机的统一体，即两者间存在内在的必然联系。显而易见，文化学与史学内部间也存在必然关联。基于此，早期诸多学者就意识到文化学与史学研究存在诸多弊病与缺陷的根源原因之一可归结于对两者的结合交叉研究不足。由此，学界很早就对文化学与史学进行交叉研究，并发展形成文化史学这门文化学与史学的重要学科分支，甚至部分学者提出文化史学是使史学走向科学的必由之路。

有鉴于此，安全文化学与安全史学间也必然存在诸多内在联系，若不对两者进行交叉研究，无疑也会导致对两者的研究存在一些研究缺陷和弊病。换言之，创建安全文化学具有充分的可能性（即现实依据和例证）和极强的必要性，安全文化史学理应是安全文化学与安全史学的重要学科分支，其研究可极大丰富和完善安全文化学与安全史学的学科理论。基于此，本书作者曾从安全文化学方法论层面，提出创建安全文化史学的构想，但目前尚未有学者从学科建设高度对其开展专门研究。因此，极有必要对安全文化史学的建构开展深入研究，此研究具有一定的创新性和价值。

鉴于此，本书基于学科建设高度，对安全文化史学的建构进行深入研究，以期为丰富安全科学理论和弥补传统安全文化学与安全史学研究存在的弊病或缺陷，从而推动安全文化学与安全史学研究发展。

4.7.1 创建安全文化史学的必要性论证

理论而言，具备充分的可能性与极强的必要性是创立一门新学科的两个前提条件，换言之，思考并回答“创立这门学科是否有依据”与“创立这门学科是否有价值”两个问题是创立一门学科的首要问题。前面已对创建安全文化学的可能性做了理论推理与引证（不再赘述），但未对其必要性进行深入论证，故下面对此进行详细剖析。

1. 理论层面的必要性论证

安全文化学与安全史学间的内在必然联系决定极有必要创立安全史学。具体解释如下：①安全文化是安全史的积淀与产物，安全史学研究绝不能离开考察与研究安全文化的本质；②唯有准确了解和把握安全文化的本质，以及全面而科学地认识与剖析安全史之中的各类安全文化现象，才可更好地理解和把握安全史。换言之，为保证安全文化学与安全史学研究的科学性、准确性与全面性，两者的研究极有必要相互借鉴与吸收对方学科的理论与方法。

2. 现实层面的必要性论证

根据我国现行的学科划分标准，安全文化学与安全史学分别被划归为二级学科“安全社会科学”与“安全科学技术基础学科”下的三级学科，但目前学界在安全文化学与安全史学研究方面，均存在基础理论研究偏少（尤其是学科建设高度的研究较少，导致它们的学科体系均尚不完善）与研究的理论性、学理性和系统性明显不足等诸多缺陷（需指出的是，上述研究缺陷在安全史学研究方面表现得极为突出），严重阻碍两者的研究与发展，具体分析如下。

1）在安全文化学研究方面：①已有研究成果主要集中于应用实践层面；②需特别指出的是，人类安全文化起源及发展演进方面的梳理与研究较少，使安全文化品味度较差，且仅有的部分这方面研究绝大多数也只是一些极简单的散论，如对人类安全文化的历史演进脉络的描述欠科学、清晰和全面，这主要是该方面研究尚未与安全史学进行紧密联系所致。

2）在安全史学研究方面：①研究成果极少［较典型的研究成果仅有关于安全史学创建的初探；安全史学方法论研究；孙安第梳理并简评中国近代（1840 ~ 1949 年）安全史；其他的安全史学研究均仅是穿插于安全文化或安全管理等起源与发展研究方面的散论］，从学科建设高度的理论研究更是无从谈起；②需特别指出的是，绝大多数已有的安全史学研究均是安全叙事史（即仅是具体安全史料的简单叠加），存在个别性与独特性的弊病，缺乏对一般性规律的探究（即尚未阐明安全历史发展的一般原理等），未深入剖析与挖掘隐藏于安全史料深层的内涵，使研究成果缺乏思想性和古为今用的实践价值，这主要是因为从安全文化学视角审视安全史学的力度不够，其实安全文化学视阈下的安全史料研究才更有研究价值。简言之，安全文化史学的诞生会为安全史学的归纳概括奠定基础。

由上分析可知，目前学科建设高度的安全文化学与安全史学研究极为必要而急需，且未重视安全文化学与安全史学两者的交叉研究是导致传统的安全文化学与安全史学研究产生一系列弊病和缺陷的关键原因。总言之，开展安全文化史学的创建研究具有重要学术与实践价值，极有必要对其开展研究。

4.7.2　安全文化史学的定义与内涵

1. 安全文化学与安全史学的定义

基于科学学高度，尝试给出较为具体而科学的安全文化学与安全史学定义，具体如下：

1）安全文化学是以人本价值为取向，以塑造人的理性安全认识及增强人的安全意愿和素质为侧重点，以不断提高人在生产和生活中的安全水平为目的，以安全显现的文化性特征为实践基础，以安全科学和文化学为学科基础，以安全文化为研究对象，通过研究与探讨安全文化的起源、特征、功能、演变、发展、传播与作用等规律，指导安全文化实践的一门融理论性与应用性为一体的新兴交叉学科。

2）安全史学是基于历史发展角度，以古为今用和以史为鉴为侧重点，以不断吸取历史安全教训和挖掘并借鉴历史上的人类安全智慧为目的，以人类历史上的安全问题及安全实践活动为研究对象，以安全科学和史学为学科基础，借助史料，运用科学历史观与翔实的史料，通过记载、撰述、认识与反思人类历史上的安全问题及安全实践活动，分析人类认识、掌握和避免危险、事故与灾难的策略和过程等，并总结人类避免危险有害因素威胁或伤害的历史安全经验，进而阐明人类安全实践活动具体发展过程、内在规律及其与社会发展的关系，从而为人类当前安全实践活动提供历史参照的一门兼具理论性与应用性的新兴交叉学科。

上述安全文化学的定义已对安全文化学的内涵概括阐释得较为清晰明了，但在此还有必要对安全史学的内涵做一补充说明。需特别指出的是：①简言之，安全史学即为安全的历史，其不仅局限于研究安全科学本身的历史；②现行的我国学科划分标准将安全史学列为二级学科“安全科学技术基础学科”下的一个三级学科的这种学科划归方法有待商榷，根据学界对史学的学科划归方法，本书认为将安全史学列为二级学科“安全社会科学”下的一个三级学科更为科学合理。

2. 安全文化史学的定义

就字面含义而言，所谓安全文化史学，即记述与研究人类安全文化发展历史的科学。基于安全文化学与安全史学的定义，本书给出安全文化史学的定义：安全文化史学是以安全文化学与安全史学间存在的必然关联为基点，以对安全文化学与安全史学进行综合交叉研究为出发点，以挖掘和探讨隐匿于各种安全史料之中的安全文化现象为侧重点，以丰富安全文化学与安全史学学科内涵及提高它们的学术与实践价值为目的，以安全文化形态为具体载体形式，以安全文化学和安全史学为学科基础，以人类安全文化发展过程为研究对象，借助安全史料，通过运用唯物史观记述、考察、评价与探讨特定历史时期的人类安全文化及人类安全文化的整个发展演变过程，从而揭示人类安全文化产生发展一般原理和规律的综合新兴交叉学科。

简言之，安全文化史学是研究某一历史时期的安全文化及安全文化演变发展过程的科学。由此，可建立安全文化史学的基本认识系统，如图 4-19 所示。此外，可将安全文化史学的定义形象解释或理解为“光阴里的安全文化”或“一半是安全文化，一半是安全历史”。

安全文化史学研究者（主体）	——	安全史料（安全文化史学方法论）（中介与手段）	——	安全文化发展本体（客体）

图 4-19　安全文化史学的基本认识系统

3. 安全文化史学的内涵

作为一门学科，其定义中所有的概念都应具有一定的科学性与实际意义。因此，有必要对安全文化史学的定义中的有关概念进行一定解释，具体如下：

1）安全文化史学以安全文化学与安全史学间存在的必然关联为基点。由前面分析可知，人类安全文化与安全历史是一组有机的统一体，彼此联系极为密切。因此，安全文化学与安全史学间也存在必然关联，正是它们间的这一关系，才为安全文化史学研究奠定了基础。换言之，安全文化学与安全史学间若不存在紧密联系，安全文化史学研究就失去了基点，同时其研究也就失去了根本价值。

2）安全文化史学以对安全文化学与安全史学进行综合交叉研究为出发点。理论而言，安全文化史学是安全文化学与安全史学直接相互渗透、有机结合的学科产物（其学科交叉性如图 4-20 所示），因此，对安全文化学与安全史学进行综合交叉研究是安全文化史学的出发点。对两者开展综合交叉研究，至少具有以下两个显著优势：①由于安全文化本身不仅具有系统本质，且兼具历史本质，安全文化作为一种安全历史现象，自有其产生发展

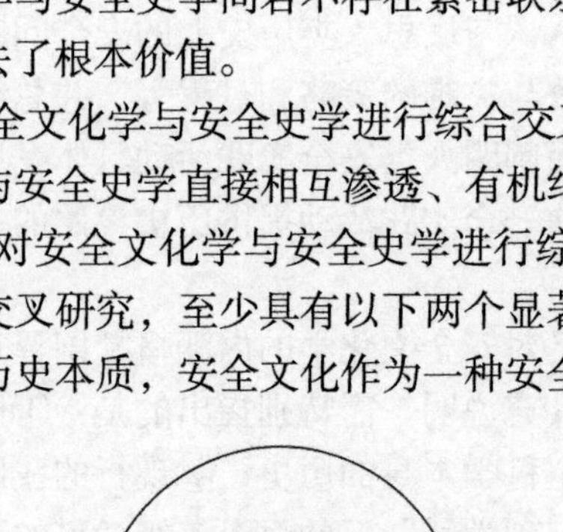

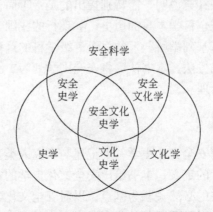

图 4-20　安全文化史学的交叉学科属性

的过程，而安全文化学与安全史学交叉研究正好可揭示安全文化的历史地位与历史沿革，以期从更深远的意义上把握住安全文化的本质；②安全文化学与安全史学交叉研究为安全文化学与安全史学理论和方法的互为借鉴与补充提供了基本条件和有效途径，有助于丰富两者的学科内涵。

3）安全文化史学以挖掘和探讨隐匿于各种安全史料之中的安全文化现象为侧重点。理论而言，安全文化史学研究旨在重点解决两个问题：①从大量安全史料，即安全历史事实（主要包括历史安全问题及其历史上的人类安全实践活动）中捕捉、发现和确定安全文化现象；②解释从安全史料中捕捉、发现和确定的安全文化现象，如创造这种而非那种安全文化的原因；某一时期的各类安全文化间的联系；安全文化是在多种变量中生成和发展的，研究究竟哪个变量对某种安全文化的生成和发展影响更为明显等。总之，解决以上两个问题的最终目的均可归为挖掘和探讨隐匿于各种安全史料之中的安全文化现象。

4）安全文化史学以丰富安全文化学与安全史学学科内涵及提高它们的学术与实践价值为目的。在创建安全文化史学的必要性论证部分，已详细论述传统安全文化学与安全史学研究所存在的弊病与缺陷，可分别概括为：①传统安全文化学研究尚未阐明安全文化产生与发展的一般原理和规律，且安全文化的品味性较差；②传统安全史学注重历史上的具体安全问题（事件）与安全实践活动（如具体的人和事等）的记载，研究有时极为详尽和具体，但缺乏思想性，导致两者的学科内涵欠缺且学术与实践价值不理想。而安全文化学研究具有两方面重要优点：①安全文化史学把人类的全部安全史当作文化加以整体的考察，正是这个整体性才能克服旧式叙事安全史的个别性和独特性，从而发现安全文化发展的一般原理和规律；②安全文化史学不再满足于叙述和简评历史上的具体安全问题和安全实践活动，其集中在历史上的相关安全问题和安全实践活动所表现出来的各种安全文化现象之上，这些安全文化现象与变动不居和形式多样的安全问题和安全实践活动相比，其具有极强的稳定性和齐一性，而具稳定性和齐一性的事物才是科学方法便于处理的对象。显而易见，安全文化学研究不仅可极大地丰富安全文化学与安全史学学科内涵，还可大大提高两者的学术与实践价值。

5）安全文化史学以安全文化形态为具体载体形式。①就安全文化史学研究过程而言，安全文化史学的直接考证对象是各种安全文化史料，其实则是各种安全文化史料所承载的安全文化形态，如物质、行为与制度等安全文化；②就安全文化史学研究结果而言，其研究成果本身是一种良好的安全文化形态的具体载体形式，有助于人类安全文化传承和传播。

6）安全文化史学以唯物史观为根本理论基础和方法指导。一般而言，史学研究均需依据一定的史观为基础和指导，而安全文化史学作为安全史学的一个学科研究分支，同样，确定科学而合理的历史观也是开展其研究的首要关键问题。目前，史学界一致推崇运用唯物史观（即历史唯物主义，是哲学中关于人类社会发展一般规律的理论，是关于现实的人及其历史发展的科学，其关照人的发展与社会进步的统一开展史学研究。同样，唯物史观也应是安全文化史学研究的最佳历史观，具体原因如下：①究其本质，安全文化史学旨在借助安全史料（主要是安全器物，因为安全制度、行为与观念最终均以安全器物形式记载或承载）剖析蕴含于其中的安全文化现象。换言之，离开了“历史安全实物”，安全文化史学也就失去了其研究基础，即安全文化史学的本质决定必须要基于唯物史观开展安全文化史学相关研究；②科学认识历史上的具体安全问题或安全实践活动在人类安全文化发展过程和结构中的地位和作用，分析它们与安全文化发展过程本质的内在关联，以及准确定位局部与全局、部分与整体、现象与本质的真实关系都需以唯物史观为指导和依据；③运用唯物史观，可有效指导解决“如何看待历史上的安全问题和安全实践活动”“如何运用历史上的安全问题和安全实践活动”“如何科学准确地从历史上的安全问题和安全实践活动中挖掘深层次的安全文化现象”“如何有选择地继承并发展安全历史文化”4 个安全文化史学研究的中心问题，即安全文化史学的重要研究任务；④此外，由原因①可知，在安全文化史学研究过程中，安全史料整理与新的安全史料的运用都应在唯物史观的指导下进行。

对于研究对象、研究内容、学科基础与研究方法等安全文化史学学科基本问题此处不做阐释，将在后面另行详述。综上所述可知，从方法论角度看，安全文化史学实则是安全史学与安全文化学的一种研究新策略。任何科学研究策略都是对材料的特定处理方式，安全文化史学作为一种科学研究策略的具体表现体现在以下两方面：①基于安全文化学视角审视、提炼并剖析安全史料，即其是一种为研究安全文化现象而重新认识、组织和解释安全史料的研究方式；②基于安全史学视角解释安全文化现象，即其是一种为赋予安全史学新的研究内容和目的而进行的借助安全史料来解释安全文化产生发展的一般原理和规律的研究方式。此外，显而易见，安全文化史学是一门以科学性为基础的内在地融合了实证性、抽象性、价值性和艺术性的安全史学与安全文化学的整合学。

4.7.3 安全文化史学的学科基本问题

明确一门学科的学科基本问题是建构这门学科并推动其发展的首要问题，因此，极有必要基于安全文化史学的定义与内涵，系统阐释并明晰安全文化学的学科基本问题。在此，作者详细阐释安全文化史学的学科基础、研究对象、研究内容及研究方法与研究步骤。

1. 学科基础

学理上而言，安全文化史学同时隶属于安全文化学与安全史学，其核心理论基础是唯物史观及安全文化学与安全史学学科理论。此外，安全文化的产生与发展受当时社会类型、环境特点、重要安全问题、历史发展、经济状况与宗教背景等的制约。为明晰其他外界因素对某一时期或某一地区（或群体）的安全文化的作用与影响，因此，安全文化史学研究需以哲学、人类学、历史学、语言学、行为学、教育学、社会学、心理学、经济学、数理学与系统科学等学科为理论与方法支撑。换言之，安全文化史学的理论基础应是以上各学科理论的交叉、渗透与互融，如图 4-21 所示。

2. 研究对象

由安全文化史学的定义和内涵可知，安全文化史学的研究对象是人类安全文化的发展过程，即安全文化的历史。科学史证明，对研究对象进行科学的分类，进而可暴露其各类的本质和联系。因此，有必要从不同角度对安全文化史学的研究对象进行科学分类。依据

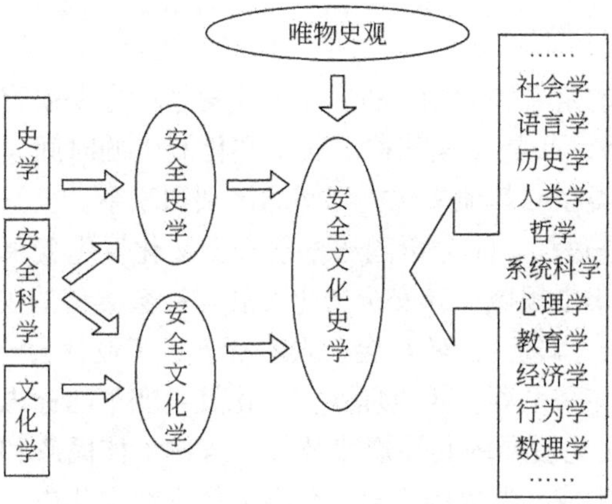

图 4-21　安全文化史学的学科基础

安全文化史学较安全文化学与安全史学研究存在的优势及其核心研究准则（强调整体性与连续性），提出对安全文化史学研究对象进行分类时需注意的两个关键问题：

1）安全文化是一个连续统一体，所以，发现安全文化发展演变规律的关键之一是应以安全文化的整体观作为研究的出发点。大而言之，即把整个人类创造的安全文化看成一个整体，细而言之，至少也应把一个相对独立的安全文化体系看成一个整体。因此，不能基于安全文化的两分法（即广义安全文化与狭义安全文化）或四分法（即物质安全文化、行为安全文化、制度安全文化和观念安全文化）对安全文化史学的研究进行分类。

2）安全文化史学旨在总体研究与宏观概述和把握安全文化的发展过程和规律，因此，为避免安全史学研究的个别性与间断性缺陷，基于整个人类的安全史来开展安全文化历史研究是安全文化史学研究的一种理想研究模式。而这往往又不现实，但至少可根据安全文化的稳定性这一特征（即理论而言，某一群体的安全文化，尤其是其本质在较长的时间段内都是保持稳定的），截取一段较长的历史时间段来分别对各历史时段的安全文化历史进行研究，然后再将各分段研究结果综合以实现考察整个安全文化历史的目的。

基于此，本书从大安全视角出发，根据历史上的典型而普遍的安全问题及人类的安全实践活动类型，分别基于 4 个维度对安全文化史学的研究对象进行分类，见表 4-16。

表 4-16　安全文化史学的研究对象分类

<table>
<tr><td colspan="2">划分维度</td><td colspan="9">具体类型</td></tr>
<tr><td colspan="2">安全问题</td><td>居所安全文化史</td><td>防洪安全文化史</td><td>防震安全文化史</td><td>消防安全文化史</td><td>食品安全文化史</td><td>生产安全文化史</td><td>交通安全文化史</td><td>社会公共卫生安全文化史</td><td>……</td></tr>
<tr><td colspan="2">安全策略</td><td colspan="2">安全工程技术文化史</td><td colspan="2">安全管理文化史</td><td colspan="2">安全教育文化史</td><td colspan="3">安全伦理道德文化史</td></tr>
<tr><td colspan="2">地域</td><td colspan="4">中国安全文化史</td><td colspan="5">国外安全文化史</td></tr>
<tr><td rowspan="2">时间</td><td>三分法</td><td colspan="3">古代安全文化史</td><td colspan="3">中世纪安全文化史</td><td colspan="3">近现代安全文化史</td></tr>
<tr><td>两分法</td><td colspan="4">传统安全文化史</td><td colspan="5">近现代安全文化史</td></tr>
</table>

3. 研究内容

基于安全文化史学的定义和内涵，将安全文化史学的主要研究内容概括为以下 4 点：

1）安全文化的起源。人类（或某种）安全文化诞生的时间、条件、标志、原因与意义及其与其他安全文化类型或其他文化类型间的区别和联系。

2）安全文化的演进过程。①分析阐述推动安全文化发生变革演进的关键因素；②不同历史时期的安全文化集中领域；③安全文化发展与社会类型的关系，具体可为各个社会类型（采集－狩猎社会、园艺－游牧社会、农耕社会、工业社会与信息社会）的安全文化特性及其相互间的区别与联系等；④梳理安全文化发生变革的标志性事件等。

3）揭示人类安全文化发展的共性规律及某一群体（如民族和国家等）的安全文化发展的个性规律；研究某类或某群体的安全文化在人类安全文化史上的贡献情况。

4）评价与反思安全文化史，提炼与传承传统安全文化精华，并摒弃腐朽的传统安全文化，以将传统安全文化更好地借鉴并运用于指导当前人们的安全实践活动（尤其是安全文化实践）；探讨与研究更新扬弃传统安全文化的理论与方法等。

此外，安全文化史学还应辅以研究安全科学（即高雅安全文化），尤其是安全文化学本身的缘起与发展过程。

4. 研究方法与研究步骤

除唯物史观作为安全文化史学研究的根本指导方法外，本书认为，安全文化史学的其他研究方法主要是安全史学方法论、安全文化学方法论与文献学方法论。具体解释如下：

1）安全文化史学作为安全文化学与安全史学的综合交叉学科，安全史学方法论（主要有归纳方法、叙述法、比较方法、综合方法、系统研究法与关联学科的具体研究方法等）与安全文化学方法论（主要有辩证法、叙事法、比较法、系统论法、审视交叉法与关联学科的具体研究方法等）理应是其核心的研究方法。

2）安全文化史学唯有借助安全史料才可开展相关研究，而历史文献资料作为安全史料的主要来源，文献学方法论（文献校勘方法、比较法、折中法、谱系法、底本法等）无疑也应是安全文化史学的重要研究方法。此外，若把安全相关文献作为一种安全文化现象来考察时，不仅把安全相关文献作为安全史学研究的依据，甚至把安全相关文献作为安全

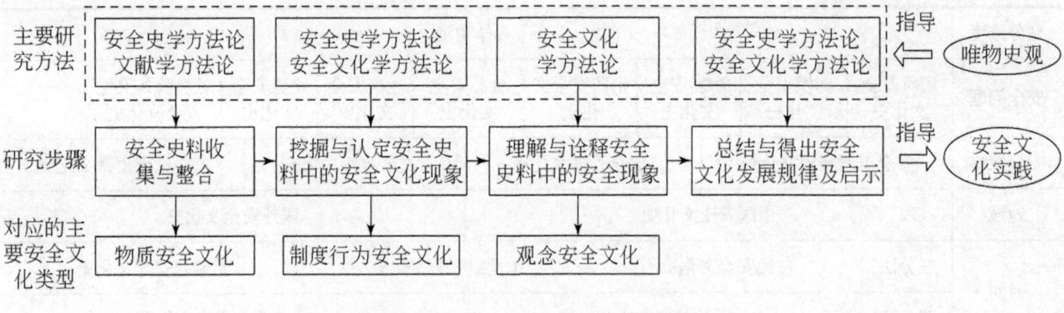

图 4-22　安全文化史学的基本研究步骤

学术文化的载体来评价安全学术文化的盛衰发展。

基于安全文化史学的定义、内涵、研究方法与研究内容，构建安全文化史学的基本研究步骤，如图 4-22 所示。

由图 4-22 可知，唯物史观方法贯穿于整个安全文化史学研究过程的始终，安全文化史学的基本研究步骤主要包括 4 步，即安全文化史学的 4 个研究层次：

1）安全史料收集与整合。安全史料（主要有人工安全遗存与历史安全文献资料等）是安全文化史学的研究基础，安全史料收集与整合主要应以安全史学方法论与文献学方法论为研究方法。而且，安全史料一般都是有形实物，可将其视为物质安全文化。

2）挖掘与认定安全史料中的安全文化现象。研究发现安全史料中的制度与行为安全文化痕迹（即制度与行为安全文化符号）是挖掘与认定安全史料中的安全现象的基本手段，这一研究步骤主要以安全史学方法论与安全文化学方法论为研究方法。

3）理解与诠释安全史料中的安全现象。基于上步发现的安全史料中的安全现象（主要是制度与行为安全文化符号），探寻蕴含于其中的观念安全文化，即挖掘与剖析包含于有形安全文化实物之中的无形安全文化元素，从而了解和把握安全史料所显现的安全文化现象本质，这是安全文化史学研究步骤的最重要一步，其主要以安全文化学方法论为研究方法。

4）总结与得出安全文化发展规律及启示。揭示人类安全文化产生发展的一般原理和规律是安全文化史学研究的最终目标，基于安全史学方法论与安全文化学方法论，通过整合与分析前 3 步的研究结果，可总结得出安全文化发展规律。此外，通过对安全文化历史的研究，将得出的安全文化发展规律及传统安全文化精华应用于指导当前安全文化实践。

4.7.4　结论

1）创立安全文化史学具有充分的可能性与极强的必要性，其主要表现是：目前学科建设高度的安全文化学与安全史学研究极为必要而急需；未重视安全文化学与安全史学两者的交叉研究是导致传统的安全文化学与安全史学研究产生一系列弊病和缺陷的关键原因。

2）安全文化史学是以安全文化学与安全史学间存在的必然关联为基点，以对安全文化学与安全史学进行综合交叉研究为出发点，以挖掘和探讨隐匿于各种安全史料之中的安全文化现象为侧重点，以丰富安全文化学与安全史学学科内涵及提高它们的学术与实践价值为目的，以安全文化形态为具体载体形式，以安全文化学和安全史学为学科基础，以人类安全文化发展过程为研究对象，借助安全史料，通过运用唯物史观记述、考察、评价与探讨特定历史时期的人类安全文化及人类安全文化的整个发展演变过程，从而揭示人类安全文化产生发展一般原理和规律的综合新兴交叉学科。

3）从方法论角度看，安全文化史学实则是安全史学与安全文化学的一种研究新策略。此外，安全文化史学具有自身特定的学科基础、研究对象、研究内容、研究方法与研究步骤，其研究可有效弥补传统两者研究所存在的研究弊病和缺陷，进而推动安全文化学与安全史学研究发展。

4.8 心理创伤评估学

【本节提要】本节基于安全科学的视角，提出创伤及心理创伤的定义，并分析其内涵。基于此，给出心理创伤评估学的定义，分析心理创伤评估学的内涵及研究对象、研究范围、研究内容与研究目的等基本问题，并详细论述心理创伤评估学的学科基础与研究程序。

本节内容主要选自本书作者发表的题为“心理创伤评估学的创建研究”[24]的研究论文，具体参考文献不再具体列出，有需要的读者请参见文献 [24] 的相关参考文献。

心理创伤是人类普遍存在的问题。在现代社会中，人类心理创伤越发突出，因而也日趋受到学界和政界的广泛关注与重视，也是近年来心理学与医学交叉领域的研究热点，并已形成创伤心理学这门独立学科。自然灾害、事故灾难、公共卫生事件和社会安全事件等造成危害很大的一个方面是对人的心理创伤。安全的主体应是人，人的身心均不受到外界危害是安全的两个重要体现。过去我们比较重视人的身体所受到的伤害，但对人的心理的创伤却经常被忽略或被重视不够。毋庸置疑，免受心理创伤是安全的重要组成部分，其研究也是安全科学领域具有重要价值的主要研究方向。

多年来，学界基于心理学与医学视角，已对心理创伤的心理治疗与干预的理论与技术（包括对心理创伤本身强度的评估）开展较为深入和广泛的研究，但对外因引发的心理创伤危害的评估理论与技术研究很少。在安全科学领域，关于外界引发的心理创伤的专门研究也极少，仅有少数安全心理学文献简述一些较为浅显的事故灾难心理创伤干预理论与方法，目前关于外界引发的心理创伤危害评估理论与技术的研究还基本处于空白。

实际上，外界引发的心理创伤危害评估的理论与技术方面的研究需运用安全评价学、安全心理学、安全经济学与安全法学等学科原理与方法为主要理论基础，若能够创建心理创伤评估学这一新的学科分支，其相关研究成果对科学评估自然灾害、事故灾难、公共卫生事件和社会安全事件等所造成的危害，特别是更好预防和处置各种心理伤害（如心理伤害的赔偿立法与制度建设等）问题，具有重大的理论和实际意义。本节从理论思辨层面出发，基于安全科学视角，提出安全科学视阈下的创伤及心理创伤的定义，进而从学科建设的高度，分别阐述了心理创伤评估学的定义、内涵、学科基础与研究程序等问题，对心理创伤评估学的整体学科架构进行宏观设计与研究，以期指导并促进心理创伤危害评估方面的研究。

4.8.1 创伤及心理创伤的定义及内涵

1. 创伤的定义及内涵

安全是指一定时空内理性人的身心免受外界危害的状态，根据安全的定义，提出创伤的定义：创伤是指人的身心已经受到了外界伤害的存在状态。其中，①直接的外界危害（即应激源，其在创伤心理学中指引起心理创伤的各种因素）主要是指较为严重的自然灾害、事故灾难、公共卫生事件与社会安全事件；②身体损伤主要指对人的身体组织或器官的损伤或破坏，如手部创伤或颅脑创伤等，身体损伤同时也会造成心理损伤；③心理损伤主要是指对人的情绪或精神的损伤或打击，如伤心、痛苦或抑郁等，各种物质的损失都可以归咎为对人的心理伤害，因为物的损失的最终影响对象仍是人。

2. 心理创伤的定义及内涵

基于创伤定义可以提出心理创伤的具体定义：心理创伤特指一定时空内非同寻常的外界危害对人的心理状态所造成的负性影响。其中，①非同寻常外界危害（即安全威胁或事件），主要包括：严重的自然灾害、事故灾难、职业病等造成的心理创伤，突发性重大公共卫生事件（如核泄漏或传染病等）与社会安全事件（如恐怖暴力或社会混乱等）造成的心理创伤，以及个人重大物质损失或亲属、朋友和同事等的重大伤亡（包括心理创伤）或物质损失等造成的心理创伤；②对人的心理状态的负性影响主要包括紧张、恐惧、焦虑、伤心、痛苦或抑郁等异常，甚至危及人的生命健康的心理状态。

此心理创伤定义主要是基于以下 4 点原因提出的：①为避免因定义过于宽泛而造成心理创伤评估学研究与实践无侧重点，有必要使用“非同寻常”对外界危害的严重性加以限定；②因部分非事故或事故本身的因素（如自然灾害、传染病、工作压力与物质损失等）也会造成人的心理创伤，故使用“外界危害”描述引起心理创伤的因素较为全面而准确；③外界危害均会对理性人与非理性人的心理造成创伤（如可使非理性人的精神状态变得更差），因此，受心理创伤的对象应是所有人；④心理创伤对人的心理状态的影响诸多，如会引起紧张、恐惧、焦虑、伤心与痛苦等，无法逐一枚举，故使用“负性影响”来对其进行概括性说明。

此外，根据外界危害是否直接作用于受心理创伤者自身并对其造成心理创伤，可将心理创伤划分为直接性心理创伤（如直接经历或目睹事故灾难的受害者所受到的心理创伤）与间接性心理创伤［如因自身的身体创伤和财物损失或他人（包括亲属、朋友和同事等）的创伤（包括身体或心理创伤与财物损失等）对人所造成的次生或间接心理创伤］。由此可知，创伤存在转化（主要指因自身身体与物质创伤所引起的人的心理创伤）与传递（他人的身体或心理创伤及财物损失等对人造成的心理创伤）现象，但它们最终的作用结果均是对人造成心理创伤。图 4-23 为上述两种常见的创伤现象。

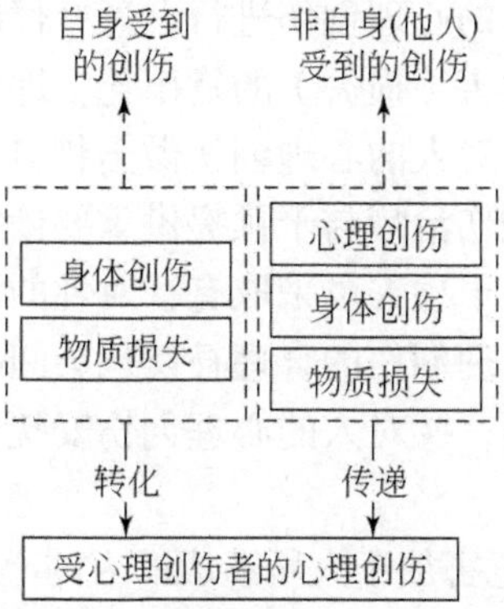

图 4-23　创伤的转化与传递现象

4.8.2 心理创伤评估学的定义与内涵

1. 定义

基于心理创伤的定义，提出心理创伤评估学的定义。心理创伤评估学是以合理补偿与减轻人的心理危害为目的，以外界危害加于人所造成的人的心理创伤为切入点，以评估人的心理创伤危害的严重程度为侧重点，以创伤心理学、安全科学、经济学与评估学等为理论基础，通过辨识与分析人的心理创伤的影响性质及其潜在危害，判断与评估人的心理创伤危害的严重程度，从而为心理创伤立法、赔偿、治疗、干预与预防等人的心理创伤安抚与救助活动提供科学依据的一门新兴交叉安全学科分支。简言之，心理创伤评估学是专门研究在一定时空内外界危害对人所造成的心理创伤的危害程度的一门评估学学科分支。心理创伤评估既需要心理创伤评估理论与技术的支撑，又需要理论与实际经验的结合，两者缺一不可。心理创伤评估学的概念如图 4-24 所示。

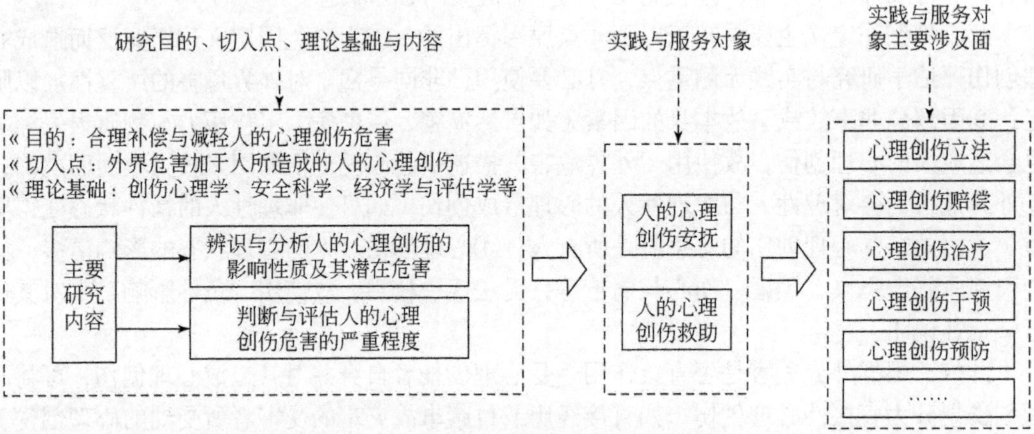

图 4-24 心理创伤评估学的概念示意图

2. 内涵

基于心理创伤评估学的概念示意图，简单分析心理创伤评估学的内涵，具体如下：

1）心理创伤评估学以合理补偿与减轻人的心理创伤危害为目的。①对人的心理创伤危害的评估结果（结论）是对人的心理创伤进行合理补偿的直接和根本依据。根据评估结果，可实现对人的心理创伤的危害（损失）的货币化，即用经济损失价值来间接衡量人的心理创伤危害的严重程度，进而对人的心理创伤做出相对合理的经济补偿。②对人的心理创伤本身强度的评估可为心理创伤治疗与干预提供重要依据。根据人的心理创伤本身的强度，可指导心理创伤治疗与危机干预人员采取有针对性的治疗与干预措施，进而有效减轻人的心理创伤危害。③对人的心理创伤的合理补偿也会间接对受心理创伤者自身及其亲属与朋友的心理具有显著安抚作用；④对人的心理创伤安抚与救助活动可有效减轻人的心理创伤危害。

2）心理创伤评估学以外界危害加于人所造成的人的心理创伤为切入点。心理创伤评估学是针对外界危害加于人所造成的人的心理创伤问题来开展相关研究与实践，换言之，心理创伤评估学的研究基点与直接研究对象实则就是外界危害加于人所造成的人的心理创伤。

3）心理创伤评估学以评估人的心理创伤危害的严重程度为侧重点。准确而科学地评估人的心理创伤危害的严重程度是心理创伤评估学研究的侧重点，这是其与创伤心理学已有研究成果（主要是心理创伤治疗与干预的理论与技术）的根本区别，也是对目前创伤心理学研究缺陷的主要弥补。

4）心理创伤评估学以创伤心理学、安全科学、经济学与评估学等为理论基础。这是因为：①学理上而言，心理创伤评估学是创伤心理学、安全科学与评估学进行直接交叉渗透融合形成的（即心理创伤评估学具有综合交叉学科属性，如图 4-25 所示），因此，创伤心理学、安全科学与评估学的相关原理与方法是心理创伤评估学的重要理论基础；②运用相关经济学理论与方法将人的心理创伤的危害（损失）折算为经济损失是衡量与确定与之对应的补偿措施的直接和根本依据，因此，经济学也是心理创伤评估学的重要理论基础。

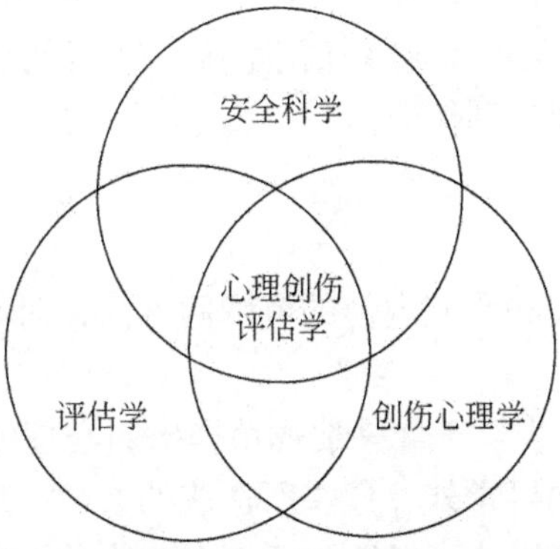

图 4-25　心理创伤评估学的综合交叉学科属性

5）心理创伤评估学以辨识与分析人的心理创伤的影响性质及其潜在危害，进而判断与评估人的心理创伤危害的严重程度为主要研究内容：①人的心理创伤的影响性质及其潜在危害主要指心理创伤本身的强度及受心理创伤的负性影响范围与特征（如对心理创伤者自身、亲属或朋友等的负性影响等）；②基于对人的心理创伤的影响性质及其潜在危害的准确辨识与分析，最终对人的心理创伤危害的严重程度做出较为科学而准确的判断与评估。

6）心理创伤评估学以心理创伤立法、赔偿、治疗、干预与预防等人的心理创伤安抚与救助活动为实践和服务对象。及时而有效的安抚与救助（主要包括心理创伤立法、赔偿、治疗、干预与预防）活动可显著减轻心理创伤对受心理创伤者自身及其其他相关人员所造成的负性影响，因此，心理创伤安抚与救助活动是心理创伤评估学的最主要实践和服务对象。

7）心理创伤评估学是一门融理论性与应用性为一体的新兴交叉安全学科分支，即心理创伤评估学主要研究心理创伤评估学理论及其应用实践。这是因为：①催生心理创伤评估学的主要原因（即驱动力）是安全科学研究与实践领域面临的人的心理创伤安抚与救助问题；②心理创伤评估学旨在通过对心理创伤评估理论与技术研究，以期将相关心理创伤评估理论与技术用于指导与服务人的心理创伤安抚与救助实践活动，这样还可再次升华并发展成为新的心理创伤评估学研究内容与理论，即丰富与完善心理创伤评估学理论等。

4.8.3 心理创伤评估学的学科基本问题

学科基本问题主要包括学科研究对象、范围、内容与目的等。一般而言，明确一门学科的学科基本问题是建构这门学科并推动其发展的首要问题。因此，极有必要基于心理创伤评估学的定义与内涵，对心理创伤评估学的学科基本问题进行系统而详细的论述。

1. 研究对象

顾名思义，心理创伤评估学即是研究与评估外界危害加于人所造成的人的心理创伤的学科。换言之，心理创伤评估学的研究对象就是外界危害加于人所造成的人的心理创伤，包括心理创伤本身的性质及其引发的一切负性影响。由心理创伤的类型可知，心理创伤评估学的研究对象主要包括直接性心理创伤和间接性心理创伤两种。此外，显而易见，因心理创伤对象涉及范围的不同，心理创伤评估学的研究对象可针对某一特定的心理受创伤个体，也可针对一定范围的心理受创伤群体。

2. 研究范围

可分别从研究对象的范围和研究内容的范围两方面，对心理创伤评估学的研究范围进行限定，具体如下：

1）研究对象的范围。由基于安全科学视角提出的心理创伤定义可知，心理创伤评估学的研究对象范围应是由非同寻常外界危害所造成的人的心理创伤（具体原因前面已做详细论述，此处不再赘述），这样才可保证心理创伤评估学的实际研究价值与意义。

2）研究内容的范围。由心理创伤评估学的内涵可知，心理创伤评估学的主要研究内容是人的心理创伤危害的严重程度的评估理论与技术，而非心理创伤治疗与干预的理论与技术。

3. 研究内容

由心理创伤评估学的定义与内涵可知，宏观而言，心理创伤评估的基本内容（图 4-26）就是心理创伤评估学的核心研究内容，即心理创伤的影响性质及其潜在危害辨识与心理创伤危害的严重程度评估两大方面。需指出的是，在实际的心理创伤评估过程中，这两方面是不可截然分开、孤立进行的，而是相互交叉、相互重叠于整个评估工作中。

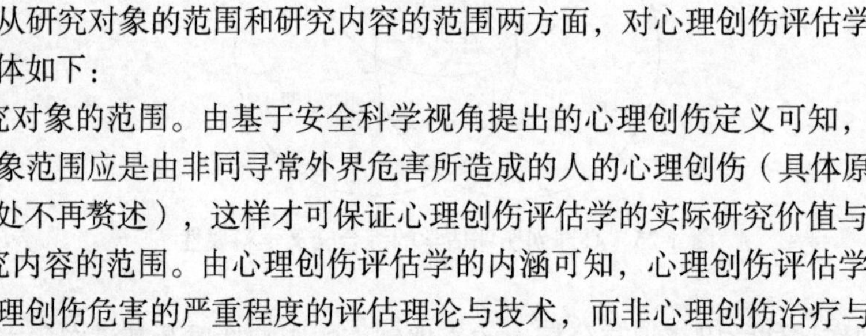

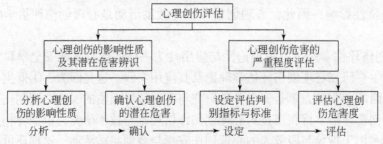

图 4-26 心理创伤评估学的基本研究内容

具体而言，心理创伤评估学的主要研究内容如下：①创伤转化与传递规律 [主要包括身体创伤所造成人的心理创伤、物质损失所造成的人的心理创伤，以及他人（包括亲属、朋友和同事等）的创伤（包括身体或心理创伤与财物损失等）对人所造成的心理创伤]；②事故、灾难、工作压力、职业健康、身体创伤、物质损失与他人创伤等对人所造成的心理创伤危害严重程度的具体评估原理、方法、原则与标准等；③心理创伤立法、赔偿、治疗、干预与预防等心理创伤安抚与救助对策措施的研究。

4. 研究目的

心理创伤评估学研究既具有理论意义，又具有实践意义。究其研究的最终目的，即合理补偿与减轻人的心理创伤危害。具体而言，心理创伤评估学的主要研究目的可分为宏观层面与微观层面两个不同层面（表 4-17）。

表 4-17　心理创伤评估学的研究目的

层面	主要研究目的
宏观层面	有助于创伤心理学、评估学、安全评价学、安全心理学、安全经济学与安全法学等的丰富与发展。心理创伤评估学作为创伤心理学、安全科学与评估学进行综合交叉而形成的学科，其相关研究无疑会对创伤心理学、评估学与安全科学（主要涉及安全评价学、安全心理学、安全经济学与安全法学）理论与方法的丰富与发展起到显著的补充与完善作用
	有助于事故灾难损失鉴定、赔偿、安抚与救助等工作逐步实现科学化。①传统的事故灾难与职业病等损失鉴定与赔偿极少涉及人的心理创伤损失鉴定与赔偿，导致事故灾难损失鉴定结果与赔偿对策欠科学、欠合理，心理创伤评估学研究可弥补这一缺陷；②人的心理创伤强度的评估可为心理创伤治疗与干预提供重要依据；③准确而科学地评估人的心理创伤危害的严重程度，可实现对受心理创伤影响个体或群体的有效安抚与救助
	有助于新型安全专业人才和心理创伤治疗与干预人才的培养。以往的安全专业人才和心理创伤治疗与干预人才培养，重视对心理创伤治疗与干预的基本理论与技术方面的传授与训练，对心理创伤评危害估理论与方法方面的知识几乎无涉及，因此，毋庸置疑，心理创伤评估学研究必定有助于新型安全专业人才和心理创伤治疗与干预人才的培养
微观层面	为事故灾难与职业病等所造成的人的心理创伤损失的鉴定及赔偿提供重要依据，以实现对人的心理创伤损失的合理鉴定与赔偿
	完善与丰富安全法规和保险赔偿制度或标准内容，以实现对人的心理创伤损失赔偿有法可依，进而促进人的心理创伤损失赔偿的科学化与公平化
	为心理创伤安抚与救助工作提供重要依据，以实现对人的心理创伤危害的严重程度的有效减轻
	……

4.8.4　心理创伤评估学的学科基础与研究程序

1. 学科基础

由心理创伤评估学的定义与内涵可知：①学理上而言，心理创伤评估学应同时隶属于安全科学、创伤心理学与评估学，其理论基础是安全科学、创伤心理学与评估学；②心理创伤评估学将心理创伤危害程度转化为经济价值损失，需根据相关经济学理论与方法，因此，经济学也是心理创伤评估学重要的理论基础；③心理创伤评估工作还需以心理学、法学、数学、统计学与系统科学等学科为理论与方法支撑。总言之，心理创伤评估学的理论基础应是以上各学科理论的交叉、渗透与互融，如图 4-27 所示。

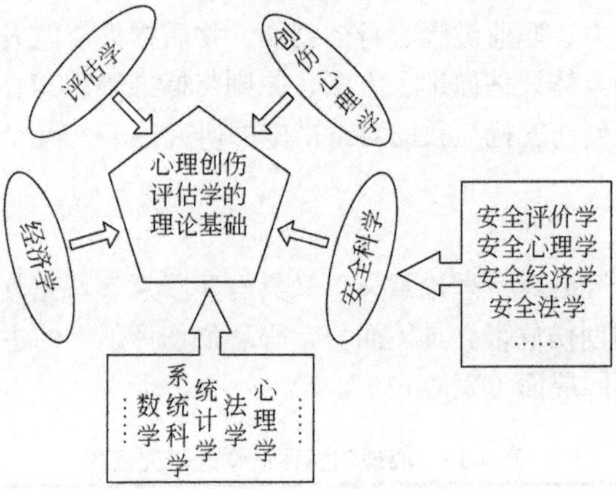

图 4-27　心理创伤评估学的理论基础

2. 研究方法

根据图 4-26 中描述的心理创伤评估学的基本研究内容，可引入心理创伤评估学所涉及的主要研究方法，这些方法包括：

1）分析阶段使用的方法，如查阅文献方法、分析方法、情景描述法、溯因方法、因果分析法、技术分析法等。

2）确认阶段使用的方法，如直接考察法、观察方法、实验方法、验证方法、智力测试法、技术鉴定法等。

3）设定阶段使用的方法，如比较方法、类比方法、等效法、经验方法、统计分析法、平均值法等。

4）评估阶段使用的方法，如定性分级法、定量分级法、指数表达法、等价变换法、间接计量法等。

3. 研究程序

基于心理创伤评估学的定义、内涵、学科基本问题及学科基础，提出并论述心理创伤评估学的研究程序（即心理创伤评估的基本程序），主要包括准备阶段、心理创伤类型确定、心理创伤的影响性质及其潜在危害识别与分析、定性定量评估心理创伤危害的严重程度、提出补偿与减轻心理创伤的对策措施、形成心理创伤评估结论及建议与编制心理创伤评估报告 7 个阶段，如图 4-28 所示。

基于心理创伤评估学的定义、内涵、学科基本问题及学科基础，对心理创伤评估学的研究程序进行解析，具体见表 4-18。

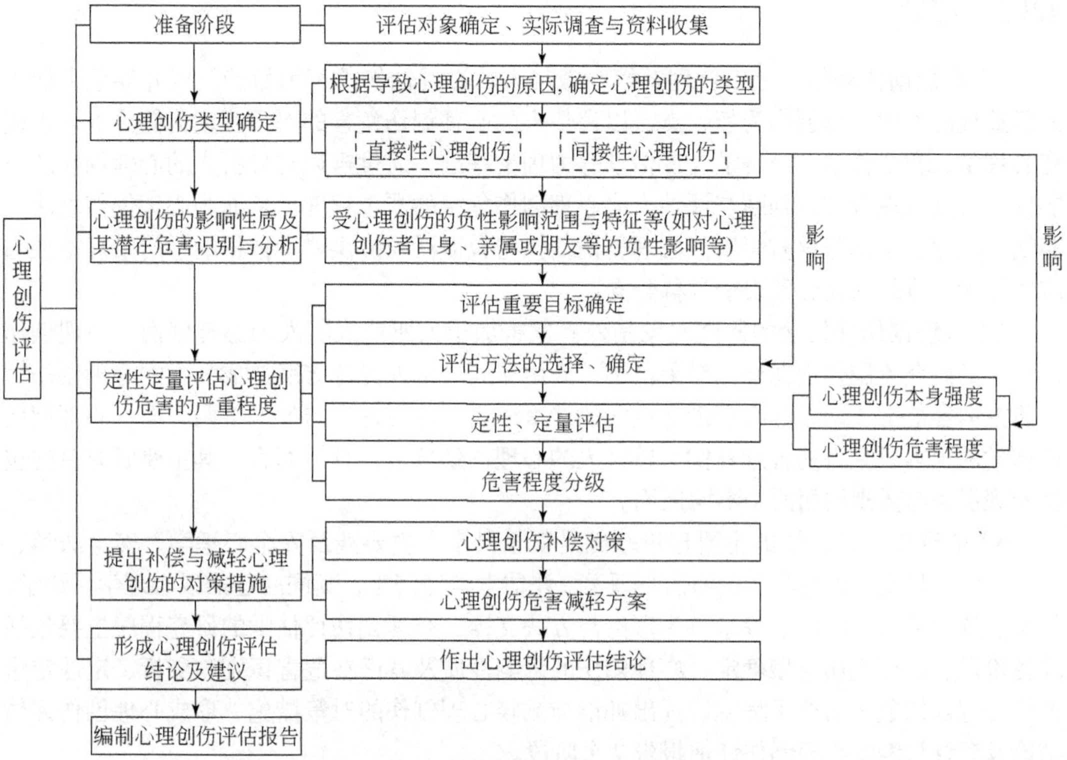

图 4-28　心理创伤评估学的研究程序

表 4-18　心理创伤评估学的研究程序

次序	步骤名称	主要事项
1	准备阶段	明确心理创伤评估对象和范围（个体或群体），收集国内外相关法律法规、标准规范及创伤心理学、评估学、安全科学方面的与实际心理创伤有密切联系的相关文献资料
2	心理创伤类型确定	根据外界危害是否直接作用于受心理创伤者自身并对其造成心理创伤，确定所要评估的心理创伤类型，即直接性心理创伤或间接性心理创伤
3	心理创伤的影响性质及其潜在危害识别与分析	根据被评估对象的相关情况，识别和分析心理创伤的影响性质及潜在危害，主要包括心理创伤本身的性质及心理创伤的负性影响范围与特征（如对心理创伤者自身、亲属或朋友等的负性影响等）
4	定性定量评估心理创伤危害的严重程度	在识别和分析心理创伤的影响性质及其潜在危害的基础上，根据心理创伤的类型与心理创伤评估的重要目标，选择合理而适宜的评估方法，对心理创伤本身强度与心理创伤危害程度进行定性、定量评价，并根据相应标准，对心理创伤危害程度进行分级
5	提出补偿与减轻心理创伤的对策措施	根据心理创伤的定性、定量评估结果，提出合理补偿与减轻人的心理创伤危害对策措施，具体赔偿、治疗、干预与预防等人的心理创伤安抚与救助对策措施
6	形成心理创伤评估结论及建议	简要地列出心理创伤本身强度、心理创伤主要危害与心理创伤危害程度的评估结果，指出补偿与减轻人的心理创伤危害应重点注意的方面，明确相应重要的补偿与减轻对策措施
7	编制心理创伤评估报告	依据心理创伤评估的结果编制相应的心理创伤评估报告

4.8.5 结论

1）心理创伤评估学是以合理补偿与减轻人的心理创伤危害为目的，以外界危害加于人所造成的人的心理创伤为切入点，以评估人的心理创伤危害的严重程度为侧重点，以创伤心理学、安全科学、经济学与评估学等为理论基础，通过辨识与分析人的心理创伤的影响性质及其潜在危害，判断与评估人的心理创伤危害的严重程度，从而为心理创伤立法、赔偿、治疗、干预与预防等人的心理创伤安抚与救助活动提供科学依据的一门融理论性与应用性为一体的新兴交叉安全学科分支。

2）心理创伤评估学的研究对象是外界危害加于人所造成的人的心理创伤；心理创伤评估学的研究范围体现在研究对象范围（即由非同寻常外界危害所造成的人的心理创伤）与研究内容范围（即人的心理创伤危害的严重程度的评估理论与技术）两方面；心理创伤评估学的根本研究目的合理补偿与减轻人的心理创伤危害，具体而言，其主要研究目的包括宏观层面与微观层面两个不同层面。

3）心理创伤评估学的主要理论基础是安全科学（主要涉及安全心理学、安全法学、安全经济学与安全评价学）、创伤心理学、评估学与经济学，其同时还需以心理学、法学、数学、统计学与系统科学等学科为理论与方法支撑；心理创伤评估学的研究程序主要包括准备阶段、心理创伤类型确定、心理创伤的影响性质及其潜在危害识别与分析、定性定量评估心理创伤危害的严重程度、提出补偿与减轻心理创伤的对策措施、形成心理创伤评估结论及建议与编制心理创伤评估报告 7 个阶段。

4.9 安全人性学

【本节提要】本节从学科建设角度对安全人性学进行探究。首先，基于安全科学与人性学理论提出安全人性学的定义与内涵，规范了安全人性学学科属性，确定了安全人性学研究内容的两大模块，并构建安全人性学研究的多维结构体系。然后，分别从历史、基本原理与规律、应用科学及文化区域 4 个层面确立了安全人性学多层次框架及学科分支，并构建了安全人性学学科体系。最后，探讨安全人性学的研究方法。

本节内容主要选自本书作者等发表的题为“安全人性学内涵及基础原理研究”[25] 与“安全人性学的方法论研究”[26] 中的部分内容，具体参考文献不再具体列出，有需要的读者请参见文献 [25，26] 的相关参考文献。

在安全系统中，人既是主体也是客体，不管设备多么坚不可摧，防御流程多么高效严密，最薄弱、最易被入侵的环节和最易产生失误的是人。因此，以人为本是安全科学的重要指导思想。在以往以人为本的研究中，将安全心理、安全生理、安全生物力学、人体参数等作为研究的主要对象，但却忽略了对人类的心理及行为有着潜移默化影响的安全人性的研究。

不同于一般的工学学科，可以通过实验验证和数据测量等客观方法来获取事物的一般规律，揭示客观显现的本质。人性，是人类天然具备的基本精神属性，是难以进行客观衡量的主观存在。人性论是传统伦理学说的重要理论基础，是对人自身本质的认识。人性的理论抽象只有上升为理论具体才是深刻和全面的，才能有效指导并解决人和社会中的实际问题。因此对安全人性的研究，有利于从人性本质上解释人的不安全行为，并进一步提高人的安全状态。

安全人性的一大特性是主观性，对于这种看不见摸不到的主观性极强的学科，如何有效切入并深刻研究，是安全学科建设及发展的一大难题。目前对于安全人性学研究的相关文献寥寥无几，马斯洛的需求层次理论是较早可查的安全人性研究的开端。本节在前人研究的基础上对安全人性学的定义、特性、内涵、方法论等做进一步深化和补充。

4.9.1　安全人性学定义及内涵

1. 人性学

人性学系统地研究人性活动的基本规律和一般方法，教导人们对行为后果负责，对自己的长远目标负责。人作为社会主体，其在能动地认识和改造世界的同时，也在不断地认识、发展、提高和完善自己。从自然层面来看，人主要希望拥有快乐、得到尊重、树立长远目标这三个方面的生理和心理需要；从社会层面来看，人通常会从行为后果、自己的长远目标、自己的人生价值这三个方面来考虑。

2. 安全人性学定义

安全人性学和安全心理学在研究对象及学科特性上存在一定的相似性。事实上，安全人性、安全心理、安全行为三者是呈动态关联的，人的后天心理及行为都是在安全人性基础上发展而来，并受其影响。但与之不同的是，对安全人性的研究更加侧重于人类与生俱来的本能特征，研究成果可以用于指导人类安全心理及安全行为的研究和实践。

综合分析安全科学及人性学发展及特性，可以给出安全人性学的定义：安全人性学是以人性学和安全科学为基础，着眼于利用与塑造安全人性和以实现劳动者的安全健康为目标，从安全人性的角度对人性变化与行为规律进行探索研究和运用的一门交叉性学科。由于安全人性学研究对象的特殊性，以及安全学科的复杂非线性，安全人性学具有以下特性:

1）先天遗传性。安全人性具有先天性。安全人性指导着人的安全行为，安全人性的遗传性也决定了安全心理和行为具有一定的遗传性。

2）后天可塑性。安全人性具有后天可塑性，主要体现为后天培养，如安全技能培养、安全知识培养、安全观念培养。

3）分维性。分别从时间维、数量维、物质维、知识维等不同维度研究安全人性。

4）复杂性。安全人性是复杂的，后天的安全人性受思维、情感、意志等心理活动的支配，同时受道德观、人生观和世界观的影响。

对于安全人性学，在学科属性方面可做进一步理解与深化：

1）安全人性学的综合性，学科涵盖范围广，包括哲学、人性学、安全学、心理学、生理学等。

2）安全人性学的交叉性，安全学与人性学的交叉。

3）安全人性学的目的性，主要是为了实现劳动者生产安全、心理与生理健康而建立的。

4）安全人性学的基础性，是关于安全人性表现的基础理论。

5）安全人性学的实践性，对安全人性活动的指导性和实践性作用。

3. 安全人性学研究内容

安全人性学具有的先天遗传性是无法改变的，而后天的塑造与改变对人类的发展具有更加实际的研究价值。因此，对安全人性学的研究，现阶段主要聚焦于后天可塑的安全人性。依据安全人性与安全心理、安全行为以及周边环境、物质等的动态关联性，将安全人性学的研究分为 4 个层次：

1）安全人性与心理和行为的关系。

2）安全人性与环境、物质、文化、氛围、时空等因素的关系及其响应规律。

3）基于安全人性理论有效管控人的不安全行为的方法、手段和措施等。

4）使安全人性与各影响因素相互协同。

包括安全学科在内，任何一门成熟的学科，都离不开完整丰富的理论体系的支持及实践经验的进一步发展。安全学科是一门致力于通过对人员的生理、心理、行为等研究来提升并实现安全状态的学科。因此，安全人性学的研究也将分为两大块，即“认识部分”和“实践部分”，如图 4-29 所示。

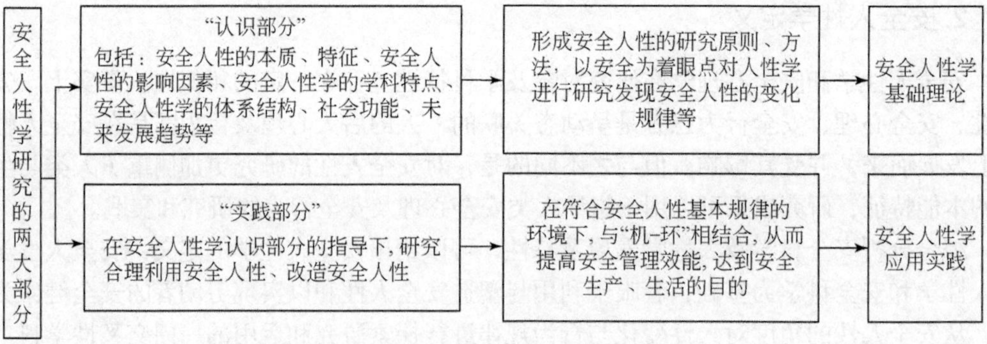

图 4-29　安全人性学研究的两大模块

依据图 4-29 安全人性学研究内容两大分类，可将安全人性学的应用研究分为理论应用与实际应用两部分。安全人性学理论应用包涵以下几点：

1）帮助劳动者更好地认清自己，提高劳动者的安全意识。安全人性学从人的角度出发，对每一类人群的人性特征深入分析，从自身心理状况考虑，能有效地规避大部分风险。

2）发展与完善人性学理论与学科体系，为人性学实践提供范例。安全人性学的建立与发展，能有效推动人性学基础理论的研究与学科体系的完善。

3）进一步了解人性学的结构属性和功能属性。像人的自然、社会、精神属性属于人的内在规定，它同人的个性和人的本质构成了人性内部结构。

4）依据人与外部环境的关系，把人性视为能动性与受动性的统一、创造性与适应性的统一；依据人与他人的关系，把人性视为社会竞争性和社会合作性的统一，等等。

安全人性学的实践应用包括以下几点：

1）工业设计方面。在工业设计时融入安全人性学的理念，实现功能安全甚至本质安全。

2）安全预防管理方面。掌握安全人性的发展规律有助于提出科学的安全管理制度、安全教育制度等，实现预防管理。

3）安全相关的法律的制定方面。安全的法律法规必须要正确、全面地了解安全人性之后制定，否则无法实现其应有的效益，甚至会起负面作用，等等。

4. 安全人性学研究的多维结构体系

安全学科具备多学科、综合性、交叉性的特性，而人性学自身也与社会学、行为学等学科综合相关，因此，安全人性学必然也具有多维的结构体系。综合安全学及安全人性学的基础、特征、方法等，建立安全人性学的多维结构体系，包括专业文化维、数量维、环境维、时间维、技术维和理论维，如图 4-30 所示。

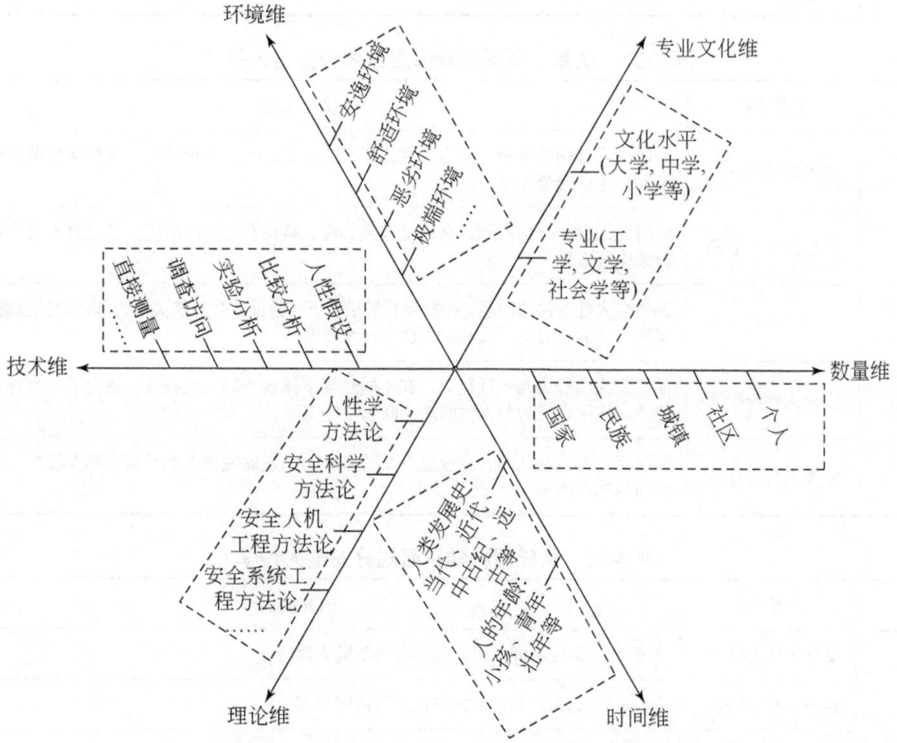

图 4-30　安全人性学的六维一体结构体系

4.9.2　安全人性学学科体系构建

1. 安全人性学学科分支

安全人性学在时间、空间、文化等方面都具有大的跨度性，导致不同人群在不同时期对于安全的认识程度差异很大。因此，为了条理清晰地对安全人性学进行学科体系的划分，将其分别从时间维、数量维、技术维、专业文化维、理论维、环境维进行考量，在此基础上，从历史、基本原理与规律、应用科学及文化区域4个层面构建安全人性学多层次框架。其涵盖的主要学科分支和研究实例分别见表4-19～表4-22。

表4-19　从历史层面划分安全人性学

层面	主要学科	研究实例
历史	当代安全人性学	如研究新民主主义社会和社会主义社会，人们开始有自己的新生活，在解决温饱情况下追求经济文化发展等上层建筑时，表现的安全人性行为研究
	近代安全人性学	如研究半殖民地半封建社会时期，广大民众受帝国主义和封建主义的双重压迫，官僚资产阶级的剥削，毫无政治、经济权利下，人们的安全人性研究
	古代安全人性学	如研究奴隶和封建社会时，人们以家庭生产为主，但需把大部分生产物质上交给地主或封建主，地主与农民阶级的安全人性研究
	原始安全人性学	如研究尧舜禹传说时期之前，在生产力水平低，生产资料公有制时，氏族部落领导下，原始人的安全人性行为研究

表4-20　从基本原理与规律层面划分安全人性学

层面	主要学科	研究实例
基本原理与规律	安全人性哲学	如研究人性的哲学观，安全人性是哲学的重要范畴，从理论化、系统化的世界观出发，以理性论证安全人性
	安全人性与心理	如研究人性心智的问题，具体至人类心理、精神和行为的研究，通过对人安全心理的分析来诠释人性
	安全人性与伦理	如研究人性道德的问题，在社会意识形态下，通过社会经济关系为基础的社会物质生活，研究人性的内容与形式和对人性中行为准则
	安全人性与行为	如研究人的行为与人性特点，在不同环境下体现不同人性特点，决定了人类行为的可预测性，揭示人行为与人性的内在联系
	安全人性与社会	如研究人的社会认知，在社会事实的基础上，发展完善人类社会不断发展中，人性认知活动的知识体系

表4-21　从应用科学层面划分安全人性学

层面	主要学科	研究实例
应用科学	安全人性史学	如研究人类在不同历史时期体现的不同人性特征
	安全人性协同学	如研究不同人体现的共同特征及其协同机理
	安全人性教育学	如研究人性怎么办的问题，探讨教育对安全人性后天的学习作用
	安全人性博弈学	如研究如何在错综复杂的人性中相互影响得出合理策略
	安全人性环境学	如研究不同环境下安全人性的各异性
	安全人性管理学	如出于人本思想，研究人性、高效化的管理模式
	安全人性法学	如与人性相协调，研究如何更识人性，如何更有效地颁布、施行法律

表 4-22　从文化区域层面划分安全人性学

层面	主要学科	研究实例
文化区域	东亚安全人性学	如研究东亚地区人们的安全人性学特点。以中国、日本、韩国、越南为代表国家，信仰佛教，接受中国文化，深受儒家思想影响，重视家庭、教育及讲究群己的伦理及义务，人力资源量大且质优
	南亚安全人性学	如研究南亚地区人们的安全人性学特点。以印度为代表国家，印度教影响生活各个层面，种姓制度影响该地区社会与经济发展
	西方安全人性学	如研究西方人们的安全人性学特点。代表国家有美国、加拿大、英国、德国。全球工业化和现代化程度最高，教育先进，有完善的社会保障体系
	非洲安全人性学	如研究撒哈拉沙漠以南非洲人们的安全人性学特点。经济发展迟缓、饥荒问题严重，有多民族、多语言与多种宗教信仰，多以自给性农牧业及原料输出为主
	……	……

2. 安全人性学学科体系框架

以安全人性学的六维结构体系为基础框架，并结合安全人性学学科体系构建的基本分类，形成了安全人性学学科体系框架，如图 4-31 所示。该学科框架体系借鉴鱼刺图的方式，清晰表现了以安全人性学为中心，以时间维、物质维等六维构架为基本构架，以历史、基本原理与规律、应用科学及文化区域为发展的条理清晰，主次分明的安全人性学学科架构。

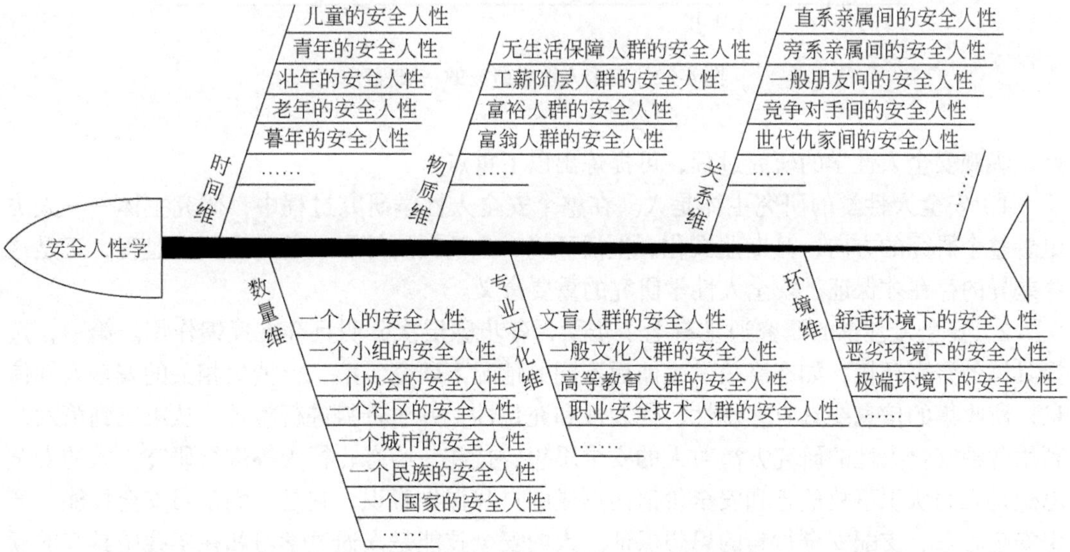

图 4-31　基于六维结构的安全人性学学科体系框架

4.9.3　安全人性学的研究方法

1. 安全人性学方法论的定义

方法论不是具体的方法，是众多方法的抽象和提升，对方法的研究具有理论性的指导作用。根据方法论的基本含义以及安全人性学的研究内容等，作者给出安全人性学方法论的定义：安全人性学方法论从哲学高度总结了安全人性研究的方法，安全人性学是以哲学、人性学方法论、安全科学方法论等理论为基础，以安全人性研究为主体，对安全人性学开展研究的基本原则、理论方法与范式等。安全人性学方法论阐明了安全人性学研究的方向和途径，有利于构建安全人性学的研究模式，形成的多层面、多维度、多视角的安全人性学学科框架体系等。

2. 安全人性学研究的步骤与范式

从总体上讲，无论是对何种环境下，采用何种具体研究方法的安全人性学研究，安全人性学研究时一般包含一系列步骤的有序过程。图 4-32 给出了安全人性学研究的一个常用程序。

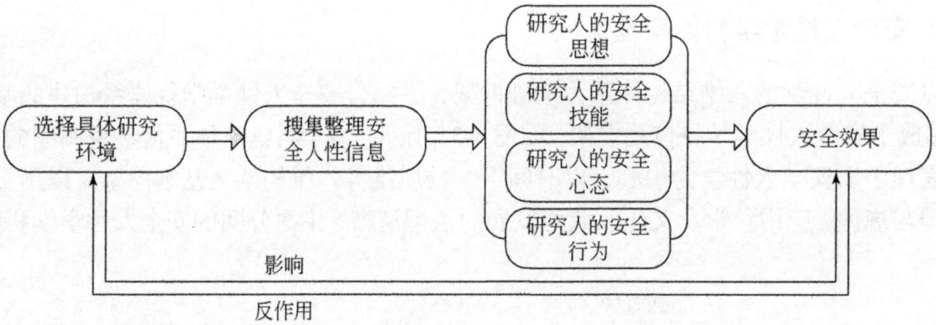

图 4-32　安全人性学研究的一般程序

纵观安全人性学的研究过程，可提炼出以下重点。

1）安全人性学的研究主体是人。在整个安全人性学研究过程中，研究主体——人决定着整个研究的方向，其专业文化、生活环境、生活阅历等影响着整个研究过程，正是这些差异的存在才保证了安全人性学研究的重要意义。

2）安全人性学的研究通常有七个步骤，各步骤层次分明且存在反馈作用。第一，选择具体的研究环境，如在事故发生前后不同的情况下研究。第二，搜集相关的安全人性信息，所收集的信息要具有客观性、代表性和充足性，并对资料进行整理。从第三到第六，利用各种安全人性的研究方法对人的安全思想、技能、心态、行为等进行研究。人的安全思想是人们认识事故危害和安全价值而形成的自我保护意识，它是人们学习安全技能、产生安全心态、支配安全行为的思想保证。人的安全技能是人通过学习和在实践中具有的预防控制事故能力，它是人们产生安全心态，安全行为的技术保证。人的安全心态是反映人们的安全思想、安全技能，在安危动态变化中所具有的环境适应性，它是支配人们行为的直接决定因素。人的安全行为是人们受思想、安全技能，安全心态支配，而形成的生产实践规律运动的表现，它是产生安全效果的决定因素。第七，安全效果是人们的安全行为，为促进生产发展，而获得的安全效益，它是检验安全生产的标准之一。

3）分析研究最终得到的安全效果，不断反思安全人性在生产、生活过程中所体现的特点及变化规律，从而促进安全人性学的发展，为安全人性学的研究提供新的思路和契机。如图 4-33 所示是一个安全人性学的研究范式，该范式体系是一个研究的基本框架。将安全人性学的研究看成是一个互相作用影响的完整系统，对安全人性学学科体系的建立具有推动作用。

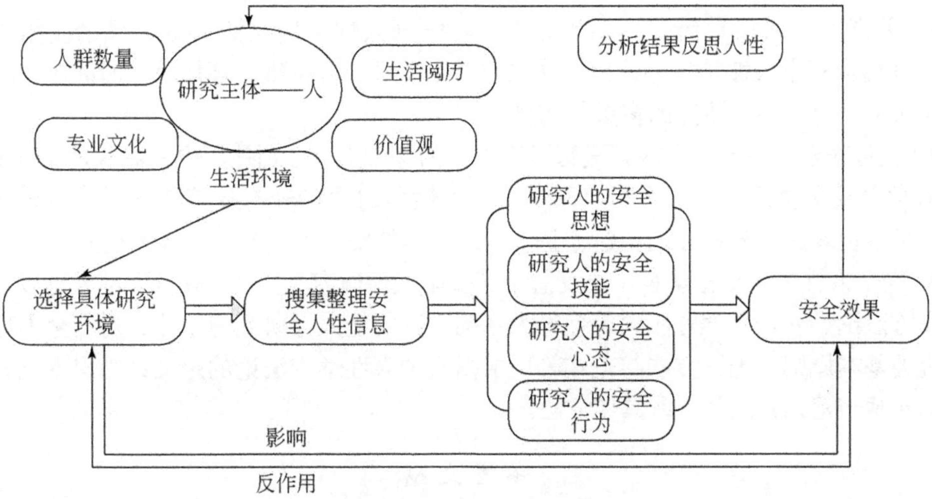

图 4-33　安全人性学的研究范式例子

3. 安全人性学研究的一些具体方法

安全人性学是一门综合性学科，内容丰富，涵盖范围广，涉及多种研究方法。本书以表格形式列出研究安全人性学的一些具体研究方法，见表 4-23。

表 4-23　安全人性学的一些具体研究方法

方法名称	特点	适用范围
直接测量法	借助器具、设备进行实际测量	人体尺度与体型、人体活动范围、人体作业空间大小等
观察分析法	通过观察、记录被观察者的行为表现、活动规律等，然后进行分析	人类情绪变化、人体反应时间测量、人类性格特点等
调查访问法	依据特定的研究内容，设计好调查表，对人员进行书面或者问询调查	人体心理因素变化、人体需求、人体作业强度等
实验分析法	特定环境下，测试实验对象的行为或者反应	人的感知和反应、人体生理参数、人体视听觉错觉等
统计分析法	统计分析作业环境中，人员行为变化规律以及事故发生前后作业人员心理及行为变化	人体作业疲劳、人员情绪变化、人的心理动态、人的不安全动作等
比较分析法	利用比较安全法，分析研究不同时间或者不同环境下，面对“机”“环”人性的变化	人的动机、人的注意与不注意、人的感觉与知觉、人的可靠性、人的误操作
人性假设法	主要表现为：“经济人”“社会人”“复杂人”“道德人”“生态人”假设等多种人性假设	人的性格、人的兴趣爱好、人的气质特点、人的行为规律等
思维导图剖析法	相关专家分析研究作业者建构的思维导图，分析研究作业人员的心态想法等	人的情绪、人的性格、人的需求、人的心态变化等

4.9.4 结论

1）为促进安全人性学的发展与完善，以安全科学与人性学为理论基础，对安全人性学及其特性进行了定义，规范了安全人性学学科属性。确定了安全人性学研究的四个层次并将其主要研究内容划分为“认识部分”和“实践部分”两大模块。

2）依据安全人性学研究内容的分类，将安全人性学应用研究分为理论应用与实际应用，并结合安全人性学自身特性，建立包括专业维、数量维、环境维、时间维、技术维和理论维的安全人性学研究的多维结构体系。

3）在对安全人性学研究内容进行多维考量的基础上，分别从历史、基本原理与规律、应用科学以及文化区域4个不同层面对安全人性学的学科分支及其主要研究内容进行分析，并借鉴鱼刺图的分析方式构建了基于六维结构的安全人性学学科体系框架。

4）安全人性学方法论从哲学高度总结了安全人性研究的方法，安全人性学是以哲学、人性学方法论、安全科学方法论等理论为基础，以安全人性研究为主体，对安全人性学开展研究的基本原则、理论方法与范式等。根据安全人性学方法论的定义，给出安全人性学研究的步骤与范式，以及一些具体方法。

参考文献

[1] 胡鸿，吴超，廖可兵，等．安全教育学及其学科体系构建研究 [J]. 安全与环境工程，2014，21(3): 109-113.

[2] 王秉，吴超．安全文化学论纲 [J]. 中国安全科学学报，2017，27(5):1-7.

[3] 吴超，王秉．安全文化学方法论研究 [J]. 中国安全科学学报，2016，26(4):1-7.

[4] 王秉，吴超．安全文化符号学的建构研究 [J]. 灾害学，2016，31(4):185-190.

[5] 王秉，吴超，贾楠．安全民俗文化学的创立研究 [J]. 世界科技研究与发展，2016，38(6):1237-1243.

[6] 王秉，吴超．比较安全文化学的创建研究 [J]. 灾害学，2016，31(3):190-195.

[7] ZAKS L A. Psychology and culturology: A means of cooperating and problems associated with cooperation [J]. Psychology in Russia State of the Art，2014，7(2):14-26.

[8] 尚会鹏．心理文化学要义 [M]. 北京：北京大学出版社，2013.

[9] Heine S J，Ruby M B. Cultural psychology [J]. Wiley Interdisciplinary Reviews Cognitive Science，2010，1(2):254-266.

[10] 李炳全．人性彰显和人文精神的回归与复兴——文化心理学研究与建构 [D]. 南京师范大学硕士学位论文，2004.

[11] Markus H R，Kitayama S. The cultural psychology of personality [J]. Matec Web of Conferences，2014，11(1):63-87.

[12] 孙煦扬，田浩．文化心理学与进化心理学的理论比较 [J]. 心理学探新，2015, (4):299-302.

[13] 王秉，吴超．安全文化学课程内容及其教材框架设计 [J]. 中国安全生产技术，2017，13(4):115-121.

[14] Mcsween T E. The values-based safety process: Improving your safety culture with a behavioral approach [J]. Journal of Organizational Behavior Management，1995，19(3):115-119.

[15] 王秉，吴超．情感性组织安全文化的作用机理及建设方法研究 [J]. 中国安全科学学报，2016，26(3): 8-14.

[16] 王秉．安全人性假设下的管理路径选择分析 [J]. 企业管理，2015，36(6):119-123.

[17] 王秉，吴超．安全文化宣教机理研究 [J]. 中国安全生产科学技术，2016，12 (6) :9-14.

[18] 施波，王秉，吴超．企业安全文化认同机理及其影响因素 [J]. 科技管理研究，2016 ，36 (16) :195-200.

[19] 洪榆峰，宋焕斌 . 基于文化心理学的矿难边际成因探讨 [J]. 昆明理工大学学报（社会科学版），2014(3):102-108.
[20] 纪海英 . 文化与心理学的相互作用关系探析 [J]. 南京师范大学学报（社会科学版），2007(4):109-113.
[21] Antonsen S. Safety culture and the issue of power [J]. Safety Science，2009，47(2):183-191.
[22] 新华社评论员：加快构建中国特色哲学社会科学 [EB/OL]. 新华网 http://news.xinhuanet.com/politics/2016-05/18/c_128995026.htm[2016-05-18].
[23] 王秉，吴超 . 安全文化史学的创建研究 [J]. 科技管理研究 .（录用待刊）
[24] 吴超，王秉 . 安全文化学 [M]. 北京：化学工业出版社，2018.
[25] 吴超，贾楠 . 安全人性学内涵及基础原理研究 [J]. 安全与环境学报，2016，16(6):153-158.
[26] 李美婷，吴超 . 安全人性学的方法论研究 [J]. 中国安全科学学报，2015，25(3):3-8.

第 5 章　安全系统科学领域的新分支

5.1　安全系统学

【本节提要】本节给出了安全系统及安全系统学的定义内涵，在横向上将安全系统学研究内容分为两大模块，在纵向上确定了四个安全系统学研究层次，并依此构建安全系统学研究层次框架。在论述安全系统学方法论定义、特点及原则基础上，将安全系统方法归纳为整体性研究、横断研究、分解研究，并分析其涵盖的具体方法；从方法模型的角度，将系统方法总结为七类模型并综合分析。最后提出了安全系统方法探索研究的动态研究模型。

本节内容主要选自本书作者等发表的题为“安全系统学方法论研究”[1]的研究论文，具体参考文献不再具体列出，有需要的读者请参见文献 [1] 的相关参考文献。

安全系统学是以系统思想为中心，通过系列的系统方法及手段来保障并提高人类生产、生活及生存的安全状态的一门新兴学科，是安全学科领域的重要组成部分。目前，我国关于安全系统工程及系统工程的文献、书籍比较多，但均是从实践工程应用的目的出发，对多种工程方法，如模拟方法、数学计算方法、系统评价方法等进行研究，极少有站在安全科学、系统科学的角度，从方法论的视角研究分析安全系统的一般的理论及方法。

目前安全系统学正处于科学发展的初始阶段，在学科体系建设方面存有大量不足和空白。为了促进安全系统学的完善及发展，本节从学科建设视角出发，对安全系统及安全系统学进行了定义，从横向和纵向两个方面对安全系统学研究内容及研究层次进行了划分，并通过安全系统学研究层次拓展框架阐述了安全系统方法论与安全技术理论的层次关系。然后，通过对安全系统学方法论及其特点、原则进行论述，对安全方法从切入思考维度及方法模型两个角度进行综合分析，最终提出了安全系统方法探索研究的动态模型。

5.1.1　安全系统学基础

1. 安全系统学定义及内涵

安全系统学的形成是由于科学技术发展加速，社会进入更加高级复杂的阶段，难以用狭义的系统安全的认识方法解决安全问题。伴生而来的是对安全内涵及本质认识的需求，对安全因素内部之间关联及其与安全现象的非线性关系统筹把握的需求，对某一特定安全问题从根本出发并解决问题，而不是仅聚焦于对问题表现认识的需求。

系统科学的飞速发展为安全系统学的进步提供了理论及科学背景上基础支撑。由于安全系统工程自身的理论方法具有定性及定量科学性，安全系统方法在整个工业领域得到发展与运用，在此基础上，安全系统学的理论研究得到进一步推动。综合安全学科特性，对安全系统学的核心概念，即安全系统，进行新的定义：

安全系统是由与安全有关的多个部分、按特定方式结合、能够不断演化发展的，可以影响、实现并提高人类生产生活中的安全状态，且具有自身属性、功能与价值的有机整体。进而，可将安全系统学定义为研究安全系统的结构、分类、运行、与环境的关系以及发展演化规律等的学科。

对安全系统学的研究，可通过以下几点做进一步理解。

1）安全系统学虽然在我国还处于初级阶段，但是关于系统及安全系统工程的研究已有百年历史，关于安全工程的技术更是历史悠久，对安全的意识更是由远古时代延续至今。安全是人类生存的最基础、最本性的需求。因此，对安全系统学的研究并不是无据可依的。

2）由于人的因素在安全系统中起着至关重要的作用，安全系统学不仅包含了自然科学，更应注重人理学、生理学和人文社会科学等的研究。因此，对安全系统学的研究方法，应既涵盖人学和社会科学，又有自然科学的研究方法。

3）安全系统学虽是安全科学学科下的重要分支，但其基本的研究资料及学术成果严重匮乏。对安全系统学的研究，一定程度上可以理解为在安全系统工程这门技术学科在理论上的提升，同时也是对传统的安全系统（或系统安全）的延展与升华。

4）安全科学学科的理论体系是在认识与解决人类生产及生活过程中事故、灾难等安全问题的过程中逐步形成的，自然科学和社会科学的通用研究方法亦适用于安全科学学的分支学科——安全系统学。因此，安全系统学的研究兼具安全科学与系统学的特性。系统学的研究特性包括整体性、相关性、层次性、目的性等，安全学学科的研究特性包括复杂性、非线性、模糊性等。安全系统的研究需将这两门不同学科有机结合。

2. 安全系统学研究内容与层次

任何一门成熟的学科，都离不开完整丰富的理论体系的支持及实践经验的进一步发展。安全系统学是一门致力于通过对系统的组分、运行、演化等研究来提升并实现安全状态的学科。因此，安全系统学的研究内容可分为两大模块，即“理论部分”和“实践部分”。如图 5-1 所示，该两大模块是从横向上对安全系统在研究内容方面的划分。

同时，结合现代系统科学及一般系统学的理论观点，将安全系统学的研究层次划分为纵向的四个层次，从下至上分别是技术层次、学科层次、方法论层次及哲学层次，如图 5-2 所示。

在对横向的研究内容及纵向研究层次分析的基础上，综合图 5-1 与图 5-2，可将安全系统学的研究进行领域的拓展和划分，形成安全系统学研究的综合层次框架。如图 5-3 所示，把安全系统科学及技术的系统问题及研究的全部作为研究的出发点，称为安全系统研究。单向箭头表达的是将安全系统研究分为两个更局部的领域，双向箭头表示的是不同领域之间的相互联系、相互作用。该层次框架的建立依据了两个原则：①将系统研究的“实在的”工程技术实践和对其所做的理论认识同对该领域研究的理论“思考区”划分开；②较为完整地表达了方法论与技术理论研究的关系层次。

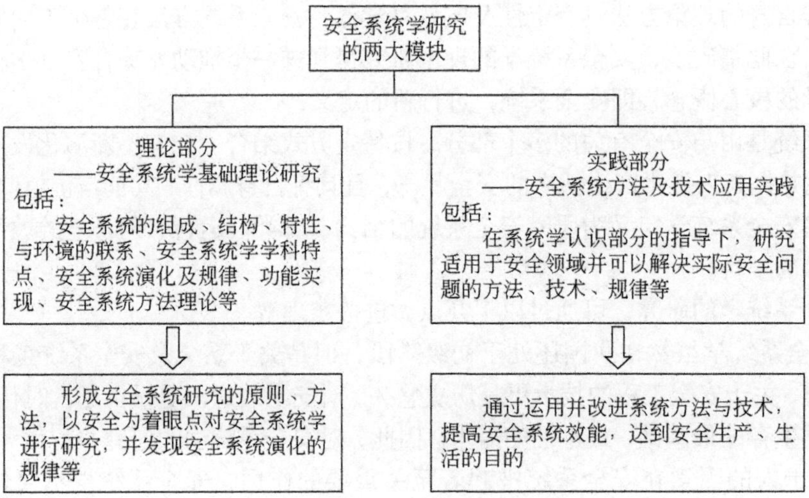

安全系统学研究
的两大模块
理论部分
——安全系统学基础理论研究
包括：
安全系统的组成、结构、特性、与环境的联系、安全系统学学科特点、安全系统演化及规律、功能实现、安全系统方法理论等
实践部分
——安全系统方法及技术应用实践
包括：
在系统学认识部分的指导下，研究适用于安全领域并可以解决实际安全问题的方法、技术、规律等
形成安全系统研究的原则、方法，以安全为着眼点对安全系统学进行研究，并发现安全系统演化的规律等
通过运用并改进系统方法与技术，提高安全系统效能，达到安全生产、生活的目的

图 5-1　安全人性学研究的两大模块

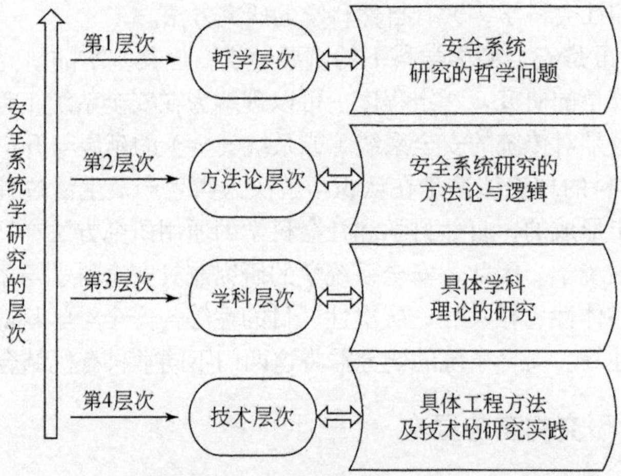

图 5-2　安全系统学研究层次

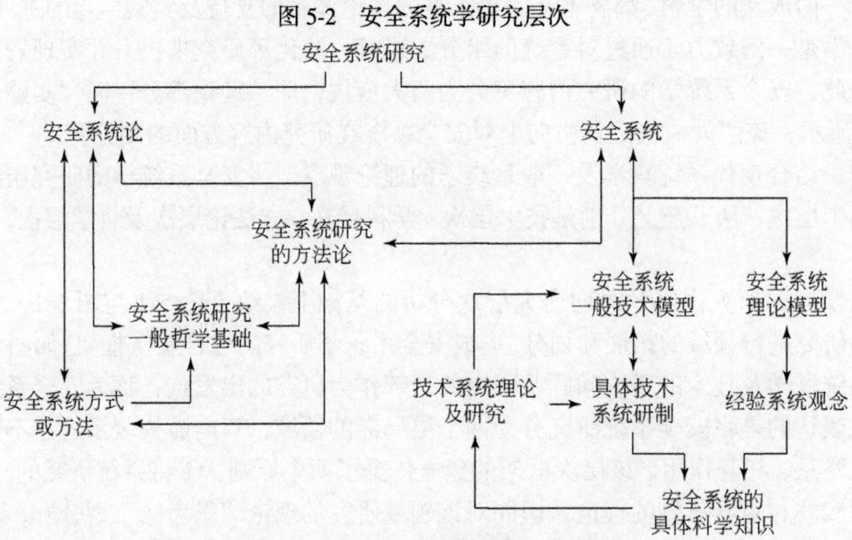

图 5-3　安全系统学研究层次拓展图

5.1.2　安全系统学方法论基础

1. 安全系统学方法论内涵

科学方法论是通过对方法的研究、描述和解释，揭示客体所需遵循的途径及路线，以达到对研究问题的科学认识的目的。

这里，对安全系统学方法论做出概念性解释：安全系统学方法论是用于指导安全系统学的一般理论取向，研究安全系统方法的基本逻辑、规则，对系统方法做出规范、策略及方法的高度概括。

与具体的安全系统方法相比，安全系统方法论有如下特点：

1）系统性。安全系统方法论其本身就是以诸多理论方法及层次思路组成的系统，它强调了从系统分析至系统优化至应用实践整个研究过程的完整性与系统性，每个步骤环环相扣，形成系统整体。

2）严谨性。由客观事实出发，实事求是，以发展的思维进行研究，并用实践作为检验的唯一标准是唯物辩证思想的精髓。严谨的安全系统的研究，就是要以之为方法论的基点开展进一步的扩展建设。

3）可重复验证性。安全系统论注重现实、数据或经验的基础作用，安全系统的分析、评价、应用等必然是以科学的、客观的数据为前提。

2. 安全系统学方法论原则

辩证唯物思想是客观认识世界的一种方法论，也是安全系统学及其他学科的研究中最基本的原则。它强调的是“唯物”与“辩证”这两大要素。“唯物”，即认为事故的发生并不是无来由的突发事件，而是系统客观存在着的危险因素或不安全行为作为事故发生的风险，并存在让该风险增加，扩大并造成危害的客观条件，如有毒有害物质、高温高压的环境等。“辩证”即认为安全系统中因素的变化与运动，其强调整体与个别的关系，这与系统的思想是不谋而合的。

因此，在从事安全系统的分析、构建、决策、管理等研究时，需以辩证唯物主义为科学的方法论原则。与安全系统工程技术的研究方法论不同的是，安全系统学是对安全系统（或系统安全）工程技术在方法、理论、规律的总结概括、延展与升华，所以，在遵循辩证唯物这一大原则的前提下，还应遵循以下一般方法论原则。

1）整体性原则。指的是在对安全系统进行研究时，要全面系统地考察安全系统所涉及的一切因素，并进行综合整体的把握。即在安全系统的研究中，需要将分散的，看似独立的系统因素从整体的角度加以考虑，充分了解其分散的个体与系统整体间的关联以及个体对系统的作用。同时，由于安全系统不仅包括物质的机械和设备，还包含了人的因素及社会因素（政策、文化等），因此，整体性原则的实现也包含了对于这些外界因素的充分考虑。

2）相关性原则。任何事物都不是孤立的存在，事故的发生不是凭空的出现，系统中任何要素也不是绝对独立的，要素之间以及要素与整体间都存在着相互联系与影响。故在对安全系统进行分析研究中，必须要运用联系的观点，统筹所有的因素与相关方面。

3）动态性原则。时间动态性是安全系统的一大特性。因此，对于安全系统的方法论研究，必然不能忽略在时间维上所带来的动态变化。这一变化包括，可遇见的与不可预见的政策性变化、技术性的提高、人的因素的自身安全文化及安全素质水平的提升等所带来的安全效果的整体改变。

5.1.3 安全系统学方法分析

1. 安全系统方法统计分析

安全系统学体系是在认识与解决人类生产及生活过程中事故、灾难等安全问题的过程中逐步形成的，其中包括了自然科学与社会科学的综合交叉学科，因此，自然科学和社会科学的通用研究方法亦适用于本学科。综合分析多种方法，并根据方法的思考维度的不同，将现存方法其分为系统整体性研究、系统横断研究、系统分解研究，表 5-1 对 3 种分析维度包涵的部分方法进行列举分析。

表 5-1　安全系统学研究方法分析

分析维度	涵盖方法例子	方法概述
系统整体性研究	大数据挖掘	大数据挖掘分析，可全面、深化认识事故、灾难的发生机理及其发展规律，从而为科学预测事故、灾难的发生及其发展趋势，以及制定应急预案和其他安全管理等工作提供支撑
	高精度数值模拟	高精度数值模拟研究，既可再现事故、灾难过程，又可节约研究时间及成本，是全方位、深层次研究事故、灾难的机理和规律必不可少的研究手段之一
	大尺度物理模拟	通过大尺度物理模拟研究，可获取真三维、高相似比的模拟结果，既可丰富对相关事故、灾难认识的实验数据，又可对相关的高精度数值模拟结果进行验证
	工程验证试验	针对难以通过缩尺度实验模型进行的模拟验证，在条件许可的情况下，通过工程验证试验对相关防治技术或方法进行有效性验证等，将是本学科研究必将坚持的手段之一
系统横断研究	层次分析方法	安全系统与普通系统相似，都存在着多层次结构的等级结构。将安全系统问题以层次分析，会使看似复杂的问题条理化，清晰解决问题的思路
	比较安全研究方法	运用比较思维，通过分析安全系统中彼此有某种联系的不同时空的事、物、环境、人的行为等对照分析，揭示其共同点和差异点，并提供借鉴、渗透、提升的方法。安全比较方法是通过某一层面的切入点，可以将不同的系统进行横向的并列，从整体与横断两个层次实现了安全系统的综合分析
	相似安全系统研究方法	相似安全系统研究方法是围绕系统内部和系统之间的相似特征，研究相似系统的结构、功能、演化、协同和控制等的一般规律，进而对系统安全开展相似分析、相似评价、相似设计、相似创造、相似管理等活动，寻求实践安全效果最优化的方法
系统分解研究	安全容量法	安全具有容量属性，以风险承载力度量安全；同时容量具有安全属性，以安全为前提保障容量。基于此，提出系统的安全容量。安全容量由 n 维风险维度所共同决定，以薄弱环节安全容量作为评估中权重最大的一维度
	子系统研究方法	将复杂烦冗的系统进行分解，划分为多个子系统，会将看似无序的问题简化，清晰了解决问题的思路。对于安全系统，比较传统的分解方法如人、机、环、管等，也可按照功能分解，结构分解等划分

1）系统整体性研究是系统方法的核心，也是系统思想的精髓所在。由于系统的相关性及整体性，在对安全系统分析时不能仅聚焦于系统的局部某点，这样会丢失由局部组成的整体在功能上的变化。

2）系统横断研究是从系统的某一视角横向切入的研究，如进行系统安全比较研究或相似研究等，可同时研究各安全子系统间或安全学科群的关系。将该思路相较于安全学自身方法，建立的比较安全法、相似安全系统法正是得其精髓。

3）系统分解研究，安全系统涵盖范围极广，小至工序的操作程序，大至整个国家的安全体系，因此，将安全系统分解成各类子系统进行研究，是安全系统研究的主要切入点之一。

2. 安全系统方法模型分析

模型方法是以研究模型来揭示原型的形态、特征和本质的方法，是逻辑方法的一种特有形式。通过舍去次要的细枝末节及非必要的联系，以简化和理想化的方式去再现原型的各种复杂结构、功能和联系，是连接理论和应用的桥梁。而安全方法模型就是将安全系统不同功能模块或目的具体技术方法进行条理化，并进行分类，使管理者在实现分析、决策、评价等安全系统功能时，有理、有序并合理地选择方法。在安全系统中，可将安全方法划分为七大类，其中的一些模型建立于整个学科的高度，而一些模型只是针对某些具体问题，具体见表 5-2。

表 5-2　安全系统方法模型

模型类型	模型描述
构件模型	用于描述系统的组成成分，包括“人 – 机 – 环”系统方法、“人 – 事 – 物”方法等
层序模型	概述能阻止事故发生的事件或活动的原因及顺序，或者用以表示事件或活动诱导事故发生的过程，包括事故树分析法、鱼刺图分析法、事故树分析法等
介入模式	描述能够增加安全的介入的媒介模型，包括机械干预模型、安全教育模型、政策强制模型等
数学模型	基于定量分析，用以数据分析及结果的评价、评估，包括粗糙集、模糊数、层次分析法等
过程模型	描述系统操作及系统活动的关系及过程，事故中一些特定的事件发生的顺序，包括事故链模型、能量转化模型等
安全管理模型	确定系统的组成部分，系统，相互关系，输出；描述风险可控系统的方式及过程（如安全管理系统风险管理系统）
系统模型	描述系统的目标、组成、关系及相关性

5.1.4　安全系统方法研究动态模型

一个学科的发展必然离不开其理论体系及方法体系的支撑，安全系统学作为安全科学的重要一支，其自身的方法体系还存在大量空白。安全系统学是以系统学和安全科学为基础，并依托于自然科学、工程科学及人文科学，多数被广泛应用的安全系统方法技术均来自于其他相关学科的借鉴与改进应用。依据此思路，构建安全系统方法研究的动态模型，如图 5-4 所示。

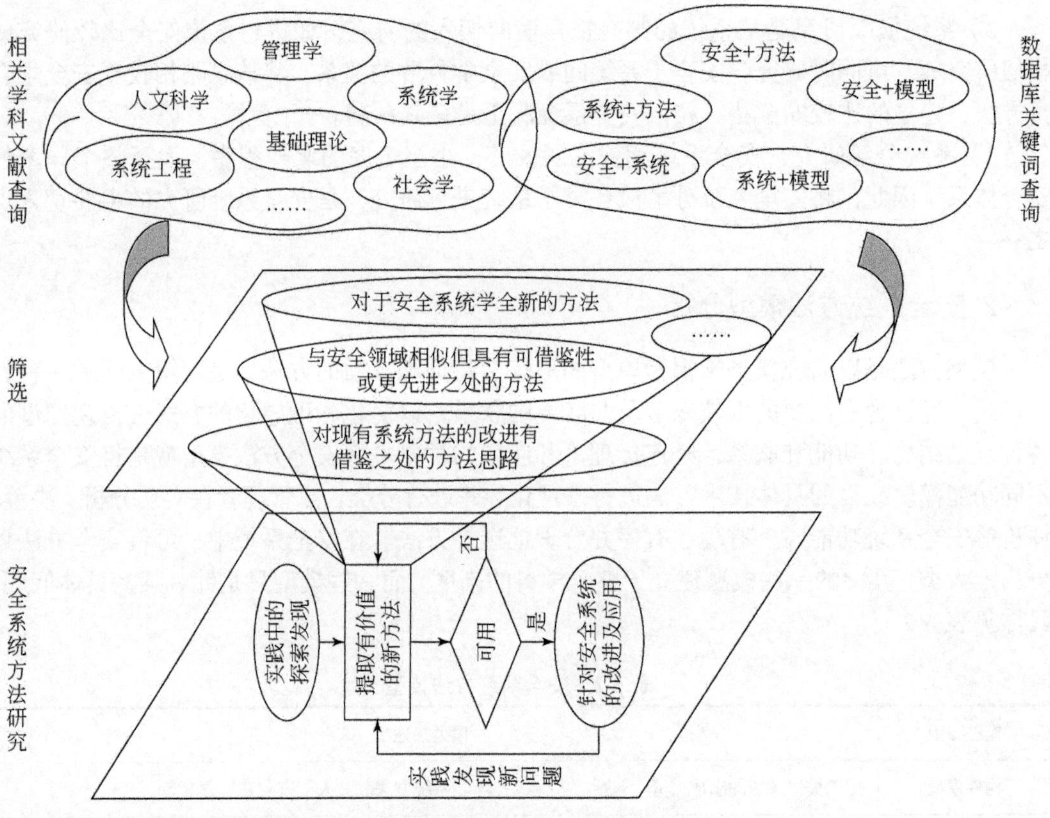

图 5-4　安全系统研究动态研究模型

如图 5-4 可见，该安全系统方法动态研究模型涵盖了垂直方向和水平方向上的两条探索路线。首先，分析垂直方向的研究路线。

1）相关学科，相关学科文献查询。相关学科主要包括系统学、系统工程、人文科学、管理学等学科领域；资料查询方式可通过数据库查询关键词，如安全 + 方法、安全 + 模型、系统 + 方法、系统 + 模型、安全 + 系统等。

2）筛选，提取有价值的资料方法，包括安全系统学全新的方法，与安全领域相似但具有可借鉴性或更先进之处的方法，对现有安全系统方法的改进有借鉴之处的方法思路等。

3）判断，验证能否应用于安全系统学。判断及验证思路：运用比较、相似、演绎的思想，分析方法与安全系统自身方法的相似性、差异性，为后续的实践应用奠定基础。

4）改进及应用。由其他领域借鉴而来的方法一般难以直接运用于安全系统领域，因此，需要根据实际情况作针对安全系统的改进。

同时，在水平方向上也有一条系统方法的探索路线，即实践中的探索发现—提取有价值的新方法—判断是否可用—针对安全系统的改进及应用。该动态模型包涵了横竖两条思路的原因是初始的方法资料来源的不同（分别源于其他学科和实践操作）。

5.1.5　结论

1）对安全系统及安全系统学进行了定义，从横向上将安全系统学研究内容划分为“理论部分”和“实践部分”，从纵向上划分了 4 个安全系统学研究层次，并构建了安全系统学研究层次拓展层次框架，阐述了安全系统方法论与安全技术理论的层次关系。

2）论述了安全系统学方法论定义，分析了安全系统学方法论的特点，并确定了在遵循辩证唯物这一大原则的前提下，还应遵循整体性原则、相关性原则和动态性原则。

3）对现在应用较多的系统方法进行统计分析，从切入思考维度将安全系统方法分为系统整体性研究、系统横断、系统分解研究 3 大类；按照方法模型将安全系统方法分为构件模型、层序模型等 7 类，将错综复杂的安全系统研究方法条理清晰化。

4）在对安全系统方法综合分析的基础上，提出了涵盖两条研究路线的安全系统方法研究动态模型，该动态模型有效地清晰化了错综复杂的安全系统研究，并指导安全系统方法研究。

5.2　安全运筹学

【本节提要】本节基于安全科学、运筹学、系统科学等理论，提出安全运筹学的定义，并分析其内涵。以安全运筹学为学科基础，从理论、应用学科、应用领域等视角构建安全运筹学的主要学科分支；在此基础上，给出安全运筹学的一般研究程序，并分析其应用前景。

本节内容主要选自本书作者等发表的题为“安全运筹学的学科构建研究”[2] 的研究论文，具体参考文献不再具体列出，有需要的读者请参见文献 [2] 的相关参考文献。

运筹学是一门运用数学方法和现有的科学技术解决实际问题的应用性科学，在当今社会应用极为广泛。运筹学诞生之初主要应用于军事，之后不断发展，应用领域拓展至经济、测绘、物流与管理等，并由此形成军事运筹学、物流运筹学和管理运筹学等运筹学分支学科。此外还有其他运筹学分支学科有待进一步研究。随着人们对安全的重视程度不断提升，学界开展了大量关于安全领域的定性定量研究，其中不乏将运筹学理论运用于安全领域的研究。在我国现行的学科分类标准中，安全运筹学被划归为二级学科——安全系统学下的三级学科。但目前学界尚未从学科建设高度对安全运筹学的学科体系构建开展研究。

5.2.1　安全运筹学定义及内涵

安全科学是运用人类已经掌握的科学理论、方法及相关的知识体系和实践经验，研究、分析、预知人类在生产和生活过程中的危险有害因素，通过应用多种方法和手段限制、控制或消除这种危险危害因素，从而达到过程安全的一门科学。运筹学是运用科学的方法、技术和工具，通过建立模型，求解模型，从而找出最优解或最满意解，进而解决系统运行中的实际问题，使系统控制得到最优的解决方法。运筹学作为一门应用性学科，可将其运用于安全科学领域，从而形成一门新的分支学科——安全运筹学，安全运筹学的研究内容十分丰富。

安全运筹学是安全科学与运筹学在发展过程中相互交叉整合的必然学科产物，安全科学的发展需要应用运筹学的方法和理论，以帮助其解决系统中的安全问题，而运筹学的发展也需要安全科学的理论和体系，以帮助其丰富自身学科体系，故需要构建安全运筹学学科体系，以满足实践和理论发展的需求。因此，安全运筹学的学科体系必须建立在安全科学的基础之上，以安全为着眼点，以运筹学理论为基本内涵，将运筹学的方法和原理应用在安全领域。

基于此，综合安全科学、运筹学及系统理论，对安全运筹学做出如下定义，即安全运筹学是以系统安全为着眼点，以实现系统最优化为最终目的，运用安全科学、系统科学、运筹学的原理和方法，辨识与分析系统中存在的安全问题，通过运筹学的原理和方法对系统中的安全问题进行分析、计划和决策，从而采取最优化的方法，解决安全问题的一门新兴学科。其内涵解析如下：

1）以系统安全为着眼点。从系统和全局的观点来分析问题，不仅要求局部达到最优，而且要考虑在所处的环境和所受的约束条件下，使整个系统达到最优。研究安全运筹学问题，首先需明确所需解决的问题和希望达到的目标；然后理清问题的相关因素和约束条件，用变量表达相关因素，应用运筹方法，结合安全科学方法，形成数学模型；最后对问题进行求解。

2）以实现系统安全最优化为最终目的。安全运筹学旨在解决安全运筹问题，以最优化的方法实现系统安全，或在满足安全的限定条件下，实现经济、效率等其他条件的最优化。安全运筹学的目的是在考虑研究系统诸多因素后，采用安全运筹学方法，实现系统安全的最优化。

3）应用安全科学、运筹学、系统科学的原理和方法。应用安全科学的原理和方法对人们生产生活过程中的人、物、管理和环境等方面的危险有害因素进行辨识、分析、评价、控制和消除；应用系统科学的原理和方法，分析系统内外及系统与系统间的相互影响关系；应用运筹学原理和方法，根据危险有害因素辨识与分析结果，为安全规划、安全设计、安全决策等提供理论参考。

4）辨识、分析系统中存在的安全问题（人们在生活、生产、生存领域与安全有关的管理问题）。研究安全运筹学的最终目的是使系统在满足各方面约束条件下以最优的方式达实现安全运行，故必须辨识、分析系统中存在的安全问题，明确安全运筹问题。

5）通过运筹学原理和方法对系统中的安全问题进行分析、决策，选取最优化的解决方法。解决系统中的安全问题是安全运筹学最直接的目标，将运筹学的原理和方法应用于对安全问题的分析和决策，进行定量、定性建模分析，为解决安全问题提供最优化的方法，保证生产、生活和生存的最优安全状态。

6）安全运筹学研究既有理论意义，也有实践意义。既有助于安全学科的发展，丰富安全学科的理论体系；也有助于企业实现安全管理的最优化、经济化、高效化。从运筹学视角出发，研究安全运筹相关问题，通过定性和定量相结合的方法，建立模型，求解出最优化的方法。研究安全运筹学，可在理论上丰富安全科学及运筹学理论，在实践中解决安全运筹问题。

5.2.2　安全运筹学的分支体系

1. 从理论视角构建主要分支

安全运筹学的主体框架应该由各种不同的理论分支构成，根据对运筹学知识的系统研究并结合安全科学发展的需要，构建安全运筹学的理论分支，包括安全运筹规划理论、安全运筹决策理论、安全运筹其他理论 3 个分支，各分支的具体内容和层次如图 5-5 所示。需指出的是，3 个分支学科的内容在应用中会有一定程度的交叉。

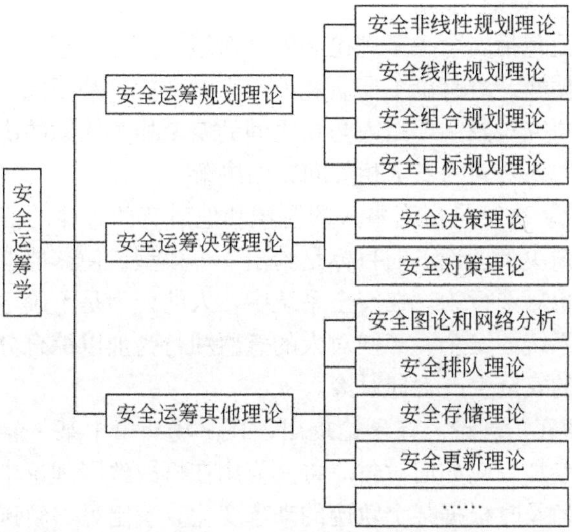

图 5-5　从理论视角构建的安全运筹学主要分支

（1）安全运筹规划理论

安全运筹规划理论主要由解决安全问题的运筹学规划理论组成，包括安全线性规划、安全非线性规划、安全动态规划理论、安全目标规划理论等，上述有关运筹学理论前面加安全两字的意思只是表达用于安全领域，而不是指有这些专门的理论分支，下文有关内容也是如此。

1）安全非线性规划理论。安全系统是一个灰色非线性大系统，影响因素复杂而且带有很大不确定性，如人、物，以及人与物之间的关系等。在安全系统规划模型中引入灰参数来反映上述“不确定性”，称为灰色非线性规划问题。例如，如何合理进行安全经济投入，既能满足企业的资金投入限度又能达到最佳的安全效果；如何妥善处理生产安全事故又能改善安全现状等类似安全规划问题，常需要用到安全非线性规划理论。

2）安全动态规划理论。动态规划技术可将多阶段最优决策问题分解为一系列单个阶段最优决策，从而使问题的求解计算量得到极大的降低，并能提供一个反馈控制策略。安全系统具有动态的属性，存在扰动和突变特性，而该模型在有扰动或在随机情况下具有极强的适应性。

3)安全组合规划理论。在最优化问题中，有部分问题涉及的因素取值范围是离散的(如安全或危险)，而且在许多情况下是有限的，如只取0或1。这类问题往往需要用某些特殊方法来处理，特别是用一些组合方法来处理，最典型的是安全整数规划理论。例如，制定安全设备、安全管理人员配置计划时可应用方面安全整数规划理论。

4）安全目标规划理论。安全目标规划理论主要研究满足某种目标或某几种目标的安全规划问题，存在相互矛盾的约束条件时，根据实际情况，应用目标规划理论寻找满意解。安全目标规划理论又可分为单目标规划理论和多目标规划理论，在应急资源优化配置与调度模型应用方面较为广泛。

（2）安全运筹决策理论

安全运筹决策理论包括安全决策理论和安全对策（博弈）理论，在运筹学中，决策论主要研究人与自然的博弈，对策论主要研究人与人的博弈。基于此，本书认为安全运筹学中的安全决策理论的研究对象主要是人与物之间的安全相关问题的决策，而安全对策理论的研究对象主要是人与人之间的安全相关问题的决策。

1）安全决策理论。决策是由当事人的愿望和他对有关客体的信念两种因素决定的。经典决策理论（贝叶斯决策理论）的目标是给出一个模型，使其能够合适地表达愿望和信念，并加以组合来评价可选行为。在安全系统中，人的行为是不确定的，生产过程中，为保证工作场所及生产系统的安全，必须对人的意愿和行为加以综合分析，决策出安全的行为，从而确定最有效的安全生产管理对策。

2）安全对策（博弈）理论。该理论提出，在一场斗争中某一参加者的所有对手皆采取常用的策略，则该参加者应如何对付。将其应用在事故致因理论中，可以考虑人和物两条轨迹在演变时，如何及时根据某个轨迹的动态变化，确定另一轨迹最有效的应对策略。另外，博弈论提供了一个合理的数学方法来部署有限的安全资源，以最大限度地提高其有效性。例如，利用博弈论模型优化分配网络安全资源，并用博弈论对群体性事件进行解构，从而有针对性地提出破解目前群体性事件博弈非合作困境的路径等。

（3）安全运筹其他理论

安全运筹其他理论指除安全运筹规划理论和安全运筹决策理论外的其他安全运筹理论，包括安全图论和网络分析、安全排队理论、安全存储理论、安全更新理论、安全搜索理论等。

1）安全图论和网络分析。在安全领域许多问题的分析都需要用到图论和网络分析的思想方法，对于企业安全生产管理中的安全布局问题、事故致因分析问题等均可将研究对象视为点和线，并对其赋予一定的含义，点和线构成图，从而应用图论的方法，寻求最优化的统筹安排。例如，安全领域广泛应用的事件树、故障树、因果图等。

2）安全排队理论。将运筹学理论中的排队论应用于安全领域，研究如何改进服务机构（企业、安全防护机构等）或被服务的对象（安全防护设施、相对于安全防护机构的下属企业等），对其进行统筹优化，使得在满足约束条件的情形下，达到安全经济且高效的目的。例如，有人基于排队理论与社会力模型，通过建立疏散分析模型，模拟处于高峰期时北京西直门地铁站应急疏散的过程，找出在人员疏散过程中的薄弱环节等。

3）安全存储理论。安全存储理论主要研究资源和设备的安全存储和安放管理问题，应用于多种资源库存量的管理，确定某些设备的能力或容量，如危险化学品的安置，合理的尾矿库容量，特种设备的安全管理等。例如，有学者基于安全存储理论，对应急资源储备模式和储备量开展研究，提出 5 种可行的应急物资储备模式等。

4）安全更新理论。对于仪器、安全设备等的维护或更新问题，可以利用安全更新理论的方法，在充分考虑危险性、资金、经济效益、安全效益等诸因素的情况下，建立数学模型，从而获得最优选择，保证企业安全高效运行。

5）安全搜索理论。在进行安全质量检查或者排除危险源时，一些搜索手段要合理分配到搜索区域，从而使得能够搜索到该目标的可能性最大。例如，有学者对时间资源有限情况下的流域事故性污染源，根据最优搜索理论，构建流域事故性污染源最优搜索模型体系，确定出最优的搜索资源分配等。

2. 从应用视角构建主要学科分支

1）从应用学科视角构建安全运筹学学科分支，即通过研究运筹学在安全学科中的应用情况从而构建相应的学科分支，如运筹学应用于安全管理学，构建安全管理运筹学分支。基于此种思想及安全学科二级学科划分标准，构建分支学科包括安全管理运筹学、安全信息运筹学、安全经济运筹学、安全物质运筹学、安全教育运筹学等，具体研究内容见表 5-3。

表 5-3　基于应用学科视角的安全运筹学学科分支划分

学科分支	研究内容
安全管理运筹学	将运筹学应用于组织安全管理，研究内容包括管理方法比选、安全组织协调、资源分配、安全人员管理、安全物资管理、安全设备的更新维护等
安全经济运筹学	应用运筹学解决安全经济学问题，构建安全经济运筹学分支，主要研究内容包括安全成本分析、预算、定价等
安全信息运筹学	应用运筹学理论和方法处理安全信息，通过规划论和图论等方法建立模型，处理数据，优化决策
安全物质运筹学	应用运筹学理论和方法解决安全物质能量相关问题，寻求最优的安全解
安全教育运筹学	应用运筹学理论和方法统筹规划安全教育学问题，在教育资源、资金和预期效果等因素之间寻求最佳最优化的安排

2）从应用领域视角构建安全运筹学学科分支，即通过研究运筹学在各安全领域中的应用情况从而构建相应的学科分支，如运筹学应用于物流安全管理，构建物流安全运筹学分支。基于此种思想，构建分支学科包括物流安全运筹学、化工安全运筹学、交通安全运筹学、建筑安全运筹学、机械安全运筹学等，具体研究内容见表 5-4。

表 5-4　基于应用领域视角的安全运筹学学科分支划分

学科分支	研究内容
物流安全运筹学	基于物流系统安全辨识与分析结果，使用运筹学方法从总体上根据物流安全需求，优化物流系统，确定物流活动安全保障措施、物流库存等，进行统筹安排和调度，以保障物流活动安全经济高效
化工安全运筹学	基于化工系统安全辨识与分析结果，使用运筹学方法从总体上根据化工安全管理需要，解决化工生产中的化学品数量、安全库存位置和安全器材配备等问题，以达到化工生产过程的安全高效
交通安全运筹学	基于交通系统安全辨识与分析结果，使用运筹学方法从总体上根据交通安全需求，解决交通路线、红绿灯和警示标志牌等的设置问题，以减少交通事故，进而保障人们安全出行
建筑安全运筹学	基于建筑系统安全辨识与分析结果，使用运筹学方法从总体上根据建筑安全需求，确定安全人员指派、安全警示标志和安全路径等计划，保证建筑施工过程安全高效
机械安全运筹学	基于机械系统安全辨识与分析结果，使用运筹学方法从总体上根据机械安全需求，确定大型设备放置位置、存储量和安全器材配备等，以达到机械生产制造安全和机械设备运行安全
……	……

5.2.3　安全运筹学的研究程序

综合系统安全分析和运筹学分析方法，将安全运筹学的研究程序概括如下：安全运筹问题的分析与表达、建立数学模型、求解模型、结果分析与模型检验、制定具体的实施方案、方案实施，具体流程如图 5-6 所示。

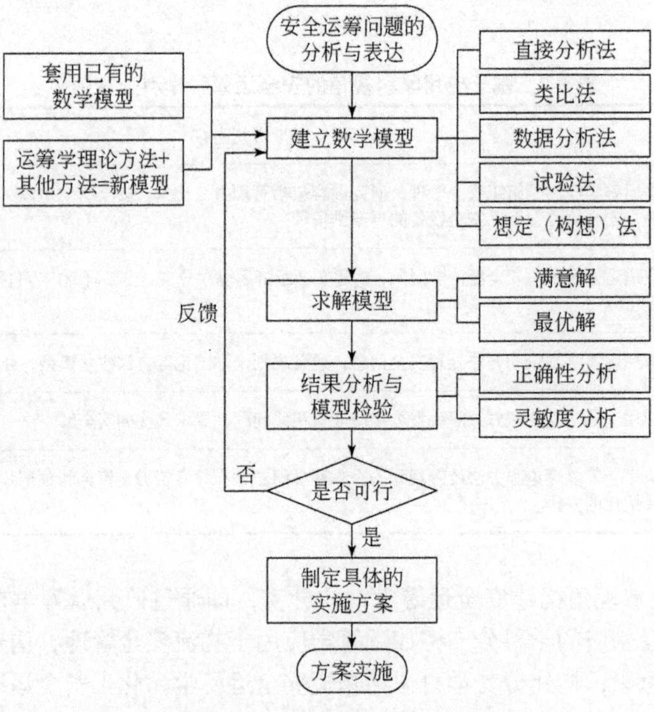

图 5-6　安全运筹学研究的一般程序

1）安全运筹问题的分析与表达。明确安全运筹问题是安全运筹学研究最基础的步骤。

2）建立数学模型。建立模型有两种思路，一是套用已有的模型，二是应用运筹学的理论方法，结合其他方法，建立新的模型。建立模型时可采用直接分析法、类比法、数据分析法、试验法和构想法等。

3）求解模型。建立模型后，必须选择合适的方法求解出模型，才能满足人们的要求，求解模型时主要是求出满意解和最优解。

4）结果分析与模型检验。求解结果必须经过检验，满足要求，才能认可过程的正确性，否则需要返回重新建立模型，检验时一要检验其正确性，将不同条件下的数据代入模型，检验相应的解是否符合实际，是否能够反映实际问题，二要检验其灵敏度，分析参数的变化对最优解的影响，确定在最优解不变的情况下，参数的变化范围，确定其是否在允许的范围内。

5）制定具体的实施方案，并执行，以解决安全运筹问题，是安全运筹学研究的目标。

5.2.4　安全运筹学的应用前景

安全运筹学是安全科学与运筹科学的交叉学科，其主要功能是为研究安全现象以及安全决策提供科学的思路和手段，具有广泛的应用前景。经归纳，可将安全运筹学的应用大致概括为安全管理、应急救援、事故分析、安全预测 4 个方面，具体应用举例见表 5-5。

表 5-5　安全运筹学应用实践举例

应用方面	举例
安全管理	运筹学的图论理论应用于安全生产领域，开展安全监督与管理的量化表达方法研究；应用博弈论构建组织中的安全风险管理定量模型等
应急救援	基于动态规划论、多目标模糊规划、线性整数规划、动态博弈、存储论等构建相应的应急资源配置与调度模型；基于排队理论建立疏散分析模型；应用存储论为企业应急救援物资建立相应的库存管理模型，优化企业危险物品（原料）管理策略等
事故分析	基于图论的故障诊断的理论和方法，研究故障传播诊断方法的故障建模、分层和故障源定位等一系列问题；从博弈论的角度来分析机动车驾驶人违章肇事屡禁不止的原因，探讨在市场经济条件下的策略问题等
安全预测	基于图论中最小割边集理论设计安全事故发生可能性等级预测方法，为有效地控制事故的发生提供预测支持；在网络安全预测监护模型设计中，构建多层博弈网络监护数据样本驱动空间权矩阵模型，对蚁群引导的粗糙集前馈补偿网络进行动态博弈，实现网络安全监护数据的预测控制目标函数最佳寻优

5.2.5　结论

1）基于安全科学、运筹学、系统学理论，提出安全运筹学的定义，即安全运筹学是一门以安全为着眼点，以运筹学理论为基本内涵，用最优化的方法解决安全运筹问题的交叉性学科。

2）从理论、应用学科、应用领域等视角分别构建了安全运筹学的 3 个主要分支，并详细阐述具体内容；提出安全运筹学的一般研究程序，即安全运筹问题的分析与表达、建立数学模型、求解模型、结果分析与模型检验、制定具体的实施方案及方案实施。

3)目前安全运筹学主要在安全管理、应急救援、事故分析、安全预测4个方面应用较多，未来其运用范围会进一步拓展，以便更好地实现系统安全最优化。

5.3 安全协同学

【本节提要】本节论证了协同学应用于安全系统描述的可行性和合理性。提出了安全协同学的科学内涵和研究范畴。总结出了安全协同学的7条基本原理，并分别对其内涵进行了详细阐述，分析了安全系统的内在运行机制和一般规律，为安全系统分析、评价及对策措施提供新的方法和思路。

本节内容主要选自本书作者等发表的题为“安全协同理论的基础性问题的研究”[3]的研究论文，具体参考文献不再具体列出，有需要的读者请参见文献[3]的相关参考文献。

目前，人们对安全系统的研究主要从两个方面着手，一是将安全系统逐步分解为被人们所了解的基元层次加以分析；二是通过安全系统诸要素的相互作用而形成宏观结构加以描述，但目前对安全系统内在变化规律的研究还很不足。因此，对于安全事故的认识还主要从研究人的不安全行为、物的不安全状态来研究，通过事故发生后对事故系统特征加以讨论并推广，在对事故的分析方面依然停留在“经验预防型”和“问题出发型”层面，仍然缺少对安全系统的本质认识。安全系统具备协同学所研究对象的一切特征，用协同学观点分析安全系统的微观层次与宏观层次之间的关系，可以揭示更为普遍的安全系统运行机制。

本节从系统学的基础理论层次出发，以生产生活中的安全系统为研究对象，以如何正确处理各个子系统之间的信息、能量和功能结构在时间和空间上的重组和互补关系为研究目标，旨在探求人子系统、机子系统、环境子系统及它们相互作用构成的混合系统从无序到有序转变的内在机理，并描述这个过程的普适性原理。研究安全系统内部是以何种形式存在、内部各子系统是如何随扰动的变化而变化的，是以何种形式演化并表现出来的，追根溯源地分析系统转变趋势，预测可能的转变结果。

在现有的学术成果和思想的启发下，结合协同学理论和安全科学理论，构建安全协同学理论，以协同学的观念分析安全系统的运行机制，并浅析协同学在安全系统中运用的可行性、安全协同学的科学内涵及相关原理的应用。

5.3.1 协同学理论用于安全系统的可行性分析

1. 协同学概述

协同学是研究各种系统在发生质变过程中所遵从的规律的系统理论，将研究对象看成由一些在时间、空间上有能量、信息、物质交换的子系统构成的复杂系统，用统一的观点分析系统中各子系统相互作用、相互协同、相互竞争的关系，着重于研究诸子系统间形成有序结构的自组织形式。根据哈肯教授的观点，协同学包含两层含义：①用统一的观点去处理系统各个要素之间的导致宏观水平结构和功能的协作，探求系统演化过程中的内在机制；②鼓励不同学科之间的协作，建立一种综合的方法处理复杂系统的概念和方法。

协同学作为被广泛认可的自组织理论，通过紧密地和其他科学相结合，奠定了它是一门具有普适性的科学系统理论，可以探究众多领域关于系统相变、涨落、自组织的原理。为人们研究系统微观层次和宏观层次的关系提供了可行的理论知识。协同学可以对系统进行定量计算，也可以对抽象系统实行定性分析，广泛应用于智能交通系统（intelligent traffic system，ITS）、电力系统停电模拟等诸多方面并取得实践成果。

2. 协同学理论研究安全系统的可行性及合理性

安全系统是安全和生活、生产、生存有机的结合体，各子系统通过实现各自的功能和结构而保证系统安全的自组织结构，在个别安全要素的失效而影响系统的安全时，它具备自身修补能力或安全要素之间的协同或互补作用而自发组织的安全性能重塑的功能，实现系统的静－动态过程安全。协同学的研究对象是非平衡状态和平衡状态的系统，与安全系统具有相同的特征，见表 5-6。

表 5-6　安全系统对比协同系统

安全系统的特征	协同学研究的系统的特征
安全系统作为一个与安全有关人为最主要的能动性主体，通过不断与外界交换能量、信息、物质来维持整个安全系统的结构和功能的完整（开放性）	各系统之间通过不断从外界接受信息、能量、物质来维持整个系统在空间、时间上的结构稳定和功能的完整，实现系统的稳定运行（开放性）
受限于对系统深层次认识和科学技术发展的水平，安全系统的安全隐患或事故不可能完全消除，且其发生的方式、时间、模式不可预知，故而安全系统的相变具有随机性（随机性）	当某一参量受外界不定性扰动而增长突破“阈值”时，原定态失稳而进入临界状态，其演变方向是几种均势新定态中的任何一种，具有不可预知性（随机性）
安全系统从设计、制造、投产、维修、报废到再次设计、制造、投产、维修、报废是一个完整的周期，相当于系统的无序到有序的交替发展，下一阶段相对于上一阶段更加高级（有序与无序的统一）	新的系统相对于旧系统更为有序，是无序到有序的突变或总是有序度增加的方向进化，此过程称为非平衡状态下的有序化转变（有序与无序的统一）
安全系统也存在“临界减慢”现象，如机械设备损坏、维修，环境恶劣而造成安全系统暂时失灵，由失灵状态恢复到正常的安全系统的时间是无限延迟的，即越到平衡点，消去变量所需的时间就越长（临界减慢）	系统接近临界点时，因外界扰动而形成的涨落影响系统偏离定态后，恢复至原定态所需时间（弛豫时间）无限增长，称为“临界减慢”现象（临界减慢）
安全系统是由与安全相关的诸多因素相互作用而构成的有机整体（系统性）	系统都是由若干子系统相互作用、相互协同作用而构成的自组织结构（系统性）

综合以上比较，协同学研究的系统和安全系统的特征极具相似性，因此将协同学理论引入安全科学领域中来研究安全系统的宏观结构与微观结构的关系是可行的，而且是合理的。

5.3.2 安全协同学的含义及核心范畴

1. 安全协同学的科学含义

安全协同是一种求同存异的协同，是一种多样性的协同效应，它为了实现整个安全系统的存在与发展，通过衡量大多数安全子系统的共同目标，合理地进行协调彼此关系以实现系统在时间和空间上的合作、互补、重组。基于上述描述可以大致给出安全协同学的定义：安全协同学是描述安全系统有序度增加的内在机制的一门系统理论，从安全的角度出发运用安全协同学的理论思维去设计、开发、优化安全系统，着重探析人 - 物 - 环境及其相互间能量、信息、物质等在时间、空间和功能结构上的重组和互补等关系，旨在把握安全系统的演化时机和方向，以实现人们安全、健康、舒适地工作，并取得满意工作效果的一门系统科学。

作为一个由大量与安全相关的子系统组成安全系统，为了维护和发展安全系统而进行的安全实践活动必须是高度协调的，小到个人安全大到国家安全，都是由系统内部要素或子系统之间通过信息、能量、物质相互协调和整合来控制系统自组织行为的，任何要素的波动都会造成整个安全系统在安全性能上的起伏。在对安全协同学加以阐述的同时需要对以下几个概念加以特别解释。

1）安全序参量。安全序参量是安全系统发生相变前后的标志，也是各子系统参与协同作用的集中体现，代表安全系统的结构和类型，作为安全系统的内在驱动力支配着各子系统的行为。安全序参量可分为快参量和慢参量，快参量对系统的相变影响甚微，慢参量在整个系统的演化中扮演着极为重要的角色，在解决实际问题时往往忽略不计，着重研究慢参量对系统的影响。

2）安全涨落和相变。安全系统的安全、有序、稳定只是各个组元在时间、空间上的局部耦合关系，随着外部或自身因素的扰动，安全系统无时无刻都处在动态的变化和发展中，换句话说就是组成安全系统的各个组元无时无刻不在进行着独立运动，并且这样的运动在一定程度上使安全系统整体上偏离稳态而上下起伏，造成系统安全性能的波动。当安全涨落超过了安全系统的“阈值”，系统就会发生相变造成事故的发生或推动新的安全系统的诞生。

3）安全自组织。安全系统状态的转变需要外界提供的控制参量（物质流、能量流、信息流）达到转变的阈值才有可能实现，然而大多数情况下外界并未参与到这样的转变中，或是外界没有提供某种控制参量来使系统维持某种功能或结构运行，而是由系统自身内部组织起来的，以各种形式的信息反馈来控制并维持这种组织的运行称为安全自组织。一个完备的安全系统一旦形成应该具有自稳性、自复制性、自调节性、自修复性等基本特征，不会因为系统某个环节出现问题而导致安全系统的瘫痪。例如，一个企业的安全管理工作不会因为其安全管理人员的突然离职而不能继续进行，因为它能够依靠员工们的基本安全素养来继续维持安全现状。

2. 安全协同学的核心范畴

安全协同学作为安全工程学的重要分支和应用学科，它处在许多科学理论和专业技术的接合部位上。决定了安全系统协同并非单一维度上的协同，而是多维度的相互协同。以往人类在生产生活中屡屡发生安全事故，就是因为实践目标和选择的单一性。有的只注重当前利益而忽略了安全投入在未来产生的经济效益；或只看到科学技术带来的便利而将生态环境抛诸脑后，造就了当前的环境恶化。安全是将不同层次、不同性质、不同功能的部分分解成有序的目标加以优化组合，因此，提出安全目标关联维度以表征安全目标在安全系统空间、时间、途径、应用上的协同统一，如图 5-7 所示。因此揭示安全系统有序度结构形成的规律，并利用规律调动各个组成结构的资源分配问题是安全协同学的研究核心范畴。

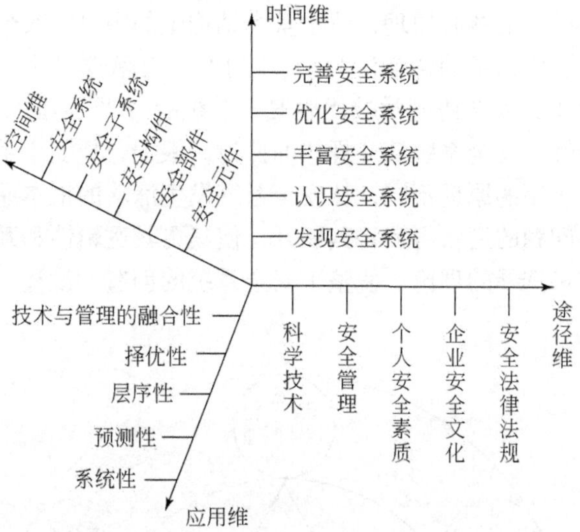

图 5-7 安全目标关联维度

1）时间维。对于人来说任何一个新的事物都有认知上进步过程，对安全系统本身的认识从概念认识到重视，安全系统在这个过程中也由简单的元、部件发展到更加复杂完善的巨系统大致可以分为下几个步骤：发现安全系统、认识安全系统、丰富安全系统、优化安全系统、完善安全系统，在这个复杂化的过程中，安全协同发挥重要的作用，通过协同能将各种不同的安全子系统、元、部件有效地融入大安全系统中。

2）空间维。安全系统在空间上是由安全元件、安全部件、安全构件、安全子系统、安全系统，由简单向复杂逐渐发展，任何一个点的安全隐患都会殃及整个系统的安全运行，安全系统追求的是全系统的本质安全，用协同的观点审视整个系统元素间的相互协同与制约作用，增加保护性协同，减少、消除危险性协同，可创造出更可靠的安全系统。

3）途径维。安全系统发展和防护的途径有多种，科学技术、安全管理、个人安全素质、企业安全文化、安全法律法规各自的应用原理和方法有所差别，但是其最终的目标都是为了获得更高级的安全系统，只有各方面安全因素高度协调统一才能更好地实现系统安全。

4）应用维。安全系统是一个以实际应用为目的的科学体系，在应用的时候对各元、部件、子系统、各相关要素协同考虑，协同工作的安全系统应满足系统性、预测性、层序性、择优性、技术与管理的融合性的原则。

安全目标关联维度是安全系统产生的不同性质、范围和层次的参量，安全协同学的主要研究目的就是将所有的参量有机地整合到一起，即不仅要维度内的协同更需要各维度间的协同，它是安全实践目标和选择方式趋于统一和最优化的有效途径。

5.3.3 安全协同学实践应用的原理及其内涵

安全协同学原理主要用于描述和探究安全系统自组织规律，在安全系统的实践过程中具有指导作用。通过系统性地分析和归纳现有的理论成果，结合安全协同学的科学含义、研究范畴和涉及的相关内容。总结出了 7 条与安全相关的基本原理，如图 5-8 所示。安全自组织原理是安全协同学的核心原理，位于整个结构图的中央，其余各原理彼此之间相互区别和联系，分别位于六角星的各个角上，并处于安全工程学的大圆之中，说明安全协同学是它的一个理论分支，安全协同学被代表安全系统的“C”形曲线包括其中，表明安全协同学理论主要用于针对安全系统演变规律的探讨。根据分析安全系统在演化过程中的不同阶段、不同目标所运用的原理不同，从安全系统发生涨落的根本原因到最终发展为新的有序系统，按照分析问题的逻辑习惯将其展开，使其更具逻辑性和系统性。为分析安全系统内在运行机制提供可选择的理论，使整个安全系统的创造、设计、运行、管理等更具合理性。

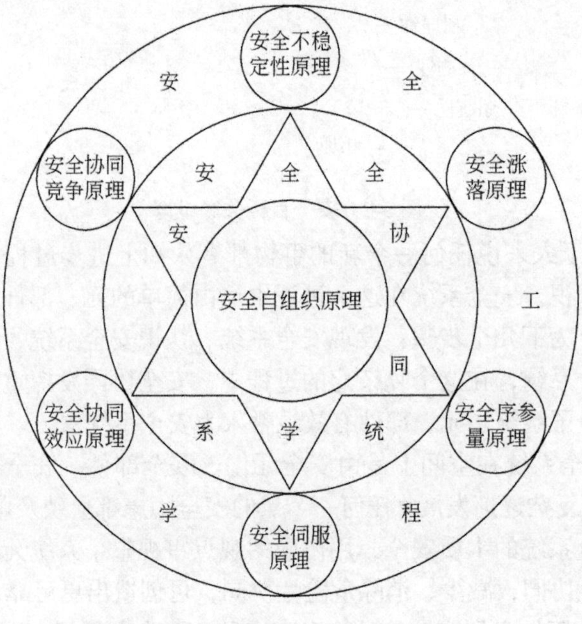

图 5-8 安全协同学原理结构关系图

1. 安全协同竞争原理的应用

安全协同是指系统各部分的合作，包括了人与人之间的协作，人与机器之间的协作，人与不同应用系统之间的协作。安全竞争是安全协同的基本前提和条件，是安全系统演化的动力源泉，是系统整体性和相关性的内在表现，主要表现为各个元素之间的相互制约与平衡。安全竞争与安全协同相互依赖，在一定的条件下可以相互转化，安全系统内部组分间的协同竞争使得安全系统时刻都处于不稳定态。安全协同竞争原理就是揭示了安全系统的发展内因，随着时空的改变，各参量的地位和作用也随之改变，安全系统处在动态变化之中，改变物质、能量、信息等在时间、空间和功能结构上的重组和互补关系等特定条件，可以将不利因素转化为有利因素的基本思想。

2. 安全不稳定性原理的应用

安全不稳定性是相对于安全稳定性而言的，是安全协同与竞争的进一步表达，在安全系统的结构有序化和演化中起着建设作用，任何一个新安全系统的诞生都意味着旧的状态不能够再维持或不再被人接受。它重在揭示安全系统演变的内在根本动力和给予了人们思维上的启示，任何一个安全系统都会随着时间、空间的推移而发生改变，当前的安全状态不是绝对的，人在情绪、生理、心理和外界环境的变化都决定了安全系统时刻都处于不稳定的状态值中，当出现一种激进的推力时系统就会朝着失稳的方向发展。只有找出应对当前问题的解决措施才能增加安全自组织有序度的根本方法，这就是安全协同学的安全不稳定性原理的基本含义。

3. 安全涨落原理的应用

每个涨落都包含着一种宏观结构，大多涨落得不到其他大多数子系统的响应而很快衰减下去，只有那个得到了大多数子系统很快响应的涨落，成为推动系统进入新的有序状态的巨涨落。对于安全系统而言，这种涨落的内容势必会引起系统安全系数的起伏，这种偏离平均安全值的起伏现象就称为安全涨落原理。安全涨落原理有两个方面的内容：①安全系统由于自身的不稳定性，在某种条件的刺激下，安全系统会发生在结构和功能上的起伏做类似的“简谐运动”；②安全系统若要发生演变单靠自身的性质特征是不够的，必须要有系统以外的信息、能量、物质加以诱导方可实现。

4. 安全序参量原理的应用

影响系统安全性的因素众多复杂，并非是单一因素造成系统的相变，有系统内部因素也有外部因素，安全规章制度、机械设备的可靠度、作业人员的安全素养、外部环境优与劣等都是影响系统安全的关键因素。安全序参量在系统安全自组织过程中起着双重作用，它负责给各个单元或子系统发放指令，通知它们该如何运作，又告知观察者系统的宏观运行情况，系统行为反过来决定安全序参量的发生和性质，就如同安全法律法规的发展史，它规定了各个部门应该遵守的安全规则，随着安全系统的进步，安全系统反过来推进安全法律法规的修订。因此，分析任何一个系统的安全性的时候，必须抓住内在本质——影响系统安全的内在因素，只有认识到真正的“幕后操控手”才能采取有效的解决措施，系统安全才得以保证。

5. 安全伺服原理的应用

一般情况下，我们所要研究的安全系统大多都是复杂的系统，影响系统安全性的因素也极其众多和复杂，但在不同的条件与情况下各安全序参量所占的安全权重又有差别，主导安全系统运行与发展的参量有主次之分。安全伺服原理就是找出众多难解的因子进行“化简”得到其中最主要的一个或多个项（快变量），使原有的复杂性变成人们所乐于见到的简单性，影响系统安全的因素的重要程度就变得清楚明了。此时，系统的信息量被大大地压缩，将一些对系统运行影响较小或与系统当前运行无关的信息剔除，得到主要影响系统自组织结构的因素，对其加以处理对系统现阶段或近阶段做出相应的无偏估计，有助于抓住主要问题进行解决以提高工作人员的效率。例如，由事故树的顶事件推导出的割集会有很多，不可能对所有的基本事件采取防控措施，针对所要达到的目的将所有基本事件进行重要度排序，有目的地对高发事件进行重点防护以达到预期目的。

6. 安全自组织原理的应用

在一定的条件下，系统自身组织起来，以通过各种形式的信息反馈和控制实现特定的功能，并保证系统安全的理论思想。安全自组织原理是安全协同学的核心理论，是任何一个安全系统发展的最终归宿，它剥去了安全系统的具体外壳，而找出它们共同遵循的普遍规律，并设法创造这样的规律以维护安全系统的高效运行。举个例子，一个部门或企业在没有外部指令的情况下每个工作人员彼此之间达成默契独自完成规定的任务或特定的使命，使得整个过程得以安全地正常运行，对于这个过程的描述就称为安全自组织原理。实现安全自组织的方式方法多种多样，设计更具有科学意义的生产生活设备，建立更符合安全系统运作的安全文化，培养更高职业素养的职员都会加快安全自组织的形成。

7. 安全协同效应原理的应用

协同效应最初为一种物理化学现象，是指两种或两种以上的组分相互作用在一起，所产生的作用效果大于各种组分单独应用的效果的总和。在安全协同学中是指构成宏观整体系统的各子系统之间相互作用所产生的安全效果和大于这些因素单独的、彼此孤立的发挥效应的效果和，它是安全自组织的外在表现，是各元件、子系统之间的合作绩效，合理地共用同一资源而减少信息、能量、物质投入以达到安全目标的基本思想，其内容主要包括安全管理协同效应、安全经济系统效应、安全运营协同效应等。

5.3.4 安全协同案例分析

交通安全系统是一个复杂的巨系统，交通安全系统的发展和变迁体现了安全协同原理的应用，这里以中华人民共和国成立以来国家的交通安全系统为例来具体说明。交通警察系统从最初管理全部交通事务的交通保卫局，到如今专职管理具体方面的交通部门，体现了安全协同中的伺服原理，由复杂的系统分解出具体的要素，分别管理；交通出行方式由步行组逐渐替换成技术集成的飞机、高铁，体现了安全协同竞争原理；在交通方式变革的过程中，出现过很多不同的交通工具，最终高铁得到快速发展，体现了安全涨落原理；交通安全法规的逐渐变迁，是交通安全系统变迁相对应的反映，旧的交通安全法规不再适用于新的交通安全系统，新法就会制定出来，体现了安全不稳定原理；行人的交通安全素质从无到有是整个社会交通安全意识逐渐增强的过程，当人们的交通安全素质提高后，形成的社会整体交通安全文化会反过来教育培养新一代人的交通安全意识，甚至生发出更合理有序的交通安全文化，体现了安全序参量原理；交通警察系统、交通出行方式、道路体系、交通安全法规、行人交通安全素质共同组成并作用于交通安全系统，相互协同作用，体现了安全协同效用原理和安全自组织原理，如图 5-9 所示。

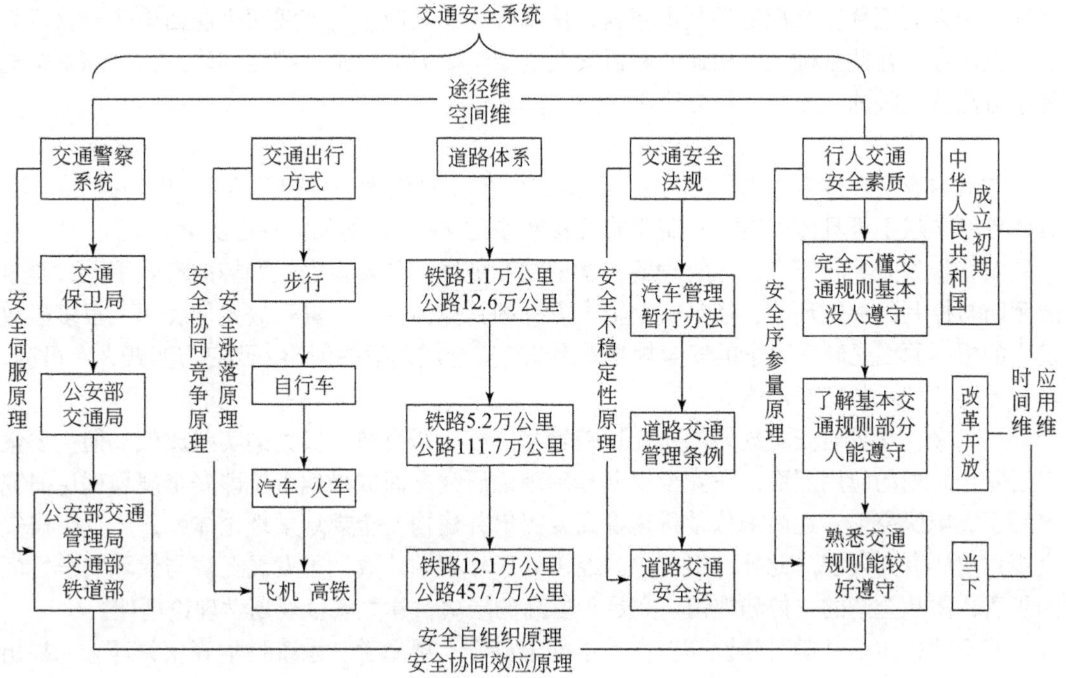

图 5-9　交通安全系统中安全协同原理的体现

5.3.5　结论

1）基于协同学理论的研究，对协同学的内涵进行了一些基本的概述，分析了用协同学理论讨论安全系统的可行性和合理性，同时也论证了创建安全协同学学科原理的必要性。

2）详细阐述了与安全协同学的科学含义和几个与之相关的基本概念，用安全目标关联维度来表征安全协同学的主要研究范畴，并以图示的方式表示各维度的主要内容以及指出如何实现安全目标的途径或方法。

3）梳理了 7 条安全协同学的子原理，即安全序参量原理、安全自组织原理、安全伺服原理、安全涨落原理、安全不稳定性原理、安全协同竞争原理、安全协同效应原理，并分别用它们对安全系统的内在运行机制进行了详细讨论，论证了安全系统的内在运行规律客观存在性，用交通安全系统的发展变迁印证安全协同原理的应用，只有全面认识安全系统的内在结构及其演变规律，才能充分地进行安全系统分析、评价，以及制定相应的应对措施。

5.4 安全规划学

【本节提要】本节基于安全科学与规划学的定义，提出安全规划学定义，并从逻辑起点、研究主旨与研究对象等 6 个方面解析其内涵。基于此，从学科属性、学科基础与学科特征 3 个方面阐释安全规划学基本问题；从基础理论及应用与实践两个层面论述安全规划学研究内容。在此基础上，构建并解析安全规划学研究方法论三维结构体系，提炼安全规划学方法论实践的一般程序与方法。

本节内容主要选自本书作者等发表的题为“安全规划学的构建及应用”[4] 的研究论文，具体参考文献不再具体列出，有需要的读者请参见文献 [4] 的相关参考文献。

安全规划是实行安全目标管理的科学依据和准绳，是宏观安全调控的有效手段，是事故预防与控制的关键环节，还是安全生产方针的具体体现。大量事故案例表明，很多事故发生的根本原因是缺乏科学的安全规划。因此，安全规划学的创建、研究与实践大有可为，具有重要的学术与实践价值。

近年来，学界对安全规划的研究日趋增多。已有研究取得极大的实践成效，但主要集中于安全规划的应用层面，在安全规划基础理论研究方面成果偏少（即安全规划理论研究滞后于应用研究），还尚未从学科建设高度提出并建构安全规划学理论体系，严重阻碍安全规划学研究与发展。此外，当前中国经济处于转型期，放大了发展经济与保障安全之间的矛盾，需从全新的方位和视角，立足于更高的层次，建立安全规划学理论框架。

鉴于此，本节从学科建设高度，基于安全科学、规划学与系统科学等相关理论，提出安全规划学定义，并分析其内涵。在此基础上，论述安全规划学的学科基础、学科性质、研究内容与研究方法等学科基本问题，以期建立安全规划学理论体系，为安全规划学研究与实践奠定理论基础，并完善安全科学和规划学学科体系。

5.4.1 安全规划学定义与内涵

定义是准确认识和把握对象本质特征的基本方法。一门学科的最基本定义可揭示该学科的本质与核心。以一门学科的定义为逻辑起点，可演绎和拓展该学科的学科体系。因此，安全规划学的定义对安全规划学理论体系的构建至关重要。

安全科学是以保障人类在生产、生活、生存过程中免受外界因素不利影响或危害为目的，对整个客观世界及其规律总结基础上形成的知识体系。规划是个人或组织对未来整体性、基本性问题进行思考的基础上制定的比较全面和长远的工作方案。根据语义学，“某某学”的定义是以研究、解释与揭示该学科领域的规律为目标，并据此展开表征和推演。综合安全科学、规划学以及科学定义的核心要义，提出安全规划学定义：安全规划学是以保障人的身心安全健康为着眼点，为克服人类社会经济活动的盲目性和主观随意性，对未来一段时间内生产、生活和生存活动所做的时间与空间上的统筹安排所形成的知识体系。内涵解析如下：

1）安全规划学以安全规划为逻辑起点，是关于系统安全规划的普遍性和系统性认识。以安全规划为基础，并借助一系列的概念、范畴和原理，可构建安全规划学知识体系的逻辑结构。

2）安全规划学的学科主旨不仅局限于事故预防，可拓宽至实现人类生活与生产的安全、舒适、高效与健康（从传统的事故末端治理发展到整个社会行为的安全调控），即无伤害事故发生、无职业病危害、满足人的心理要求，并实现最优的安全效益，进而实现人与社会、人与自然的安全可持续发展。

3）安全规划学是一门充分发挥人的主观能动性和充分体现“以人为本”理念的新兴学科。人是安全的主体，是安全系统的规划者、开发者与管理者，由其主导系统安全性。科学的安全规划可有效避免灾难事故的发生，使人成为事故的防治者，否则可能就是事故灾害的始作俑者或受害者。

4）安全规划学以“社会－自然－安全（包括健康）”宏观系统的协调安全可持续发展为宗旨，以未来时空的安全目标和安全保障措施为主要研究内容，以“人－物－环境”微观系统为调控对象，旨在协调“社会－自然－安全（包括健康）”这一复杂系统安全良好运转，从而谋求系统安全与和谐。

5）安全规划学是安全科学学科体系内部具有统筹兼顾、远近结合、目标与措施相统一的综合宏观调控作用的分支学科；安全规划学的创建及理论体系与实践方法的逐步完善，可丰富、完善并发展安全科学的学科体系。

6）安全规划学研究、借鉴和吸收相关规划类学科理论成果，克服安全规划理论的不足，为安全规划学实践提供坚实的理论基础，并可促进安全规划技术与方法满足复合安全系统的时变、高阶与复杂性要求。

5.4.2　安全规划学的学科基本问题

1. 安全规划学的学科属性与学科基础

安全规划学的综合交叉属性决定其具有多层次学科基础，其理论体系和框架的构建必须以相关学科理论为支撑，进而体现“杂交优化”的跨学科优势。

1）在安全科学基础学科理论方面，有安全人机工程学、安全经济学、安全社会学、安全统计学、安全系统学、安全管理学、安全运筹学、安全科学方法学、安全文化学，以及其他安全技术学科等。此外，协同学、和谐管理理论、可持续发展理论、科学发展观，以及社会主义核心价值观将为本学科提供新的理论基础。

2）规划学理论。以规划学的经典理论与方法为基础，发展出诸多分支学科，如城乡规划学、环境规划学与土地利用规划学等。这些学科分支创建的思想都是以各自领域的科学规划为目的，结合规划学理论进行渗透与融合而成。因此，规划学及相关分支学科的充分发展可为安全规划学的创建提供丰富的经验借鉴，并为安全规划学的工程实践提供丰富的应用背景。

3）由于不同领域的风险标准和安全容量等不同，以及安全规划以一定的社会经济为背景，安全规划不仅同该领域的安全水平有关，也涉及人们的主观安全价值观念和安全价值判断，因而，安全规划不只是一个自然科学或纯技术的问题，也是一个社会科学问题。

因此，安全规划学理论体系构建还需其他自然科学理论和社会科学理论做支撑。

2. 安全规划学的学科特征

安全规划学还处于构建研究阶段，探讨其学科特征有利于辨析学科本质。作者对安全规划学学科特征的探究主要集中在理论思辨的层面，见表5-7。

表5-7 安全规划学的学科特征

性质	特征释义
系统性与综合性	安全规划学的系统性与综合性体现在安全规划过程中，安全规划信息的收集、储存、处理与反馈，以及规划评价、安全问题的识别、发展趋势的预测和估计、方案对策的制订、多目标方案的评选、风险决策与适应性反馈调等都需要系统性思维、综合性的措施和各相关部门之间的协调配合。此外，随着人类对安全（包括健康）认识的提高和实践经验的积累，安全规划的系统性与综合性越来越显著
控制性与政策性	安全规划是对未来活动所做的有目的、有意识的统筹安排，是谋求安全发展的向导。因此，安全规划在安全工作总体布局中具有重要的控制性作用。安全规划学在实践过程中，从安全规划最开始的立项，到总体框架和内容的设计，再到最后的多种方案优化，需要根据我国现行的相关安全生产政策、法律法规和条例和标准进行选择，即安全规划编制的过程是相关安全政策执行的过程，带有政策性
时间与空间的未来性	安全规划学从规划行为特征而言具有明显的时间属性，只是其时间属性更多地关注未来，是根据当前的安全现状和存在的问题，对未来一段时间内安全工作进行预先策划，即安全规划的核心属性是时间上的预测与控制；同时，安全规划学也具有明显的空间属性，尤其是对未来空间的把握。因此，安全规划学的核心内涵是对未来时空的把握，规划的重点是未来，而其他学科更多的是关注过去和现在
学术性与实践性	安全规划学与绝大多数学科的名称构成有差异，由“名词（安全）”+“动词（规划）”+“学”组成，这与一般学科的“名词”+“学”的构成不同。这一定程度上意味着安全规划学既有对实践性的强调，也有对安全规划学“学”的属性的挖掘和研究

5.4.3 安全规划学的研究内容

目前，安全规划学的理论体系和工作程序尚未统一，且不完善，但其研究内容有许多相似之处。通过分析目前有关化工园区安全规划、交通安全规划、城市公共安全规划等专项规划，结合安全规划学的定义、研究对象与研究目的，从基础理论研究和应用研究两个层面划分安全规划学研究内容。

1. 基础理论研究

基础理论研究属于学科的本体研究，是任何学科发展的基本前提，基础研究扎实才能提升应用研究的能力，才能奠定学科发展的坚实基础。根据安全规划的编制、实施、评估与考核等各个阶段研究的侧重点，安全规划学基础理论研究主要内容包括（表5-8）：①人–物–环系统设计研究，即“人机系统”安全设计，这是安全规划的微观体现，传统的安全规划往往忽视人–物–环系统设计的现实需求；②系统安全容量与系统风险分析、评价与预测研究，安全容量是系统在维持安全运作的前提下所能承受的最大危险量或最大可接受风险程度，是安全规划指标制定与实施的基础；③安全规划的指标体系研究，安全规划指标是安全生产现状、发展趋势与安全目标的体现，客观、准确、可行的安全规划指标可指出安全管理与宏观决策的重点和方向；④安全规划实施的监测、评估与考核研究，通过监测、评估与考核保证安全规划顺利实施；⑤安全规划数据库设计与可视化实现研究，利用现代先进的计算机技术、信息技术，使安全规划更加高效、科学与合理。

表 5-8　安全规划学研究内容

研究内容	内容释义
人 – 物 – 环系统安全设计研究	主要包括：①人 – 物 – 环交互设计研究，即研究系统人 – 物 – 环之间的物质流、能量流和信息流的交互传递关系，确保人 – 物 – 环界面交流的安全、快捷、高效；②人 – 物 – 环安全协同研究，利用协同学原理，研究人 – 物 – 环及其所含物质、能量、信息等在时间、空间、功能与结构上的重组和互补关系；③人 – 物 – 环系统管理与控制，针对人 – 物 – 环系统组织实施规划、监测及决策
系统安全容量研究	主要包括：①系统安全容量的辨析及量化研究；②系统安全容量原理及其下属原理的研究（如安全容量元素协同效应、安全性能最优化、安全容量元素自组织、安全容量抗扰保稳、安全容量最大阈值、安全可控性、安全有序性、反馈调控、连通交互等），进而为系统安全规划的制定与实施提供理论依据
系统风险分析、评价与预测研究	主要包括：①系统安全与危险状态转换规律研究，运用安全科学和系统科学原理对系统安全现状进行分析，预测系统在未来一定时间空间的安全状态；②个人风险标准研究，即研究系统内某一时空范围的人员因系统内各种潜在风险施加于其的个人死亡的概率，或者特定的伤害水平；③社会风险标准研究，系统某一子系统引起的社会风险累计频率研究
安全规划的指标体系研究	主要包括：①研究用伤亡数量的负面性指标表征安全状态，如绝对指标（事故起数、伤亡人数、直接经济损失等）和相对指标（相对人员、相对产量、相对产值等死亡率等）的构建研究；②研究用正面指标表征安全状态，如一个地区的老百姓或一个企业的全体职工的安全观念、安全知识、安全能力的提高程度，或是用安全文化水平的高低来衡量
安全规划实施的监测、评估与考核研究	主要包括：①提出安全规划评估技术体系，如评估逻辑设计原则、评估总体框架和评估技术路线；②重点评估内容，如规划目标的实现一致性程度评估、任务完成情况及其作为目标战略的有效性、政策措施的制订与贯彻对目标实现与任务完成的支撑程度评估；③在定性描述规划实施情况和定量监测分析基础上形成量化评估结果，评价安全规划实施的总体效果，并对存在的问题进行原因分析，最后提出做好安全规划的对策建议
安全规划数据库设计与可视化实现研究	主要包括：①安全规划数据库设计，主要是通过数据库技术对系统的基础信息、安全信息和地理信息等安全规划基础数据进行信息支撑，便于数据的管理、共享和扩充；②安全规划可视化技术实现，利用计算机仿真技术、虚拟现实技术等实现安全规划的可视化，以便于安全规划工作的自动化和智能化，如安全规划对象的可视化组织与可视化编辑、安全规划结果可视化、危险源危险性可视化等方面的研究

2. 应用与实践研究

安全规划学学科命题与素材源于各种安全规划的应用与实践，并服务于实践，即安全规划学应用与实践是安全规划学研究的出发点和归宿点。因此，安全规划学研究必须遵循"源于实践 – 回归实践"的范式，其研究内容还应包括应用与实践研究。基于上述分析，按照不同维度，划分不同的安全规划学应用研究内容（表 5-9）。需指出的是，在实践中需考虑不同安全规划之间的逻辑关系（如平行关系、上下衔接关系、包含关系等），以便于对不同安全规划间的目标与内容进行协调，以减少规划间存在的冲突。

表 5-9　安全规划学应用研究分类

划分维度	释义
按行业划分	煤矿、金属非金属矿、化工、冶金、建材、石油天然气、建筑、交通等具有行业特色的安全规划
按行政监管级别	国家级安全规划，省级安全规划，市级安全规划，县级安全规划，乡镇级安全规划，等等
按地域划分	区域（港口、码头、园区等）安全规划，城市安全规划，社区安全规划，学校安全规划，等等
从按时间划分	长期（远期）安全规划、中期安全规划、短期安全规划，还有年度、季度、月度安全规划，等等
从公司层面划分	集团安全规划，分公司安全规划，部门安全规划，车间安全规划，班组安全规划，个人安全规划，等等
从管理层面划分	安全文化建设规划，安全培训教育规划，安全科技规划，安全投入规划，职业病防治规划，应急管理规划等，以及新建、扩建、改建项目安全规划，等等
……	……

5.4.4 安全规划学研究方法论

方法论是探讨各种方法的性质、作用以及各种方法之间的相互联系，进而概括出的关于方法的规律性和一般性总结。任何学科理论的研究都离不开对其方法论的研究，安全规划学方法论是对指导安全规划学研究与实践的一般程序和方法的提炼，是为解决安全规划学问题而形成的一套关于选择具体方法、程序的思想、原则和步骤的知识体系。安全规划学方法论阐明了安全规划学研究的方向和途径，对构建安全规划学研究范式及安全规划学学科框架体系均具有指导作用。

1. 安全规划学方法论三维结构体系的构建与解析

安全规划学是一门综合性学科，涉及多种研究方法，其方法论不是各种方法的简单堆积，而是在安全规划学的理论基础上所形成的系统化、条理化的方法体系。安全规划学的研究与实践活动本身就是一项复杂的系统工程，因此，安全系统思想是安全规划学的核心思想，系统工程方法论是安全规划学研究的方法论基础。基于此，借鉴 Hall 提出的系统工程方法论结构体系，构建安全规划学方法论的三维结构体系（图 5-10）。该结构体系的内涵具体解析如下：

1）专业维。安全规划学方法论的专业维可理解为安全规划学的学科基础，即安全规划学研究与实践需储备的知识基础。安全规划学的综合交叉属性，以及目标规划系统形态、种类、特性的千变万化决定安全规划学研究需要借鉴和利用其他相对成熟学科的基础理论、原理和研究方法。

2）逻辑维。安全规划学方法论的逻辑维是一种思维过程，既是指导安全规划学研究有序开展的逻辑思维，也是指导安全规划学相关理论应用与实践的步骤和程序。安全规划学方法论的逻辑维可分为：安全规划的实施与评估，安全规划编制、决策，安全分析、评估、预测，明确系统安全规划问题。

3）技术维。安全规划学将充分吸收和借鉴相邻学科现代化的方法论，使规划方法不断更新，规划技术日渐改进。现代科学技术与方法的运用越来越突出，如计算机图形模拟（CGS）、可视模拟技术（VST）、地理信息系统（GIS）、决策支持系统（DSS）、专家系统（ES）、虚拟现实技术（VS）、大数据技术（BD）等逐步成为安全规划学研究与实践的重要技术手段。

2. 安全规划学实践的一般程序

安全规划是安全的发展战略，随着安全规划涉及范围的扩大，安全规划需采取科学合理的研究程序协调多方面的人力、物力和财力，其研究与编制是一个科学的决策过程。安全规划学方法论实践分 3 个阶段（图 5-11）：①安全规划的准备阶段，主要包括确定规划对象、范围、原则等；②安全规划的制定阶段，主要包括基础信息的搜集与整理，系统风险分析、评估与预测，安全规划指标目标的确定（总目标与子目标），规划的制定（规划技术、方法与措施），以及方案优选（费用效益分析、可行性分析）；③安全规划的实施与评估阶段，即按计划实施规划，及时评估规划的实施情况，并及时反馈。

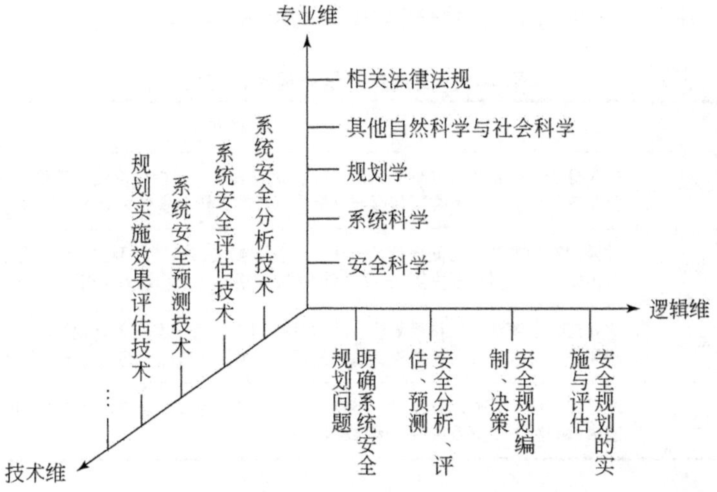

图 5-10　安全规划学方法论的三维结构体系

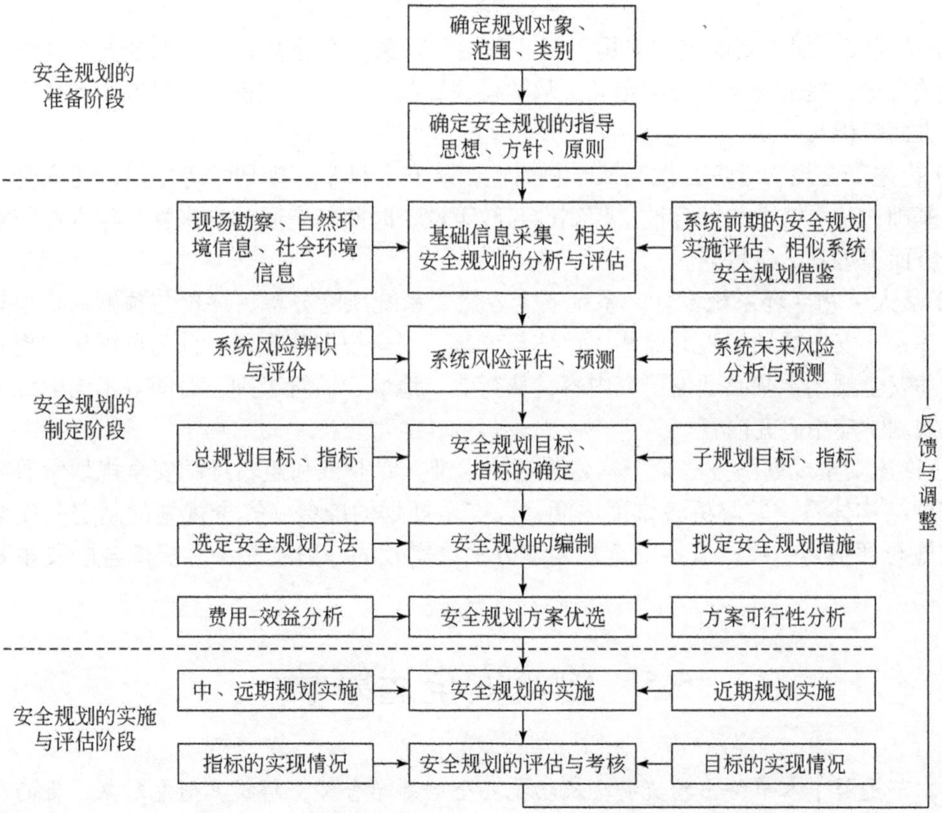

图 5-11　安全规划学一般实践程序

3. 安全规划学实践的一般方法

安全规划是综合性多目标规划，需要对大量数据进行统计分析和处理，涉及多种方法和管理工具的应用。安全规划学实践研究常用方法见表 5-10。

表 5-10 安全规划学一般实践方法

研究阶段	研究方法
系统安全分析、评价	层次分析法、预先危险性分析法、安全检查表法、模糊评价法、危险性与可操作性研究、灰色系统分析法、故障类型与影响分析、事故树分析、事件树分析、因果分析等
系统安全预测与决策	神经网络预测法、时间序列预测法、灰色预测法、蛛网模型法、回归分析预测法、权熵法、遗传模型法、多目标决策法、决策树、决策矩阵、系统动力学等
安全规划的制定	比较法、运筹法、线性规划法、非线性规划法、基于安全距离规划法、基于后果规划法、基于风险评价法、动态规划法、系统工程法、模拟比较法、组合方案比较法等
安全规划实施评估技术	综合评判法、层次分析法、TOPSIS 法、模型法、完成率及历史比较法、进展率及定性评价法、逻辑框架法、专家系统法、因果模块法等

5.4.5 结论

1）论述安全规划当前重“应用”轻“理论”现象，在此基础上，综合安全科学和规划学相关理论，提出安全规划学定义，从学科逻辑起点、学科主旨、学科性质和研究对象等 6 个方面解析其内涵。

2）论述安全规划学综合性交叉学科属性，从安全科学、规划学等层面论述安全规划学学科基础；从系统性与综合性、控制性与政策性、时间与空间的未来性、学术性与实践性 4 个方面提炼其学科特征。

3）从人－物－环系统设计，系统安全容量，系统风险分析、评价与预测，安全规划的指标体系，安全规划实施的监测、评估与考核，安全规划数据库设计与可视化实现 6 个方面论述安全规划学基础理论研究内容；从行业、地域、监管级别、时间等不同的维度划分安全规划学应用研究内容。

4）论述安全规划学方法论，构建包括技术维、专业维和逻辑维的安全规划学研究方法论三维结构体系，并解析各维度内涵；以安全规划的准备—安全规划的制定—安全规划的实施与评估为主线，概括安全规划学方法论实践的一般程序，并提炼各阶段主要研究方法。

5.5 物流安全运筹学

【本节提要】本节给出物流安全及物流安全运筹学含义，解析其研究对象、目的、核心思想、原理和方法等学科基本问题。基于此，论述物流安全运筹学综合性交叉学科属性，建立学科基础框架，构建物流安全运筹学的一般研究程序，提出物流安全运筹学研究的 6 步骤法，详述各程序研究方法和内容。

本节内容主要选自本书作者等发表的题为“物流安全运筹学的构建研究”[5] 的研究论

文，具体参考文献不再具体列出，有需要的读者请参见文献 [5] 的相关参考文献。

物流活动贯穿于人类生产和生活的各方面，特别是近年电子商务的兴起，使我国物流业进入高速发展时期，各方面亟待解决的问题随之出现，其中物流安全问题最为突出。因此，为确保物流系统安全运行，开展物流系统安全与危险演变规律研究。国内针对安全科学和运筹学在物流安全领域的研究起步较晚。已有研究只限于运筹方法在物流管理中的应用，没有探讨物流系统安全问题。总之，安全科学与运筹学在物流安全领域的研究存在缺陷，并且随着生产力和物流技术的发展，过去间断、粗放及传统的物流安全研究方法已经不能满足人们日益提高的物流安全要求和标准。

鉴于此，本节从大安全视角出发，梳理物流安全定义及内涵；基于安全科学和运筹学的理论基础，探讨建立物流安全运筹学相关内容；根据安全科学理论，辨识与分析物流系统存在的安全问题；结合运筹学方法，提供优化和实现物流系统安全的相关措施，以期系统化物流安全研究问题，完善安全科学、运筹学和物流工程学科体系。

5.5.1　物流安全运筹学定义及内涵

1. 物流安全定义

物流安全概念是物流安全理论中的关键问题，是物流安全理论及相关问题的基础，从根本上限定物流安全运筹学理论体系框架。现行国家标准术语规定，物流是指为物品及其信息流动提供相关服务的过程；物流活动是指物流过程中的运输、储存、装卸、搬运、包装、流通加工与信息处理。物流安全问题贯穿于物流活动的各个环节，任何环节出现问题都会带来不同程度的人员伤亡和财产损失。

研究物流安全问题是为预防和控制物流安全事故的发生。根据事故致因理论，可以把导致物流安全事故的主要因素归纳为人、物、管理和环境 4 个主要方面。在对有关物流安全的研究进行扬弃的基础上，从事故致因视角出发，物流安全是为确保一定时空范围的物流活动免遭人的不安全行为、物的不安全状态、管理和环境缺陷等不利因素影响而正常进行的状态。

2. 物流安全运筹学定义及内涵

安全科学是以保障人类在生产、生活、生存过程中的身心安全与健康、相关设备与财产安全以及生存环境安全，对整个客观世界及其规律总结基础上形成的知识体系。运筹学使用数学工具和逻辑判断方法，研究系统中的人力、物力、财力的组织和筹划调度问题，寻找复杂系统问题中的最佳或近似最佳的方案，改善和优化现有运行系统，从而为决策者提供最优方案。作为一门应用型学科，运筹学应用领域广泛，包括生产计划、库存管理、运输问题、人员管理等和物流相关的领域。

综合物流安全相关概念、安全科学理论、运筹学理论及事故致因理论，提炼物流安全运筹学定义：从物流安全的角度和着眼点出发，以系统科学理论为核心思想，运用安全科学辨识与分析物流系统中存在的安全问题，通过运筹学的原理和方法解决物流安全问题的一门新兴学科。物流安全运筹学内涵解构如图 5-12 所示。

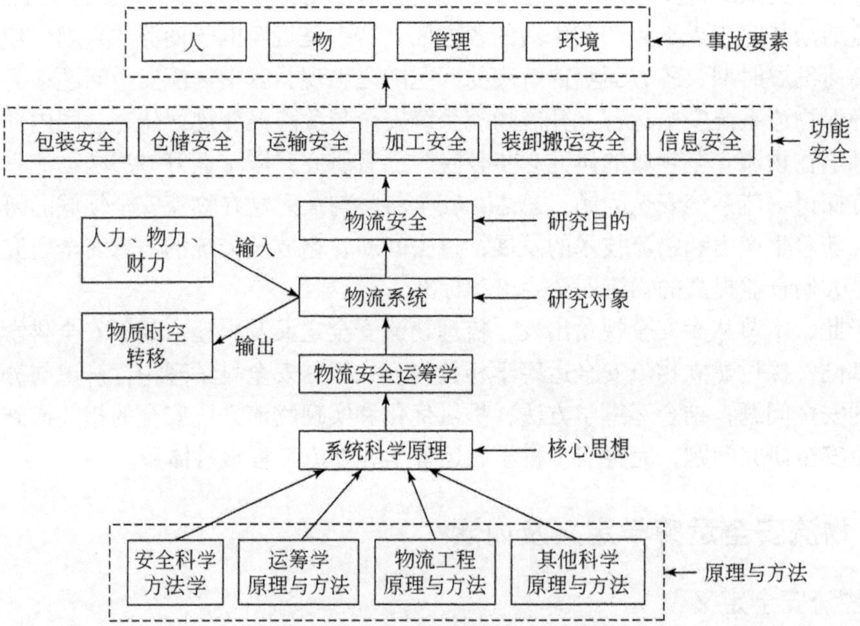

图 5-12　物流安全运筹学内涵结构

1）以物流系统为研究对象。物流系统是一个复杂动态系统，物流系统的总目标是实现物资的时空变化，是一个多目标、多决策的函数系统，如希望物流流量最大、物流时间最省、物流服务最好、物流成本最低等，这些目标往往与物流安全形成矛盾，物流系统在这些矛盾中运行，这些矛盾就是物流安全运筹学的研究要点。从事故致因层面划分，物流系统主要涉及人（物流活动职能人员、周边人员）、物（被运输的物质、运输设备或工具、物流活动保障设备等）、管理（事前预防管理、事中应急救援管理、事后善后管理）、环境（社会环境、自然环境）等。

2）以物流系统安全运行为目的，使物流活动更好地为人类社会服务。主要包括包装安全、仓储安全、运输安全、装卸搬运安全、流通加工安全和物流信息安全。物流活动是为满足人们的生产、生活需求，按照人们的意愿在一定的时间、空间范围内发生的一系列有序活动，物流安全事故的发生可能导致有序的物流活动走向无序和终止，并引起一系列事故。

3）以系统科学为核心思想。系统思想和方法为实现物流安全提供理论基础，物流系统中任何一个要素的变化都可能引起其他要素的变化进而影响整个系统的安全性，物流系统安全或危险状态是其整体涌现性的表现。

4）运用安全科学的原理和方法对物流过程中人、物、管理、环境等方面的危险有害因素进行辨识、分析、评价、控制和消除。运用运筹学原理和方法，根据危险有害因素辨识与分析结果，为物流系统的安全规划和设计、物流安全资源配置、物流安全路径优化选择、物流过程安全管控等过程的最优方案和决策提供理论参考。

5.5.2　物流安全运筹学学科基础及研究内容

1. 学科属性与学科基础

在物流安全运筹学研究中，首先要认识学科属性。从物流安全运筹学定义及内涵可知，物流安全运筹学属于典型的综合性交叉学科，是安全科学、运筹学与物流学有机结合、交叉渗透而形成的具有特定功能的知识体系。另外，物流安全运筹学是在人类物流实践活动中产生的，是为解决物流活动中的危险有害因素，从而保障物流安全，使物流活动更好地为人类生产、生活服务的学科。因此，实践性是其基本特征。物流安全运筹学综合属性和学科基础关系如图 5-13 所示。

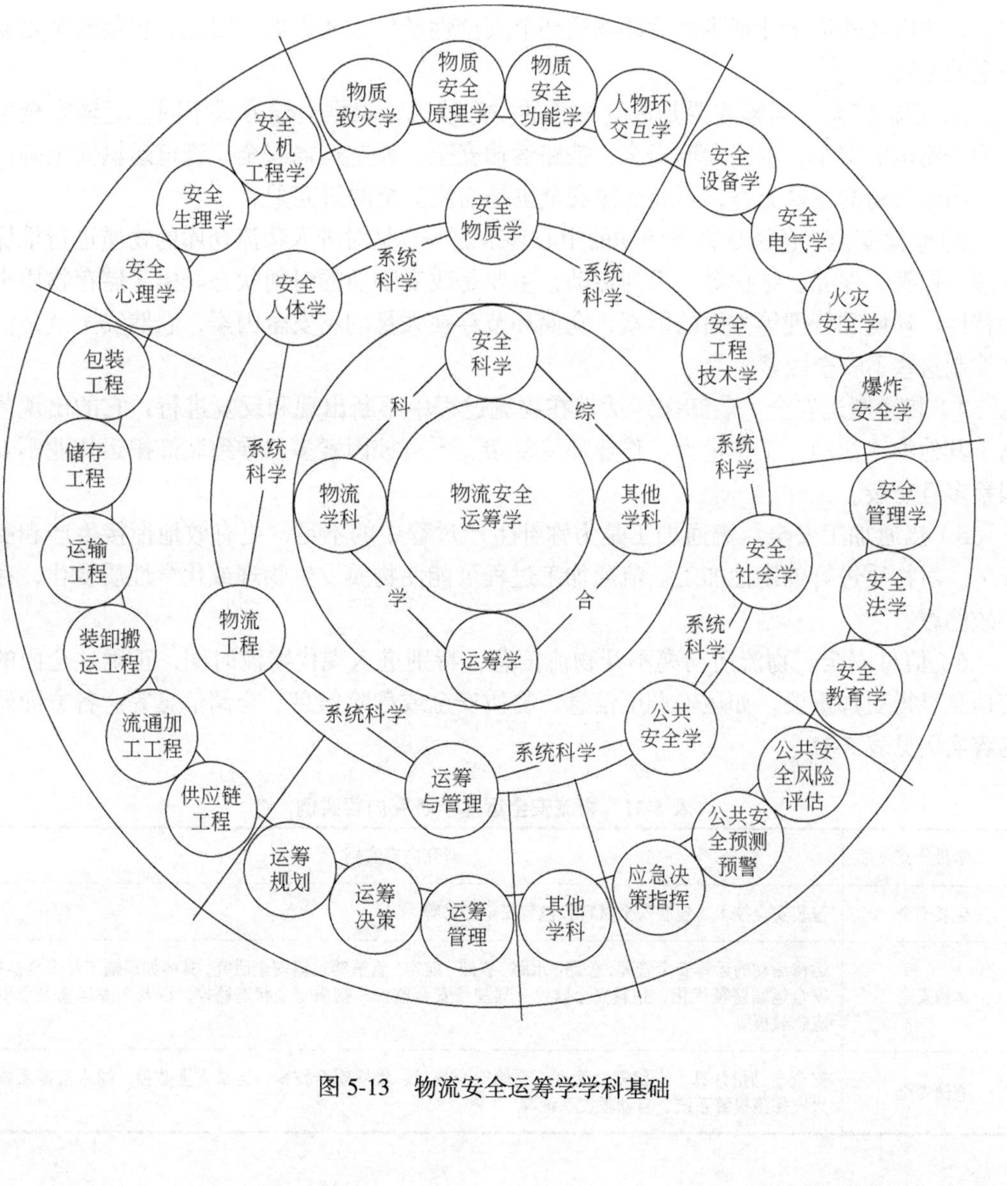

图 5-13　物流安全运筹学学科基础

2. 研究内容

基于物流系统安全辨识与分析结果，使用运筹学方法从总体上根据物流安全需求，优化和确定包装计划、运输计划、装卸计划、仓储计划、再加工计划、回收和废弃计划，在此基础上进行物流安全人员、物流安全工具与设备、物流活动安全保障措施等的统筹安排和调度；运用运筹学方法对多种物质同时库存进行安全管理，如库存能力量算、库存量匹配预算、安全库存位置优选等；综合考虑运输成本、安全性、运输工器具等进行运输路径的优化和选择；对物流安全职能人员的需求、人员指派与分配等的统筹管理。按照物流安全运筹学内涵解析，将其主要研究内容概括为 6 个方面：

1）包装安全。包装在整个物流活动中具有特殊的地位，处于生产过程的末尾和物流过程的开始，既是生产的终点，又是物流过程的始点，是物流活动的基础。包装材料、形式、方法以及外形设计都将对后续物流环节安全性产生重要影响。因此，包装安全是物流安全的基础。

2）运输安全。运输主要是改变物质的空间状态，根据运输方式不同，运输安全可以分为公路运输安全、水路运输安全、铁路运输安全、航空运输安全、管道运输安全等。运输是物流活动的主要流程，因此运输安全也是物流安全的研究重点。

3）仓储安全。仓储是物流活动的中心环节之一，是对进入物流仓库的物质进行堆垛、管理、保管、保养、维护等一系列活动，主要是改变物质的时间状态。由于储存物质本身的特性、环境和管理等方面的因素，仓储环节存在大量的不安全因素，仓储安全就是消除和控制这些不安全因素。

4）装卸搬运安全。装卸搬运活动在物流过程中不断出现和反复进行，它的出现频率高于其他物流活动，工作量大、作业环境复杂、不可控因素多，导致装卸搬运作业不安全因素多且复杂。

5）流通加工安全。流通加工是为弥补生产过程中的不足，更有效地衔接生产和需求环节，对物质进行辅助性加工。流通加工过程可能使物质发生物理或化学性质变化，存在事故隐患。

6）信息安全。物流活动离不开物流信息，特别进入现代物流时期，正确、全面的物流信息显得更加重要，如运输调度信息、物质安全或危险信息、仓储信息等。各方面研究内容实例见表 5-11。

表 5-11　物流安全运筹学研究内容实例

学科分支	研究内容实例
包装安全	包装安全技术、包装安全材料、包装安全形式等
运输安全	运输活动的运筹安全管理，公路、水路、铁路、航空、管道等运输安全研究，具体如运输工具安全监控、安全运输路径优化、超载安全监控、驾驶员安全监控、物质安全状态监控，以及突发运输安全事故应急救援等
仓储安全	安全仓储量计算、仓储安全管理、仓储安全技术、堆垛安全技术、区域安全监控、闯入报警系统、火灾探测报警系统、自动救灾系统等

续表

学科分支	研究内容实例
装卸搬运安全	装卸安全操作、搬运安全操作、自动装卸搬运安全作业，以及自动化装卸技术研究等
流通加工安全	主要研究物质在物流过程中的物理化学性质变化可能涉及的危险有害因素，提出预防和控制措施，另外还有装袋、定量化小包装、拴牌、贴标签、配货、挑选、混装、刷标记等作业的安全操作规程研究
信息安全	物流安全管理与调度信息系统研究，运输物质信息自动化识别技术，物质安全信息的标识、识别、存储技术，物流活动过程监测信息、物流数据备份、物流通信加密、物流信息系统恢复等研究

5.5.3　物流安全运筹学研究程序与方法

物流安全运筹学的研究是包含一系列步骤的有序过程。结合物流系统特性，综合系统安全分析和运筹学分析方法，将物流安全运筹学研究的一般程序概括为：明确物流安全运筹问题、问题归类与概念化、建立数学模型、求解模型、结果分析与模型检验、物流安全运筹问题对策措施的提出与实施，如图 5-14 所示。

1）明确物流安全运筹问题。在物流安全系统规划与设计、物流安全系统建立与运行两个阶段，采用系统安全分析方法，对物流系统危险有害因素进行辨识、分析与评价，明确物流安全运筹问题（可控变量、已知参数、随机因素等），主要方法有安全检查表法、预先危险性分析法、危险性与可操作性研究、故障类型与影响分析、事故树分析、事件树分析、因果分析等。

2）问题归类与概念化。明确物流安全运筹问题后，需要对其进行归类，以便于根据不同的运筹问题进行数学建模，具体类别包括：包装安全问题、装卸搬运问题、运输问题、仓储问题、流通加工问题、物流信息问题。

3）建立数学模型。建模的目的是寻找规律，求解实际问题。物流安全运筹问题的数学建模有两个关键：①用数学方法描述物流系统预定发挥的安全功能，即目标函数，用 $G=G(x_1, x_2, \cdots, x_n)$ 表示。物流安全运筹学的目标是使物流系统安全功能最大化（max）或危险性最小化（min），是一个优化问题，通过目标函数最大化（安全功能）或最小化（危险性）实现；②用数学方法表述物流系统的约束条件，即约束函数，用 $f=f(x_1, x_2, \cdots, x_n)$ 表示。在物流系统中，约束条件可归纳为：运输物质方面（物理化学性质、数量等），包装方面（包装材料匹配性、性能优劣性等），仓储方面（仓库位置、建筑结构、库存能力、库存量、抗震级别、火灾级别等），装卸搬运方面、运输方面（运输成本、车辆安全性能、运输能力、运输路径等）、物流再加工方面、物流信息方面。结合起来可得物流安全运筹问题数学模型的一般形式。

目标函数：$G=\max(\min)\ G(x_1, x_2, \cdots, x_n)$

约束函数：$f=f(x_1, x_2, \cdots, x_n)$

在上述模型一般形式基础上，根据不同的物流系统建立具体运筹学模型：①线性规划模型。解决物资安全调运、配送和安全人员分配等问题。②整数规划论模型。求解物流安

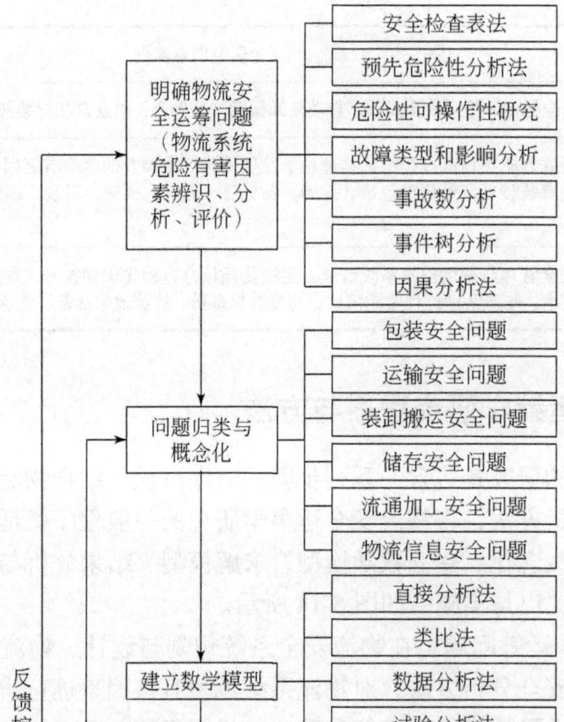

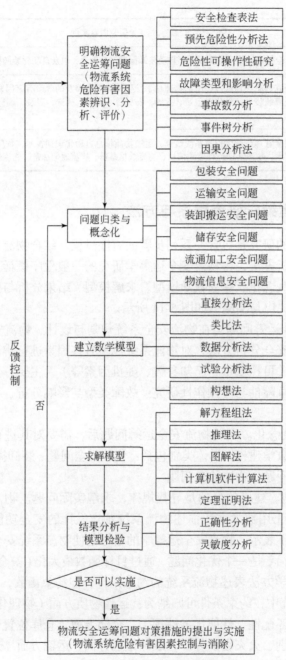

图 5-14　物流安全与运筹研究程序

全目标所需的人数、运输工器具，以及仓库和中转站等的安全选址问题。③动态规划论模型。解决运输安全路径优选、安全资源分配、仓库安全库存量等问题。④图论模型。主要解决运输安全路径优选、仓库安全库存量等问题。⑤决策论模型。解决运输时间、安全成本、运输量、仓储量等与物流系统安全性的矛盾问题。⑥排队论模型。主要解决物流信息安全、流通加工安全方面的问题。⑦存储论模型。用于获取在保证物流系统安全的条件下的最优库存量、补货频率、周转周期等。建立思路和方法见表 5-12。

表 5-12　物流安全运筹学的数学模型建立方法

方法	解释
直接分析法	通过对物流安全运筹问题内在机理的认识，选择已有的、合适的运筹学模型，如线性规划模型、排队模型、存储模型、决策和对策模型等
类比法（比较法）	运用比较原理，对不同国家、不同地区、不同物流系统的物流安全运筹问题进行比较分析，提炼出可借鉴的数学模型
数据分析法	对某些尚未了解其内在机理的物流安全运筹问题，通过文献法、资料法、调查法等搜集相关数据或通过试验方法获得相关数据，然后采用统计分析等数学方法建立模型
试验分析法	对不能弄清内在机理又不能获取大量试验数据的物流安全运筹问题，采用局部试验和分析方法建模
构想法	在已有的知识、经验和某些研究的基础上，对物流安全运筹问题给出逻辑上合理的设想和描述，然后用已有的方法来建模，并不断修正完善，直到满意为止

4）求解模型。数学模型可采用解方程组、推理、图解、软件模拟和定理证明等方法求解。求解结果分为：①最优解。模型的所有可行解中最优的一个，安全功能最好或危险性最小。②满意解。即次优解，表示对应安全功能可接受。③描述性的解。对应于描述性模型，用于描述物流系统在不同条件下的安全或危险状态，可用于预测和分析物流系统的行为特征。

5）结果分析与模型检验。求得模型解以后，需要进行模型检验，包括：①正确性分析。将不同条件下的数据代入模型，检验相应的解是否符合实际，是否能够反映实际问题。②灵敏度分析。分析模型中的参数发生小范围变化时对解的影响。通过检验，如果模型不能很好地反映实际问题，则需要对问题进行重新分析并修正模型，直到输出满意结果。

6）物流安全运筹问题对策措施的提出与实施。根据危险有害因素辨识结果和运筹学模型分析结果，从物流安全人员、安全设备、物流安全物质、物流环境等方面提出人－物－环安全交互措施、本质安全措施、工程防护措施、个体防护措施等。若物流系统危险有害因素没有得到有效控制和消除，则反馈到问题辨识阶段，重新进行物流系统安全优化，直到系统缺陷被纠正与完善。

5.5.4　结论

1）以物流系统为研究对象，以物流系统安全运行为目的，以系统科学为核心思想，运用安全科学和运筹学的原理和方法，对安全科学、运筹学和物流学进行交叉渗透研究，提炼物流安全含义，提出物流安全运筹学定义，阐释物流安全运筹学内涵。

2）论述物流安全运筹学综合性交叉学科属性和实践性基本特征。从安全人体学、安全物质学、运筹学等方面构建学科基础框架。从包装安全、运输安全、仓储安全、装卸搬运安全、流通加工安全、信息安全 6 个方面概述其研究内容，并分析各个方面的研究实例。

3）提出物流安全运筹学研究的 6 步骤法：明确物流安全运筹问题、问题归类与概念化、建立数学模型、求解模型、结果分析与模型检验、物流安全运筹问题对策措施的提出与实施，并阐释各个程序研究方法和内容。

4）物流安全运筹学的构建可以促进物流安全的研究与应用，系统化物流安全研究问题，并完善安全科学、运筹学和物流学科体系。

5.6 安全设计学

【本节提要】本节基于安全科学、系统科学和设计学原理，从安全科学理论的高度提出安全设计的定义，基于传达方式剖析其最主要特征。运用文献分析法和归纳法，对安全设计的基础性问题及过程展开系统研究。归纳出包含6类基本思想、6个基本理念、7条基本原则的3项指导准则；提出以安全设计任务—实际操作—安全效果为过程主线的安全设计一般构建步骤，绘制相关方法、技术、手段结构图；并按一定标准对设计类型进行分类。显然，本节内容可为建构安全设计学奠定坚实的基础。

本节内容主要选自本书作者等发表的题为“安全设计基础性问题研究”[6] 的研究论文，具体参考文献不再具体列出，有需要的读者请参见文献 [6] 的相关参考文献。此外，需指出的是，尽管本节内容尚未正式提出安全设计学这一概念，但明晰了安全设计学的基础性问题，为建构安全设计学奠定了坚实的基础。

在安全科学领域中，大量研究与实践表明，科学、良好的安全设计是预防事故和实现功能安全化的重要手段之一，同时也是实现本质安全的关键。因此，安全设计是安全科学领域的一个颇有价值的研究方向。

据考证，20世纪初已开始关注安全设计方面的研究。目前，国内外学界已对安全设计开展相对广泛的研究，国外的研究较为深入，已具有一定的设计标准化趋向；国内的研究尚处于起步阶段，且多集中于一般性安全的概念与原理性研究。目前，安全设计的定义、研究范畴、设计准则不够明确，安全设计的相关方法、技术和手段尚未组织出安全知识结构体系，安全设计类别知识管理工作不完善，研究的学理性与系统性较差。鉴于此，本节基于设计的定义及安全学的理论基础，提出安全设计的定义并阐述其最重要特征，运用文献分析法和归纳法提炼并分析其相关指导准则，最后根据安全设计实际案例构建安全设计过程模型。

5.6.1 安全设计的定义与特征

1. 定义

设计是将一种计划、规划、设想通过某种形式传达出来的活动过程，也指设计师有目标、有计划地进行技术性的创作与创意活动。基于设计的定义，将安全设计定义为：以实现安全为目的，通过分析项目中的危险源，将安全计划、规划、设想、措施等通过某种形式传达出来的活动过程，获得基于安全考虑的设计成果，旨在确保人们的生产、生活与发展中各种要素及功能得以顺利完成。安全设计研究重点是预判产品正常使用时可能发生的危险以及产品误用时的事故隐患。

安全设计的分层定义：

1）针对产品内在结构层面的安全设计，指产品充分实现其功能性要求的安全诉求，如安全功能设计、危险隔离的安全设计等；

2）针对产品外在关系层面的安全设计，指构建完整的产品功能体系时不同产品定位及配备的安全诉求，如安全机制设计、减灾救助设计、应急救援预案等，体系内存在弱关联和强关联，由此安全设计产品的安全级别就有相应的响应；

3）针对产品战略关系层面的安全设计，指产品制造、流通与消费过程中的材料选择、工艺处理及其废弃方式所必须面对的安全诉求，如环境可持续性设计等。

综上，安全设计范围不能拘囿于设计行为本身，还将涉及一定的安全文化、安全伦理、安全心理、安全生理、人的生物特征等方面内容。

2. 特征

基于安全设计的定义及其传达方式，剖析其最主要特征，具体分析如下：

1）安全设计均受时间、空间和能量场三者约束，超越时空和能量场范围的安全设计活动在生产、生活领域是不存在的。安全设计活动本身是在特定时空和能量场内进行，而安全设计产品具有的时空痕迹和能量场痕迹均受安全科学技术、安全认知及安全创新思维水平等影响，必然存在的客观局限性会造成一定安全设计风险，也能激发新一轮安全设计改良或创新的主观能动性。

2）安全设计是在特定物质条件约束下进行的活动，不存在忽视物质条件的随意设计，即表现为安全设计活动的物性特征，体现在安全结构设计中使用工程材料和安全方案设计所需动力和资源来源等方面。由于物性特征的限制，安全设计结果的优劣具有相对性，设计者和使用者需在特定物质基础上寻求最优化安全效果。

3）安全设计是为实现安全目的并赋予安全设计结果特定安全使命的过程，安全需求是安全设计最根本的动力，即表现为安全设计的安全需求性特征。安全设计的目的是获得安全并创造安全价值。安全设计是在安全需求的推动下，借助一定的安全感知、认知、认同、法规、文化和安全技术、手段、标准等工具而进行的活动。安全方案设计和安全结构设计这两种安全设计的传达形式，使得安全产品具备精神与物质双重文明的属性；一部分安全设计能够受安全需求的直接刺激而进行，另一部分安全设计需在一定的精神、物质文明的条件下的安全需求刺激而进行，安全需求，安全设计与精神、物质条件的关系模型如图 5-15 所示。

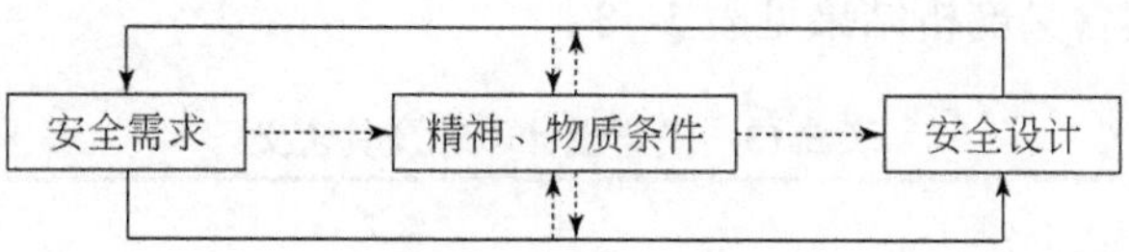

图 5-15　安全需求与安全设计的关系模型

4）安全设计由安全技术设计、经济设计、艺术设计等共同组成，且艺术设计在其中发挥着举足轻重的作用，即安全设计具有艺术特征。安全设计中的艺术设计过程涉及安全结构功能、安全信息功能、审美功能，还需考虑各功能组合方式及由此产生的安全心理效果与艺术效果。从艺术视角出发，安全设计效果是个黑匣子，安全设计中的艺术设计可为安全设计的实体、虚体方面提供解决美学问题的方案。

5）安全设计是在特定安全科学技术背景中产生并演化，特定时代的安全科学技术赋予安全设计思潮极具时代特色，即安全设计活动具有时代特征。安全设计及参与安全设计的人员受安全科学技术发展的影响，安全设计就是将当代的安全科学和安全技术运用于生产、生活中，而所有安全科学技术均是通过安全设计手段转化为安全产品。设计师及与安全设计相关的人员所需求的安全知识、技能等随时代发展而更新，最终进行以创新为目标的高级、复杂的脑力劳动。产品安全质量主要受经济水平、时代科学技术发展水平和安全需求的制约，产品安全质量与社会所处时代及其安全需求的整体平均水平关系如图 5-16 所示，主流产品安全质量有向社会整体平均水平靠拢的趋势，但较多情况下，低于安全需求和社会整体科学技术发展水平。

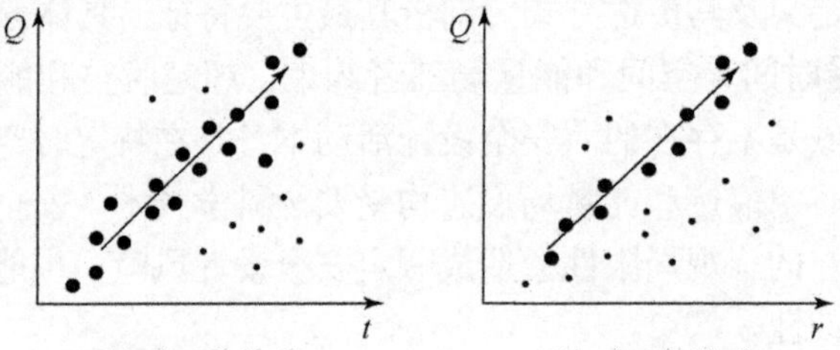

图 5-16　安全设计时代 t、安全需求 r 与产品安全质量 Q 的关系

5.6.2　安全设计三大指导准则

基于安全设计的定义及其内涵可知，进行安全设计活动时需要一定高度的科学设计思维指导，本书提炼出安全设计的三大指导准则，即安全设计思想、安全设计理念、安全设计原则。

1. 安全设计思想

所谓安全设计思想，是指在安全设计认识和研究的基础上提炼出的可发现和解释安全设计的科学理念和法则，它对安全设计基础研究和安全设计实现路径具有导向作用。这里，共提炼出 6 类安全设计思想，即畏天思想、整体思想、本质安全思想、节省思想、性能化思想、关联思想，其含义剖析结果见表 5-13。

表 5-13　安全设计思想及其含义

思想类型	含义
畏天思想	强调一切事物或现象都存在客观普遍规律，这种规律不以人的认识为转移，不能被创造、消灭、改造、改变，因此在进行安全设计活动时，需遵循事物本身的客观发展规律

续表

思想类型	含义
整体思想	强调从系统视角出发看待安全问题，剖析安全问题的整体结构并提炼出其特征，从而达到改造或创新的目的，实现安全设计活动系统和谐
本质安全思想	是指设备、设施或生产技术工艺含有的、内在的能够从根本上防止事故发生的设计指导思想，使得产品主要具备失误－安全和故障－安全两大功能
节省思想	包含防止安全方法、指标被过度使用或机械套用，强调采用合适的控制手段避免安全设计失控并降低安全设计风险
性能化思想	通过对某安全设计对象设定一个预期的总体安全目标，并针对此目标运用工程分析和计算来确定最优化的安全设计方案
关联思想	是对 2 个或 2 个以上不同对象之间的相关关系、相关程度及其关联本质属性的根本认识；通过关联思想获取安全大数据中海量安全信息，归纳、分类、分析并得出安全规律，提出安全方案设计和安全结构设计，采取相应安全措施

2. 安全设计理念

安全设计理念是通过理性思维获得的对安全设计的认识，是从安全观中提炼出的理性观念，是设计主体的安全设计观与外界安全设计信息交流、碰撞所形成的理论性和系统性的认识体系。安全设计将安全理念贯穿于产品全寿命周期、各个环节和结构，通过弥补人－机－环－管理中自身局限、缺陷、薄弱环节、失误等不足以达到优化功能的目的，以实现各自功能按照安全需求完成所进行的设计。在综合配置安全资源的过程中，安全设计的价值意义在于追寻安全功能与成本之间最佳的对应配比，以尽可能小的代价取得尽可能大的经济效益和社会效益，换言之，获取最佳安全资源配置是安全设计的根本任务和目的。这里，提炼出 6 个安全设计理念及其含义，见表 5-14。

表 5-14　安全设计理念

理念	含义
并行设计的理念	也称作协作设计或整合设计，主要出于对用户安全的考虑，在产品设计中①采用不同于传统的人机工程学运用方式，即动态的考虑人的研究，而不是孤立地考虑功能性，使得产品安全性和舒适性有一定提高；②采用网络状、多线程并行的设计流程模式，即与设计大工程相关联的子设计（安全设计）工程并行展开，使得设计中考虑因素更全面，进而降低设计产品的危险因素和时间成本，改善产品安全
关注用户的理念	强调安全和人机工程研究自始至终融合于安全产品设计中，主要有：①外在方式，通过安全标准、安全法律法规、规范等正式文件进行的设计活动，即产品设计必须遵循的强制性安全法则；②基于内在的、个人的方式，即产品设计师根据直觉、调查分析或根据安全设计目录等经验获得产品安全性判断
人文关怀的理念	让特殊个体感受到与普通人群相同的待遇与认同，是安全设计产品领域的人文关怀，如老人机音量和字体功能的设计等
自我可控的理念	指安全设计产品能让使用者感到自己完全可以正确地使用它，即使是单纯的心理感觉，将为使用者树立自信，自信能促使个体冷静对待产品，即使遇到紧急情境，避免冲动性个体不安全行为
整合资源的理念	是指将生产、生活中的安全资源、人力和组织资源、网络软硬件资源予以整合，在此基础上来搭建生产、生活的安全资源平台，从而使安全资源在整合后能够实现安全价值的最大化
情境塑造的理念	特定的情景能够引发人特定的意识，根据安全的需要设计特定的产品，使其能够激发特定的安全情境意识，避免使用者对作业中的安全现象处于无念状态，即产品传达出安全的信息

3. 安全设计原则

安全设计的基本功能是实现安全，因此进行安全设计的最基本原则是实用、简单、舒适、通俗、易懂，即具备科普性和经济性。根据一定安全设计原则所得产品的直接或间接安全价值主要体现在由感性安全升华为理性安全。人的生物、生理、心理等非特定化使得人的行为具有一定的未确定性，具体表现为人的能动性。人的能动性对安全设计是把双刃剑，既能促进产品在安全向度上的自我完善，又有偏离安全的可能性。因此，进行安全设计时需要一定的设计原则。根据安全科学原理，得出 7 条安全设计原则，具体见表 5-15。

表 5-15　安全设计原则

原则	含义
以人为本原则	安全设计产品最终为人的安全生产、生活服务，因此其落脚点始终是人；目前常见的无障碍设计、人性化设计、普适性设计、限制性设计等均是根据自然人的生物特征、生理特征、心理特征为着眼点进行设计，符合大安全观范畴
系统性原则	安全设计本身具有系统性的属性且其产品是系统的一部分。因此，①安全设计的所有层次和要素需相互匹配，且任何安全的载体均应具备安全设计的理念；②安全设计活动中考虑的危险、危害因素要全面，安全设计产品具有大众普适性
可持续性原则	安全设计产品应是可重复利用的，在后期的设计中具有一定的继承性且在使用过程中不能突然中断其安全功能的缺陷
理性安全感原则	安全是一个相对状态，安全系数会随时空产生一定变化，安全设计产品具有相应的时效性，避免安全设计产品造成终身安全的假象和用户的过度依赖
避免侵犯隐私原则	从伦理角度看安全设计，人人均有保护自己隐私的需求，而群体的聚居性与社会性又决定个体的私密性，个体的内在需求同时需要归属认同和隐私安全；安全设计者及安全产品不仅需避免被用于侵犯隐私，也需避免自身隐私泄露
余量设计原则	安全设计产品对人的介入度要有一定的界定，即不包办亦不替代人作决定，而是给人留有一定的思考和使用空间，以增强安全设计产品与外界间的互动关系
可靠性原则	主要是指产品设计中具体提高产品安全可靠性的措施，而非广义的可靠性设计

5.6.3　安全设计步骤

通过分析安全设计的最主要特征时，基于安全设计的定义，把安全设计的整个过程分为安全设计任务、实际操作、安全效果 3 个阶段，其中安全设计的实际操作阶段又有若干具体阶段。鉴于此，本书结合安全设计的实际操作案例，建构安全设计的过程模型如图 5-17 所示。

在安全设计的过程中，安全知识贯穿整个设计流程，参与安全设计的人员必须对该安全需求和安全显、隐性知识进行再认识；通过安全设计过程使得安全设计技术系统内部结构明朗化，并确定安全设计任务的核心和本质安全功能，最终设计人员能专注于主要安全需求并在大视角下求得最优解。安全设计效果的相对性决定了安全设计的过程是一个持续改进的过程，同时，在时间维度上是一个自循环螺旋上升的过程，这为安全设计产品的未来适用性奠定基础。

安全设计的过程中常涉及的方法、技术和手段结构如图 5-18 所示。

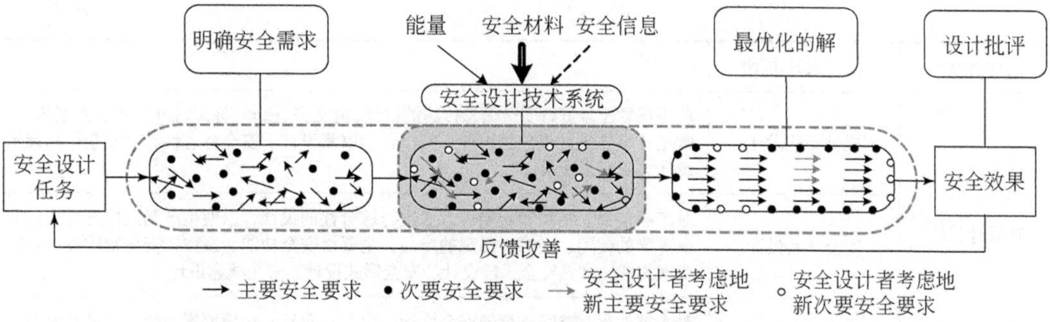

图 5-17　安全设计的过程模型

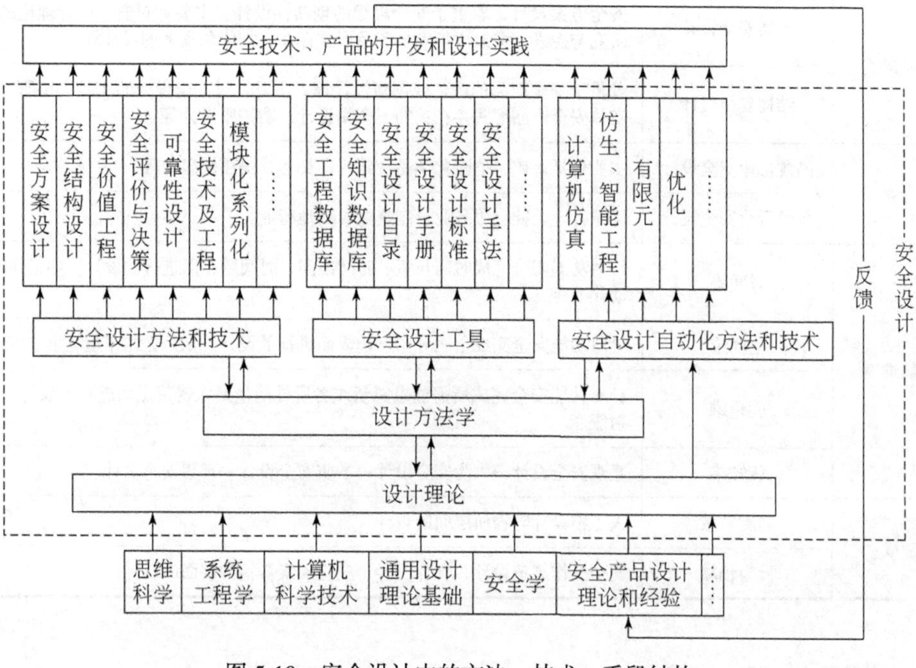

图 5-18　安全设计中的方法、技术、手段结构

5.6.4　安全设计的分类

安全设计包含大量的各类型的设计，通过一定标准对安全设计进行分类，有利于明确目前的安全设计方法、方式，进而促进对安全设计的继承、改良、创新等。按照不同的标准对安全设计进行分类，分类结果见表 5-16。

表 5-16　安全设计分类

分类指标	安全设计类型	说明
按研究内容	纵向设计	全寿命周期的安全设计，包括安全设计方案设计、安全设计产品的引入期、成长期、成熟期、衰退期、废置期各个阶段
	横向设计	主要包括安全进程设计、对象设计、思路设计三大类

续表

分类指标	安全设计类型	说明
按设计目的	视觉传达设计	利用视觉符号进行安全信息传达的设计，由文字、色彩、标志、插图、声音要素构成，常见有字体设计、色彩设计、安全科学书籍设计、安全标志设计、安全产品展示设计、安全影视设计
	安全产品设计	对产品造型、结构和功能等方面进行综合性的设计，以便生产制造出符合人们安全需要的使用、经济、美观的产品；主要由安全功能、造型、安全物质技术条件要素构成，常见安全式样设计、安全形式设计、安全概念设计
	环境安全设计	对人类的生存空间进行的安全设计，由人－建筑－环境要素构成，常见有城市安全规划设计、建筑安全设计、室内安全设计、室外安全设计、公共安全设计
按产品形式	方案安全设计	安全方案设计，着重于安全思维的创新性设计，主要针对安全设计理论的基础性研究与探索，多以虚拟安全产品形式存在；如应急预案的设计等
	结构安全设计	着重于安全产品的改良或创新性设计，主要针对安全设计的实践应用研究，多以实体安全产品形式存在；如安全帽设计、防护服设计等
按行业	高危行业安全设计	主要包括采矿、危险化学品、建筑、交通、民用爆破业等
	普通行业安全设计	能源行业、社会服务业、制造业、其他行业
按功能维度	时间维	针对功能安全完成时间长短、时间区间、时间顺序而进行的设计，如工作时间表、动作顺序
	空间维	针对功能安全完成空间分布、边界而进行的设计，如厂区内车道宽度、安全高度
	能量维	针对功能安全完成所需能量总量或者所处能量最大密集点而进行的设计，如防辐射服
	认知维	直观安全设计→人为安全设计→本质安全设计→理想安全设计
按领域	物质领域	人工物设计等物质层面的设计
	行为领域	安全操作规范设计、交互设计、应急预案等精神层面的设计

5.6.5 结论

1）基于设计的定义给出安全设计的定义；

2）归纳得出其所涉及指导准则有六大类安全设计理念、六大类安全设计思想、七大类安全设计原则三大方向；阐述安全设计的过程包含安全设计任务、实际操作、安全效果3个阶段，其实施过程涉及一定的方法、技术、手段等；并根据研究内容、目的、产品形式、行业、功能维度、领域，对安全设计的类型进行分类；

3）部分安全标准的不完善，使得进行安全设计的参考依据缺失，安全设计的实现存在一定难度；安全设计的属性不够明确，在设计中的归类有待完善。

5.7 安全关联学

【本节提要】本节基于安全体系的关联特性，提出安全关联的定义，并分析其内涵、类型与特征。基于此，提出安全关联学的定义，分析其学科基本问题与学科基础，提取实体表达与逻辑表达等 6 种常用的安全关联学表达方法，并从安全教育的层次和事故预防的策略等 11 个不同的视角构建了安全关联学的学科分支体系。

本节内容主要选自本书作者发表的题为“安全关联学的创建研究”[7] 的研究论文，具体参考文献不再具体列出，有需要的读者请参见文献 [7] 的相关参考文献。

世界万事万物都是有关联的。为探究事物间的关联现象与规律，国内外学者很早就对事物间的关联现象开展研究，如关系学（集中于研究人或人群间的关联关系，如人际关系学、公共关系学、国际关系学与社会关系学等），系统学中的关联系统，语言学中的关联理论与关联原则，生命科学领域的基因关联，计算机科学、统计学和数学等领域中涉及的基于关联原则的数据挖掘与分析，以及物理学和化学中的表面物理化学问题等研究。实践表明，关联思想可广泛应用于自然科学与社会科学研究，关联现象与规律的研究可为交叉与边缘学科基础理论的研究提供有效手段。

关联思想始终广泛贯穿并应用于安全科学研究与安全实践活动之中，安全关联现象普遍存在。分析发现，安全科学之关联主要表现在 4 个方面：①安全是一项系统工程，安全系统具有多元性、相关性及整体性特点，同一安全系统的不同元素间按一定的方式相互关联、相互作用，保障系统安全需从多因素、多手段、多环节着手；②事故的发生既有其特定的、偶然的原因，又受总体共同因素的支配，且事故易发生在联结位置（或称节点，如人事物环之间的界面、连接线、交汇处与链接点等），因此，发现事故原因间关联的内在规律与易发生事故的联结位置等，从而进行人为控制和干预，使事故发生条件缺失，以减少事故的发生概率；③安全科学具有综合性与交叉性的学科属性，综合各种关于安全科学研究对象的观点（如人 – 机 – 环说、三要素四因素说、安全问题说、事故说、安全说与风险说等），其中最具普适性和最关键的基础科学问题可归纳为“安全关联”；④随着我们面临的安全问题变得越来越复杂，与其说安全科学日趋成熟，还不如说安全科学日趋复杂，即安全关联日趋复杂且增多。

由上所述可知，安全关联学研究具有深厚的现实基础与理论基础，以及广泛的应用前景。换言之，安全关联学已成为安全科学领域需迫切创建与研究的一门新兴交叉学科，对安全科学的发展具有重要意义。鉴于此，本节基于学科建设的高度，借鉴关联思想在其他学科的应用经验，依据安全科学的学科属性，从理论层面出发，提出安全关联及安全关联学的定义，并分析其内涵、学科基本问题、学科基础、表达方法与主要学科分析，从而为安全科学学的研究提供一种有效的研究途径。

5.7.1　安全关联概念的提出

1. 安全体系的关联特性

所谓安全体系，即安全巨系统或安全宏系统，是指由同一时空或不同时空的与安全相关的人、事、物、环境、社会文化与知识等组成的集合，可将安全体系简单理解为是安全系统的辐射与延展。由安全科学综合交叉的双重学科属性与安全问题的复杂性可知，关联性应是安全体系的主要性质之一，其安全关联作用的方式有多种多样，其复杂安全关联特性主要表现为：①安全体系的组成元素数量多，种类多；②组成元素间安全关联作用强，在空间结构和时间上具有安全关联（如空间上的网络结构，时间上的时序关系等）；③安全体系具有诸多层次；④安全体系的组成、结构、特性及环境都在不断动态变化；⑤安全体系担负多项安全任务，且安全任务执行具有并发性。

2. 安全关联的内涵

基于安全体系的关联特性，提出安全关联的概念。安全关联（safety relations）是指安全体系元素与元素间通过某一介质元件为纽带（即形成一个界面或节点），所建立起来的特定安全联结关系，如常见的“物－物”安全关联、“人－物”安全关联与“人－人”安全关联等。所谓介质元件，是指联结安全体系元素（部分或全部），并使安全体系元素间产生安全信息交流，进而保障安全体系的安全功能输出的安全体系载体，一个介质元件则对应形成一个安全关联界面或节点。最简单的安全体系元素间的联结关系如图 5-19 所示。

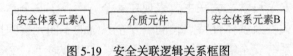

图 5-19　安全关联逻辑关系框图

基于安全关联的概念，可知安全关联的必要条件，即安全关联的三要素，包括 2 个不同安全体系元素和 1 个介质元件，换言之，建立一对安全关联至少需以上三要素。理论而言，2 个不同安全体系元素间必定存在或多或少、或大或小的安全关联，即一定可以找到在 2 个不同安全体系元素间建立安全关联的介质元件，换言之，以上三要素也是建立安全关联的充分条件。但是，实际的安全科学研究或安全实践活动都非常注重其安全价值的大小，同样，实际安全关联现象的研究与关注也应强调其安全价值的大小，由此看来，具备以上三要素并不是建立具有安全价值的安全关联的充分条件，这主要取决于是否存在某一介质元件可在 2 个不同安全体系元素间建立起具有安全价值的安全关联关系。至于对于安全关联的安全价值大小的判断，具有很强的主观性，这类似于人们对可接受风险或危险的判断，不同个体或群体对安全关联的安全价值大小的判断会存在差异，且受社会安全发展水平及个体或群体的安全需求等的影响较大。

在客观现实中，一个安全体系元素并非仅与某一种安全体系元素存在安全关联关系，即单一安全关联，而是与其他诸多安全体系要素也存在安全关联关系。换言之，各安全体系元素间存在多种不同安全关联关系，即复合安全关联现象。理论而言，N（$N \geqslant 2$，且N为自然数，下同）个不同安全体系元素可建立 C^2_N 对安全关联，即也应有 C^2_N 个介质元件，但实则具有安全价值的安全关联对数应等于或小于 C^2_N。由此可知，可将复合安全关联现象定义为：N 个不同安全体系元素 $\theta=[\theta_1, \theta_2, \theta_3, \cdots, \theta_N]$ 通过 M（$M=C^2_N$）个独立的安全关联函数（即介质元件）$\phi=[\phi_1(\theta), \phi_2(\theta), \phi_3(\theta), \cdots, \phi_N(\theta)]$ 两两间建立起安全关联关系，至于各对安全关联是否具有安全价值，需根据实际情况作出具体判断。

3. 安全关联的类型

根据不同的分类标准，可将安全关联划分为不同类型，如上面提及的空间安全关联与时间安全关联，以及单一安全关联与复合安全关联。此外，根据安全科学研究与安全实践的实际需要，作者需着重解释以下两种安全关联分类方式，具体解释如下：

1）依据安全关联介质元件的显隐性特点，可将安全关联分为显性安全关联与隐性安全关联。①显性安全关联指可直接从安全体系元素的外在因素分析出要素间的安全关联关系，主要包括实体安全关联、类别安全关联与属性安全关联，具体解释见表 5-17；②隐性安全关联指从安全体系元素的外在因素看不出相互安全关联关系，但安全体系元素间又确实存在某种安全关联，主要包括聚类安全关联与诊断 / 推理安全关联，具体解释见表 5-18。需要指出的是，显性安全关联与隐性安全关联两者间并无明确界限，即部分安全关联的显隐性的具有模糊性，如因不同研究者具有不同的知识积累与认识视角等，他们对安全关联的显隐性的判断与认识就存在差异。

表 5-17　显性安全关联举例

类别	内涵解释与举例
实体安全关联	实体可以是人或物，把它们之间所构成的安全联结关系称为实体安全关联。如“物 – 物”安全关联、“人 – 物”安全关联与“人 – 人”安全关联等，这是最常见的显性安全关联
类别安全关联	通过安全体系元素与元素间同一个类别作为介质元件，将各元素关联起来。例如，按不同安全视角可以列举很多例子，如按不同行业类别，可分为矿山安全关联、化工安全关联与交通安全关联等；按不同系统要素，可分为安全人因关联与安全物因关联等；按观念、知识、技能 3 个层次，可分为安全观念关联、安全知识关联与安全技能关联；等等。
属性安全关联	通过安全体系元素与元素间同一个属性作为介质元件，将各元素关联起来。例如，同一地区、同一企业、同一部门、同一来源、同一事故、同一安全问题、同一安全科学研究对象、同一安全学科分支等。需要指出的是，这些属性可进行综合运用，以获取范围更小、更精确的一个安全关联结果

表 5-18　隐性安全关联举例

类别	内涵解释与举例
聚类安全关联	依据某一安全体系元素（可以是某一具体安全科学元问题）与另一安全体系元素的关联度的不同，以某一安全体系元素为中心，从外到内安全关联关系越来越密切，从而建立的关于某一安全体系元素的安全关联关系圈。例如，研究“事故”时，可以聚类出“事故发生地点、时间、环境，以及事故损失、人因与物因等”与之关联性很高的安全体系元素。
诊断 / 推理安全关联	以某一安全问题为核心，将与该安全问题有关的安全影响因素或安全问题解决方案层层推理开来。这种安全关联以某一具体安全问题为核心，解决安全问题的思路为延展，由一个安全问题关联多个安全影响因素或安全问题解决方案，每个安全影响因素或安全问题解决方案下面又可延展出相关安全影响因素或安全问题解决方案

2）依据安全关联对系统安全的影响作用的不同，可分为正安全关联与负安全关联。①正安全关联是指协同保安的安全关联，即对保障系统安全具有正面促进作用的安全关联，如安全管理中的“3E 对策”关联、安全联锁装置、组织成员的高安全素质与组织良好安全状态间的关联等，此类安全关联应强化；②负安全关联指诱发不安全因素（包括事故）的安全关联，即对保障系统安全是有负面作用（如阻碍、破坏作用等）的安全关联，如人

的不安全行为与物的不安全状态间的关联、事故与安全管理缺陷间的关联，以及二次事故与一次事故间的关联等，此类安全关联应尽可能消除。需要说明的是，正安全关联与负安全关联两者间可进行相互转化，如事故与安全管理缺陷间的负安全关联科转化为系统良好安全状态与全方位安全管理间的正安全关联。

4. 安全关联的特点

由安全关联的内涵与类型可知，安全关联至少具有广阔性、复杂性、综合性、多非线性与多变性 5 个重要特点，具体解释见表 5-19。

表 5-19　安全关联的特点

特点	内涵解释
广阔性	在客观现实中，安全关联的范围极其广阔，往往是多种安全问题、现象、过程或知识等的交织。因此，若要充分认识这些安全问题、现象、过程或知识等，并将其进行理论上的归纳，同时对这些安全问题、现象、过程或知识等相互关联做出分析，则需深厚的知识与学术资料等的积累
综合性	安全关联现象一般是诸多单一安全关联的综合、交叉、叠加作用结果，即大多安全关联现象均是复合安全关联，如事故是由联合因素所致，并非事故仅与某一种原因有关；组织安全状况的改变涉及安全投入、安全技术、安全教育、安全制度与安全文化等因素。因此，安全关联之关联也应是研究安全关联的重点
复杂性	与其他安全现象不同，安全关联现象一般是复合安全关联，涉及多种具体的单一安全关联，且相关具体的单一安全关联并非是唯一且一成不变的。此外，有时各具体的安全关联与一些自发过程与个体主观因素等偶然安全因素交错发生，均会对系统安全状况产生巨大影响。因此，捕捉某种具有规律性和重复性的安全关联存在难度
多非线性	安全体系元素间的关联关系，大多数不是线性关联关系，而是非线性关联关系。此外，多非线性也是安全关联复杂性的典型表现之一，且与线性相比，非线性更接近安全关联的性质本身，是量化研究认识复杂安全关联现象的重要方法
多变性	安全体系是处在发展变化中的一个动态大系统，各安全体系元素间不仅有静态安全关联，而且有动态安全关联，具有多变性、不确定性、不确知性。例如，安全监管体系及其领域内各元素的变化受多种因素影响，包括政府安全监管体制改革、国家安全形势变化与安全监管任务变化等，不同时期，有不同的安全政策与法令与不同的安全科学理论做指导

5.7.2　安全关联学的定义、学科基本问题及学科基础

1. 定义与学科基本问题

基于安全关联的定义，可将安全关联学定义为：安全关联学是在一定时空里，从理性人的身心免受外界因素不利影响或危害出发，以安全社会学、安全人机学、安全信息学和安全系统学等的原理与方法为基础，运用关联思想研究安全体系中各元素（包括与安全相关的人、事、物、环境、社会文化与知识等）间的信息响应、感知、传递、协同、耦合、分离与对抗等安全关联关系及其表达的边缘交叉应用型学科。简言之，安全关联学是一种研究安全体系中各元素间安全关联关系及其表达的安全科学理论。

作为一门学科，其定义中所有的概念都应具有一定的科学性与实际意义。因此，有必要对安全关联学的定义中的有关概念进行一定解释，以揭示安全关联学的理论基础、研究对象、研究内容与研究目的等学科基本问题，具体解释如下：

1）安全关联学以辩证唯物主义哲学为指导思想；安全关联学研究与实践的基础是安全社会学、安全人机学、安全信息学和安全系统学等的理论与研究方法；安全关联学是以关联思想、关联思维方式和关联方法为主线的研究学科，而不是简单的形式安全联结或关联关系，这是安全关联学的本体论、方法论和实践论的统一。

2）安全关联学主要研究安全关联理论与实践。具体而言，安全关联学主要研究安全体系中各元素间的信息响应、感知、传递、协同、耦合、分离与对抗等安全关联关系（包括安全关联之关联）及其表达（如实体表达、数学表达、逻辑表达、图论表达与模糊表达等），各种安全关联与表达在安全管理、事故预防、安全设计与安全创造等中的具体研究内容、应用与实践等的诠释见表 5-20。需要指出的是，对于一个特定安全体系而言，传统的安全科学研究关注最多的是安全体系的安全功能输出（即安全体系行为），研究最多的是安全体系的构成元素和联结关系，而往往忽视了安全体系元素间的信息交流及其载体，即安全关联的介质元件（即节点或界面），安全关联学研究应涵盖上述各方面内容。

表 5-20　安全关联学的主要研究内容

研究内容	具体解释与举例
安全关联表征	安全体系中各元素间的信息响应、感知、传递、协同、耦合、分离与对抗等安全关联关系，如上述各种情况下的安全关联规则、安全关联度、安全关联性、安全关联理论等
安全关联表达	人安全体系中各元素间的信息响应、感知、传递、协同、耦合、分离与对抗等安全关联关系的表达，如上述各种安全关联关系的实体表达、数学表达、逻辑表达、图论表达、框架表达与模糊表达等
安全关联应用与实践	上述的安全关联关系及其表达在事故预防、安全管理、安全设计与安全创造等中的应用与实践等
安全关联之关联	大多数安全关联现象一般是诸多单一安全关联的综合、交叉、叠加作用结果，即大多安全关联现象均是复合安全关联，因此，安全关联之关联也应是安全关联学的主要研究内容之一
安全关联的相似性	为探究安全关联学的普适性规律与原理，不同安全关联间的相似性研究就显得尤为重要，如安全心理关联、安全人性关联、安全管理关联安全教育关联与安全事件关联等之间的相似性研究

3）安全关联学的研究对象就是安全关联这种联结关系，其具有巨大的时空跨度与维度。换言之，安全关联学强调安全关联是安全关联学的最基本分析与研究单元，安全关联是安全关联学研究的出发点和归宿点，这样既能够较好地体现安全关联学的核心思想和宗旨，又能够贯串其全部研究内容。

4）安全关联学的研究视角是大安全视角，原因主要包括以下两点：①安全关联学研究本身就具有巨大的时空跨度与维度，这恰恰与大安全视角的本质与特性相吻合，因此，大安全视角有助于促进安全关联学研究与发展；②就安全关联学的理论意义与现实意义而言，基于大安全视角，拓宽了安全关联学的研究范围与研究角度，有助于挖掘出更多具有重要安全价值的安全关联关系，这对促进拓展安全科学研究的广度与深度均具有重要价值。

5）安全关联学的研究目的是挖掘具有安全价值的安全关联关系，将其进行理论上的归纳并对这些安全关联关系做出分析与表达，并用于指导安全实践活动，以达到保护理性人的身心免受外界因素不利影响或危害的最终目的；其任务是通过对不同安全体系元素间的具有安全价值的安全关联关系进行挖掘、分析与表达，形成安全关联学相关理论，并借以指导和完善事故预防、安全管理、安全设计与安全创造等的原理与方法，同时促进安全关联学，乃至整个安全科学研究与发展。

6）安全关联学是安全社会学、安全人机学、安全信息学和安全系统学等学科相互融合交叉而产生的一门新兴交叉应用型学科，是上述各学科门类直接相互渗透、有机结合的学科产物。其学科交叉性如图 5-20 所示，其具有整体性、社会性、跨界性和综合性等特征。

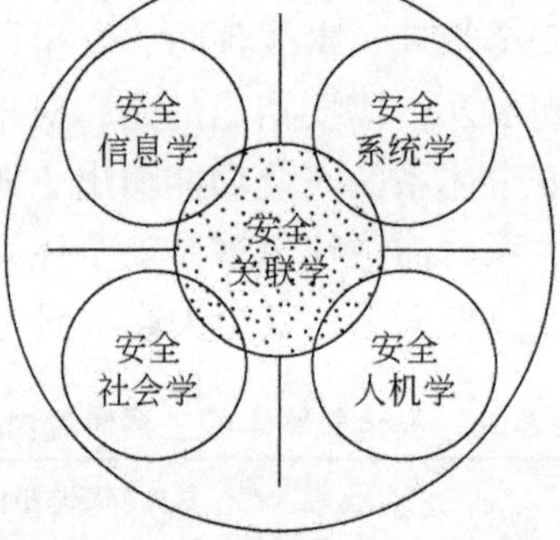

图 5-20　安全关联学的交叉学科属性

7）安全关联学对安全科学研究具有重要意义，主要表现在以下 3 个方面：①运用安全关联思想，可以发现新的安全科学现象，从而对安全科学研究的深度与广度进行延展与扩充。在辨认和整理安全体系元素的过程中，可以将各安全体系元素相互关联起来，从而有可能发现新的安全科学现象，还可以揭示不易直接观察到的隐形安全关联和安全关联之关联。②运用安全关联思维，可以建立一些新的安全科学概念和学科分支。例如，把不同安全体系元素（如安全科学研究成果、经验与事实等）关联起来，不仅能追溯安全体系元素间的相互关联关系，而且可以得到一些安全关联规律、原则与理论等，它们往往是更高的理论、更精密的理论性学科的基础，从而促进多元化安全学科体系的建立。③安全关联可囊括安全科学中的因果关系、层次关系、顺序关系、结构关系，以及定性分析、定量分析与模型表达等，内涵极其丰富，有助于使安全科学中的核心关系及其表达与应用实践实现集中化，从而探究与挖掘这些关系的共性规律及其互相的融合应用，如近年来大数据在安全领域的应用、智能安全诊断分析等。

2. 理论基础

从学理上而言，安全关联学是安全科学的主要学科分支，其理论基础是辩证唯物主义方法。安全关联学是安全社会学、安全人机学、安全信息学和安全系统学等的交叉学科，安全关联学基于大安全视角，运用关联思想研究安全现象，应含有诸多学科分支。此外，安全关联学主要研究安全体系中各元素间安全关联关系及其表达，为明晰安全体系中各元素间安全关联关系，并保证能够清晰、准确地分析与表达诸多安全关联关系，因此，安全关联学研究还需以哲学、数理学、逻辑学、系统科学、信息学、语言学、行为学、社会学、心理学、经济学与工程学等学科为理论与方法支撑。换言之，安全关联学的理论基础应是以上各学科理论的交叉、渗透与互融，如图 5-21 所示。

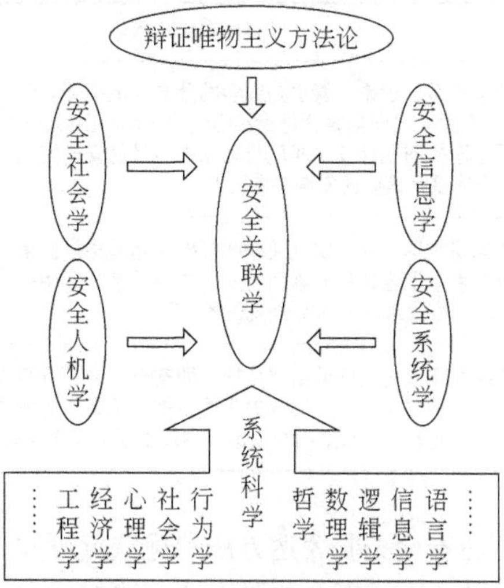

图 5-21　安全关联学的理论基础

5.7.3　安全关联学的表达方法

安全关联表达（safety relations representation）（或称安全关联表示、安全关联描述），是安全关联学的主要研究内容之一，也是安全关联学研究的基本技术之一。所谓安全关联表达，是指安全关联关系的模型化、形式化与集成化，即采用适当的形式语言（包括数学语言）、逻辑符号与网络图形等来表达安全关联关系（包括显性安全关联或隐性安全关联、安全文献知识关联或安全经验知识关联、安全专业知识关联或安全常识知识关联等），以便于人们记忆、存储、分析与交流安全关联关系，并进行有效的组织与管理，以及利用安全关联关系进行推理、解决安全问题。

对于同一安全关联关系，可采用不同的表达方法，即不同形式的安全关联模型。根据安全关联的特点，借鉴知识表达的具体方法，本节提取实体表达、数学表达、逻辑表达、图论表达、框架表达与模糊表达 6 种常用的安全关联表达方法。这里，将上述 5 种安全关联表达方法进行具体解释，见表 5-21。

表 5-21　安全关联的常用表达方法举例

表达方法	具体解释与举例
实体表达	安全关联的实体表达是指通过寻找一种天然存在的具有相似性的实物安全关联模型（即天然安全模型）或者人工地制造一种具有相似性的实物安全关联模型（即人工安全模型）作为安全关联关系的模拟物与表达物，如实体安全关联就可用实体表达方法进行表达，比较典型的是安全人机实验模型
数学表达	数学属于人类的一种特有的表达方式，数学可用来描述事物，同样也可用来描述安全关联关系。安全关联的数学表达就是通过数学语言、符号、表达式、图像、图表等将安全关联关系表达出来的方法，表达时，必须要掌握各种符号表示的内容，并弄清数学表达式的含义，且尽可能正确地做出图像、绘制图表
逻辑表达	逻辑表达作为知识表示的比较典型方式，具有精确性、灵活性和模块性等优点。安全关联的逻辑表达是指运用逻辑表达式（用逻辑运算符将关系表达式或逻辑量连接起来的有意义的式子）来表达安全关联关系的方法。鉴于现代逻辑方法对于解决复杂问题具有巨大优势，逻辑表达非常适合表达隐性安全关联（聚类与诊断 / 推理安全关联）关系

续表

表达方法	具体解释与举例
图论表达	图是一类非常广泛的数学模型，图论尽管也是数学的分支，但由于它的专门性，这里单独把它作为一种常见的知识表达方法归类。安全关联的图论表达是指将图论中的图与图的图形表示方法、图的运算、图的矩阵表示、图的向量空间表示、最小连接问题计算、匹配与独立集、最优安排问题、图的群表示与群的图表示等映射到安全体系中来表示各安全体系元素间的安全关联关系
框架表达	框架表达是一种常用的知识表达方法，安全关联的框架表达是指借以由大、中、小各种框架，相互联系、内外嵌套组成的框架系统来表示安全体系元素间的安全关联关系。运用框架表达方法可以表达不同层次的安全关联关系，通过子框架，可由浅入深表达安全关联之关联
模糊表达	复杂性、多变性与多非线性是安全关联的主要特征，即安全关联具有很强的模糊性，因此，模糊表达方法也应是安全关联关系的主要表达方法之一。安全关联的模糊表达是指将模糊集合论与其他安全关联表达方法相结合来分析与表达安全关联关系，非常适用于表达模糊性很强的安全关联关系

由安全关联的特征与上述安全关联表达方法的优缺点可知，为尽可能准确、严谨、全面地表达安全关联关系，应融合上述安全关联表达方法的优点于某一复合安全关联表达方法来表示安全关联关系，如可将知识表达树与知识表达网等复合知识表达方法借鉴、改良并运用至表达安全关联关系。

5.7.4 安全关联学的学科分支及其分类

安全关联学是安全社会学、安全人机学、安全信息学和安全系统学等的交叉学科，属于安全科学的分支，应具有自身独立、系统且完善的学科体系，以及与之对应的分支学科。因安全关联学的边缘与交叉属性，使得安全关联学具有极其复杂和广阔的研究领域与学科层次，由此必然会致使安全关联学的学科体系与分支学科也相当复杂与繁多。鉴于此，本节尝试在借鉴安全科学不同学科属性、层次与研究对象的基础上，结合安全关联学的学科属性、研究对象与研究内容，对安全关联学的学科体系进行分门别类，从而建立其相应的学科分支。安全关联学的具体学科分支划分及其分类见表 5-22。

表 5-22 安全关联学的学科分支划分及其分类

划分依据	学科分支	研究内容举例
按安全教育三层次	安全观念关联学	如各种不同安全观念、意识、态度、伦理、道德间的关联关系，以及与其他安全体系元素间的关联关系等
	安全知识关联学	如各种不同安全知识间的关联关系、安全知识与其他安全体系元素间的关联关系等
	安全技能关联学	如各行各业各种工作涉及的安全技能间的关联关系，以及安全技能与其他安全体系元素间的关联关系等
按事故预防三大策略	安全管理关联学	如安全管理系统要素间的关联关系、安全管理与其他安全体系元素间的关联关系等
	安全教育关联学	如安全教育系统要素间的关联关系、安全教育与其他安全体系元素间的关联关系等
	安全工程关联学	如安全工程系统要素间的关联关系、安全工程与其他安全体系元素间的关联关系等

续表

划分依据	学科分支	研究内容举例
按系统要素	安全人因关联学	如安全人因诱发事故的隐性关联关系、安全人因与其他安全体系元素间的关联关系等
	安全物因关联学	如安全物因诱发事故的隐性关联关系、安全物因与其他安全体系元素间的关联关系等
	安全人－物关联学	如人与物间的安全关联关系、人－物安全关联之关联（如人－物安全关联的关联因素）等
按肉眼是否可见	安全物质关联学	如物与物间的安全关联关系、物质与人间的安全关联关系，即物－人安全关联等
	安全信息关联学	如安全信息传输过程中涉及的关联关系、安全信息传播者与受众间的关联关系、安全氛围关联、安全心理感应关联等
按具体社科范围	安全文化关联学	如安全文化系统要素间的关联关系、安全文化与其他安全体系元素间的关联关系等
	安全法律法规关联学	如不同行业或地区等安全法律法规间的关联关系、某一部安全法律法规具体法条间的关联关系等
	安全管理关联学	如安全管理系统要素间的关联关系、安全管理与其他安全体系元素间的关联关系等
	安全经济关联学	如安全经济系统要素间的关联关系、安全经济与其他安全体系元素间的关联关系等
	……	……
按具体领域	旅游安全关联学	如旅游安全与地理、气象、时间等因素间关联关系、保障旅游安全各环节间的关联关系等
	城市安全关联学	如城市安全与城市地理、气象等元素间的关联关系、城市安全与城市规划间的关联关系等
	物流安全关联学	如物流过程各环节间涉及的安全关联关系、物流安全与物流安全影响因素间的安全关联关系等
	自然灾害关联学	如灾害与自然因素、工程因素或人、物间的关联关系、致灾物与承载物间的关联关系等
	工程安全关联学	如工程安全与地理、材料与技术等因素间的关联关系、工程安全影响因素间的关联关系等
	……	……
按生命科学具体领域	安全人性关联学	如安全人性内部涉及的安全关联关系、安全人性与其他安全体系元素间的关联关系等
	安全生理关联学	如安全生理内部涉及的安全关联关系、安全生理与其他安全体系元素间的关联关系等
	安全心理关联学	如各种不安全心理间的关联关系、安全心理与其他安全体系元素间的关联关系等
	行为安全关联学	如各安全动作间的关联关系、行为安全与其他安全体系元素间的关联关系等
	职业健康关联学	如职业类型、岗位等与健康间的关联关系、职业健康与其他安全体系元素间的关联关系等
	……	……

续表

划分依据	学科分支	研究内容举例
按时空维度	时间安全关联学	如现在与过去的安全关联关系、现在与将来的安全关联关系、过去与将来的安全关联关系等
	空间安全关联学	如空间安全关联模型、城市空间安全关联、空间安全关联网络结构、空间安全关联规则等
按安全关联关系维数	一维安全关联学	如一维安全关联关系、一维安全关联函数及其建模、一维安全关联的转化等
	二维安全关联学	如二维安全关联关系、二维安全关联函数及其建模、二维安全关联的转化等
	三维安全关联学	如三维安全关联关系、三维安全关联函数及其建模、三维安全关联的转化等
	多维安全关联学	如多维安全关联关系、多维安全关联函数及其建模、多维安全关联的转化等
按定性定量	定性安全关联学	如运用定性方法研究各种安全关联元素间的定性关系表达，安全关联与其他安全体系元素间的定性关联表达等
	定量安全关联学	如运动数学方法研究各种安全关联元素间的定量关系表达，安全关联与其他安全体系元素间的定量关联表达等
按静动状态	静态安全关联学	如研究安全关联的静态关系与表达、安全关联元素与其他安全体系元素间的静态关联关系等
	动态安全关联学	如研究安全关联的动态关系与表达、安全关联元素与其他安全体系元素间的动态关联关系等

5.7.5 结论

1）安全关联学是在一定时空里，从理性人的身心免受外界因素不利影响或危害出发，以安全社会学、安全人机学、安全信息学和安全系统学等的原理与方法为基础，运用关联思想研究安全体系中各元素（包括与安全相关的人、事、物、环境、社会文化与知识等）间的信息响应、感知、传递、协同、耦合、分离与对抗等安全关联关系及其表达的边缘交叉应用型学科。

2）安全关联表达（或称安全关联表示、安全关联描述），是指安全关联关系的模型化、形式化与集成化等，即采用适当的形式语言（包括数学语言）、逻辑符号与网络图形等来表达安全关联关系，作者共提取实体表达、数学表达、逻辑表达、图论表达、框架表达与模糊表达 6 种常用的安全关联表达方法。

3）根据不同视角，从 11 个方面构建安全关联学学科体系框架，为安全关联学的研究与发展描绘了一幅广阔的蓝图。

参考文献

[1] 贾楠，吴超，黄浪 . 安全系统学方法论研究 [J]. 世界科技研究与发展，2016，38(3):500-504.
[2] 黄淋妃，吴超 . 安全运筹学的学科构建研究 [J]. 中国安全科学学报，2016，27(6):37-42.
[3] 赵理敏，吴超 . 安全协同理论的基础性问题的研究 [J]. 科技促进研究，2017，13(5):388-394.
[4] 黄浪，吴超，王秉 . 安全规划学的构建及应用 [J]. 中国安全科学学报，2016，26(10):7-12.
[5] 黄浪，吴超 . 物流安全运筹学的构建研究 [J]. 中国安全科学学报，2016，26(2):18-24.
[6] 李晓艳，吴超 . 安全设计基础性问题研究 [J]. 中国安全科学学报，2017，27(2):7-12.
[7] 吴超，王秉 . 安全关联学的创建研究 [J]. 科技管理研究，2017，27(20):254-261.

第 6 章　安全系统横断科学领域的新分支

6.1　比较安全学

【本节提要】本节介绍比较安全学的基本定义及内涵，论述比较安全学的研究内容、研究原则和学科特征等，系统探讨比较安全学的学科体系框架，列举比较安全学的许多应用实践，展望比较安全学的研究和应用前景。

安全学科的时空和范畴巨大，安全学科几乎与所有其他学科都交叉。因此，研究提取不同时空、不同层面和不同维度的相关安全科学问题并使之相互借鉴和渗透，无疑比较方法是最有效和最通用的研究方法，而且比其他比较学科分支具有更大的施展空间。2007 年本书第一作者发表了题为“安全科学学的初步研究”[1] 的研究论文，提出了比较安全学的概念和构想；随后于 2009 年发表了题为“比较安全学的创立及其框架的构建研究”[2] 的研究论文，对比较安全学的定义、内涵、学科体系框架以及学科实践与应用前景进行了具体的描述（本节内容主要选自该研究论文，具体参考文献不再具体列出，有需要的读者请参见文献 [2] 的相关参考文献）。之后，作者及其研究生对比较安全学的方法论、比较安全法学、比较安全管理学、比较安全教育学、比较安全伦理学等学科分支及其应用实践开展了比较深入系统的研究，并发表了系列文章。这些研究为比较安全学的创建奠定了扎实的基础，同时也标志着比较安全学这一新兴交叉学科的形成。

6.1.1　比较安全学的定义及其内涵

1. 定义

比较安全学是以比较为主要研究方法，从人体免受外界因素危害的角度出发，并以在生产、生活、过程中创造保障人体健康条件为着眼点，通过对安全科学体系中彼此有某种联系的领域 / 满足可比性原则的领域进行跨学科、跨时空的比较研究，揭示其本质与同异，探讨安全科学发展隐藏的规律与原理，提供借鉴和相互渗透、交流，以推动本国安全科学体系发展和改革的一门科学。

比较安全学是一门科学，而非一种方法或比较在安全领域应用的方法论。比较安全学强调学科的研究领域的广阔性和跨学科、跨时空的比较取向，同时突出比较安全学的根本目的是认识性功能、探讨发现潜在规律、借鉴经验以推动本国安全科学体系的发展和改革。

2. 意义

比较安全学在安全科学研究中的重要的意义主要表现如下：

（1）直接作用

1）借助于比较方法，可以初步整理事实材料。作为整理事实材料的比较法，其作用首先在于辨认事实，其次是对事实进行定性和定量的分析，最后就是在比较的基础上给事实分类。经过这样的初步整理，一大堆观察实验材料就变成清晰的有条理的事实，这就为提出和构造理论做了准备。

2）运用比较方法，可以发现新的安全科学现象。在辨认和整理事实的过程中，可以把收集到的材料同已知安全科学事实作比较，从而有可能发现新的安全科学事实。有时运用比较方法，还可以发现和揭示不易直接观察到的运动和变化。

3）以应用比较方法为主，可以建立起一些新的安全科学概念和学科。例如，把不同领域的科学成果、经验、事实联系起来比较，不仅能追溯事物发展的历史渊源和确定事物发展的历史顺序，而且能够得到一些经验性定律，这样，它们往往是更高的理论概括、更精密的理论性学科的基础。

4）综合使用比较方法，还可以对理论研究的结果与观察实验之间是否一致做出明确的判断。知识不仅能从经验中得出，而且更容易从理智的思维同观察到的事实两者的比较中得出。

实际上，通过不同地区、不同国家、不同时代、不同制度、不同行业、不同企业（组织）规模等的安全法规、安全文化、安全历史、安全经验等的比较，可以发现并借鉴很多东西。多视角的安全比较学可以提供一个新的安全方法学思路，通过不同学科、不同行业、不同国家、不同地区、不同时代的安全原理、方法、理论、技术、工程等的比较，来研究安全科学方法学，并在此基础上构建安全科学方法学体系。

（2）间接作用

1）通过比较安全学研究，可以认识及促进现代安全科学的发展，形成全球安全观。比较的前提是描述与分析。通过对大量事实材料的整理，比较安全学向我们提供了世界安全科学发展的各方位全面的知识和信息，具有强烈的认识性功能，有助于受众对现代安全体系的全局把握，形成安全体系全球观念，对安全意识的提高有很大推动作用。

2）比较安全学的跨文化、跨国度的研究框架，提供全方位审视安全科学的视野，使研究者能站在时代制高点上统观发展潮流、开阔眼界、解放思想。比较安全学多元性的研究特点，能激发多种观点撞击，有利于打破本族中心主义的文化壁垒，推进我国安全科学的现代化。比较安全学提供大量信息和国际安全体系发展经验，有助于提高本国国民的安全科学认识水平，促进现代安全科学的发展。

3）作为比较安全学研究的根本目的之一，借鉴可以促进本国安全科学的改革与发展，这是比较安全学得以发展的重要基础，借鉴是贯穿于比较安全学形成发展及研究全过程的要领。借鉴是比较安全学进行排劣扬优的工作，有选择地吸收国际有用的经验来改进本国安全体系。比较安全学的研究提供了这种可能，借鉴经验、吸收精髓、实现本土化改造以推动本国安全科学体系的改革与发展。

4）比较安全学具有很强的交流性功能。开展比较安全研究，有利于促进各国在安全信息、安全经验等方面的交流与借鉴，建立兼容多样化特征的全球性安全体系；同时促进世界各国安全工作的互动和合作。世界安全科学技术体系发展很不平衡，比较安全研究使本国有机会获得世界的最新安全工作进展信息，使后进国家处于巨大发展压力之下而促其改革；比较安全学可通过提供最佳的示范作用，促进后进国家借鉴更高水平的发展模式，加大安全体系改革力度，达到较快的赶超；比较安全学有利于转变思想，改革开放，建立多元化安全体系；也有利于不同国家在互相借鉴、互相促进中建立多边合作关系。

6.1.2　比较安全学研究内容和研究原则

1. 研究内容

研究对象是一门学科赖以生存的前提，针对安全领域中不同体系的运动进行研究，就构成相应的研究对象，并以此建立起与之相应的学科研究领域。安全科学的边缘与交叉属性，使得安全科学的研究领域与学科层次相当复杂与广阔，而比较安全学是以比较为主要研究方法对安全体系中彼此有联系的领域进行跨学科、跨文化、跨国度、跨时间的研究，以揭示其同与异，发现其内在联系与潜在规律，得到借鉴和启发，推动本国安全科学改革与发展。由此可见，比较安全学的研究领域亦相当复杂与广阔，作为安全学与比较学 / 方法学的交叉学科，比较安全学以整个安全科学领域及与安全学科存在某种联系的领域为研究对象，比较异同，探索规律，以实现移植与借鉴，推动改革与发展。比较安全学的研究内容大致可体现在以下几个方面：

1）跨学科的移植与改造，即所谓“安全学科化”的研究。安全学科发展至今，与其他自然、社会科学的联系错综复杂，其综合属性，决定了其与其他学科必然的深刻联系，作为新兴的一门学科，想要发展安全学，需要在庞大复杂的各个学科门类中提取安全现象、安全原理及安全规律，利用比较方法，进行跨学科的移植与改造，实现安全与其他社会元素的嫁接，促进安全科学的发展，并寻找潜在的安全元素，是比较安全学的主要研究内容之一。

2）跨时空的继承与扬弃，即所谓“古为今用”问题的探讨。安全学科是新兴的学科，但安全问题却有着悠久的历史，安全观已经渗透入人们生活的方方面面，比较、提取、探讨这些安全现象，与时代历史大背景相结合，取其精华去其糟粕，为解决现今面临的安全问题服务，是比较安全学的又一主要研究内容。

3）跨国度的总结与借鉴，即所谓“洋为中用”问题的分析。比较国内外安全学科发展史、比较国内外安全管理技术研究、比较国内外安全思想观念推进等是比较安全学最根本、最重要的研究内容，比较、借鉴、改进、推动是比较安全学的根本意义所在。

2. 基本原则

比较安全学研究应坚持下列基本原则：

1）求实性原则。只有建立在真实可靠资料上的推导、理论才具有可信性。求实性原则，就是指比较安全研究者在从事比较研究时，必须对其所搜集和充分占有的安全学资料进行详尽考证和深入分析，排除其中的虚假成分，从中抽取出客观、有用的安全现象数据信息，以客观、冷静的思维对其进行整理与比较，从而为比较安全研究奠定坚实的客观基础，它不仅是比较安全研究所应遵循的基本方法论原则，更是所有科学工作者进行研究时所应持有的基本态度。

2）整体性原则。即比较安全学研究者在进行安全比较的研究的过程中，必须全面系统地考虑影响比较范畴和安全体系中的一切因素和关系，综合地、整体地、协同地予以把握，进行比较。

3）可比性原则。比较安全学作为比较学科的一门分支，以比较方法为基本研究方法，决定了可比性的原则地位。可比性指比较安全学研究对象间所具有的内在本质的相似性和差异性。

4）发展性原则。指比较安全研究必须以发展的眼光去看待和考察安全及其各种影响因素与力量，去分析各种各样安全体系形成的原因、现代表现及未来动向与趋势，以得出科学的比较结论。

5）参照性原则。“比较”注定会产生优劣、好坏，这涉及判断标准的问题，即参照系统的选择问题。参照系统是比较安全研究者的判定立场和思维倾向的体现。

比较法是安全比较学研究的基本方法，也是使安全比较学区别于其他学科的专门方法，但整个安全比较学的研究过程并非单一的比较方法的运用，而涉及多种方法的引入与综合应用，如描述研究法、结构-功能分析法、统计分析法、历史研究法、因素分析法、假说验证法、问题研究法以及各种方法的组合。

从比较学体系来看，比较的内容可分为：质的比较与量的比较，静态比较与动态比较，现象比较与本质比较等。

6.1.3 比较安全学的学科特征

1. 学科属性

比较安全学是比较学与安全学的交叉学科。由于安全学科具有综合属性，比较安全学在某种程度上也是一门综合学科。比较安全学既是比较学在安全科学领域的一个延伸，又是安全科学体系的另一分支。安全学科涉及自然科学和社会科学领域，有浩瀚的时间、空间和维度，这也决定了通过提取不同时间不同领域的共性安全科学问题并使之相互借鉴和渗透的比较安全学科的综合属性。比较安全学的研究领域涉及安全这一复杂的开放性系统的各个方面，其外延可触及社会文化、公共管理、行政管理、建筑、土木、矿业、交通、运输、机电、林业、食品、生物、农业、医药、能源、航空等事业乃至人类生产、生活和生存的各个领域。

2. 学科特征

1）跨学科、跨时空的比较视野。比较的特殊属性决定了要想获得具有普遍性、可转移性的研究结果，必须形成广阔的、具有国际性的、贯穿历史和地域的比较视野。要对安全这一极具复杂性、边缘广阔开放的系统进行研究以得出真正有意义的研究成果，跨学科、跨文化、跨国度、跨时间的比较视野尤其重要。不同文化、不同语言、不同国家、不同民族的安全科学体系的形成与发展在许多方面有着巨大差异，但异中存同，对其进行比较以发现潜在规律和实现借鉴和渗透，需要研究者具有跨文化、跨国度的比较视野；对安全的追求贯穿人类发展史，要想挖掘安全的深刻内涵、实现古为今用，则要求比较视野的跨时间特性；安全科学体系是庞大宽泛的，具有综合性的，其形成和发展依托于自然与社会科学的成熟与发展，很多安全科学理论、方法与技术都来自于其他学科的“安全学科化”，安全科学体系的综合性和对其他学科的依赖性决定了对其进行的比较研究需要跨学科的研究视野。

2）比较的最终落脚点在于国际视野下的本土化，比较的最终目的之一在于借鉴。比较安全学描述和分析国内外安全科学体系的发展史、特点、成果，并进行溯源、归纳、总结，这带来大量的信息，但究其根本，描述分析是为了比较，而比较是为了寻找异同、发现本质进行借鉴，以解决本国安全发展的问题与不足，进而推动国家安全科学体系的发展和改革。形成国际化视野和观念改善安全研究者的眼界，但实现本土化的借鉴、推动本国安全科学体系的发展才是比较安全学的最终落脚点。

3）信息量大，多元化，具开放性。比较安全学研究各个国家各个历史时期的安全现象，涉及多个学科，对大量文献资料进行整理，研究包括各国安全状况的汇集和综述、现象本质和原因分析、异同比较和规律的归纳等，既有历史的回顾，又有现实的描述，既有原因的分析，又有结果的推断与应用，其信息量之大，材料之丰富，是一般学科无从比拟的。比较安全学科的多元化体现学科多元化、比较对象多元化、研究方法多元化以及理论因素多元化。安全是一个复杂的开放性系统，比较安全学研究的内容开放而广泛，对安全学科各个分支进行的国别历史比较、为“安全学科化”而进行的学科比较移植以及安全体系所涉及的众多专题的比较等是比较安全学的研究范畴，其研究极具开放性，这也正是比较安全学能得到长远发展、生生不息的重要原因。

6.1.4　比较安全学的学科体系框架

实际上，通过对不同地区、不同国家、不同时代、不同制度、不同行业、不同企业（组织）规模等的安全法规、安全文化、安全历史、安全经验等进行比较，可以发现和借鉴很多东西。多视角的比较安全学可以提供一个新的安全方法学思路，通过不同学科、不同行业、不同国家、不同地区、不同时代的安全原理、方法、理论、技术、工程等的比较，来研究安全科学方法学，并在此基础上构建安全科学方法学体系。真正的安全科学原理必须代表各领域安全的共性问题，其安全科学的理论、方法对各行业都必须有指导意义，比较研究安全科学的方法的重要作用之一是可以通过其提取各行业安全共性原理。

由于安全学科是一门综合学科，其维度和时空巨大，从不同的视角可以有很多不同的学科分支和研究重点。同理，基于不同的视角，比较安全学与多个安全学科分支的交叉可以形成很多下属的比较安全学分支体系。下面分别根据安全科学学科体系的理论、灾害类别、安全管理类别、安全工程类别、安全科学学纵向体系进行划分，建立其相应的比较安全学学科分支，其具体分类如下。

1. 按理论划分比较安全学分支

根据安全科学学的理论类别，结合安全比较学的属性进行分类，可列出比较安全学的19个主要分支体系——“比较 × × 学”，见表6-1。

表 6-1　按理论划分比较安全学分支

分支	比较研究内容举例
比较安全哲学	东西方安全哲学比较，古代和当代安全哲学比较，等等
比较安全文化学	东西方安全理念比较，不同民族安全文化比较，不同类型企业安全文化比较，等等
比较安全史学	用比较方法研究不同国家的安全科学发展史、安全文化在不同时期对社会发挥的作用，等等
比较安全社会学	用比较方法研究不同国家、不同城市社区的安全组织管理和安全文化氛围，等等
比较安全伦理学	用比较方法研究不同国家、不同民族的安全伦理道德，不同时代的安全伦理，等等
比较安全法学	用比较方法研究不同国家的安全立法依据，不同国家的安全标准，不同国家、不同时代安全法规、标准的沿革，等等
比较安全规划学	用比较方法研究不同国家、不同时代的安全规划战略方针，不同行业、领域的安全规划方法和内容，等等
比较安全教育学	用比较方法研究不同国家、不同时代和不同民族的安全教育历史、理念、内容和方法，不同领域、文化背景与行业安全教育模式，等等
比较安全经济学	用比较方法研究不同国家、不同时代和不同行业的安全价值观念和安全经济行为，等等
比较安全政治学	用比较方法研究不同社会形态、文化背景下的安全政治思想体系，不同国家的安全政治体制和机构，不同历史时期的社会安全政治特征，等等
比较安全心理学	东西方安全心理学比较，不同历史时期的安全心理学比较，不同学科体系（学派）间的安全心理学比较，等等
比较安全行为学	东西方安全行为学比较，当代与古代安全行为学比较，不同学派间的安全行为学比较，不同行业领域作业安全行为模式比较，等等
比较安全生理学	东西方安全生理学比较，不同时代的安全生理学研究方法和内容比较，不同人种的安全生理学比较，不同行业（作业环境）的安全生理学比较，等等
比较安全系统学	东西方安全系统学比较，不同时代的安全系统学比较，不同学派的安全系统学比较，等等
比较安全管理学	不同国家的安全管理学比较，不同时代的安全管理学、行业的安全管理模式和手段比较，不同学派、地区和民族的安全管理思想、模式和手段比较，等等
比较灾害学	不同地域的灾害形成原因和特点比较，不同历史时代的灾害与防治体系比较，不同领域、行业的灾害学比较，等等
比较安全环境学	不同地域的安全环境学比较，不同时代的环境安全学比较，不同领域（行业）的环境安全学比较，等等
比较安全设备工程学	不同国家的安全设备工程学比较，不同时代的安全设备工程学比较，不同领域（行业）的安全设备工程学比较，等等
比较安全工程学	不同国家、时代和行业领域安全工程学的内容、理论与发展模式比较，等等

2. 按灾害类别划分的比较安全学分支

根据安全科学学科体系中的灾害类别，结合比较安全学的属性进行分类，可将比较安全学划分为以下 17 个主要“×× 灾害比较学”的分支体系，见表 6-2。

表 6-2　按灾害类别划分比较安全学分支

分支	比较研究内容举例
生物灾害比较学	不同地域、时期的生物灾害比较（形成机理、发生规律及控制方法等），不同种类的生物灾害比较，不同自然领域的生物灾害比较，等等
水文气象灾害比较学	不同地域的水文气象灾害比较（形成机理、发生规律及控制方法等），同一地区不同时期的水文气象灾害比较，不同类型的水文气象灾害比较，不同地表特征地区的水文气象灾害比较，等等
地质灾害比较学	不同地域、时期的地质灾害比较（形成机理、发生规律及控制方法等），不同地质特点、领域（行业）与学派的地质灾害比较，等等
地震灾害比较学	不同地域、时期的地震灾害比较（形成机理、发生规律及控制方法等），不同板块、等级的地震灾害比较，乡村与城市地震灾害比较，等等
环境灾害比较学	不同地域、时期的环境灾害（形成机理、发生规律及控制方法等）比较，不同气候带的环境灾害比较，不同地质条件的环境灾害比较，等等
海洋灾害比较学	不同水域、时期的海洋灾害（形成机理、发生规律及控制方法等）比较，七大洋的灾害比较，不同气候、影响因素作用下的海洋灾害比较，等等
山地灾害比较学	不同地域、时期的山地灾害（形成机理、发生规律及控制方法等）比较，不同类型（高原、平原和丘陵等山地）的山地灾害比较，等等
森林灾害比较学	不同地域、时期的森林灾害（类型、形成模式和原因、特征和后果等）比较，不同物种属性（防护林、用材林、经济林等）的森林灾害比较，等等
沙漠灾害比较学	不同地域、时期的沙漠灾害（形成机理、发生规律及控制方法等）比较，世界主要沙漠的灾害比较，不同气候条件下的沙漠灾害比较，等等
草原灾害比较学	不同地域地区、时期的草原灾害比较（形成机理、发生规律及控制方法等），不同种类、规模与气候条件的草原灾害比较，等等
农村灾害比较学	不同地域、时期的农村灾害比较（机理、规律、类别及控制等），不同地区、民族和宗教文化背景的农村灾害比较，农村各类灾害的比较，等等
城市灾害比较学	不同地域、时期的城市灾害比较（机理、规律、类别及控制等），不同功能（重工业城市、旅游城市、金融城市等）、经济条件和宗教文化背景城市的灾害比较，城市各类灾害的比较，等等
矿业事故比较学	不同国家、时期的矿业事故的比较（机理、规律及控制等），不同类矿山（煤矿、金属矿以及其他非金属矿等）事故的比较，不同地质条件矿业事故的比较，同类矿中不同种类事故（火灾爆炸、透水、中毒、坍塌等）的比较，等等
建筑事故比较学	不同国家、时期、工程类型与施工领域的建筑事故的比较（机理、规律及控制等），不同种类建筑事故（高空坠落、起重事故、火灾、坍塌等）的比较，等等
交通运输事故比较学	不同国家、时期的运输事故比较，水运、路运与空运事故比较，不同制度下的交通运输事故比较，等等
旅游事故比较学	不同国家、时期的旅游事故比较，不同地域气候的旅游事故比较，不同类型的旅游（探险游、自主游与跟团游，国内游与国外游等）事故比较，等等
军事事故比较学	不同国家、时期的军事事故比较，不同背景条件（作战与非作战、武器使用与制造）的军事事故比较，不同军种的军事事故比较，等等

3. 按安全管理类别划分比较安全学

根据安全科学中安全管理类别与对象，结合比较安全学的属性进行分类，可将比较安全学划分为以下 13 个主要“× × 管理比较学”的学科分支，见表 6-3。

表 6-3　按安全管理类别划分比较安全学分支

分支	比较研究内容举例
安全系统管理比较学	不同国家、时期与学派的安全系统管理思想、理论比较，不同行业的安全系统管理比较，不同制度与文化条件下的安全系统管理比较，等等
安全监察比较学	不同国家、时期与行业领域（如石化、交通、建筑、核电、采矿等）的安全监察体制、手段与优缺点比较，等等
工业事故控制比较学	不同国家、时期与行业领域的工业事故控制模式与手段比较，不同规模（大、中与小型企业）与危险程度（高危与一般危险企业）工业企业的事故控制比较，不同种类的工业事故（火灾爆炸、机械、中毒、电气等事故）控制比较，不同经济水平、生产力条件与安全管理体制的工业事故控制比较，等等
农业事故控制比较学	不同国家、时期与种类的农业（水产业、牧业、养殖业、林业等）事故控制比较，不同地区（高原、平原、丘陵等）与气候（热带、温带等）条件下的农业事故控制比较，不同生产力水平农业事故控制比较，等等
生产安全管理比较学	不同国家、时期与行业的生产安全管理特征、体制与手段比较，不同文化形态、认识水平与学派间的生产安全管理理念与体制比较，等等
工程安全管理比较学	不同国家、时期的工程安全管理体系、方法与思想比较，不同类型的工程安全管理特点与事故控制比较，不同文化背景的工程安全管理模式比较，等等
公路安全管理比较学	不同国家、时期的公路安全管理体制、理念与手段比较，不同地区（高原、平原、丘陵等）的等级公路安全管理模式与手段比较，等等
航海安全管理比较学	不同国家、时期与水域（内海、湖泊、海洋等）的航海安全管理体制与手段比较，不同思想形态与文化背景的航海安全管理方式比较，等等
航空安全管理比较学	不同国家、时期的航空安全管理体制比较，不同学派与思想形态的航空安全管理模式比较，不同规模航空企业的安全管理理念与模式的比较，等等
航天安全管理比较学	不同国家、时期的航天安全管理思想与体制比较，不同类型航天飞行的安全管理体系、制度与手段比较，等等
作业环境管理比较学	不同国家作业环境管理的体制与标准比较，不同时期作业环境管理的思想、特征与体系比较，不同行业作业环境管理模式与特点比较，等等
食品安全管理比较学	不同国家、时期的食品安全管理体制与安全标准比较，不同类别与规模的食品企业食品安全管理理念与模式比较，等等
职业卫生管理比较学	不同国家、时期的职业卫生管理的思想、体制与模式比较，不同行业职业卫生管理的理念、标准、制度与手段比较，等等

4. 按安全工程类别划分比较安全学分支

根据安全科学中安全工程的类别，结合比较安全学的属性进行分类，可将比较安全学划分为以下 15 个主要“× × 工程比较学”的学科分支，见表 6-4。

表 6-4 按安全工程类别划分比较安全学

分支	比较研究内容举例
防灾工程比较学	不同国家、行业领域（工业、农业等）与类型灾害（水灾、火灾、地震等）的防灾工程管理体制、理念与水平比较，不同生产力水平与思想意识形态下防灾工程的指导思想、技术水平与管理体系比较，等等
减灾工程比较学	不同国家、时期、类型灾害（水灾、火灾、地震等）的减灾工程管理体制、理念与水平比较，不同生产力水平与思想意识形态下减灾工程的指导思想、技术水平与管理体系比较，等等
安全信息工程比较学	不同国家、时期的安全信息工程管理体制、技术水平、管理体系与发展纲要比较，不同行业领域安全信息工程的管理模式与技术特点比较，等等
安全设备工程比较学	不同国家、时期与行业的安全设备工程发展战略、政策、技术水平及管理模式比较，等等
防火安全工程比较学	不同国家、时期的防火安全战略思想、技术水平与管理体制比较，不同火灾规律、形成机理、预防与控制比较，不同行业领域（石化、棉纺等，工业、森林与草原等火灾）的火灾特点、规律与预防控制比较，等等
爆炸安全工程比较学	不同国家、时期的防爆炸安全战略思想、技术水平与管理体制比较，不同爆炸事故规律、形成机理、预防与控制比较，不同行业领域（石化、棉纺、烟花、炸药等）爆炸事故的规律与预防控制的比较，等等
电气安全工程比较学	不同国家、时期电气安全工程的管理体制、发展水平与安全标准比较，不同电气事故的规律、管理体制与控制比较，不同行业的电气安全工程比较，不同类型电气安全事故（静电、雷电故与强电事故等）的特点、形成与控制比较，等等
机械安全工程比较学	不同国家、时期机械安全工程的发展思想、技术水平、标准及管理体制比较，不同行业机械安全的特征、管理模式与技术水平比较，不同类型机械事故的特点、形成机理与控制比较，等等
建筑安全工程比较学	不同国家、时期建筑安全工程的发展思想、技术水平、标准与管理体制的比较，不同类型建筑施工事故的特点、规律、机理与控制比较，不同规模与类型的建筑（工业与民用建筑，地面与地下建筑等）的安全工程的比较，等等
交通安全工程比较学	不同国家、时期的交通安全工程发展战略、管理体制的比较，不同领域（水、陆、空等）与地域交通安全管理模式、规律及控制技术的比较，等等
矿山安全工程比较学	不同国家、时期的矿山安全发展思想、技术水平、管理体制与安全标准比较，不同种类的矿山（金属矿与非金属矿等）安全技术标准、安全管理及事故控制比较，不同类型的矿山事故形成机理、事故规律与控制比较，等等
化工安全工程比较学	不同国家、时期的化工安全指导思想、技术水平、管理体制、安全标准与发展历史比较，不同类型、规模化工企业的安全管理模式、安全技术水平、事故特点与控制比较，不同的类别的化工事故形成机理与控制比较，等等
冶金安全工程比较学	不同国家、时期的冶金企业安全指导思想、技术水平、管理体制与安全标准比较，不同类型、规模的冶金企业安全管理模式、安全技术水平、事故特点与控制比较，不同类别的冶金事故形成机理与控制比较，等等
职业卫生工程比较学	不同国家、时期的职业卫生的管理体制、控制技术与卫生标准比较，不同类型的有毒物质致害机理、后果、预防控制与治疗技术比较，不同企行业领域的职业卫生安全管理体系、安全控制技术与预防比较，等等
安全救护比较学	不同国家、时期安全救护的指导思想、技术水平与管理体制的比较，不同行业、类型事故的安全救护特点、救护技术与应急管理体系比较，不同类型的安全救护技术、体系与救护效果比较，等等

5. 按安全科学学的纵向分支体系分类

根据安全科学学的纵向分支体系，结合比较安全学的属性进行分类，构建安全科学学的纵向分支体系，见表 6-5。

表 6-5　按安全科学学的纵向分支体系分类

方法学	安全学	安全工程学	安全工程技术
比较社会科学 比较认识论 比较行为科学 ……	比较安全社会学 ……	安全教育工程比较学 安全文化工程比较学 ……	安全教育技术比较 安全文化工程比较 ……
比较系统学 比较自然科学 比较方法论 比较数学科学 ……	比较安全系统学 ……	安全系统工程比较学 安全控制工程比较学 安全信息工程比较学 安全运筹工程比较学 ……	安全系统工程比较 系统危险分析技术比价 安全评价及控制技术比较 系统可靠性工程比较 系统安全模拟与仿真技术比较 产业安全技术比较 ……
比较社会科学 比较认识论 ……	比较安全法学 ……	安全立法工程比较学 ……	国家安全法规比较 行业安全法规及体系比较 安全监察与执法比较 ……
比较自然科学 比较人体科学 ……	比较安全环境学 ……	安全人机工程比较学 安全环境工程比较学 ……	工业粉尘控制技术比较 安全检测监控技术比较 作业环境安全工程比较 ……
比较社会科学 比较方法论 比较数学科学 ……	比较安全经济学 ……	安全经济比较学 保险比较学 ……	安全技术经济比较 安全投资评估与效益分析比较 劳动保险工程比较 ……
比较社会科学 比较系统科学 比较行为科学 比较思维科学 ……	比较安全管理学 ……	安全行为比较学 安全管理比较学 ……	工程安全管理比较 生产安全管理工程比较 特殊行业安全管理比较 事故统计与分析比较 ……
比较科学技术论 比较自然科学 比较人体科学 ……	比较安全人体学 ……	安全心理比较学 职业病比较学 职业病预防原理比较学 ……	职业病预防比较 职业病普查与分析比较 个体防护与保健比较 安全心理测试与培训比较 ……
比较自然科学 比较科学技术论 ……	比较安全物理学 ……	安全工程比较学 事故致因理论比较学 ……	机电安全技术比较 压力容器特种安全技术比较 防火防爆技术比较 运输安全比较 安全救护技术比较 ……

根据上述内容，构建比较安全学的渊源和纵横向学科体系框架，如图 6-1 所示。

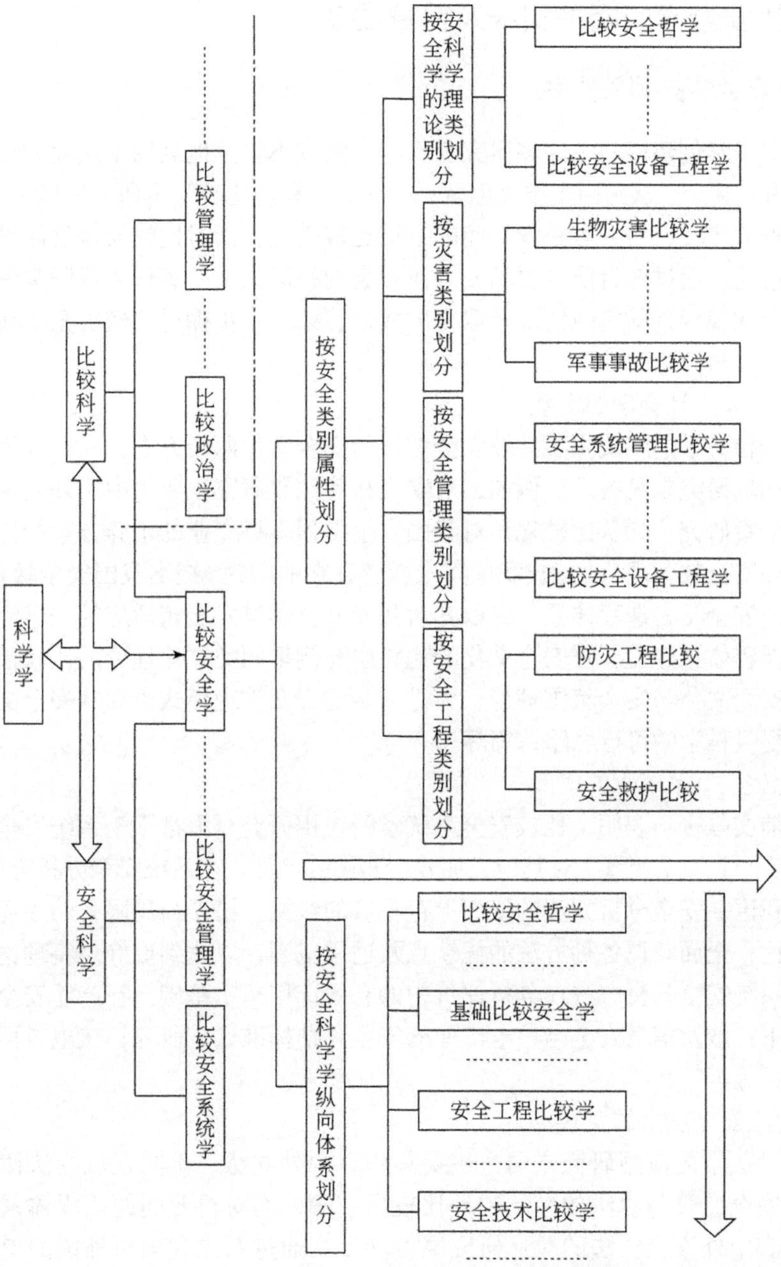

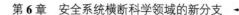

图 6-1　比较安全学的渊源和纵横向学科体系框架

上述的根据不同归类依据对比较安全学进行的学科分支表明，因安全科学的综合与交叉属性，其涉及的领域与范畴太广泛，导致其学科分支体系很复杂，需要研究的问题很多，多视角的比较安全学正好能充分适应安全科学的这一属性，对安全科学的研究来讲，比较安全学是最有效的一种研究方法。

6.1.5 比较安全学的相关实践及前景展望

1. 比较安全学的相关实践

在比较安全学创建以前，许多研究者已经自觉或不自觉地运用了比较方法对安全领域的诸多问题进行研究。从国内主要文献资料看出，已有的比较安全研究实践主要有两大类，一类是国内外的比较，另一类是学科间的方法比较借鉴，而对比较安全学体系与学科层次的实践鲜见报道。通过对目前主要的安全比较类的科研论文与著作进行归类统计，可以探究比较安全学在我国目前实践情况及取得的成果，以进一步探讨比较安全学在安全科学与领域的应用方向与前景。

（1）比较安全社会学的实践

比较安全社会学的实践主要涉及安全教育与安全文化两个方面，一般都为个案比较研究，系统的比较研究未见报道。例如，对安全教育比较研究主要为中、外安全教育模式与体制的对比个案研究，如从比较视角对我国安全工程本科专业的培养方案的比较分析；通过对比国内外安全教育现状，指出我国安全教育存在的问题，提出我国安全教育的新模式；通过对比中外安全学科课程体系，汲取其对我国安全学科发展相适应的先进经验，完善我国安全学科课程体系建设。对安全文化的比较研究侧重同类文化理论的比较借鉴的研究，如通过对比安全文化与安全氛围理论，为进一步的安全管理模式探究从安全文化和安全氛围研究领域提供科学的可行思路；等等。

（2）比较安全系统学的实践

我国目前文献资料表明，比较安全系统学的应用研究，大都限于系统安全分析方法与核电、信息等产业安全领域，对其他方面较少报道。例如，在系统安全分析方法比较方面，如通过分析我国在安全分析方法的使用上存在着的纰漏、错误与局限，然后通过对各种分析方法的对比，全面掌握各种方法的优缺点及适用范围，以达到更好地将理论应用于实际的目的，为系统安全分析方法在分析评价中的有效选用奠定基础。在产业安全技术比较方面的应用如下：涉及信息安全与核电产业的安全评估标准比较研究；核电方面的系统安全性比较研究；等等。

（3）比较安全法学的实践

比较安全法学的应用研究方面，主要集中在中外立法、不同领域的法律对比研究，食品、药品安全监管与执法领域的中外比较研究等，而对行业间的法规体系间的比较借鉴研究很少。中外安全立法的对比研究案例如下：通过对比我国与外国的道路交通安全法律法规体系，分析和研究我国道路交通安全法律法规存在的问题，并从中得到我国道路交通安全法律法规建设的启发，促进我国道路交通安全法律法规的完善和成熟；对比国内外职业安全卫生法立法与体系，提出要将先进理念与现行立法相结合，从而带动我国职业安全卫生立法的革新；对中、美矿山安全法价值观进行比较学研究，指出我国矿山安全立法中存在的问题以及我国矿山安全立法价值观误区，修正我国矿山立法价值观准则；等等。

（4）比较安全监管学的实践

安全监管是确保社会安全稳定的一个重要手段，目前发达国家对食物、药品等的安全监管方面发展比较成熟。有关比较研究案例如下：综合运用情报调研、文献定性分析法、系统分析法和典型案例法等方法，对国内外上市后药品安全监管体系进行比较研究，为我国的上市后药品安全监管提出建议；通过对中外食品安全监管中的法律体系、监管机构及其权责、监管中的重要思路与方法等进行国内外比较，探讨美国、欧盟和日本等国家和地区的食品安全监管中的可取之处，分析我国在食品安全监管中的不足，提出完善我国食品安全监管的重要措施；对发达国家食品安全和质量保证体系进行比较学研究，为完善我国食品安全监管提供有益的借鉴；等等。

（5）比较安全环境学的实践

比较学在安全环境学方面的应用主要在两个方面，即安全环境监测的比较研究与生态安全的比较研究。有关案例如下：结合工程环境安全监测资料，从模型解释能力、统计参数的检验、拟合和预测效果等方面进行比较研究，得出一些有益的结论；对我国一些大中城市生态环境系统进行比较研究，得出影响城市生态安全的关键因子，并进行实例研究，为评价城市生态环境提供理论基础；等等。

（6）比较安全经济学的实践

比较学在安全经济学方面的应用主要体现在风险管理上，有关案例如具体企业的安全管理体系进行研究；应用比较安全评估方法；指导企业安全工作；在复杂安全生产系统环境中寻找、分析影响安全生产业务的隐患等级；提出相应风险减缓措施并跟踪实施和记录；进一步完善安全生产风险管理规范；以科学发展观指导安全生产活动；等等。

（7）比较安全管理学的实践

运用比较学进行安全管理研究目前发展得较成熟，国内外进行了大量的研究。有关案例如下：对国外先进企业的安全管理组织结构模式进行对比研究，发现我国现存的安全管理组织结构模式等方面的不足，提出我国在安全管理组织结构的设计方面应采用的合理模式；从比较学角度分析我国安全生产形势存在的原因，对安全生产的政府管制进行研究；对我国与西方建筑行业安全管理的差别进行比较学研究，提出我国当前建筑业安全管理的思路；采用对比分析法和实证分析法，对当前国内外流行的企业安全管理体系标准模式及其评价方法进行比较研究，对吸收融合两类评价方法的优点形成综合性评价方法的途径和方式进行探讨，为企业建立有效、适用的安全管理体系提供了依据；在事故统计方面，对世界主要国家职业安全事故统计指标与安全状况进行比较学研究；等等。

（8）比较安全人体学的实践

比较学在安全人体方面的应用主要是在安全心理学和职业卫生管理这两个方面。安全心理学研究方面，有关案例如下：对强迫障碍与焦虑障碍不安全感心理特点进行了比较研究；对有过不同程度事故经历的人员进行心理素质测评比较研究；等等。职业卫生管理方面，有关案例如下：比较各国职业安全卫生法，找出职业安全卫生法的发展规律，为我国职业安全卫生法的建设提供思路；对建设项目安全评价和职业病危害评价进行对比分析，探讨建设项目安全评价与职业病危害评价的关系，以及其在法律依据、评价内容等方面的联系和区别，对安全评价和职业病危害评价工作中存在的一些问题提出改进建议；等等。

（9）比较安全工程学的实践

比较学在安全工程学方面的应用主要体现在消防工程、运输安全及特殊行业的安全管理上。有关案例如下：对长距离公路运输的火灾安全管理进行比较研究；对国内外道路安全管理措施进行比较研究；就道路交通法规建设、道路交通安全宣传教育、道路交通执法、道路事故紧急救援措施等相关内容与国外交通发达国家进行对比分析，找出我国现行的道路交通安全管理对策中的薄弱环节及完善的途径；对中国和美国煤矿年产量、工人数量、事故起数、死亡人数、百万吨死亡率等进行对比研究，提出我国煤矿安全生产的对策建议；等等。

2. 比较安全学的展望

（1）比较安全学的研究应用领域

上面论述的比较安全学相关实践表明，比较方法已经广泛应用于我国安全生产与管理的各个领域，并在某些领域取得巨大成果。上述个案实践表明，比较安全学能够广泛地应用于各个领域，能为安全科学的研究与安全问题的解决提供一种新的有效的途径，适合于安全学科的巨大时空及维度的要求，在安全领域的应用和研究具有不可替代的作用。

比较安全学除了在具体实践领域能够发挥重大作用外，在安全科学研究和安全学科建设同样具有重大的作用。有关领域如下：

1）安全工程与技术领域的纵向、横向比较研究，主要对国内外、不同地域、不同行业的安全工程与技术的比较研究，构建安全科学工程与技术的基础应用体系。

2）安全科学学的基础理论的纵向、横向比较研究，主要是对国内外与不同学科间的安全科学基础理论进行比较研究，构建安全科学学基础理论体系。

3）安全科学的哲学与方法论等顶层学科领域的比较研究，主要是对国内外、不同文化背景、不同学派及不同学科间进行比较研究，构建安全科学发展的基本指导思想、安全科学学方法论等顶层建筑。

4）安全科学其他相关边缘学科与领域的比较研究，进行“安全学科化”改造。

（2）比较安全学的发展愿景

安全问题一直影响、困扰我国建设与发展的重大问题之一。现阶段安全作为学科的发展在我国已取得了一定进展，国家、企业、民众对于安全的重视度得到提高，但仍有许多问题厄待解决，如我国当前的安全学科的研究重点基本还处于传统安全（生产安全、防灾减灾等）研究阶段，距扩展到发达国家安全学科的研究重点——非传统安全（身心健康、经济安全、政治安全、信息安全等）领域仍有很大距离；绝大多数安全学科的科技工作者的工作重点都放在安全技术及工程（安全学科的应用领域），而安全科学理论研究得不到足够的重视，理论滞后于生产实践，甚至产生了对安全学科是否能够独立的怀疑问题；对安全学科的交叉性研究不足；等等。

比较安全学的创建为安全科学的研究和安全问题的解决提供了一种新的有效的思路与途径，作者期待比较安全学的研究能为安全科学体系的发展注入新的活力、带来质的改变、得到长足发展，其发展愿景主要表现在以下几个方面：

1）比较安全学体系的建设与完备。比较是一个动态的、发展的、永恒的概念，安全是一个极其复杂、边缘模糊广泛的系统，两者的开放性决定了比较安全学研究领域的复杂、广阔并保持动态的更新与繁衍，其知识的跨度与研究的活力是一般学科所无法比拟的，而这也说明了比较安全学科体系的建设与完备是一个长期性的、巨大的、无法举一人之力完成的工程；从比较的主体来说，比较活动的进行与比较结论的得出往往根据比较者的不同而不同，比较者知识量、思维倾向、世界观、立场、态度的差异使得关键因素的确定、比较标准、手段均有所改变，这往往导致新的、相异的观念和思维的诞生与演变。比较安全学科体系的庞大复杂性和比较者差异所带来的活力性决定了比较安全学科对研究者的依赖，作者期待更多的研究者加入比较安全学体系的建设与完备研究之中，以期新的安全理论的发现和安全学科体系的发展与改革。

2）安全理论与现代技术化手段的借鉴与实践，本土化的运用与实现。比较安全学研究不同国家不同时期的安全理念差异，研究各个国家现阶段安全技术化手段的区别，借鉴是比较最根本的目的之一，取其精华去其糟粕，通过实践运用，使其符合我国特色的发展环境，根植于我国的安全体系中，以实现优秀的安全理论与技术的本土化改造。全球化的发展趋势、世界性的交流环境、无国别的竞争与不同文化的激烈碰撞，要求我们通过跨国别、跨文化、跨时期的研究，整合、学习和借鉴国内外先进安全科学理论与技术，以推动安全科学的研究、解决安全实际问题。

3）全球化安全观念的普及，唤醒和提高民众安全思维意识。比较安全学将安全置身于全球的大背景之下，从整体上把握和分析安全，从世界体系上对不同安全现象进行考察，在全球化视野下分析和描述安全发展史和趋势，学科研究领域的广阔性带给读者以全球化的安全观念普及，使人们走出地域的局限，以全新的视角看待安全、感悟安全。比较安全学将真实的安全现象和问题表现在受众面前，作者期待其研究将带给民众以安全意识的反省、重视和转变。先进安全文化的建设往往是促进安全自身组织系统朝着有利方向发展的最有效方法。

6.1.6　结论

1）提出比较安全学的定义及内涵，论述了比较安全学的研究内容、研究原则和学科特征，为比较安全学的发展和后续研究奠定了基础与指明了方向。

2）建立了比较安全学的学科分支体系，构建比较安全学学科体系框架，为比较安全学学科体系的完善奠定了基础。

3）论述了比较安全学的相关实践及前景展望，为比较安全学的应用与未来发展指明了方向。

6.2　比较安全法学

【**本节提要**】本节给出比较安全法学的定义及其内涵，并构建比较安全法学的纵向与横向学科分支体系。结合比较安全法学的特有空间、地域等特点，阐述其研究的时空和知识维度，以确定其层次、结构、时空。基于安全法的4个方面，提出比较安全法学的研究内容，构建其四维方法论体系，并提出比较研究过程将使用的比较研究方法。最后建立以规范比较为起点、功能比较为主体、文化比较为辅的比较安全法学综合比较路径，以指导和促进比较安全法学研究与发展。

本节内容主要选自本书第一作者等发表的题为“比较安全法学的创建与研究”[3]的研究论文，具体参考文献不再具体列出，有需要的读者请参见文献 [3] 的相关参考文献。

安全法学研究涉及的内容非常广泛，包括安全法律、安全行政法规、安全监察制度、安全标准、行业安全规程、地区安全规章制度等。在安全生产方面涉及的主要法律法规有《安全生产法》《职业病防治法》，与安全生产相关的法律、法规、标准和国际公约，安全生产监督管理，煤矿安全监察，中外安全监察法律制度比较，国际职业安全卫生相关组织介绍等。

各国家法律制度经常有相互借鉴的做法。事实上，世界各国在制定或修改本国法律时，都不同程度地借鉴、吸收、移植了他国或其他法系的经验。安全是人们生产、生活和生存活动中最根本的需求之一。安全法律法规由国家制定并由国家保证实施，以保障人们生产、生活及生存不受伤害，是调整各种社会活动与安全关系的法律规范，安全法学是安全学与法学的交叉学科。为了学习、吸收、借鉴不同历史时期、不同法系、不同国家、不同地区安全法律法规知识，比较安全法研究是重要的途径。

用比较方法研究安全生产法律法规由来已久，主要集中在食品、交通、药品安全监管、矿山、职业安全卫生体系等方面。但目前还没有学者从学科层面展开比较安全法学相关研究。本节将从学科建设的高度与理论层面提出比较安全法学的定义、研究方法和研究内容，构建比较安全法学研究维度、方法论体系、研究路径及模式，以促进安全法学的完善与发展。

6.2.1 比较安全法学定义和学科基础

1. 定义

比较安全法学的定义是：比较安全法学是以保护人的安全和身心健康为目的，运用比较学、安全学、法学、社会科学的原理、方法，以全球化的视角，研究不同时空的安全法律法规和标准的建设制度、内容制定、技术规范、颁布实施、效果评价、更新修订等以及它们的相互比较借鉴的一门交叉学科。

根据比较安全法学的定义，其具有以下几点本质属性与内涵：

1）比较安全法学的指导思想是辩证唯物主义哲学，安全科学、法学、社会学与方法学的理论与实践是比较安全法学研究的基础，而比较方法与解释法是其研究的基本手段。

2）安全法学为特殊的社会意识形态与产物，具有显著的社会与主观属性，以安全法为客体的比较研究无疑将受到政治体制、历史与发展、经济文化与宗教习俗等社会环境因素影响，社会环境因素影响是比较安全法学显著的特征与属性。

3）比较安全法学主要研究安全法理论与实践，研究对象是不同时期、不同法系、不同国家、不同地区、不同宗教背景下的安全法现象，包括物态安全法，心态安全法，制度安全法及行为安全法，具体如图 6-2 所示，其具有极大的空间、时间跨度及维度；研究范围是不同安全法体系或不同管辖权的安全法体系中的跨时空范围之间的比较和法律法规在各种形态上的比较。

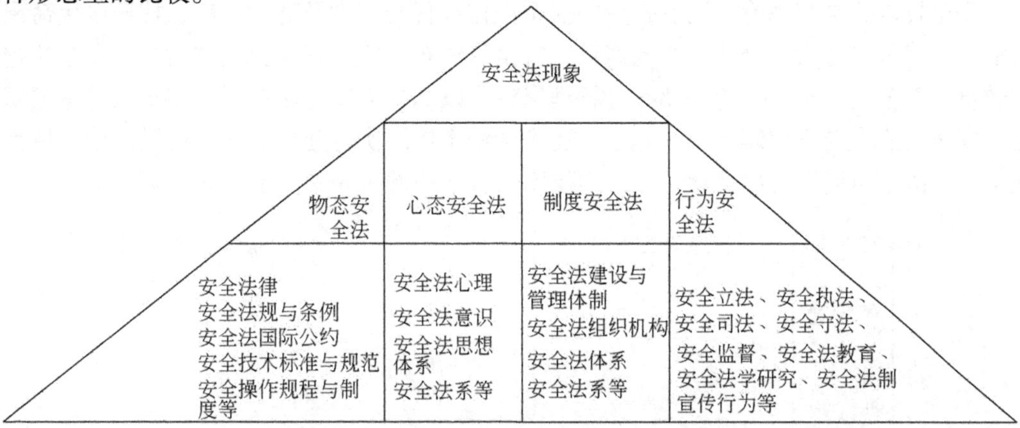

图 6-2　比较安全法学研究对象金字塔结构

4）解释分析、比较分析是比较安全法学的主要活动。其既包括对安全法律、安全法规与条例、安全技术标准，以及安全操作规程与制度及其结构的解释，也包括对安全法现象所形成的基础——政治、历史、经济、文化的解释，挖掘安全法的内在构成，以更好地了解它的本质及其在社会中的真正作用。

基于解释分析进行比较分析，其具体活动是对不同法系、国家或地区的安全法现象进行全方位的比较研究，比较单元（对象）与比较维度是构成比较安全法学的基本活动要素，而比较单元之间的相似性、联系性与可比性是安全法比较研究固有的属性与基本准则。

5）比较安全法学的目的是探索最佳的适合本国或地区的安全法律法规体系、文化和制度；其任务是通过对不同安全法系、不同国家或地区、不同宗教背景的安全法律法规形成与实践进行比较分析，取长补短，借以发展、完善安全法学。

6）比较安全法学是安全科学、比较学与法学等学科融合而产生的一门交叉性学科，是安全法学与比较法学直接相互渗透、有机结合的产物，其学科交叉属性如图 6-3 所示，其具有可比性、社会性、跨国性、综合性、借鉴性和决策性的特征。

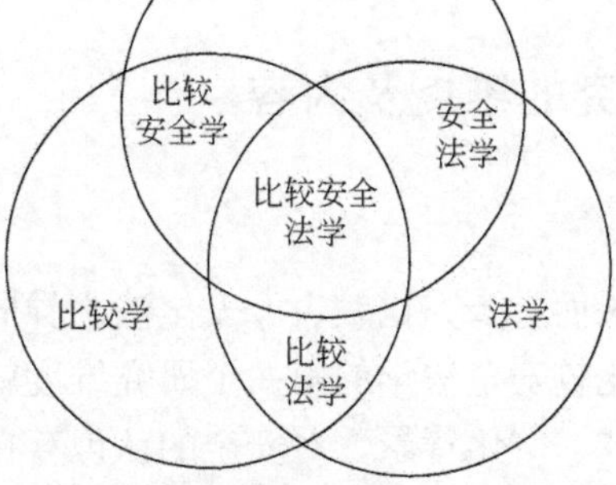

图 6-3　比较安全法学交叉学科属性

2. 学科分支体系

安全法按照法本体层次与性质可以划分为安全法律、安全法国际公约、安全法规与条例、安全技术标准与规范，以及企业的安全操作规程与制度及五个层次，按照法生命周期与活动规律可以分为安全法立法与修订、安全法颁布实施、安全执法与监督、安全法宣传与教育、安全法评价，按照法律社会管理属性可以划分为安全法体系、安全法管理组织机构、安全法建设与管理体制等。基于上述安全法本体层次构建比较安全法纵向分支体系，基于安全法生命周期与社会管理属性构建比较安全法横向分支体系（图 6-4）。

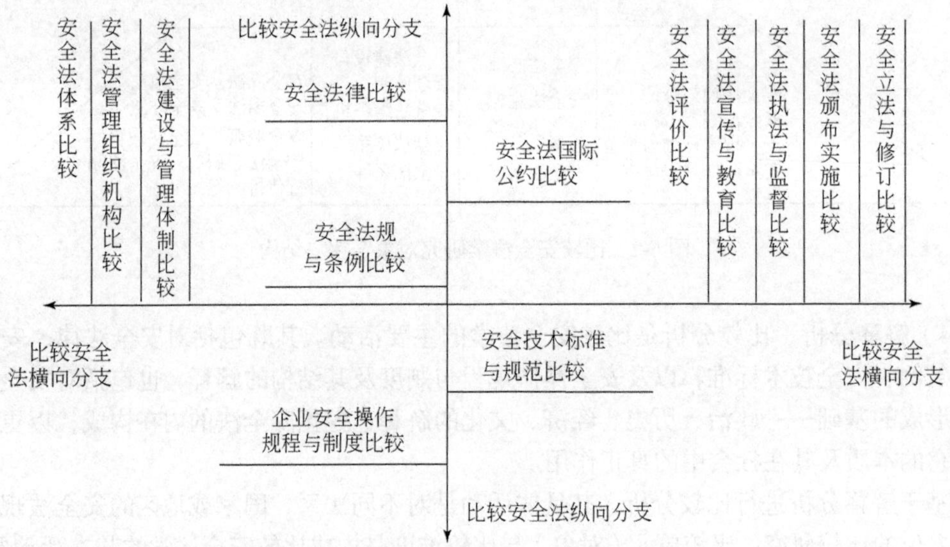

图 6-4　比较全法学学科分支体系及其例子

3. 理论基础

比较安全法学隶属于安全法学，其方法论基础是辩证唯物主义方法。比较安全法学是比较安全学和安全法学的交叉，比较安全学基于比较的视角研究安全问题，具有庞大的分支学科，同时，安全法律法规的形成与发展受到当时社会的政治制度、历史发展、经济状况、文化发展、宗教背景的制约，为了破解法律内部根深蒂固的力量对安全法律法规的影响机制，必须得到人类学、哲学、语言学、社会学、历史学、心理学、行为学、数理学、教育学、经济学、系统科学等的支持，其理论基础源于上述学科理论的综合、渗透与融合。

6.2.2　比较安全法学研究的维度及内容

1. 研究维度

安全法学随着社会的发展而进步，比较古今安全法之异同并探寻发展规律，有利于安全法的改革与完善，因此，比较安全法学的第一个研究维度就是时间维；不同国家或地区因其独特的政治、经济、科技、文化背景，对安全的认识存在差异，从而产生的安全法律法规也存在差异，安全法作为法学的一个分支，不同的法系、不同的宗教背景对其形成也有着很大的影响，因此比较安全法学研究的第二个维度为空间维；安全法律现象包括物态安全法现象、心态安全法现象、制度安全法现象、行为安全法律现象、因此第三个维度是知识维，其维度如图 6-5 所示。

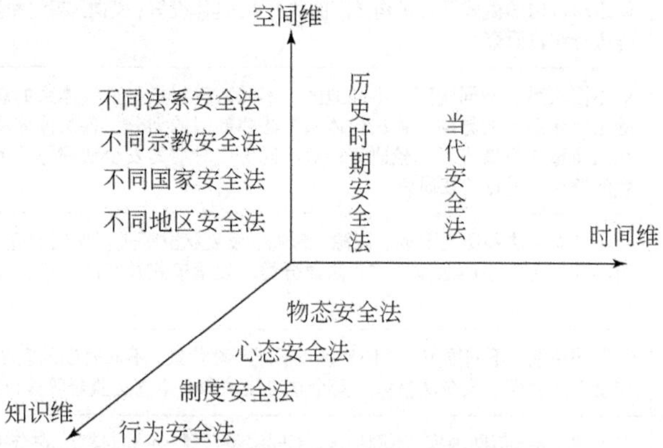

图 6-5　比较安全法学三维比较维度

2. 研究内容

综合比较安全法纵向与横向分支体系，结合比较安全法学的研究内容，按照比较的对象进行划分，分为物态安全法、心态安全法、制度安全法及行为安全法四个方面，根据上面提出的比较安全法学研究维度，对其比较研究内容进行阐述与列举（表 6-6）。

表 6-6　比较安全法学的研究内容

比较的对象及层次		比较的内容举例
物态安全法	安全生产法规与条例	对不同法系、不同国家、不同地区、不同宗教背景、不同时期的安全法规的内容、条文、效力、背景等进行比较分析
	安全法国际公约	对不同类型、国际组织、时期的安全法国际公约的内容、体系、形式、效力与背景等进行比较借鉴等
	安全技术标准与规范	对不同法系、不同国家、不同地区、不同宗教背景、不同时期与不同行业的各种安全技术标准、安全设备设施规范、安全操作规程等内容、条文、效力与背景等进行比较分析
	企业安全操作规程与制度	不同国家、不同地区、不同宗教背景、不同时期企业的安全操作规程与安全管理制度内容、执行方式、手段与效力比较；同一时期与地区同行业不同企业安全操作规程与安全管理制度的内容、执行方式、手段与效力等比较借鉴
心态安全法	安全法心理	对不同法系、不同国家、不同地区、不同宗教背景、不同时期人们对安全法律现象的直接心理反应、感受、体验和情绪等进行比较研究
	安全法意识	对不同法系、不同国家、不同地区、不同宗教背景、不同时期人们对安全法的本质的理解、安全权利意识等进行比较研究
	安全法思想体系	对不同法系、不同国家、不同地区、不同宗教背景、不同时期的安全法概念、安全法原理、安全法原则等进行比较研究
制度安全法	安全法建设与管理体制	不同法系、不同国家、不同地区、不同宗教背景、不同时期的政府、组织安全法建设与管理体系、模式、体制、手段等的比较研究，主要为建设与管理制度、模式与手段等比较，以及对应的人员与设施管理等比较研究

续表

比较的对象及层次		比较的内容举例
制度安全法	安全法组织机构	不同法系、不同国家、不同地区、不同宗教背景、不同时期的安全法律组织机构的概念、形态（法律组织机构的模式及各机构之间的关系）、具体设置（横向：部门和类别设置；纵向：级别设置）等进行比较研究
	安全法体系	对不同法系、不同国家、不同地区、不同宗教背景安全法体系的总体结构、各法律体系包含的法律体系上的异同、各法律体系中法律部门的划分、各法律体系在法律渊源、各法律体系在法律整体发展进行比较研究；对不同历史时期的安全法律体系的构成、分类、权利义务内容的特点等进行比较研究
	安全法系	对不同安全法系历史形成、渊源、影响、发展状况等进行比较研究（安全法系整体性比较），对不同安全法系的法律形式、法律分类、教学模式及目的等进行比较研究（安全法系部分性比较）
行为安全法	安全立法行为	对不同法系、不同国家、不同地区、不同宗教背景、不同时期的安全立法体制、安全立法主体、安全立法程序、安全法修订、安全立法技术和安全立法监督等进行比较研究
	安全执法行为	对不同法系、不同国家、不同地区、不同宗教背景、不同时期的安全执法的指导理论、前提条件、主体、机构、执法程序、执行中止、执行终结等进行比较研究
	安全司法行为	不同法系、不同国家、不同地区、不同宗教背景、不同时期的社会制度与安全司法行为比较，国情和安全司法行为比较，安全司法体制和安全法司法行为比较，安全司法行为准则比较，安全侦查制度、侦查行为比较，安全检察制度、检察行为比较，安全审判制度比较，安全审判行为比较，安全司法执行活动比较，安全惩处比较，安全仲裁比较，安全律师活动比较，安全执法原则和安全执法行为比较等
	安全守法行为	对不同法系、不同国家、不同地区、不同宗教背景、不同时期守法主体守法行为意识、守法行为进行比较（积极守法和消极守法，个体守法行为和群众守法行为）
	安全监督行为	对不同法系、不同国家、不同地区、不同宗教背景、不同时期的安全法律、法规、标准的监督主体、安全法律监督对象、安全法律监督程序、安全法律监督实效等进行比较研究
	安全法教育行为	对不同法系、不同国家、不同地区、不同宗教背景、不同时期安全法教育模式、安全教育体系、安全教育方法等进行比较安全法学研究
	安全法学研究行为	对不同法系、不同国家、不同地区、不同宗教背景、不同时期安全法学研究方法与技术、研究程序等进行比较研究
	安全法制宣传行为	对不同法系、不同国家、不同地区、不同宗教背景、不同时期安全法制宣传教育的手段、方法与技术进行比较研究

6.2.3 比较安全法学方法论体系、具体的研究方法及研究模式

1. 方法论体系

作为提供具体科学研究所必须遵循的一般性规律或法则的方法论，一直以来都是专家、学者研究的热点。根据比较安全学研究的专业维、技术维、逻辑维和理论维，结合比较安全法学理论与实践，提出其研究方法论体系，具体如图 6-6 所示。其中知识维是比较安全法学研究内容范畴；技术维是比较安全法学研究过程；逻辑维是比较安全法学对象的确定依据，包括时间和空间定位；知识维是比较安全法学的理论基础体系。

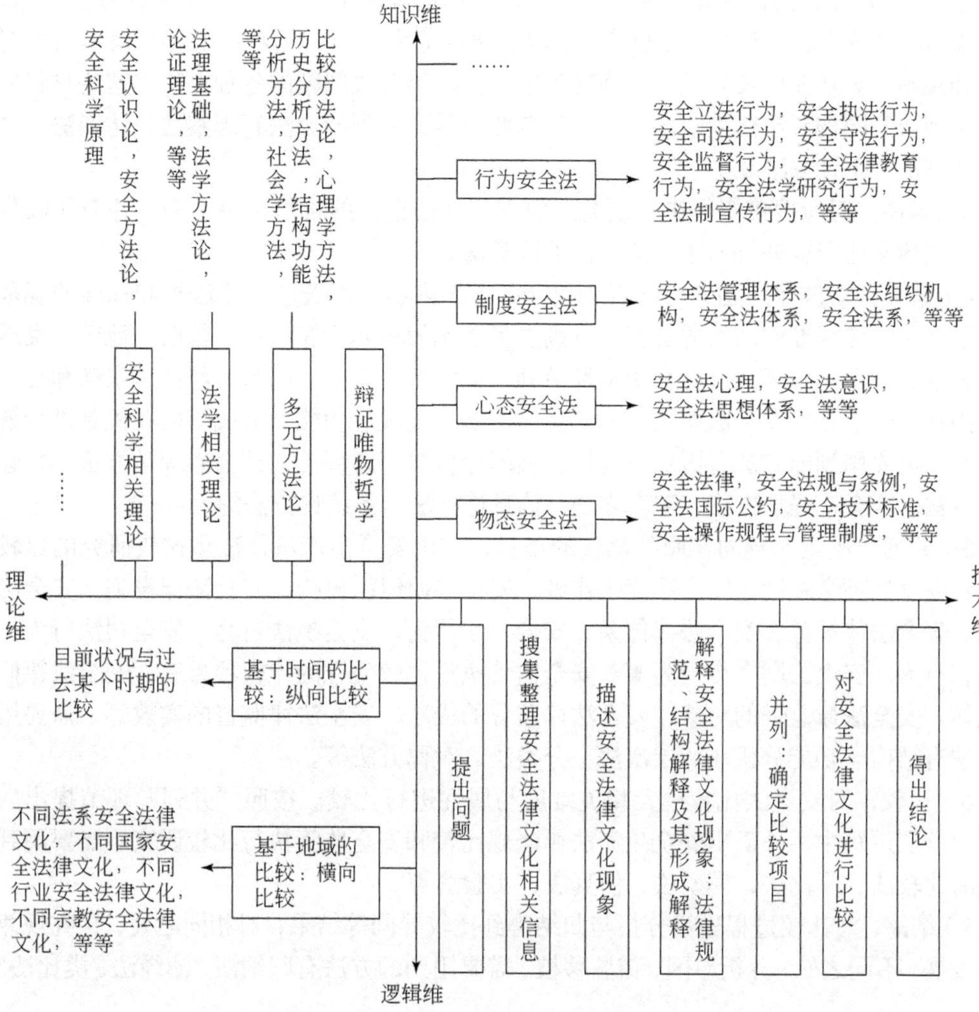

图 6-6　比较安全法学的方法论四维结构体系

2. 研究步骤及具体研究方法

进行比较安全法学研究实践时，不能忽略法律所处社会政治、经济、文化、宗教等对其所产生的影响，基于安全法律的特点及相关参考文献，提出比较安全法学研究的步骤：

1）提出问题，如“矿山安全生产法律法规比较研究”（规范比较），“外国如何确保安全监管的执行效率？”（功能比较），需要用到的方法为社会调查方法、历史法、文献法等。

2）资料收集，①先确定比较单元，待比较的辖区——本辖区，外国的下辖区，在上述问题中，可以选择具有先进矿山安全管理经验的国家来进行矿山安全生产法律法规比较研究，如中国与美国、日本、德国之间的比较等，选择安全监管执行效率高的国家进行安全监管关于执行的法律法规比较研究，如中国与美国、法国、加拿大之间的比较等；②确定体系，上述两个问题的体系是矿山安全生产法律法规体系，安全生产监管法律法规体系；③收集考察辖区资料，对规范比较来说，以法律规范为中心，收集尽可能详尽的法律文件、制度和规则，对功能比较来说，以问题为中心，收集解决问题的各种办法，这些材料应该包括单独或共同构成法律生活形态的一切东西。需要用到的方法有观察法、访谈法、文献法、调查法、统计方法等。

3）描述，对所搜集资料进行研究、整理，并用选定的符号记录下来。并对所收集到的安全法律文化资料进行描述、概括，进行辨伪。

4）解释，对法律问题进行解释，包含两方面内容：①安全法律法规和标准的规范和安全法律法规和标准的结构的解释，分别立足于比较单元所在法系、国度、地区，秉承中立、客观、全面的态度，进行法律解释活动；②对特定历史、政治、经济、宗教和社会发展等因素影响下辖区安全法律法规的产生、本质、发展、功能、形成等内在机制进行解释性研究。需要用到的方法有历史研究法、演绎分析法、解释法、社会心理学方法、社会学研究方法、社会工程学方法、逻辑方法、信息论方法、系统论方法等。

5）并列，确定比较的参照与比较的项目，矿山安全生产法律法规比较研究的比较项目有：安全法理学基础、安全法律工作者、安全法律组织机构、安全法律设施、安全法律概念、安全法律规范、安全法律体系、安全立法行为、安全执法行为、安全司法行为、安全监督行为、安全法制宣传行为等。安全监管执行比较研究的比较项目有：安全法律监督的主体、安全法律监督的对象、安全法律监督的程序、安全法律监督的实效等。需要用到的方法有结构－功能分析法、层次法、分类法、对称方法等。

6）比较，对安全法比较单元相关维度与属性进行比较。按照“并列”环节提出的比较项目分别进行中、外矿山安全生产法律法规比较和安全监管执行比较研究。需要用到的方法有比较法、类比法、模型法、仿真法、实验法等。

7）结论，对比较过程进行分析与归纳得到比较异同等结果，对相同之处，探究规律，融合发展，不同之处，分析原因，借鉴移植。需要用到的方法有归纳法、演绎法、类比法等。

3. 研究路径与模式

（1）比较安全法学比较研究路径

比较安全法学核心活动为就比较安全法客体（对象）开展比较分析活动，以期到达比较异同、借鉴移植与融合发展目的，以促进不同国家地区的安全法学相互借鉴与共同发展，比较途径是实现比较分析活动的基本形式，考虑比较安全法学巨大的时空特征、多维度的研究方向与多层次研究目的，以及显著的社会文化环境影响，提出“以规范比较为基础，以功能比较为核心，以文化比较为补充”的多层次综合性的比较安全法学比较研究路径（表6-7），以满足对不同国家地区的安全法学现象与问题的不同目的、不同层次与不同方式比较实践的需要。

（2）比较安全法学比较研究模式

基于上述提出比较安全法学三层次比较路径，结合比较安全法学科属性与实践特征，构建了比较安全法学的“规范－功能－文化”的多层次系统研究模式，具体如图6-7所示。

表 6-7　比较安全法学研究路径及其实践

比较路径	路径描述与特征	比较安全法路径	比较安全法应用范围与实例	三者关系（综合比较路径）
规范比较	比较不同国家地区同一或相似名称的法律制度、法律规则； 以规则为中心，比较两者相同点与不同点； 不能解释法形成原因；生硬简单	不同类型安全法学客体对应的法律条文与制度异同的对比分析，是比较起点与基础； 基本的比较路径	1）应用范围：制度与物态安全法律比较研究； 2）应用举例：中国与日本劳动保护保护法相关法律条文、制度体系等比较研究	三者互为补充，即目的与手段的关系： 1）功能比较侧重目的，是核心的比较路径，核心是分析原因，其原点是规范分析； 2）规范比较和文化比较皆为手段，规范比较是比较起点与基础，文化比较是辅以功能研究更深层次的社会原因解释； 3）由规范比较入手，运行功能比较手段分析规范背后的原因，直达比较目的，从而渐入文化层次
功能比较	以不同国家或地区相同的或类似法律问题为中心，就该问题的不同解决办法进行比较，是目前最重要与应用最广泛的比较法路径； 比较手段简洁明快；针对性很强； 比较目的明确，实用性强；但缺乏对观察对象同情式理解	不同国家或地区安全法学客体对应的某类问题或现象进行综合比较分析，已达成比较异同，借鉴移植的目的； 核心与关键比较路径	1）应用范围：制度、心态、物态与行为安全法律比较研究，安全法律比较研究； 2）应用举例：中国、日本、美国与英国四个国家的安全执法程序比较研究	
文化比较	将法律放入广阔文化语境（政治、历史、经济社会等与文化相关因素）中进行比较，找出使法律发生的文化原动力、决定法律效力的因素等； 剖析法律异同原因与文化异殊	将安全法学比较客体放入特定社会文化语境下进行比较分析，分析客体背后的社会文化等原动力与影响等； 辅助比较路径，为相关比较提供深层次原因解释手段	1）应用范围：心态与行为安全法律比较研究； 2）辅助功能比较开展研究对象深层次社会文化等因素的影响分析； 3）应用举例：英美法系与罗马法系安全立法比较研究	

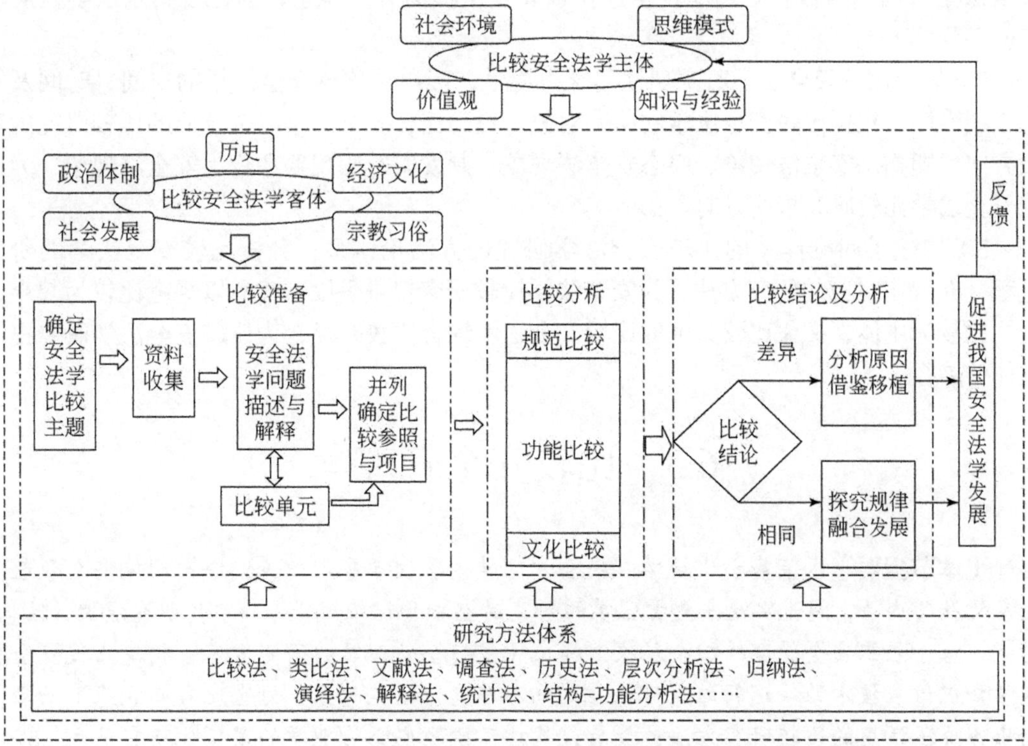

图 6-7　基于“规范 – 功能 – 文化”的比较安全法学多层次系统研究模式

1）比较安全法学主体（个人或组织）是比较活动主导者，其行为贯穿于影响整个比较研究活动全过程，且主体的价值观、思维模式、知识与经验，以及所处的社会环境等因素将直接或间接影响比较活动。

2）比较安全法学客体源于安全法学各领域与层面的客观存在的安全法律规范、体制、行为活动、问题与现象等，是比较研究的载体与对象，因法学显著的社会与主观属性，客体比较属性直接受到政治体制、社会发展、历史、经济文化与宗教习俗等影响。

3）比较分析是比较安全法学比较研究的核心活动，基于安全法学特殊的意识形态与社会属性，采取"以规范比较为基础，功能比较为核心，并辅以文化比较为补充"的 综合比较路径，分步骤分层次地开展对比较安全法客体的全方位比较研究，力争获得全面、客观与有效的比较结论，以促进安全法学发展。

比较安全法学的实践研究在我国安全法律法规建立和修订中经常使用。多年来，国家安监总局、国家质检总局等一直在学习和借鉴国外相关的法律法规和标准等。现在已有许多涉及国家安全、公共安全、生产安全、食品安全等领域的安全比较实践著作出版，这些实践内容不是本节所侧重的，故不予介绍。

6.2.4 结论

1）基于比较学、安全法学、法学和安全学基本理论，提出了比较安全法学的定义，并阐述其内涵与理论基础，并基于安全法本体层次构建比较安全法纵向分支体系，基于安全法生命周期与社会管理属性构建比较安全法横向分支体系，为比较安全法学发展奠定基础。

2）基于比较安全法学时空属性与学科属性，提出了比较安全法学的空间、时间及知识 3 个维度；根据比较安全法学的研究对象，提出比较安全法学 4 个方面的比较研究内容与方向，即物态安全法现象、心态安全法现象、制度安全法现象和行为安全法现象，为比较安全法学比较研究指明方向。

3）构建了四维体系的比较安全法学研究的方法论体系；分析比较安全法学的研究过程，并提出对应的研究方法，为安全法学比较研究提供手段。建立以规范比较为起点、功能比较为主体、文化比较为辅的比较安全法学综合比较路径，为比较安全法学研究提供具体的路径。

6.3 比较安全管理学

【本节提要】本节基于比较学、安全管理学、管理学基本理论，给出比较安全管理学的定义及其内涵；阐述比较安全管理学的研究时空和知识维度，并确定其研究层次、结构、时空；基于组织安全管理的四个层次，提出比较安全管理学的研究内容，构建比较安全管理学知识维－技术维－逻辑维－理论维的四维研究方法论体系；结合比较研究基本活动，指出各阶段适用的比较研究方法；最后，构建了比较安全管理学的层次化研究范式，以指导和促进比较安全管理学研究。

本节内容主要选自本书第一作者等发表的题为“比较安全管理学研究”[4] 的研究论文，具体参考文献不再具体列出，有需要的读者请参见文献 [4] 的相关参考文献。

安全管理学作为安全学科的一门重要分支，同样也是具有综合学科的属性，其实践同样也具有浩瀚的时空及维度。安全管理是为实现安全而组织和使用人力、物力、财力和环境等各种资源的过程。它利用计划、组织、指挥、协调、控制等管理机能，在法律制度、组织管理、技术和教育等方面采取综合措施，控制来自自然界的、机械的、物质的不安全因素及人的不安全行为，避免发生伤亡事故，保证职工的生命安全和健康，保证生产顺利进行。安全管理学涉及安全文化、安全管理方法、系统安全管理、安全法律法规、职业安全健康管理体系、安全信息管理、事故统计及分析、事故调查与处理、灾害事件与事故应急管理等，具有丰富的内涵。

在运用合适的方法探讨并揭示安全管理活动的规律时，有学者提出比较研究方法是研究安全科学的最有效的途径，可以提取不同时间不同领域的共性安全科学问题并使之相互借鉴和渗透。因此，将比较方法应用到安全管理学研究，以不同地域不同行业的安全管理现象为研究对象，通过运用比较研究及其相关的研究方法，可以揭示安全管理行为的共同点和差异点及其内部联系，以达到认识安全管理的规律、发展创新安全管理方法、促进安全管理学理论与实践应用的目的。

关于比较安全管理学的研究仍处于简单比较与移植的阶段，没有形成理论体系。本节将从学科建设的高度和理论层面提出比较安全管理学的定义、研究方法和研究内容，构建比较安全管理学研究维度、方法体系与研究范式，以促进安全管理学的发展。

6.3.1　比较安全管理学的定义及内涵

1. 定义及其解释

比较安全管理学的定义：比较安全管理学是以保护人的安全和身心健康为目的，运用比较学和安全科学的原理、方法，研究不同地域、不同性质的组织或机构的安全管理理论、方法与实践的异同、联系和相互影响，从而揭示安全管理活动规律和创新安全管理方法的一门交叉学科。

根据比较安全管理学的定义，其具有以下几点本质属性与内涵：

1）比较安全管理学的指导思想是安全管理方法论。安全科学、管理学与方法学的理论与实践是比较安全管理学研究的基础，而比较方法是其研究的基本手段。

2）比较分析是比较安全管理学主要活动，比较单元（对象）与比较维度是构成比较安全管理学的基本活动元素，而比较单元之间的相似性、联系性与可比性是比较研究固有属性与基本准则。

3）比较安全管理学既研究理论问题又研究实际问题，其研究对象为不同环境下不同组织的安全管理的运行机制及其内在规律性，具有极大的空间、时间跨度及维度。

4）比较安全管理学研究的目的是为了探索最佳的管理模式和普遍适用于各组织的安全管理规律并用于借鉴；其基本任务是通过对不同环境背景下组织的安全管理历史与实践、安全管理理论、安全管理组织、制度及文化、安全管理模式、安全管理方法及技术进行比较分析，取长补短，借以发展、完善安全管理学。

5）比较安全管理学是安全科学、比较学与管理学等学科融合而产生的一门交叉性学科，是安全管理学与比较安全学直接相互渗透、有机结合的产物，其学科交叉属性如图 6-8 所示。

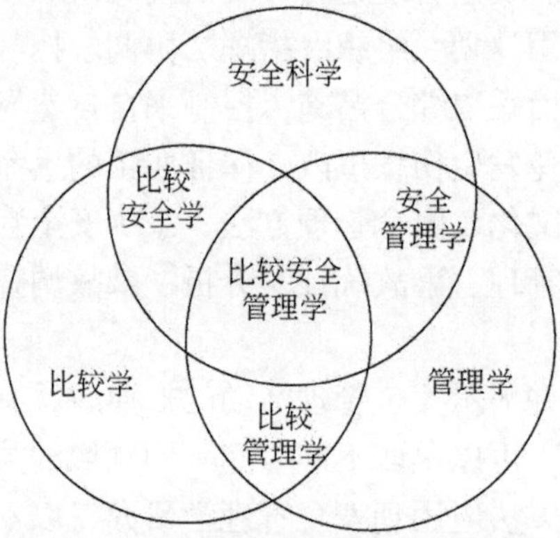

图 6-8　比较安全管理学交叉学科属性

6）比较安全管理学是基于不同比较组织（单元）间的安全管理理论、模式、技术方法与实践等对比分析而达成研究目的，具有比较异同、探究规律、借鉴移植与融合发展四项基本功能。

2. 理论基础

比较安全管理学隶属于安全管理学，任何地区或国家的安全管理都受到当时社会的政治制度、历史发展、经济状况的制约，并且随社会的发展而变迁，在进行比较研究时，既要对某个特定背景下的管理现象进行历史的、社会的、政治的和经济的分析与研究，又要为探索其发展、形成规律，可运用演化分析方法，结合比较方法、安全科学方法、管理方法以及其他学科的方法进行分析，其理论基础需要管理学、方法学、心理学、社会学、行为学、经济学、工程学、信息学、教育学等的支撑，其理论基础源于上述学科理论的综合、渗透与融合，如图 6-9 所示。

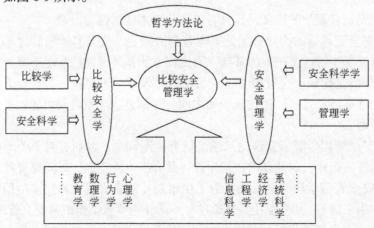

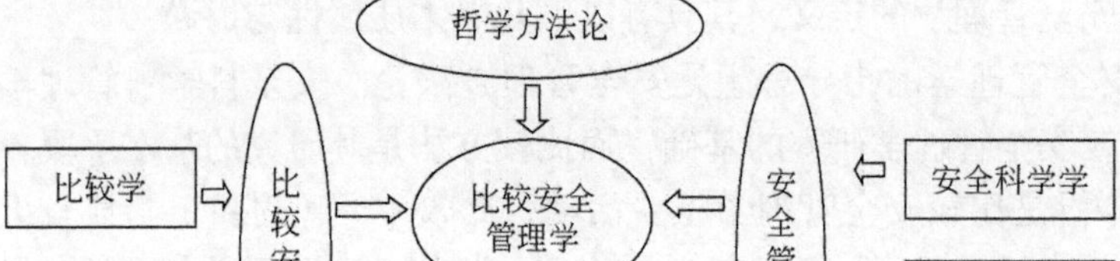

图 6-9　比较安全管理学理论基础

3. 比较安全管理学基本要素相互作用

基于比较安全管理学的内涵与外延，在上述综合剖析比较安全管理学的学科属性、比较环境、内容与目的，以及比较方法等基本要素内在关系基础上，构建比较安全管理学基本要素相互作用关系（图 6-10）。

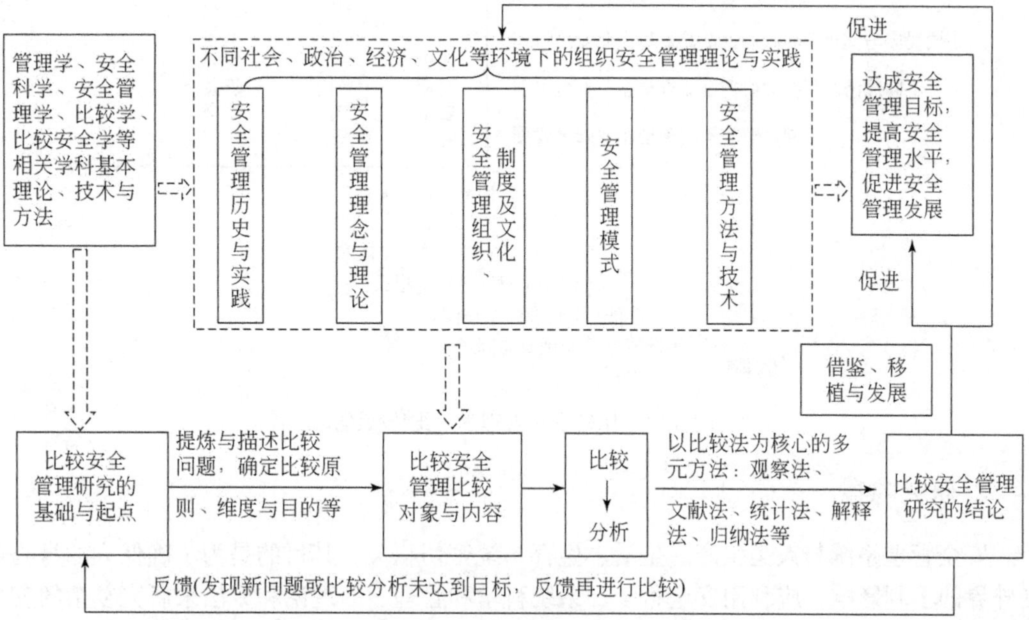

图 6-10　比较安全管理学基本要素相互作用关系

6.3.2　比较安全管理学的比较维度与内容

1. 比较维度

进行比较安全管理学研究，首先是确定要研究的问题与对象，再确定研究的维度、方法，根据收集材料进行比较研究，最后提出结论。安全管理系统是一个复杂的开放的非线性系统，要对其进行比较研究，首先得确定比较的方向，即维度，以确定研究的层次、结构、时空。

对于安全管理系统而言，安全管理有宏观与微观之分，宏观为政府、行业组织的安全监管，微观为企业等生产生活单位的安全管理，且两者都存在于特定的外部环境下，任何一个组织的安全管理都在特定的政治、社会、经济、文化背景下产生并发展，不同国家、不同地区、不同民族、不同行业、不同企业的安全管理与其特定的环境背景密切相关，所以第一个维度就是空间维；安全管理系统随着时间、科技与社会，以及自身发展而得到进一步完善，因此第二维度是时间维；组织的安全管理系统包括安全管理理论、安全管理组织、制度及文化、安全管理模式、安全管理方法与技术，以及对其他学科与领域的管理理论、方法、模式与经验的比较借鉴，因此第三个维度就是知识维。如图 6-11 所示。

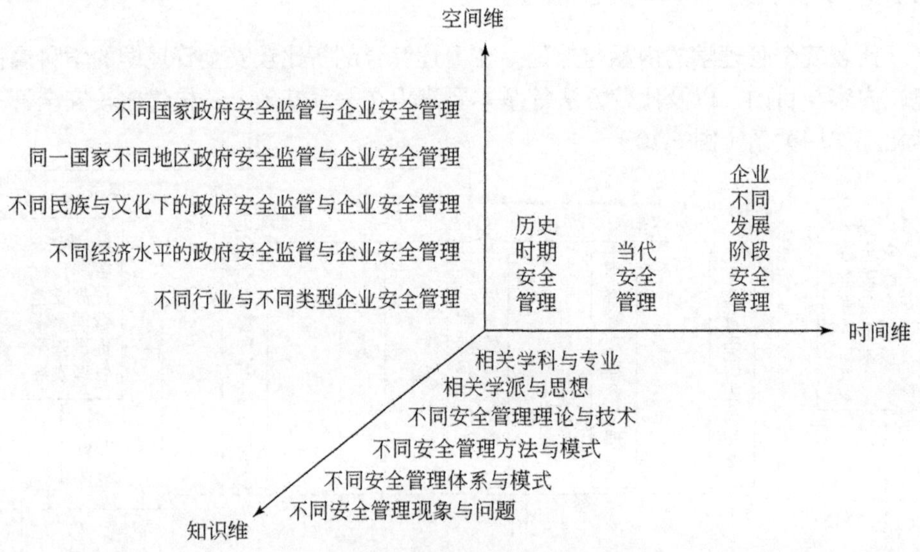

图 6-11　比较安全管理学三维比较维度

2. 研究内容

安全管理系统与人类生产、生活、生存系统密切相关，其目的是为了确保人的身心免受外界的不利影响，应利用安全科学、系统科学和管理学的理论和方法来研究复杂的安全管理问题。将组织安全管理分为安全管理理论，安全管理组织、制度及文化，安全管理模式，安全管理方法及技术四个层次，比较安全管理学的研究内容举例见表 6-8。

表 6-8　比较安全管理学的研究内容

比较层次与内容	比较的内容举例
安全管理理论	对不同环境背景下各组织的安全管理思想与理念、安全管理原理、安全管理原则、特征与规律、事故致因理论等进行比较研究
安全管理组织、制度及文化	对不同背景下不同组织安全管理组织机构，安全资源，法律法规，安全生产管理制度，监管制度，安全条例，规章，安全文化的形成、发展机制等进行比较研究
安全管理模式	对不同环境背景下各组织的安全管理体系 [如职业健康安全管理体系（OHSMS）、职业安全卫生管理体系（OHSAS）、健康 – 安全 – 环境三位一体的管理体系（HSE）、南非国家职业安全协会（NOSA）、安全标准化管理、“4+1”安全管理模式、“0123”安全管理模式、本质安全化 PDCA 安全管理模式等]，过程控制 [全过程控制、危害分析的临界控制点（HACCP）等]，监管模式，信息化安全管理等进行比较研究
安全管理方法与技术	对不同环境背景下各组织的安全管理方法与技术进行比较研究，例如： 1）安全检查、安全教育、安全评价、安全绩效评估、安全监管、安全检测、安全效益分析、安全决策等方法与技术的有效性与系统性比较研究； 2）不同的风险分析方法与事故管理技术的适应性与有效性比较研究； 3）企业生产的重大危险源、职业健康卫生、特种设备、危险化学品、应急、事故调查与处理等管理环节的方法与技术适应性和先进性比较研究

6.3.3　比较安全管理学研究方法论、具体研究方法及范式

1. 方法论四维结构体系

任何一门科学或技术都会根据自身的特点，形成相应的一系列方法，而方法论就是最具特色的根本方法。根据比较安全管理学的特点，构建其方法论体系，有利于比较安全管理学的实践。根据比较安全学研究的专业维、技术维、逻辑维和理论维，基于以上研究基础，构建比较安全管理学研究方法论体系，具体如图 6-12 所示。其中知识维是比较安全管理学研究内容范畴；技术维是比较安全管理学研究过程；逻辑维是比较安全管理学对象的确定依据，包括时间和空间定位；理论维是比较安全管理学的理论基础体系。

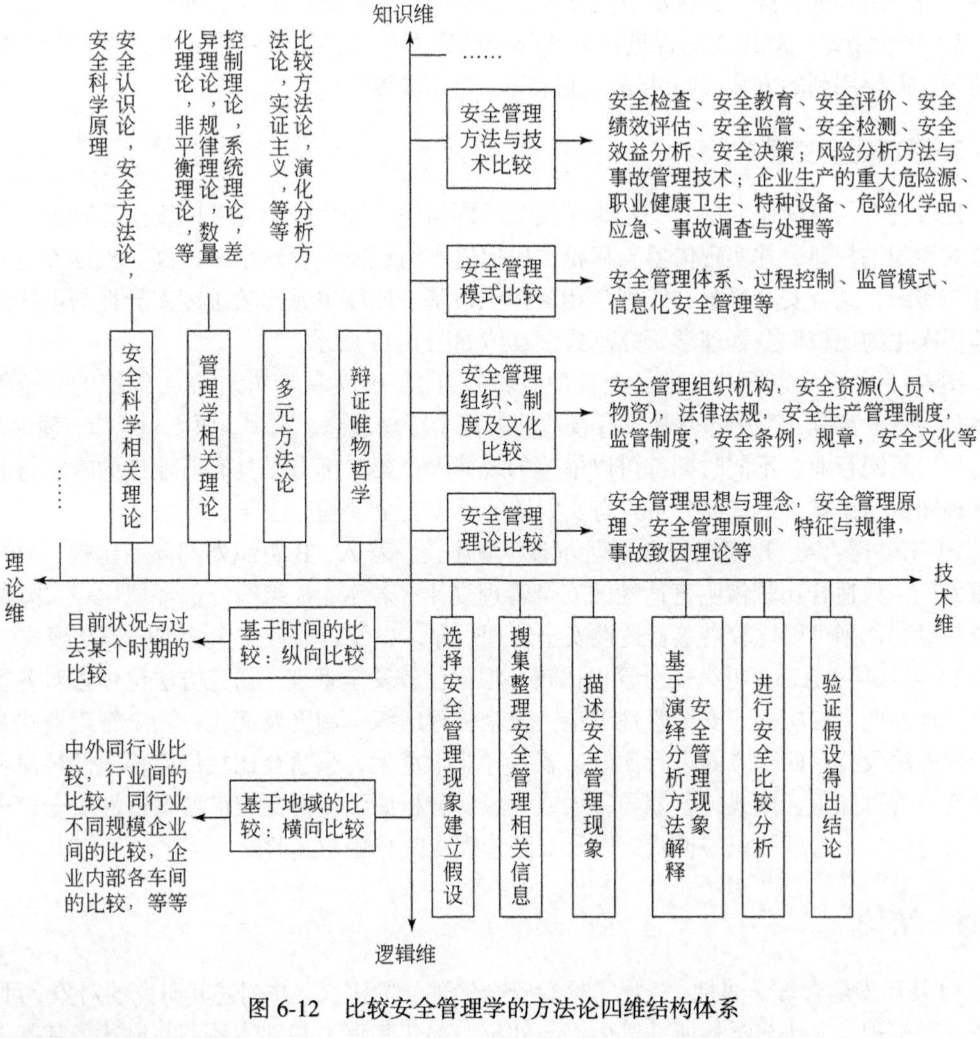

图 6-12　比较安全管理学的方法论四维结构体系

2. 具体研究方法

比较安全学的研究分为描述—解释—并列—比较—结论 5 个步骤。为了提取不同环境下各组织安全管理的共性，在不同的研究阶段需要使用不同的方法。

1）安全管理现象或问题描述阶段：即描述各组织的安全管理现象或问题，将经过研究或整理的经验事实或材料用选定的符号记录下来，获取资料的方法有观察法、访谈法、文献法、调查法、统计方法等，并对所收集到的安全管理资料进行描述、概括，并进行辨伪。

2）解释阶段：对上述安全管理现象与问题进行解释性研究，其目的是研究历史、政治、经济与社会发展等因素的影响下组织安全管理的形成原因、形成机制、变革机制，需要用的方法有历史研究法、演绎分析法、解释法等。

3）比较单元并列阶段：确定比较的参照与比较的项目，需要用的方法有结构－功能分析法、层次法、分类法、对称方法等。

4）安全管理比较阶段：对安全管理比较单元相关维度与属性进行比较，找出差异和共性，需要用到的方法有比较法、类比法、模型法、仿真法、实验法等。

5）比较结论：对比较过程进行分析与归纳得到比较异同等结果，并进行评价与借鉴移植等，需要用到的方法有归纳法、演绎法、类比法等。

3. 层次化研究范式

比较安全管理学研究的目的是为了发现不同组织（即比较单元）间安全管理的差异，提取共性归纳规律，并实现借鉴与移植，以促进本组织安全管理水平提高。根据安全管理属性与实践，结合安全科学与管理学相关知识，基于比较单元比较维度差异性与可比性，构建层次化的比较安全管理学研究范式，具体如图 6-13 所示。

图 6-13 中，A 为具有先进安全管理经验的组织，B 为借鉴方。将 A 组织的安全管理体系分为三大部分，第一部分是具有普适性的安全管理理念、原理、原则、规律、理论（不同地域、不同行业、不同时期都可以借鉴的规律），第二部分是具有行业性的特定行业安全管理知识与模式，第三部分是具有实践性的具体安全管理方法与经验。

1）第一层：A、B 组织安全管理外部环境比较。若 A、B 组织外部环境比较“差异非常重大”，只适合比较借鉴普适性的安全管理规律；若 A、B 组织外部环境比较“差异重大或一般”，则可以比较借鉴普适性安全管理规律，以及行业性安全管理知识与模式。

2）第二层：A、B 组织安全管理比较。根据比较安全管理学研究方法论体系对各组织安全管理的四个层次——安全管理理论，安全管理组织、制度及文化，安全管理模式及安全管理方法及技术四个方面进行比较。若差异非常重大，只适合比较借鉴普适性规律和行业性安全管理知识、模式；若差异重大或一般，分析原因，再比较借鉴普适性安全管理规律，行业性安全管理知识与模式，以及安全管理实践方法与经验。

6.3.4 结论

1）基于安全管理学属性，提出了比较安全管理学的定义，并阐述其研究的对象、目的、特征、时空观、方法与学科属性等内涵与外延，构建其理论基础体系，并描述了其基本要素的相互作用关系。

2）基于比较安全管理学时空属性与学科属性，提出了安全管理学的空间）时间及知识 3 个比较维度。按照安全管理理论体系与实践应用，提出比较安全管理学 4 个层次的比

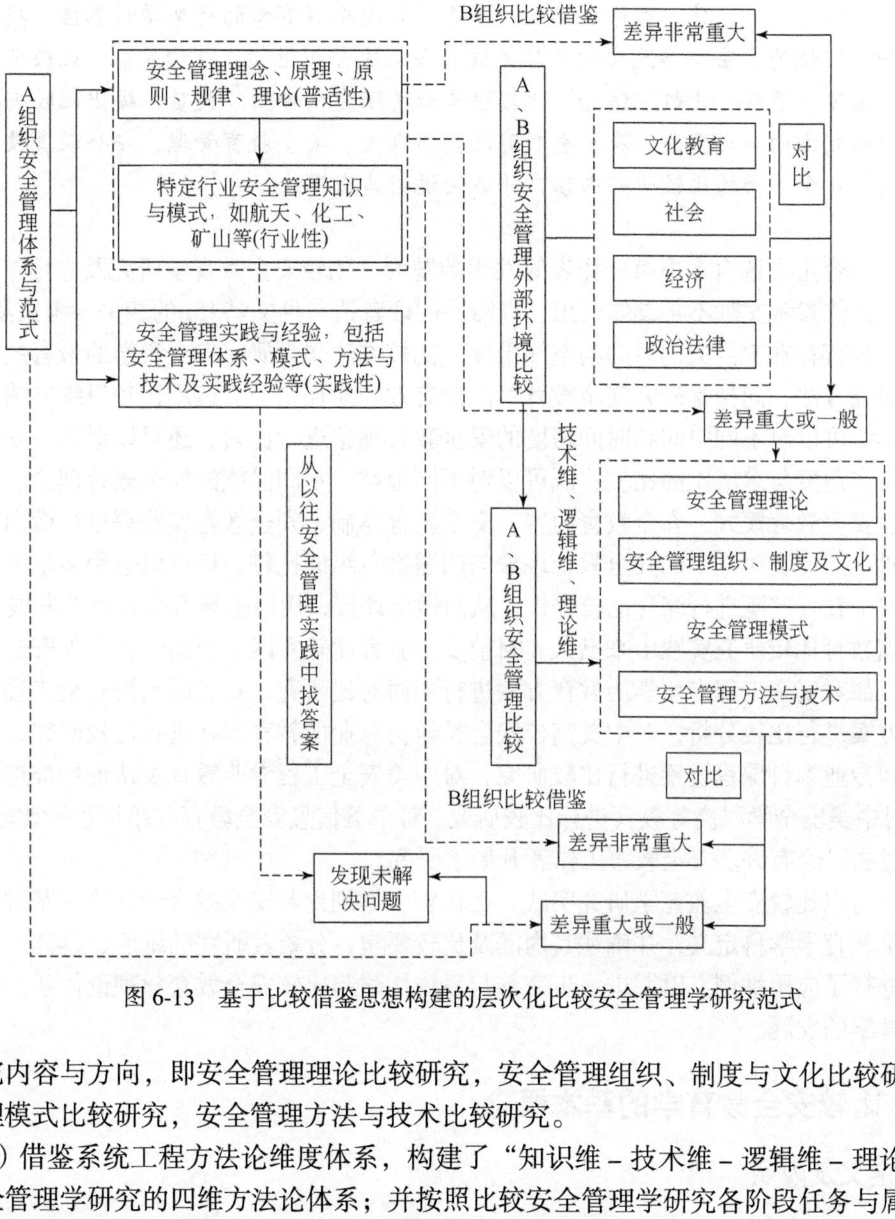

图 6-13　基于比较借鉴思想构建的层次化比较安全管理学研究范式

较研究内容与方向，即安全管理理论比较研究，安全管理组织、制度与文化比较研究，安全管理模式比较研究，安全管理方法与技术比较研究。

3）借鉴系统工程方法论维度体系，构建了“知识维－技术维－逻辑维－理论维”比较安全管理学研究的四维方法论体系；并按照比较安全管理学研究各阶段任务与属性，提出对应的研究方法，为比较安全管理学研究与实践应用提供研究方法与手段。

4）比较安全管理学具有显著的实践性，开展不同时空领域的安全管理理论现象与实践等的比较应用研究是其后续研究的重要发展方向与重点内容。此外，比较安全管理学的各基本要素特征属性、比较单元的可比性与比较方法等内容有待进一步深入研究。

6.4　比较安全教育学

【**本节提要**】本节从学科角度提出比较安全教育学定义及内涵，并分析比较安全教育研究的三大要素——主体、客体与单元。基于比较安全教育学的交叉学科属性，提出以历史为基础－实证为方法－多元文化为辅的综合多层次分析框架，并构建基于比较研究一般过程的“客体—资料—比较—结论”比较安全教育研究四部曲。最后，提出比较安全教育学的比较研究方向与类型，以及安全教育思想与理论、安全教育管理、安全教育技术与安全教育实践 4 个方面的比较研究内容，并举例说明其应用。

本节内容主要选自本书第一作者等发表的题为“比较安全教育学研究及应用”[5] 的研究论文，具体参考文献不再具体列出，有需要的读者请参见文献 [5] 的相关参考文献。

安全教育存在着巨大的时间与空间维度，比较方法作为研究安全科学的最有效的途径的比较研究方法，同样是研究安全教育学的最有效的途径之一。运用比较思维方法研究安全教育学，可以对不同空间和时间跨度的安全教育现象进行比较，还可以对某一安全教育问题进行多角度与多层次的比较；既可以对不同地域、不同民族的安全教育理念、安全教育手段、安全教育模式、安全教育内容、安全教育体制、安全教育实践等进行横向比较，也可以对不同历史时空下的安全教育现象与问题进行纵向比较，还可以运用多学科的方法对特定安全教育问题进行综合比较分析，从而做出评价，用以指导安全教育的发展。

跨国教育比较研究实践由来已久。目前安全教育比较实践主要集中在中外安全学历教育方面，如对安全工程专业学历教育方案进行中西对比研究，对我国高校安全工程本科专业培养方案进行比较分析，对中美高校安全类学科专业的教育现状进行比较研究，对中澳安全工程专业本科课程设置进行比较研究，对中美安全工程专业教育及认证标准进行对比研究，对中美安全学科高等教育进行比较研究，对中美信息安全教育与培训进行比较研究，等等，过去已经有许多安全教育工作者开展了研究。

本节将以比较安全教育学研究实践、比较安全学理论及安全教育学理论为基础，界定比较安全教育学学科定义，并阐述其内涵及比较要素，分析其研究的维度、具体内容及过程，并进行了应用举例，以期进一步完善与系统构建起比较安全教育学理论体系，以推动安全教育学的发展。

6.4.1 比较安全教育学的基本概念

1. 定义及内涵

比较安全教育学的定义是：比较安全教育学是以保护人的安全和身心健康为目的，运用比较学和安全科学的原理、方法，主要研究不同国家、不同地区、不同行业、不同宗教、不同民族及不同时期的安全教育思想与理论、安全教育管理、安全教育技术和安全教育实践的异同、联系与影响等内容，从而揭示安全教育活动规律和促进安全教育发展的一门交叉学科。

根据比较安全教育学的定义，其具有以下几点本质属性与内涵：

1）比较安全教育学的指导思想是辩证唯物主义。

2）比较方法是比较安全教育的最基本的研究方法，这是由比较方法的跨文化特性决定的，同时需辅以社会科学（社会学法、经济学法、人类学法、历史学法等）与自然科学方法。

3）比较主体、比较客体及比较单元是构成比较安全教育学的比较研究的基本要素，而比较单元之间的相似性、可联系性、差异性与可比性是比较研究固有属性与基本准则。

4）比较安全教育学既研究理论问题又研究实际问题，其研究对象主要为不同国家、不同地区、不同行业、不同宗教、不同民族及不同时代的安全教育现象与问题，如安全教育理念、安全教育管理（教育模式、教育制度、经费、机构）、安全教育技术和安全教育实践等，具有极大的空间、时间跨度。

5）比较安全教育学研究的目的是通过增进对本国和别国安全教育的理解从而实现借鉴，对研究对象的安全教育理念、安全教育管理（如教育模式、教育制度、经费、机构）、安全教育技术和安全教育实践进行比较分析，以达到改造和发展安全教育的目的。

6)比较安全教育学是安全科学、比较学与教育学等学科融合而产生的一门交叉性学科，是安全教育学、比较安全学、比较教育学直接相互渗透、有机结合的产物。

2. 理论基础

比较安全教育学隶属于安全教育学，也隶属于比较教育学，任何地区或国家的安全教育都受到当时社会的政治制度、历史发展、经济状况的制约，因此在对不同国家不同时代不同民族的安全教育进行比较时，需要进行历史的、社会的、政治的和经济的系统全面地分析与研究，为了实现对安全教育问题的相似性与相异性研究，要运用多学科理论与分析方法，兼有教育学、方法学、心理学、社会学、经济学、人类学等学科的性质。因此比较安全教育学具有哲学、安全科学、比较教育学、认知学、心理学、行为科学、艺术学与信息科学等多学科的综合与交叉属性，其理论基础源于上述学科理论的综合、渗透与融合，而非比较学在安全教育中的简单应用，有独特与完整的学科体系，如图6-14所示。

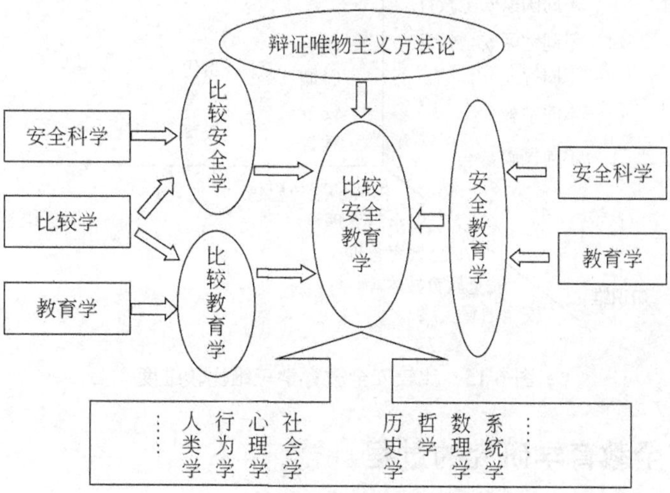

图6-14　比较安全教育学理论基础

3. 比较要素

（1）比较主体

比较主体是指进行比较安全教育研究的人或集体，如安全教育研究者与组织、安全教育培训个人等，其决定着比较安全教育研究的主题、比较客体、比较单元、方法与思路等。例如，对中美高校安全类学科专业教育现状的比较研究，比较的主体即个人。

（2）比较客体与比较单元

比较客体即被比较的事物或对象，客体的首要属性是客观性。比较安全教育学研究的比较客体可以是国家的、地区的、行业的、宗教的、民族的，比较客体的确定应根据比较的目标来决定。

比较单元是比较主体根据比较的目的对比较客体进行划分的结果，即是特定时空领域的比较客体。通常，比较单元具有多层次性，比较主体应基于研究目标按照自己的假设确定比较单元的次级单元，如在研究比较教育问题时，其次级单元可以为教育制度、教育政策、学校体制、文化模式及课程内容等。

4. 比较维度

任何国家、地区的安全教育都具有其特殊的历史文化沉淀和地域民族个性，并以其自己独特的方式发展与变化。比较安全教育学研究的对象具有浓厚的社会文化内涵和民族国家特性，同时每个国家、地区的安全教育有其独特的社会人文环境、理论、管理方式、教育技术及实践，比较研究具有多层次性和多维度性。根据比较教育学研究现有的分层理论，结合安全教育学的特点，提出比较安全教育学研究的“空间－时间－知识”三维比较结构（图 6-15）。

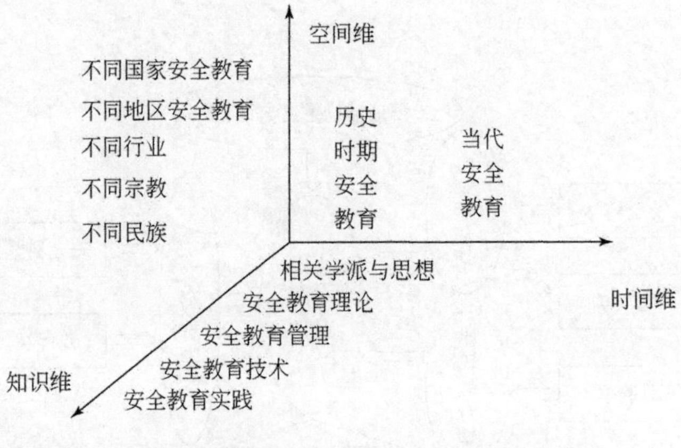

图 6-15　比较安全教育学三维比较维度

6.4.2　比较安全教育学研究的过程

比较教育发展过程中，形成了历史主义、民族主义、实证主义、文化相对主义、多元文化主义等几种不同类型分析框架。不同的分析框架下比较教育研究的重点不同，且不同的比较教育学研究分析框架下的比较研究步骤是有区别的。

1. 分析框架

安全教育学隶属于教育学，具有教育学的一般属性，但又有所区别。自然因素如种族、语言、自然环境等、宗教因素及世俗因素影响了教育的发展，同样安全教育的产生与发展与所在地域的政治、经济、文化有着莫大的关系，具有社会性，为对不同比较单元的安全教育进行比较研究，不能忽略其文化背景，必须综合采用社会学方法、人类学方法、自然科学方法进行研究，其研究可采用以“历史为基础－实证为方法－多元文化为辅”的综合多层次分析框架。

2. 研究过程及方法

比较教育研究的四步法包括：描述—解释—并置—比较。比较安全学的研究分为描述—解释—并列—比较—结论 5 个步骤。比较安全教育研究是一个包含一系列步骤的有序过程，根据比较教育学现有研究基础，结合比较安全学研究实践，构建基于一般比较研究过程的“客体—资料—比较—结论”比较安全教育研究过程四部曲，并在比较环节内嵌“描述—解释—并置—比较”复合型比较研究模式，如图 6-16 所示。

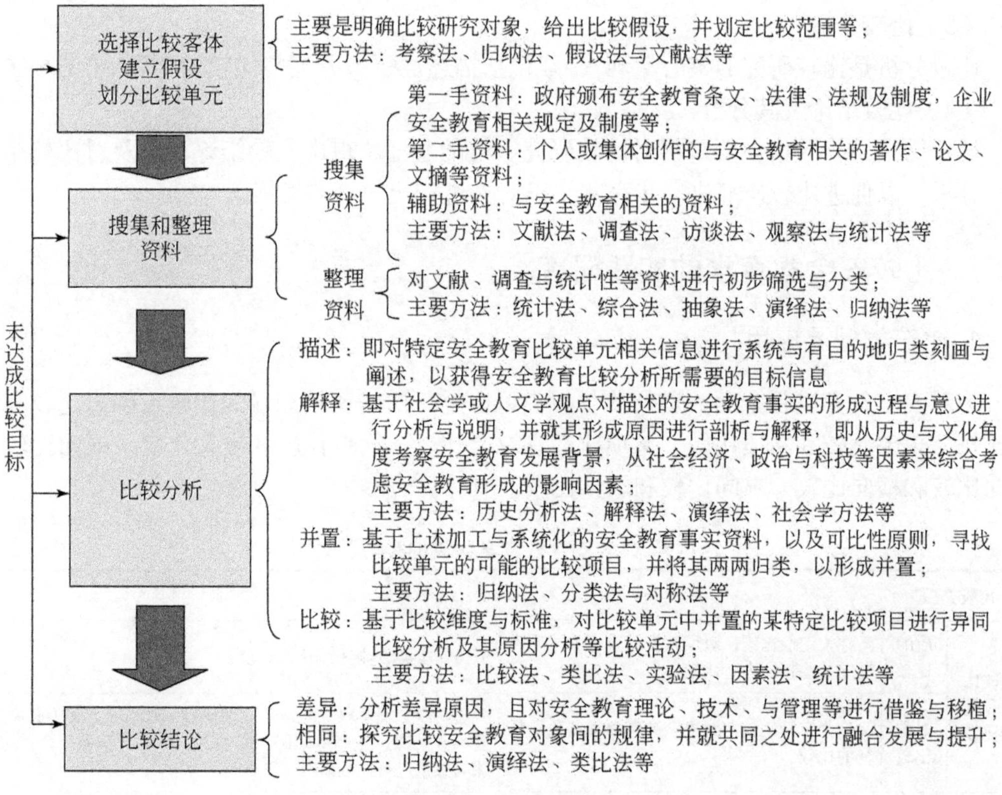

图 6-16　比较安全教育学研究过程及其方法

（1）选择比较客体，建立假设，划分比较单元，以确定研究主题与对象

1）比较安全教育客体的选择是比较主体基于比较研究目标来确定比较研究的范围与主题（或对象）的活动，其一般源于安全教育理论与实践领域的现象或问题。如基于“发达国家矿山安全生产状况与安全教育培训一般高于国内”现象，提出“国内外矿山安全与安全教育培训”研究主题。

2）建立研究假设即对所选择的安全教育研究主题进行理论建构、解释与陈述，并做出相应安全教育现象或问题间关系的推测性假定，原则性明确比较研究的方向、要求与框架等。如基于上述1）提出的 “矿山安全与安全教育培训”问题可以建立“安全教育是矿山安全生产状况决定因素之一”的假设。

3）基于选择的研究主题与假设，可以划分出对应的比较单元，如“中美煤矿安全教育培训比较”“中国与澳大利亚非煤矿山安全教育培训比较”“中国与加拿大矿业安全教育培训体制比较”等。

（2）搜集和整理资料

1）搜集资料：需要收集与比较客体、单元相关的三种类型的安全教育资料，即第一手资料、第二手资料与辅助性资料（图 6-16）。

2）整理资料：将上述收集的资料进行筛选，获得与比较安全教育研究相关的信息，并其按属性、特征与价值等进行初步分类，为比较分析提供基础支持。

（3）比较分析

比较分析是比较研究的核心活动，一般包括描述、解释、并置与比较四个环节（图6-16）。

（4）比较结论及其分析

比较结论及其分析主要包括对比较研究假设的验证、得出比较结论，以及对比较结论进行分析，以促进比较研究进一步完善，以对推进安全教育的发展。

6.4.3　比较安全教育学的实践研究

1. 比较类型及应用

为对安全教育进行全面、透彻的分析，可以进行质的比较和量的比较，静态比较和动态比较，现象比较和本质比较，单项比较和综合比较，简单比较和复杂比较，横向比较、纵向比较和横向比较，求同比较和求异比较，具体见表 6-9。

表 6-9　比较安全教育学比较的类型及举例

比较类型		含义	举例
质的比较和量的比较	质的比较	又称为定性比较，对反映安全教育学本质属性的某些特征进行比较	中美安全类专业课程开设比较
	量的比较	又称为定量比较，对安全教育学某些数量特征的比较	中国安全工程本科专业培养方案比较（对培养方案中必修课、公共基础课、专业基础课、专业课、专业选修课、公共选修课的数量进行比较研究）
静态比较与动态比较	静态比较	对特定时刻、历史发展阶段或特定环境中的安全教育事实的各种横向关系和表现进行比较	矿山、石油化工企业工人安全教育水平比较研究（不考虑两类型企业安全教育发展）

续表

比较类型		含义	举例
静态比较与动态比较	动态比较	对发展着的安全教育现象、安全教育问题进行比较，不容易操作	矿山、石油化工企业工人安全教育水平比较研究（考虑两类型企业安全教育发展）
现象比较与本质比较	现象比较	对安全教育现象进行简单的描述性分析，不深究其与其他社会现象（政治、经济、文化）的关系	中、美矿山安全教育水平比较（仅对所获得的数据进行简单比较，不分析内在原因）
	本质比较	以现象比较为基础，运用社会学方法、人类学方法等分析安全教育现象，并对安全教育的内在构成进行详细比较	中、美矿山安全教育水平比较（对所获得的数据进行详细比较，分析内在原因）
单项比较和综合比较	单项比较	对安全教育某一构成要素进行比较	中、美矿山安全教育模式比较
	综合比较	对构成安全教育的所有构成进行比较	中、美矿山安全教育比较［包括安全教育理论。安全教育管理（模式、经费、制度、机构等），安全教育技术，安全教育实践，等等］
简单比较与复杂比较	简单比较	同一安全教育问题在两种不同环境之下的比较，或者同一研究对象在不同时期或阶段的比较和不同对象在同一时期或阶段的比较	中、美矿山安全教育法律法规比较，中国近代、现代安全教育比较
	复杂比较	具有网状关系（平面网状或立体网状）的安全教育问题的比较	美、澳、英、法、德、日、中的安全教育历史、安全教育理念或安全教育模式的比较研究
纵向比较、横向比较和纵横比较	纵向比较	又称为历史比较，对同一对象不同历史时期的安全教育事实进行比较	中国近代、现代安全教育比较
	横向比较	对不同空间的安全教育事实进行比较，分为不同学科的比较研究（不同教育类型的比较研究，）以及不同地域的比较研究（空间单元——乡村和城市、省、地区和州等；种族单元——多民族国家中的各个民族、多数民族和少数民族、原国民和移民；制度单元——公立教育和私立教育等）	1）不同学科的比较研究：安全教育与环保教育的比较；不同行业不同岗位安全教育的比较研究，如矿山、建筑、化工厂、核电站等不同行业不同岗位的施工人员或操作人员的安全教育的比较。 2）不同空间的比较研究：进行不同地域与民族比较安全教育学研究，如大陆与台湾、内地与香港、内地与澳门比较安全教育学研究，汉族与少数民族比较安全教育学研究等
求同比较和求异比较	求同比较	对不同安全教育现象进行比较以寻求共同点	中美高校安全类学科专业教育现状比较，寻求在专业名称、学位、生源、培养目标上的共同点
	求异比较	对不同安全教育现象进行比较以寻求差异	中美高校安全类学科专业教育现状比较，寻求其在专业名称、学位、生源、培养目标上的差异

2. 比较内容及应用

任何一个国家或地区的安全教育都有其特定的理论基础，独特的安全教育管理模式，采用一定的安全教育技术进行安全教育实践研究，因此，将比较安全教育研究划分为安全教育思想与理论、安全教育管理、安全教育技术及安全教育实践四个层次，比较安全教育研究的内容由此而展开，具体见表 6-10。

表 6-10　比较安全教育学研究的内容及举例

比较内容	比较内容应用举例
安全教育思想与理论	对不同国家、地区、行业、宗教或民族及不同时代的安全教育理论（概念、原则、理念等）、思想、教育模式等基础理论进行比较研究
安全教育管理	1）对不同国家、地区、行业、宗教或民族及不同时代的安全教育体制及安全教育模式进行比较研究； 2）对不同国家、地区、行业、宗教或民族及不同时代的机构［培训机构（中国的四级安全培训机构，美国安全教育中心、咨询公司、培训协会，日本劳动防灾协会、安全协会、安全和健康培训中心，英国的工会培训中心）、管理机构］进行比较研究； 3）对不同国家、地区、行业、宗教或民族及不同时代的安全教育制度（三级安全教育、安全技术交底等）； 4）对不同国家、地区、行业、宗教或民族及不同时代的安全教育经费的投入进行比较研究； 5）对不同国家、地区、行业、宗教或民族及不同时代的安全教育监督进行比较研究； 6）对不同国家、地区、行业、宗教或民族及不同时代的确保安全教育的法律法规（如中国的《安全生产法》《劳动法》等，日本的《劳动安全健康法》《劳动安全健康法则》《劳动安全健康法施行令》，英国的《工作健康与安全法》《职业安全健康管理制度指南》等）进行比较研究
安全教育技术	对不同国家、地区、行业、宗教或民族及不同时代的安全教育方法、手段与现代教育技术进行比较研究（人对人的直接教育、人机互动演习培训教育、计算机多媒体的虚拟安全教育、电子游戏、仿真技术转化培训、远程模拟练习等）
安全教育实践	1）对不同国家、地区、行业、宗教或民族及不同时代的安全教学设计及实施进行比较研究； 2）对不同国家、地区、行业、宗教或民族及不同时代的安全人才培养［学历型（高等学历、中等学历、业余学历）、职业型、科普型（在校人员，普通民众）］体系（培养方案、课程设置、教育模式等）进行比较研究； 3）不同国家、地区、行业的企业安全培训体系、模式、方法、内容与效果比较； 4）安全水平比较，安全技能认证体系与模式比较，安全教育评价体系与模式等

比较安全管理学的实践研究在我国企业安全管理经常使用。近年来，国际上先进企业的安全管理模式一直被广为传播，如杜邦公司等的安全管理模式已经被很多国家和企业的安全管理所借鉴。这些实践内容不是本节所侧重的，故不予介绍。

6.4.4　结论

1）基于比较安全学、比较教育学和安全教育学的比较实践，提出比较安全教育学的定义，并阐述其内涵及理论基础，分析比较安全教育研究的三大要素、比较主体、比较客体及比较单元。

2）基于比较教育学研究基础，结合比较安全学研究实践，提出了以历史为基础－实证为方法－多元文化为辅的综合多层次分析框架，并构建了基于比较研究一般过程的“客体—资料 —比较—结论”四部曲，内嵌“描述—解释—并置—比较”复合型比较研究模式，为比较安全教育研究提供手段。

3）基于安全教育理论体系与实践应用，提出安全教育学 4 层次的研究内容体系，即安全教育思想与理论、安全教育管理、安全教育技术及安全教育实践，不同比较客体的比较安全教育学的研究可以从这 4 个层次展开。

6.5　比较安全伦理学

【本节提要】本节将比较方法学引入安全伦理科学中，在深入研究安全科学、比较安全学、安全伦理学的基础上，提出比较安全伦理学的定义，分析其内涵；通过界定安全法学和安全伦理学的研究对象，确立比较安全伦理学的主要研究范畴；根据其学科性质，从理论和应用两个角度建立它的学科分支和理论体系，并详细介绍各分支的研究内容；最后，列举、分类和阐述其基本流程、3 个基本模式和方法。

本节内容主要选自本书第一作者等发表的题为“比较安全伦理学的创建研究”[6] 的研究论文，具体参考文献不再具体列出，有需要的读者请参见文献 [6] 的相关参考文献。

安全伦理是指将一般伦理原则中的生存、平等、自由等的正义原则在安全活动中的应用。它以人们在生存、生产和生活等安全活动领域中的安全道德现象为对象，并对生存、生产和生活等的安全保障制度进行伦理批判，由此得出从事安全活动的主体都应为社会成员提供更安全的保障和必须遵循的安全制度和道德规范。

安全伦理学是一门介于伦理学与安全科学之间的新兴的综合性科学，它的诞生是在人类生存发展活动和社会环境系统发生矛盾后，为满足协调人与人、人与社会的关系，求得人类和社会和谐发展的社会需要的产物。

安全伦理学是安全学研究的新领域，是安全学和伦理学的交叉，是关于人与人之间的道德学说，是如何对待、调节人与社会的伦理学说。安全伦理学的核心思想是尊重生命，它要处理的问题是人对自己和对社会报什么态度的问题。它在理论上的要求是，确立关于人身价值和利益的理论。

安全伦理研究有着极大的必要性与迫切性，现阶段研究人员少、社会重视度不高、普及困难等问题。把比较安全学与安全科学和伦理学三者结合交叉，即开展比较安全伦理学的研究，在我国乃至国际上至今仍然处于探索甚至空白阶段。

比较安全伦理学从全新的角度切入，帮助解决安全伦理命题研究的尴尬困境。首先，比较安全伦理学通过对不同体制、文化、时期下的安全伦理现象的描述和对比，直接明了地指出当前安全伦理命题的现状、问题与挑战，通过差距，唤醒人们的忧患意识，强调安全伦理研究的重要性与必要性；其次，比较安全伦理学从独特的比较视野出发，通过挖掘政治、文化、经济、宗教等社会因素对安全伦理现象的萌芽、发展与成熟过程的综合影响，揭示不同安全伦理现象的潜在共同发展规律，分析与探究不同安全道德规范体系，以寻找与概括安全道德的基本理论、促进安全道德规范体系的建设与实施；再次，比较安全伦理学的研究，探究安全伦理现象的成因、发展、区别与规律，可以深入总结安全道德意识的灌输、宣传机理，学习先进道德安全活动管理经验，推动充满人伦关怀的安全生产管理模式建设与发展，促进安全道德意识、品质的形成、培养与普及。

6.5.1 比较安全伦理学定义

比较安全伦理学是一门新兴学科，研究比较安全伦理学需要我们不断认识、理解、继承、总结和发展与之相关的原理和方法。结合已经发展较成熟的比较伦理学、比较安全学、安全伦理学等学科的基本理论及比较安全伦理学自身的特点，我们对这一新兴学科做出如下定义：比较安全伦理学是把比较的方法（如类比、对称、分类等）作为研究的主要方法，以归纳、统计、描述、观察等方法为辅助方法，对不同国家、不同民族、不同地区、不同行业、不同文化背景、不同知识水平等范畴的安全伦理观念、安全伦理行为、安全伦理道德水平等进行分析，以发现它们的异同、联系和特点，并由此揭示安全伦理的普遍规律、得出安全伦理的一般规范，使人们在法律法规覆盖范围之外有所遵循的科学。

比较安全伦理学是以比较为主要研究方法，以安全道德现象为主要研究对象，通过对不同体制、文化、时期、行业的各种安全道德意识、安全道德行为、安全道德规范形式进行描述、比较、分析，以揭示历史成因、寻找本质区别、挖掘潜在规律，为发掘安全伦理基本理论、建立安全伦理规范体系进而促进安全道德观的形成与培养的一门科学。

比较安全伦理学是比较安全学的一个分支学科，是一门融伦理学、比较学、安全科学于一体的新兴交叉学科，如图 6-17 所示。

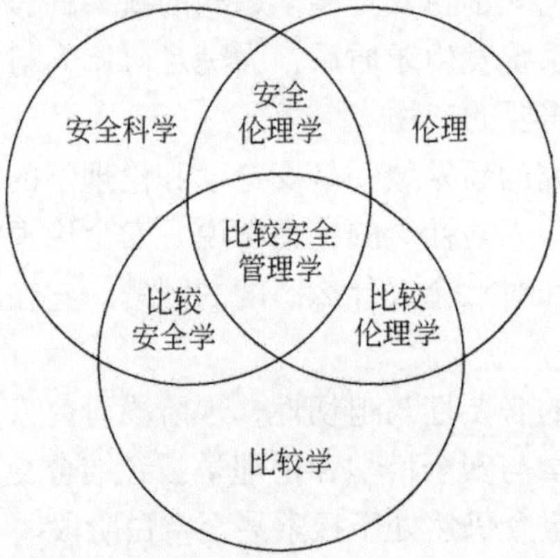

图 6-17　比较安全伦理学源于三大学科交叉的图示

6.5.2 比较安全伦理学的研究范畴和内容

安全道德可以用于描述性的指称一个社会、群体（如宗教），或个人所提出的某些安全行为准则；也可以用于规范性的指称在给定条件下，所有理性的人可能提出的安全行为准则，即安全道德包含实然与应然两种不同含义，其实然之义是指安全道德习俗习惯，其应然之义是指经过人们理性反思的安全道德。

比较安全伦理学则是比较研究安全道德的应然之意的科学。它是一个非正式的公共制度，以不同国家、不同民族、不同地区、不同行业、不同文化背景、不同知识水平等的群体的安全伦理观念、安全伦理行为、安全伦理道德水平等为研究对象，主要关注的是现有安全法律法规所不能涵盖的部分，适用于所有理性的个人，规范那些影响到他人的行为，包括通常意义上的安全美德、安全理想及安全道德规则，并将减少安全的恶与伤害作为其目标。

在这里，本书把利于安全的行为、动机、心理等称为安全道德的善，把不利于安全的行为、动机、心理等称为安全道德的恶。人的身心健康需要的基本核心是生存安全。没有生存和安全，一切都无从谈起，也正是保证了生存和安全之后，人才去追求其他的需要。在人的所有的目的中，没有比保存生命和安全为更根本的目的，因而这是最大的善。相反，加害他人生命和安全是最大的恶。

比较安全伦理学的研究范畴（对象）如图 6-18 所示。

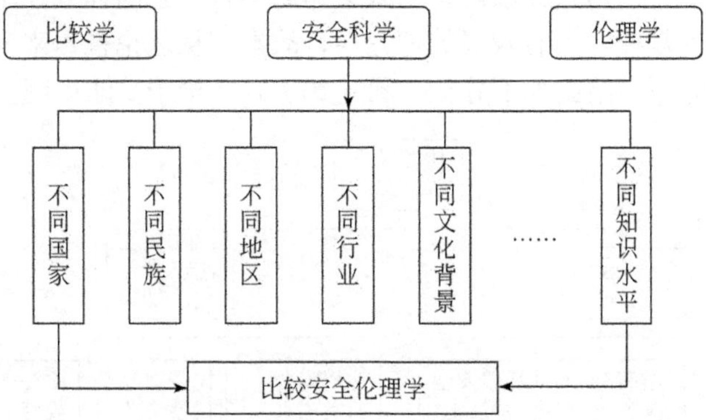

图 6-18　比较安全伦理学的研究范畴

比较安全伦理学的研究内容不但包括安全道德认识、安全道德情感、安全道德意志、安全道德信念、安全道德习惯，还包括安全道德行为以及体现道德原则的安全制度、守则和规章，安全活动中道德格言与风俗等；且它属于人类的共有的社会文化现象，无论是在人类发展各个历史时期还是在不同的国家、地区、民族、行业等社会文化背景下，都有所表现，有其相似处，亦有其明显的差异性。因此，比较安全伦理学的比较研究内容的丰富多元，根据不同的标准，可对比较安全伦理学丰富的研究内容进行划分，如图 6-19 所示。

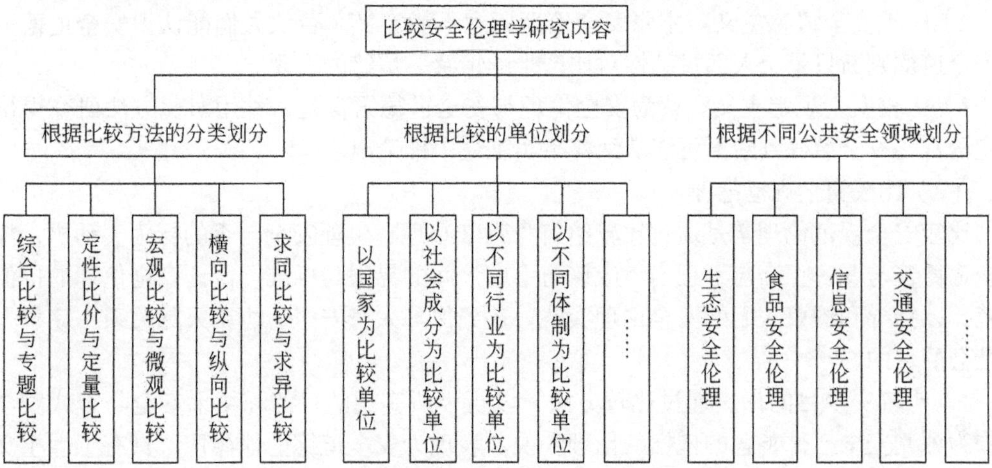

图 6-19　比较安全伦理学的研究内容

6.5.3 比较安全伦理学的学科分支构建

比较安全伦理学学科分支及理论形态的合理划分与内部考察，对于厘清比较安全伦理学的主要理论观点及其流派、从整体上理解比较安全伦理学的研究内容、把握比较安全伦理学自身的逻辑、总结比较安全伦理学发展的得失，都具有重要的理论意义。故本书尝试从理论与应用领域两个视角对其学科分支及理论形态进行初步构建和研究。

1. 从理论视角构建

比较安全伦理学是一门通过比较总结一般规律的学科，它的任务在于对比研究得出社会道德生活的原理或者规律，具有较强的理论性，故本书从理论视角来分析，通过参考相关学科的研究内容与体系，给出如下分支（图 6-20），并给予简略说明。

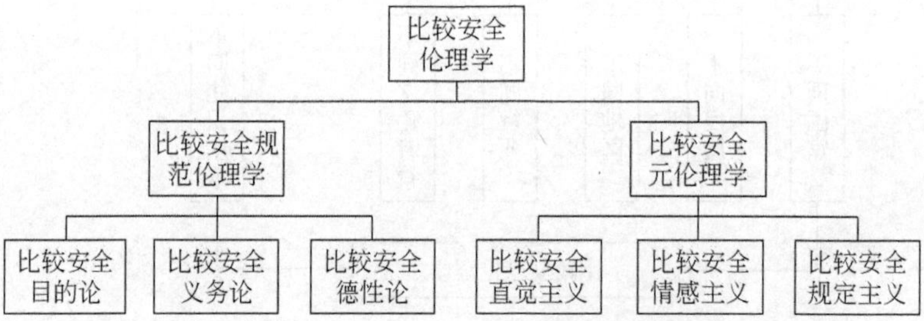

图 6-20 比较安全伦理学理论视角分支

（1）比较安全元伦理学

比较安全元伦理学不制定安全行为规范，不关注安全道德的实际内容，应用语言学和逻辑学的方法，对比研究安全的善与恶、正当与否与安全义务等伦理概念的含义以及安全道德判断涉及的逻辑问题。

参考元伦理学的三种理论，比较安全伦理学有对应以下几种理论：

1）比较安全直觉主义。对比研究安全道德的善与恶、安全义务等问题，进行逻辑分析，通过人的特殊的安全道德直觉来把握的一种直觉主义伦理学。

2）比较安全情感主义。主张安全伦理概念不能定义，否认人们能认识安全道德，认为安全道德判断只是个人通过感性对比产生的情感、情绪的表现。

3）比较安全规定主义。认为安全伦理与安全道德语言是一种用对比方法研究得出的规定语言，安全道德判断不可能从纯粹事实陈述中推论出。

（2）比较安全规范伦理学

比较安全规范伦理学是通过比较给自身带来心理、生理安全与否的行为、动机，探讨安全道德善与恶、正当与不正当、应该与不应该间的界限与标准，论证安全伦理的价值及规范，以指导和约束人们的安全伦理实践，达到保障人身安全、协调人际关系、完善人类和社会的目的。

1）比较安全目的论。通过比较方法，以行为所实现的目的和结果安全与否或安全程度作为评判安全道德善恶的依据的伦理学说。表现为安全道德的他律性，具有感性主义的特点。

2）比较安全义务论。与目的论相反，义务论强调评判安全道德善恶的依据在于对比之下的最初动机，在于行为本身是否是出于想要维护安全的义务、应当和责任，是否遵从了一定的安全道德原则和规范。表现为安全道德的自律性，具有理性主义的特点。

3）比较安全德性论。对比不同国别、民族的人应该具备怎样的安全意识理念、安全道德以及如何完善才能安己安人等问题为中心的伦理学。

2. 从应用领域视角构建

比较安全伦理学的研究内容重在用比较方法对实际安全伦理问题进行分析研究，揭示规律或得出规范，是对社会生活各领域进行安全道德审视的科学理论，它归根结底是要应用于社会生活的。从应用视角来看，比较安全伦理学有一个很重要的任务在于，以不同社会领域中出现的重大社会安全问题为出发点，运用比较方法和伦理学及其他相关学科的理论、方法对这些重大社会安全问题的伦理维度进行对比、分析、论证，为具有广泛社会影响的重大安全问题的合理解决提供价值反思与安全伦理辩护，从而为这些问题的解决寻求基本的安全道德共识并构建具体的安全道德规范的伦理学理论。

从应用领域视角构建比较安全伦理学的分支是一种集研究领域的分散性与研究方法的交叉性为主要特征的实践研究方式，使其某些具有时代价值的安全道德理念对很多领域的传统安全职业道德规范起到不可忽视的改造和更新作用。根据其研究内容涉及的多个行业，本书暂且列出如下分支学科：①医学医药行业相对应的比较安全生命伦理学；②社会人文环境相对应的比较安全环境伦理学；③科学技术行业对应的比较安全科技伦理学；④金融证券等行业对应的比较安全经济伦理学；⑤政治公管等行业对应的比较安全政治伦理学；⑥网络游戏开发 IT 等行业对应的比较安全网络伦理；⑦安全法规对应的比较安全法学伦理学。这些分支的研究内容例子见表 6-11。

表 6-11　比较安全伦理学分支及其研究实例

比较安全伦理学分支	研究内容实例
比较安全生命伦理学（适用于医学医药行业）	对比不同国别、民族的群体，在不同时代在生命科学、生物技术，以及医疗保健方面提出的伦理道德问题，并加以规范，使人们在法律法规覆盖范围之外有所遵循
比较安全环境伦理学（适用于社会人文环境）	通过对比不同时代、不同民族、不同国别的群体在生存发展过程中的自然环境和社会环境观，研究个体与自然环境系统和社会环境系统，以及社会环境系统与自然环境系统之间的安全伦理道德行为关系的科学
比较安全科技伦理学（适用于科学技术行业）	对比研究当代新技术革命中所产生的一系列重大安全道德问题（如核技术伦理问题、网络信息伦理问题、基因技术伦理问题等）、科学技术应用的安全道德价值标准（如人道标准、正义标准等）、科学技术发展与安全道德进步的关系问题（如科技发展对人类安全道德观念变革的影响等）、科技工作者的社会安全道德责任问题（如工程技术人员的社会安全责任等）
比较安全经济伦理学（适用于金融证券等行业）	以社会经济生活中的安全道德现象为研究对象，以比较为研究手段，以经济安全为目标，研究宏观经济制度、中观经济组织和微观经济关系中所有与安全道德有关的问题
比较安全政治伦理学（适用于政治公管等行业）	对比研究不同社会政治生活中的安全道德准则、政治与道德关系及其发展规律，以达到政治意识、政治需要、政治内容、政治活动等方面免于内外各种因素侵害和威胁而没有危险的状态

续表

比较安全伦理学分支	研究内容实例
比较安全网络伦理学（适用于网络游戏开发 IT 等行业）	不同网络媒体中人与人之间、人与媒体之间安全道德伦理学规范、意识的对比及规范研究
比较安全法学伦理学（适用于比较安全法律法规研究及安全监管领域）	不同国家同一时期的安全法律，我国在不同时期制定的安全法律，是如何体现人的价值，如何思考法治与人及人性道德的关系问题

6.5.4 比较安全伦理学的研究模式

1. 研究的基本程式

比较安全伦理学作为比较安全学的理论分支，它的研究仍是以比较方法为根本方法的。比较安全伦理学通过专题与综合比较、横向与纵向比较、求同与求异比较、定性与定量比较、宏观与微观比较等比较方法的分别运用或有机结合，达到区别同—异，挖掘本质与规律的目的。

比较安全伦理学的研究不应该单是比较方法的独立运用，还应与多种方法综合运用，已达到描述、分析、综合、论证的目的。它的研究方法还可以包括比较研究涉及的相关方法、比较安全学方法、伦理学的研究方法以及其他相关学科方法的引入等。

比较安全伦理学研究的研究程序通常为，根据比较安全伦理学的学科特点，结合比较安全学研究的一般程序，比较安全伦理学的研究步骤可归纳为五个部分，即确立主题、搜集与整理资料、描述与解释、比较分析以及总结验证、得出结论。

1）确立主题。确立研究的对象（对哪些国家、哪类文化、哪个地区、哪种民族、哪个历史时期、哪种行业的安全道德现象进行比较）、内容（针对安全道德意识还是安全道德行为抑或对安全道德规范进行比较）以及所想要达到的目的（描述性研究、解释性研究或者推理式、实践类研究等），并提出相应的研究框架，对研究做出相应的设计，包括研究的类别、方法、手段及具体的安排和人员组织等。

2）搜集与整理资料。资料的完整度、有效度、可靠度决定了后续研究的质量，要做到客观、详尽、有针对性，包括各种安全道德活动及其相关文献、著作等已有资料和经过实地考察、调研等获得的原始资料等。

3）描述与解释。对安全道德现象进行详细的描述，并根据资料，结合历史、现状、政治、经济、民族特性等因素对研究对象的现状做出原理性的解释，为比较分析的进行提供前提条件和奠定深入研究的基础。

4）比较分析。具体比较分析前，要提出比较的标准，并把抽象的概念标准转化为可操作的具体标准，将比较对象按指标进行归类、并列。比较可采用多种方法，类比、对称、分类等。分析应做到全方位、多角度，探讨每一个案中安全道德现象的发展特征、表现形式、演变过程及实施方式等，并结合社会历史背景，找出同异，以抓住本质、揭示普遍发展规律。

5）总结验证，得出结论。总结上述步骤的研究成果，并验证结果是否与事实现状相符，进而对研究结果做出客观、科学的阐述，获得研究结论。此外，还可进一步将结论置于更大范围的社会背景下，经转化、介入实践，以真正显现其价值，并得到进一步的确证。

值得强调的是，上述步骤间是存有反馈的，如达不到既定目标，还需循环进行，以取得理想的结果。比较安全伦理学的研究程序可绘制如图 6-21 所示。

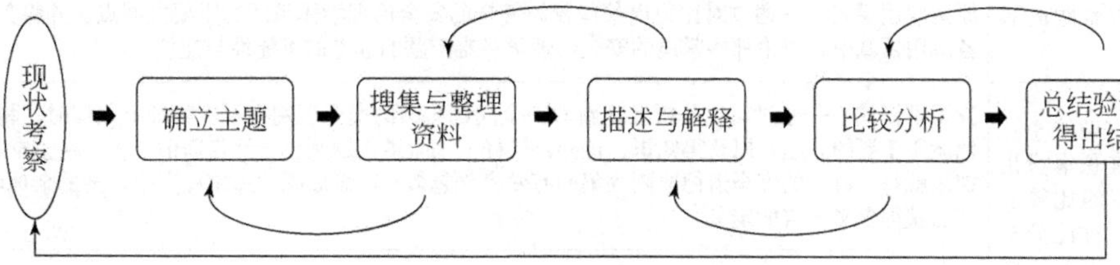

图 6-21　比较安全伦理学的研究程序

2. 研究的方法论

比较安全伦理学的研究，描述为基础，重点在挖掘异同、理论与规律，落足于实践。比较安全学研究以搜集整理资料、描述安全道德现象开始，描述的完整度、可靠度和关联程度决定了后续比较分析过程是否有效、科学、有价值，描述是比较的基础；比较是整个研究的重点，以寻找异同、挖掘安全道德理论、揭示潜在安全道德活动一般规律；比较安全伦理学的建立是为了推动安全伦理命题的普及与发展，如何建立和建立怎样的安全道德规范体系、如何形成和培养政府、企业、员工的安全道德观是比较安全伦理学建构的根本立足点，比较得出理论、最后帮助实践，是比较安全伦理学的根本任务。

安全伦理道德与安全法律等其他上层建筑不同，其研究内容、规范体系的建立与道德观的培养有其特殊方式，需抓准切入点。伦理道德总是通过评价、教育、指导、示范、激励、沟通等方式和途径，调节个人与社会、个人与他人的关系和交往中的行为的，不具备强制性。在安全伦理道德指导个人行为中，重要的不是使人们了解关于社会关系的知识本身，而是这种知识在抉择道德行为中的价值，并通过社会和个人努力，使之成为人们内心的命令和信念。如何从层层社会表象中抽取、分离出安全伦理道德行为，如何将正确的安全伦理道德理念转移、嫁接、植入到人们的思想意识中，如何将抽象的安全道德观念运用到具体的安全伦理道德规范实践中，这都是比较安全伦理学研究需要考虑的独特问题，也有其独特的解决方式，需要深入探讨与研究。

对于比较安全伦理学来说，其理论性质与理论方法是内在关联的。比较安全伦理学的研究对象与理论使命内在地决定了比较安全伦理学必须创新研究方法。西方伦理学家普遍认为，伦理理论原则在理论思维上的位阶为：理论原则是处于上位的，而实践问题是处于下位的，也就是说前者是处于抽象层次的，而后者是处于具体层次的。

参考西方伦理学家的设定，比较安全伦理学的方法从逻辑上也可以划分为三种基本模式：自上而下的模式 (top-down model)、自下而上的模式 (bottom-up model)、双向反思（上下互动）的模式 (reflective model)（表 6-12），事实上，这也是西方应用伦理学家们迄今为止普遍认同的一种方法论划分方式。

表 6-12　比较安全伦理学研究方法和模式

模式	代表性实例
自上而下（演绎法）：以现成的比较安全伦理学理论或原则规范直接指导安全道德难题的解决	工程模式——通过对比不同民族、国别、文化水平的人的安全伦理案例，从中借鉴过来的比较简便而直观的安全伦理应用模式
	原则应用模式——通过对比得出某些较为健全的安全伦理学体系间的重要共同点，并将其作为在各应用领域中，讨论那些紧迫的安全伦理学疑难问题的起点的可能性与建议
自下而上（归纳法）：从安全道德难题本身出发，结合已有的比较安全伦理理论，对比分析构建新的安全道德原则和规范，最终促成道德难题的解决	决疑论模式——通过对比分析发现新的安全问题与旧的安全事例在根本特征上相似时，将旧的事例运用于新的问题，以获得知识，这样，同样的安全道德原则就会涵括新旧二者。在正常情况下，如果就每一特定的安全道德原则收集的有效事例越多，就该原则的适用性产生怀疑的余地就越小，从而获得含义丰富的定义
	判例模式——把目前安全道德困境的事件与先前安全道德困境的事件相比较，辨别其相同、相似或相异，并确定先例中的规则是否可以用来解决目前的道德困境。如果比较的结果是相通的，就直接应用这些规则
双向反思（互动法）：一方面是通过对比不同情况的安全伦理案例解决实践中的安全道德难题，另一方面是从实践中的安全道德难题出发来检验我们的对比分析理论	反思－平衡模式——综合地将这两个方面置于平等互动的位置，让比较安全伦理理论与比较安全道德难题相互检验、相互修正，最终使经过反思修正的理论与道德难题之间达成某种平衡，实现安全伦理理论对安全道德难题的合理但有限度地论证与指引
	程序－共识模式——基于一个基本的社会事实，为人们探讨安全道德难题提供一个民主对话的平台，让各种伦理价值观念在相关道德难题上平等对话，相互检验，相互修正。人们可以在这样的对话平台上就相关道德难题进行平等而广泛地对话、反思、对比、分析，逐渐达成对解决相关道德难题的伦理共识

通过主要考察几种具有代表性的方法模式发现，自上而下模式是一种简便高效的理论应用方式，其最突出的理论特征在于对已有安全伦理理论原则的演绎，在这个演绎的过程中，充分表达了对安全伦理原理或原则规范所具权威性的强调。相反，自下而上的模式往往表现出对现成伦理学理论或道德原则规范的权威性的挑战，在思路上更能充分体现比较安全伦理学这样一个新兴学科的创新性。然而从应用视角来看，比较安全伦理学本质上是一种理论反思，双向反思模式既不武断地否定伦理理论的权威性，也不片面地强调“应用”的创造性，它强调平和的、审慎地进行理论修正与规范创造，这一点是自上而下模式与自下而上模式均不可比拟的理论优势。在具体的学科应用中更具专业特色的研究方法也是大量存在的，限于本章研究的目的，我们就不在此一一考察。

6.5.5　结论

1）提出了比较安全伦理学的定义，并确立了比较安全伦理学的主要研究对象及范畴，阐述了其研究模式及方法。

2）构建了比较安全伦理学的学科分支，并对其研究内容进行了阐述。从理论视角将其分为比较安全规范伦理学和比较安全元伦理学两个分支；从应用视角将其分为比较安全生命伦理学、比较安全环境伦理学、比较安全科技伦理学、比较安全经济伦理学、比较安全政治伦理学、比较安全网络伦理学、比较安全法学伦理学等分支。

3）比较安全伦理学结合了科学理性的对比分析方法和哲学理性的安全及伦理学研究，它处理的问题虽微观，然而肩负的责任却很重大。它涉及人类的生存、生活和生产以及社会发展的各个方面，具有广阔的研究与应用前景。

6.6　比较安全经济学

【本节提要】本节基于比较学、安全经济学和经济学基本理论，提出比较安全经济学的定义和内涵，并阐述其研究意义，描述其基础理论和研究层次。在此基础上，基于比较安全经济学的属性，提出研究比较安全经济学的十个角度，总结其应用领域，构建比较安全经济学“方法－知识－步骤－逻辑”四维结构体系，举例阐述其研究步骤及安全应用。

安全具有减损和增值两大基本经济功能，其目的是实现人、机、环三者最佳安全效益[7]。安全经济学作为安全科学的一个重要分支学科，是以经济学的视角研究安全活动问题。经济学应用于安全领域的研究越来越受到国内外学者关注，如 McNutt[8] 从经济学视角出发，研究如何提高公共安全；Evans[9] 通过对比成本效益理论与安全效益理论对铁路安全措施的影响，研究表明采纳安全效益理论的铁路有利于减少事故率。马浩鹏等[10] 根据国内外相关文献，总结归纳安全经济学的 5 条核心原理，揭示核心原理之间的内在联系。王平等[11] 从生命经济价值视角出发，揭示伤亡事故赔偿与安全经济效益之间的关系。张建设等、袁黎等、李振涛和傅贵、穆永铮等、岳丽宏和张阿伟[12-16] 应用安全经济学原理方法研究分析工业问题。但上述研究大都从安全经济学内涵、原理及方法出发，缺乏从科学角度对安全资源配置比较分析，揭示安全资源配置的联系、异同、影响。

鉴于此，基于安全经济学的交叉学科属性，拟通过分析比较安全经济学定义、内涵、研究意义，揭示比较安全经济学研究维度、研究步骤和应用示例，为企业安全资源优化配置提供理论基础。

6.6.1　比较安全经济学的提出

1. 定义与内涵

安全经济学是研究安全的经济形式和条件，通过对人类活动的组织、控制和调整，达到人、机、环最佳安全效益的科学。比较学是利用对比、类比、相关、归纳、联想等方法来研究事物间的异同之处和相互影响、相互联系的科学。经济学是研究如何将有限或稀缺资源进行合理配置的科学。结合安全科学、经济学、比较学及相关学科研究成果，提出比较安全经济学的定义。

比较安全经济学是以优化安全资源配置为目的，运用比较学、安全科学、经济学及相关学科的原理和方法，以经济学的视角研究不同类型安全活动的异同、联系和影响，揭示安全经济关系的发生、发展及其运动规律的一门学科。

根据比较安全经济学的定义内涵，可以从以下几点做进一步理解。

1）比较安全经济学通过研究安全经济理论、方法、实践的异同、联系和影响，揭示和阐明安全经济在生产、生活、生存的途径、方法及措施。

2）比较安全经济学通过控制和调整人类安全活动来优化配置安全资源。其基本任务是通过比较安全投资、安全经济效益、安全经济管理、安全经济决策及事故经济损失等内容，取长补短，借以发展、完善安全经济学。

3）比较安全经济学是安全科学、经济学与比较学等学科相互融合而产生的一门横跨自然科学和社会科学的交叉学科。既有安全科学的必要性、相对性等特征，又有经济学的优化配置等特征。从学科特点分析，具有系统性、决策性等特点；从学科本质分析，具有稀缺性、可选择性特点。

4）比较安全经济学的指导思想是唯物辩证法。安全科学、经济学和方法学的理论与实践是比较安全经济学研究的基础，而比较方法是其研究的基本手段。

2. 研究意义

比较安全经济学将比较学、安全科学、经济学的理念、思想和方法应用于安全活动。因此，作为安全经济学学科分支，该研究具有如下意义。

1）分析比较社会经济制度、结构、发展等宏观因素及不同行业、企业的安全投入等微观因素，确立不同行业、企业、部门相适应的安全投入比例，提高安全效益。

2）分析对比不同时期、地区、科技水平的事故损失状况，揭示事故损失和影响规律，探寻优化事故损失分析、评价、计算的理论和方法。

3）该研究对规划、制定、修正、完善安全经济政策具有重要指导意义，有利于把握安全效益的潜在性、间接性、复杂性、后效性等特征规律，揭示安全经济的总体、综合效益。

4）分析对比安全经济统计、管理、决策等实践活动，揭示当前安全投入、安全效益、事故损失等安全活动薄弱点，优化配置安全资源，发挥人、财、物的最大潜力。

6.6.2 比较安全经济学的研究层次及对象

1. 理论基础

比较安全经济学以安全经济学和比较安全学理论为基础，应用唯物辩证法的哲学思想，为人类安全经济活动提供理论指导。研究比较安全经济学，既要对特定背景下安全活动以经济学视角系统地分析，又要探索其联系、异同及影响，可运用对比、类比、归纳、联想等方法，结合比较学、安全科学、经济学及其他相关学科的理论进行分析。比较安全经济学的理论基础需要宏观经济学、微观经济学、比较经济学、系统工程学、安全管理学、博弈论等学科的支撑，换言之，比较安全经济学应源于上述学科理论的综合、渗透与融合。图 6-22 为比较安全经济学的理论基础。

2. 研究层次

结合比较学、安全科学、经济学及相关学科的层次类型，可将比较安全经济学研究分为哲学、基础科学、应用科学、科学技术层次。图 6-23 为比较安全经济学研究层次。

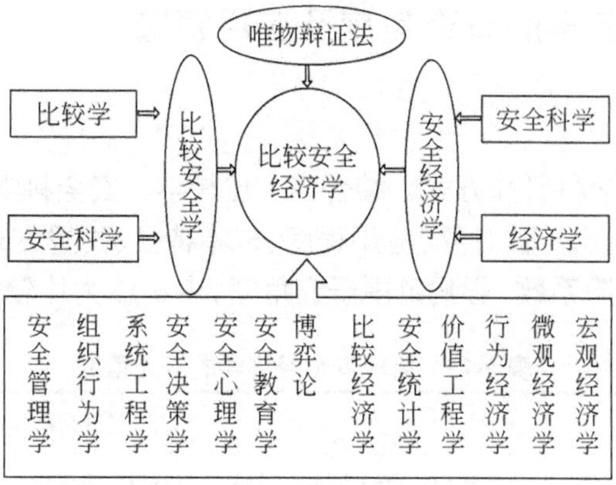

图 6-22　比较安全经济学的理论基础

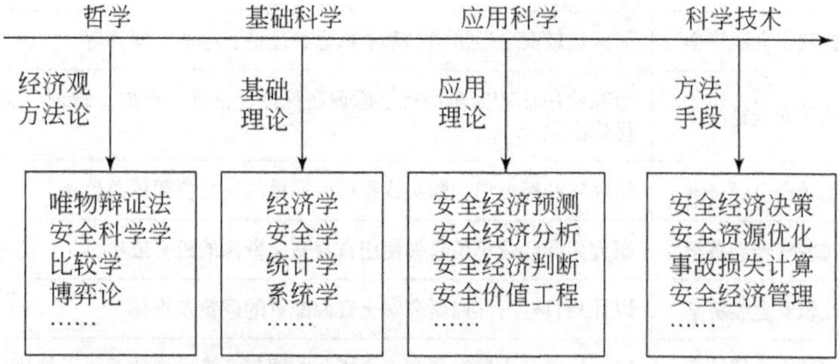

图 6-23　比较安全经济学研究层次

哲学层次是确立比较安全经济学的经济观、方法论，指导比较安全经济学的发展方向，是研究比较安全经济思想理论基础。例如，博弈论的思想对研究公正方政府、雇佣方企业、被雇佣方工人之间的安全利益与分工协作提供新的视角。

基础科学层次是研究比较安全经济学的基础理论、原理、规律、特点、方向等，这些理论是比较安全经济学的根基，贯穿于该学科体系发展。例如，运用统计学方法及系统学思想分析安全数据可深层次揭示安全减损增值与事故损失之间的关系，为方案和政策的制定提供建设性意见。

应用科学层次是对人类安全经济活动进行对比、类比、归纳等分析，揭示安全经济活动的基本原理和规律，为制定安全经济政策和安全经济管理提供理论指导。例如，分析现有统计指标，发现事故统计大多集中在死亡人数，对受伤人数缺乏相应的执行力度和应用标准，如何改进统计方法，提高其准确性与可靠度，为企业安全投入提高实质性的依据。

科学技术层次是指安全经济活动的方法或手段，指导安全实践活动，使安全生产、生活、生存符合经济规律，从而实现安全投入最小化、安全效益最大化。例如，安全投入的劳保用品如何发挥其最大的价值，可从横向企业和纵向发展历程对比分析，寻找其安全效益最大化。

6.6.3 比较安全经济学的研究角度及应用领域

1. 研究角度

分析现有比较安全学科研究方式，结合当下比较学、安全科学、经济学及相关学科的研究现状及实践应用，提出比较对象、应用程度、成本特征、配置方式、投资属性、安全功能、人的属性、分析方法、危险系数、影响范围研究角度。表6-13为比较安全经济学的研究角度。

表6-13 比较安全经济学的研究角度

研究角度	研究层次	研究内容
比较对象	宏观比较安全经济学	研究比较社会经济制度、结构、发展等宏观因素之间对安全活动的影响
	微观比较安全经济学	研究比较生产单位安全资源配置等微观因素之间对安全活动的影响
应用程度	理论比较安全经济学	研究比较安全经济学的基本概念、理论、方法、原理等
	应用比较安全经济学	研究应用比较安全经济学原理在统计、投资、损失、管理、决策等安全经济活动的优化配置
成本特征	显性比较安全经济学	研究生产经营单位购买或租用所需要的安全资源的总价格
	隐性比较安全经济学	研究生产经营单位错失使用自身安全资源的机会成本
配置方式	计划比较安全经济学	以计划目标为导向研究安全资源配置的逻辑及规律
	市场比较安全经济学	以市场调节为导向研究安全资源配置与经济发展的关系、规律
投资属性	软件比较安全经济学	研究安全教育、培训等“软件”安全资源优化配置
	硬件比较安全经济学	研究安全防护装置、适宜工作环境等“硬件”安全资源优化配置
安全功能	减损比较安全经济学	研究不同安全经济要素减轻或免除事故造成损伤的作用
	增值比较安全经济学	研究不同安全经济要素保障和维护经济增值的功能
人的属性	理性比较安全经济学	以理性人或经济人（人的理性、自利、完全信息、效用最大化及偏好一致基本假设）为前提假设研究安全活动与安全经济的关系、原理和规律
	行为比较安全经济学	以行为科学（心理学与行为科学有机结合，修正传统“理性人”假设不足）为前提假设研究安全活动与安全经济的关系、原理和规律
分析方法	实证比较安全经济学	忽略外界因素，从安全现象中比较归纳安全经济关系运动的本质规律
	规范比较安全经济学	考虑实际情况，针对性从安全现象中比较归纳安全经济关系运动的规律
危险系数	高危比较安全经济学	研究危险系数高的行业（如《企业安全生产费用提取和使用管理办法》规定的煤炭生产、非煤矿山开采、建设工程施等9个行业）安全经济关系发生、发展及其运动变化的规律
	低危比较安全经济学	研究危险系数低的行业（如普通制造业、服务业等）安全经济关系发生、发展及其运动变化的规律
影响范围	外部性比较安全经济学	分析对比安全资源配置对企业外部环境（经济、社会、政治、技术等）影响，探究其规律和特点
	内部性比较安全经济学	分析对比安全资源配置对企业内部环境（思想、决策、文化、生产等）影响，探究其规律和特点

2. 应用领域

根据比较安全经济学属性与涉及学科，可确定比较安全经济学的应用领域。

安全投入。统计分析不同国家、地区、行业或部门的安全成本，确定其投入来源和安全效益，分析边际成本与边际效益关系，探究最佳安全投入比例，促进安全设备的更新换代及安全科学技术的发展。

事故损失。分析、对比、归纳国内外权威、有代表性的事故损失计算方法，研究不同事故损失计算要素、内涵及实质，结合当下经济发展水平，确定适宜的工伤保险赔偿制度。

安全经济统计。统计、归纳、总结事故发生指标及事故预防指标，分析对比不同安全经济效益和事故经济损失的指标体系、模型，改进现有统计指标的缺陷及不足，提高安全经济统计的准确性和可靠性。

安全经济管理。研究优化配置人力、物力、财力、技术及组织等安全资源，探寻安全资源与企业其他资源的组合配置方式，调动企业安全经济管理的积极性和主动性。

安全经济决策。对比分析典型的安全经济决策方法（如利益成本法、风险决策法、模糊决策法、综合评分法等），相互借鉴、取长补短，探寻不同状况最优安全决策方法。

6.6.4 比较安全经济学的研究维度、步骤与示例

1. 研究维度

比较安全经济学是比较学、安全科学、经济学相互融合而产生的交叉学科，可以借鉴此三门学科及相关学科的方法研究分析，以唯物辩证法为基石，优化配置安全资源，因此第一维度是方法维。

安全资源配置需要比较借鉴安全经济统计、安全经济投入、事故经济损失、安全经济管理、安全经济决策及其他相关学科与领域的理论、方法、模式与经验，因此第二个维度是知识维。

优化配置安全资源需要科学、合理、有效的步骤指导，提高比较安全经济学结论的准确性和可靠性，因此第三个维度是步骤维。

优化配置安全资源既与不同经济体制、法系、国家、地区、行业、企业、部门横向因素有关，又与不同发展阶段、历史时期、经济水平纵向因素有关，因此第四个维度是逻辑维。

依据上述分析，结合比较安全学提出的四维结构，提出研究比较安全经济学“方法－知识－步骤－逻辑”四维结构体系。图 6-24 是比较安全经济学四维结构体系。

2. 研究步骤

基于比较安全经济学的原理、结构体系，举例如何优化事故的间接经济损失，提出比较安全经济学研究步骤。

提出假设。计算事故损失经常面临间接经济损失难以定量化、具有模糊性等问题，如何优化计算事故间接损失，查阅国内外相关资料，发现直接经济损失易定量化、方法成熟且部分学者统计调查出事故直间损失倍比系数，间接经济损失能否用直接经济损失的倍比

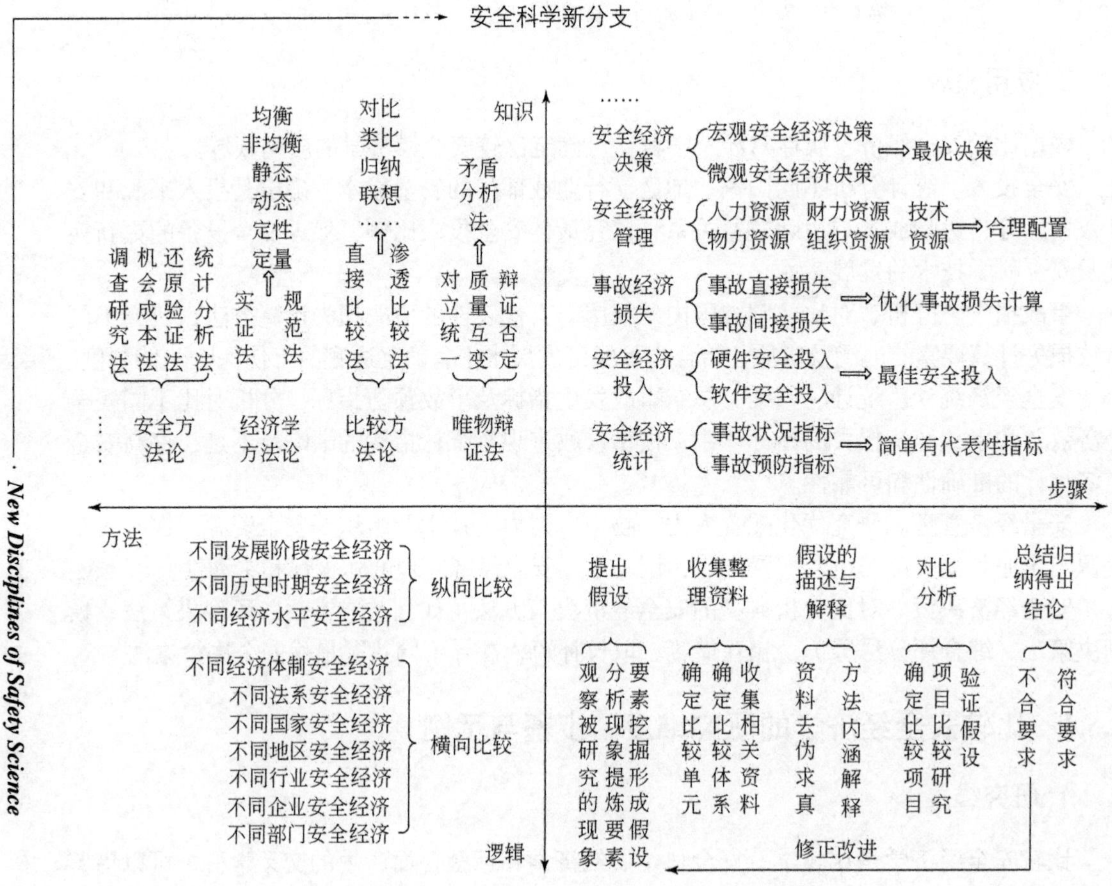

图 6-24 比较安全经济学四维结构体系

系数替代优化计算，以满足实践要求，提出“间接经济损失可用直接经济损失倍比系数替代优化计算”假设。

收集整理资料。①确定比较单元。选择权威、有代表性的事故损失计算方法为比较单元，如海因里希法、西蒙兹法、野口三郎法、安德烈奥尼法、企业职工伤亡事故经济损失法、职业病经济损失法、火灾经济损失法等。②确定比较体系。本问题研究对象是优化计算间接损失，假设提出直接经济损失的倍比系数替代，由于不同行业、事故类型的倍比系数相差较大，比较体系为倍比系数体系。③收集相关资料。通过书籍、网络、文献、调查等途径查找国内外权威、有代表性的事故损失计算方法，并做好相关记录。

假设的描述与解释。①资料去伪求真。分析收集到的事故损失计算方法，舍弃不成熟、不适合国情、重大漏洞的内容，总结各种间接损失计算方法的核心，并归纳形成对比条目，如对比美国西蒙兹法间接损失统计项与中国企业职工伤亡事故经济损失统计标准间接损失统计项，两者都有中至工作损失费用、补充新职工培训费用等相同点，也有公司负担费用（在中国统计标准属于直接损失）等不同点。②方法和内涵解释。不同行业、事故类型的经济损失使用不同计算方法，如职业病有专门职业病经济损失计算方法、火灾有专门火灾经济损失计算方法、交通事故有专门交通事故经济损失计算方法等，故提炼各种事故计算方法的适用条件、范围及优缺点，对比分析、取长补短。

对比分析。①确定比较项目。不同行业、事故类型的直间损失倍比系数相差甚远，如法国化学工业的倍比系数为 4，挪威起重机械事故的倍比系数为 5.7，英国行业的倍比系数在 8 ~ 36，中国罗云抽样调查各行业综合分析倍比系数在 2 ~ 4，可确定高危行业、频发事故的倍比系数为比较项目。②项目比较研究与假设验证。分析高危行业、频发事故的倍比系数内涵，对比分析比较项目的社会发展、教育水平、经济条件，检查其可靠性和准确性是否满足实践要求。

总结归纳得出结论。若倍比系数的可靠性、准确性满足实践要求，则间接经济损失可用直接经济损失倍比系数替代优化计算，若倍比系数的可靠性、准确性不满足实践要求，探寻问题本质，提出优化措施加以改进，直至满足实践要求。

3. 应用示例

从古至今，从内到外，都不乏经济学在安全中的示例，这些示例为研究比较安全经济学提供鲜活的素材。古代谚语曲突徙薪，原低沉本可轻而易举消除的隐患(烟囱改建成弯的，灶旁的柴草搬走)，演变成高成本的“亡羊补牢”(灭火所需的人力、物力、财力及重建)；国内 2005 年吉林石化公司双苯厂发生爆炸导致污染松花江水，因污染造成的社会影响、国际影响、经济损失、治理污染费用等所需投入的人力、物力、财力；5 年后同样在松花江，吉林化工原料桶流入江中所需补救投入；国外 1984 年帕博尔毒气泄漏事故，阴影至今犹存，消除事故影响及重建更是难以计算。对比上述事故发现前期安全投入不足，后期导致经济资源浪费，间接损失难以计算等特征。

以 2005 年松花江水污染事件为例 [17]，对比同行业安全资源配置，可发现事故前该企业安全投入不足，对事故隐患、安全管理缺陷不够重视，职工误操作引发爆炸事故。但爆炸事故为何产生如此大损失，主要在于对泄漏苯类混合物未采取有效措施而流入松花江，深层次暴露了应急预案的缺失，从经济学的视角观察，该企业资源配置不合理，安全投入(安全设施、培训、教育等)比例远没有达到应有值，在事故发生后，安全资源(显性和隐性)缺乏，应急补救措施不足导致事故扩大化，事故影响及补救措施难以计算，造成经济资源浪费(远大于该企业的安全投入，因小失大，损失转嫁给公众)。比较安全经济学通过横向和纵向经济对比研究优化安全资源，以满足实际要求，避免事故及降低经济损失影响。

6.6.5　结论

1)比较安全经济学是以优化安全资源配置为目的，运用比较学、安全科学、经济学及相关学科的原理和方法，以经济学的视角研究不同类型安全活动的异同、联系和影响，揭示安全经济关系的发生、发展及其运动规律的一门学科。

2)比较安全经济学的主要理论基础是宏观经济学、微观经济学、比较经济学、系统工程学、安全管理学、博弈论的原理与方法；比较安全经济学的主要研究内容包括哲学、基础科学、应用科学与科学技术 4 个不同研究层次；比较安全经济学的研究角度主要包括比较对象、应用程度、成本特征、配置方式、投资属性、安全功能、人的属性、分析方法、危险系数、影响范围 10 条；比较安全经济学的主要应用领域包括安全投入、事故损失、安全经济统计、安全经济管理与安全经济决策 5 个方面。

3）比较安全经济学四维结构体系，表明比较安全经济学研究维度包括方法、知识、步骤和逻辑 4 个；优化事故的间接经济损失主要研究步骤依次为提出假设、收集整理资料、假设的描述与解释、对比分析、总结归纳得出结论；安全投入比例远没有达到应有值是 2005 年松花江水污染安全经济层面的原因。

6.7 相似安全系统学

【本节提要】本节从安全系统的相似特征出发，提出相似安全系统学定义和内涵，从安全学科的属性和系统的特征论证创建相似安全系统学的可行性及其意义；阐述相似安全系统学的学科基础，构建相似安全系统学的概念体系、研究层次和应用领域；从多视角对相似安全系统学的学科分支进行分类，指出比较安全方法可作为相似安全系统学的主要研究工具，并展望相似安全系统学的发展方向及延伸的相关学科。

本节内容主要选自本书第一作者等发表的题为“相似安全系统学的创建研究”[18] 的研究论文，具体参考文献不再具体列出，有需要的读者请参见文献 [18] 的相关参考文献。

世界上任何事物都构成一个个不同的系统，事故或错误发生的前因后果与环境条件同样构成各式各样的系统。

社会上同类事故为何一再重复发生？生产中操作者为何常犯同样的错误？如若探究其原因、过程和环境，人们会发现其根源在于这些事故或错误所赋存的系统具有许多相似之处，其相似之处不仅在于看得见的物境的相似，还在于人们看不见的心理、生理、压力、氛围等的相似。

另外，可以观察到，生活和生产中更多的系统，它们能够长时间保持安全状态，而这些系统都同样能够安全运行的原因何在？其实质是这些系统的安全性存在着相似之处。

对于相似学和相似系统学早有学者开展研究。相似学及相似系统学是通过研究自然界和人类社会中相似系统的成因、演变、分析及度量，来揭示支配系统相似性的本质，衡量相似程度，并将其中的原理及方法在实践中应用，旨在最优化工程实践效果。事实上，相似学思想过去已经应用于安全科学应用实践中，如开展安全预评价，人们经常选一个已经存在的类似企业或工程作为评价对象的参照物；在审视问题时，专家也会不自觉地利用相似的案例来分析处理相关问题。但目前在国内外数据库中并没有发现将相似理论运用于安全科学理论研究的文献，也还没有学者从学科建设的高度将相似学与安全科学联系在一起，进而创建一门全新的安全学科分支——相似安全系统学。

6.7.1 相似安全系统学提出

1. 相似安全系统学的定义

系统通常指的是由多个部分组成的有机整体，一个完整的体系可以作为系统，如一个国家的安全监管体系、一个企业的安全管理组织机构；一件有始有终的事件也可以作为系统，如一次交通事故、一次误操作事件。事实上，任何大大小小的问题都可以用系统的方式表达。

相似是客观事物在相同与相异之间达到或妥协到平衡的一种状态。具有相似性的系统，简称为相似系统。在工程实践中，事故或安全现象的发生与存在，在其赋存的各种系统间都可能存在着相似性，包括不可见的信息、心理、氛围等的相似性。通过把握隐藏在相似现象背后的本质机制提炼出来，这是建立相似安全系统学的基本思想。

例如，预防事故的 3E（工程、教育、管理）对策从相似意义上讲，安全工程是为了使物和环境的特征适宜人的安全，对于真正安全的工程，所有的物和环境都具有人机匹配的相似性；安全教育是为了使人们的观念、态度、知识、技能等趋于一致或相似，如遵守交通安全规则的教育，就是要使大家的思想和行动都符合交通规则的规定；安全管理是为了使人们的行为趋于一致或者相似，如企业员工遵守安全操作规程，实行作业标准化等。至于同类系统存在似是而非的中间状态，是介于完全相似和决然不同之间的状态，即存在风险的状态。

通过对事故或安全现象规律的哲学思辨，从安全科学学的视角来审视事故或安全现象，本着观察、比较、借鉴、实践验证的学科加工原则，结合相似学、相似系统学及安全系统学的主旨内涵，提出相似安全系统学定义：

相似安全系统学是以人的身心安全健康为着眼点，围绕系统内部和系统之间的相似特征，研究相似系统的结构、功能、演化、协同和控制等的一般规律，进而对系统安全开展相似分析、相似评价、相似设计、相似创造、相似管理等活动，寻求实践安全效果最优化的一门安全学科分支。

2. 相似安全系统学的内涵

关于相似安全系统学的学科内涵及本质属性可从以下几点得到进一步理解。

1）系统方法论是相似安全系统学的指导思想，安全科学、安全系统学、相似学及相似系统学的相关理论知识与实践技能是研究相似安全系统学的基础，而相似的思想及相似度表达方法是研究相似安全系统学的基本途径。

2）安全系统间相似性的分析，可从安全系统的功能、结构、演化等角度，比较系统组成要素之间、组成要素与系统整体，以及系统与系统之间的相似特征、相似特征与系统功能关系和相似度大小等。

3）相似安全系统学既研究相似安全理论问题，又开展相似安全实践问题，其研究对象不仅是构成系统的物质、能量、信息，更重要的是在安全系统中占主导地位的“人”，这是相似系统及传统的系统学所忽略或不够重视的。由安全科学研究的目的是为了人的安全，决定了相似安全系统学更注重“人因”的研究。

4）基于人在系统环境中的决定性作用，在相似安全系统学中对于“人因”的研究应包括人的观念、意识、文化、道德、心理，伦理等方面的相似问题。这是由于人的行为会受情绪、心理、欲望、环境、文化、道德、观念等因素的影响。同时，人可能是事故灾害的受害者，也可以是制造事故灾难的始作俑者或参与者，更是减少危险发生的防治者，安全系统的设计者、开发者及管理者等。“人”比物质、设备等更加不稳定。

5）在对相似安全系统进行研究时，其关注点不仅仅在于系统内部的组成部分，而应注重系统与系统之间的关系，系统内部与之存在环境之间的关系，以及系统与之参与者之间的关系。系统的特性不是系统单方面决定的，尤其是相似安全系统这样的与人密不可分的系统。系统特性是与之作用对象共同决定的，并受其存在环境、时机、场合等因素影响。即相似安全系统科学中，同样离不开人－机－环三要素的共同作用。

6）相似安全系统学的研究目的是运用相似学、相似系统、安全科学的理论与方法，研究一切与安全系统相似性有关的现象和问题，组建相似安全系统，在安全系统间实现相似特征，解决相似安全系统分析、评价、建模、预测、决策、管理等问题，发展安全共性技术，寻求安全系统运行效果的最优化。

3. 相似安全系统学创立的可行性分析

1）由于安全领域具有巨大的时空，几乎涉及所有的领域，从安全系统自身出发，安全系统是一个具有综合性、边缘性、多学科交叉的复杂系统，其本身不仅具有兼容性、多元素性，而且隐含着无穷多的自相似和他相似系统。因此，相似安全系统学的研究也就具有广阔的研究领域，也具有广泛性的应用范围。

2）从相似学发展出发，经典的相似理论已发展出多分支学科，如相似工程系统、仿生系统等。这些学科分支创建的思想都是以充分研究相似现象为基础，以求深入把握本质，将相似原理应用于工程或生态研究之中。同样，相似系统学科自身的充分发展，同样可能为相似安全系统学的创建与实践提供了经验和样板。

3）由相似系统与安全系统的关系出发，相似系统与安全系统都是以系统为研究对象。那么，此二者之间必然存在着从结构、层次、要素到功能、应用之间不言而喻的关联，这些关联为相似学及相似系统学在相似安全系统学中的应用奠定了坚实的基础。

4）在国务院学位委员会第六届学科评议组制订的《学位授予和人才培养一级学科简介》中，安全系统工程是科学与工程一级学科中的一个二级学科。相似安全系统学是安全系统工程的主要学科分支，由此也说明相似安全系统学具有一定的地位，可以构成安全系统工程的一个学科分支。

4. 相似安全系统学的意义

相似安全系统学将相似学、相似系统学先进的理念和思想及方法运用于安全系统中。因此，作为安全科学中全新的学科分支，相似安全系统学具有以下方面的研究意义。

1）通过相似安全系统学的开展，最直接的意义是为安全系统研究探索提供全新角度和分析问题的思路。运用相似学理论，从错综复杂的事故或安全现象深化探索其本质特征，使关于安全系统的分析研究不局限于其表象，以相似的思想抓住其本质。

2）运用相似学的度量分析方法，可以产生多种安全系统分析、模拟、预测、评价的方法，提高安全系统实践效果。进而对系统安全开展相似分析、相似评价、相似设计、相似创造、相似管理等活动。

3）通过相似安全系统学的创建及理论体系与实践方法的逐步完善，丰富了安全科学的学科体系。重塑人们在实践中对于安全系统的认识和解决问题的思路。不同的分析角度会得到全然不同的结果。虽然众多安全系统看似复杂多样，但通过相似的思想探查其相似特征，进一步分析其系统层面，循序渐进，使一切疑难问题都有迹可循。

4）相似安全系统学对于安全科学的研究有重要的哲学层次的指导意义。有利于深入把握各色各样安全系统在元素、结构、功能、层次上平衡于相同与差异间的辩证统一，并指导研究实践中方法思路的选择。

5）相似安全系统学为安全系统学研究找到了行之有效的突破口和切入点，丰富和发展了安全系统学的内容。

6.7.2　相似安全系统学的理论基础及研究内容

1. 学科基础

相似安全系统学一方面是相似学和相似系统学与安全系统学的交叉学科，另一方面又属于相似系统学的学科分支，因此具有多层次的学科基础。

1）相似安全系统学需要唯物辩证的思想基础。相似本身体现的就是事物在相同与差异间辩证统一的关系。相似安全系统学利用相似的思想，分析、比较安全系统中的相似现象，因此必然要求研究者以唯物客观的角度进行研究，不仅要抓重点，还要着眼于系统、整体的相似，避免一叶障目的主观观念。

2）相似安全系统学涉及的基础学科包括：相似学、相似系统学、系统学、安全科学、安全系统学、信息系统、环境科学、社会科学以及心理学、生理学、管理学、法学等涉及人因方面的学科，相似安全系统学涉及更多的是无形的系统和非物质的系统。上述众多学科为相似安全系统学的创立构建提供了坚实的基本原理和知识体系，为相似安全系统学的工程实践提供丰富的应用背景。这些较为成熟学科也为构建发展相似安全系统学提供了经验借鉴。

3）相似安全系统学涉及的工程技术学科包括相似工程、相似机械工程、相似系统工程、安全工程、系统工程、安全管理工程、系统可靠性以及各种安全工程技术等。相似安全系统学学科的发展应用必然离不开这些工程技术学科的支持。

2. 概念体系

每个相对成熟的学科都有其自己的概念体系，包括核心概念、基本概念、主要概念。创建相似安全系统学也需要建立其概念体系。

对于相似安全系统学而言，核心概念是相似安全系统。基本概念包括相似理论、安全结构、安全形态、安全演化、安全价值、安全功能等，基本概念体现了相似安全系统学的基础思维方式以及安全系统的表达方式。主要概念包括自相似和他相似等，它们之下又包括了和合、耦合、对应、配合等概念。

通过对相似安全系统学概念体系的把握，可以使相似安全系统学的内容描述趋于规范化。图 6-25 为相似安全系统学学科概念体系。

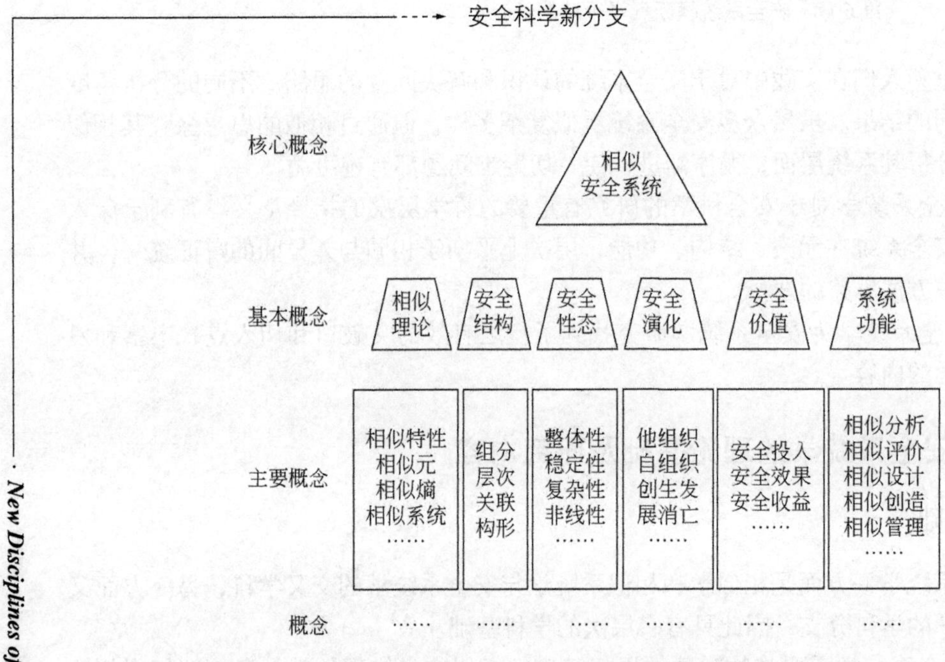

图 6-25　相似安全系统学概念体系

3. 研究层次和体系

在构建相似安全系统学的概念体系基础上，可进一步确定相似安全系统学的主要研究内容，如图 6-26 所示。

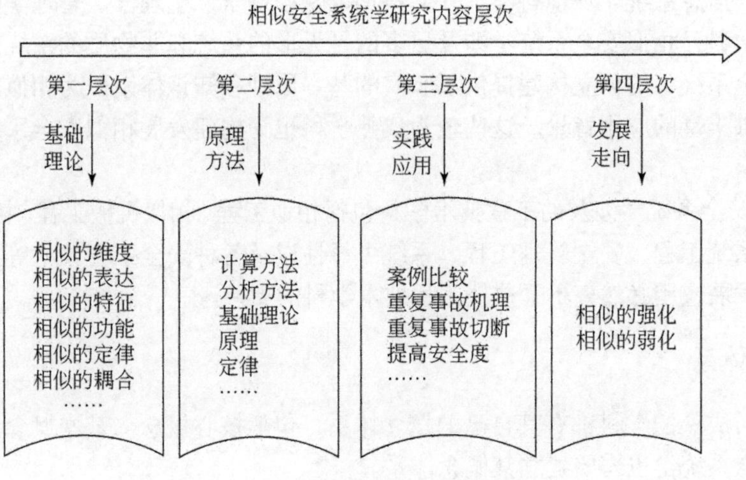

图 6-26　相似安全系统学研究内容

结合安全系统、系统学及相似学，将相似安全系统学研究内容分为 4 个层次。

第一层次的研究内容为基础理论层次，该层次包括了相似安全系统学基础的概念、分类、方法、对象、定律、特征等，这些概念元素是构成学科的必要基础并贯穿于整个学科体系。如果把相似安全系统学体系看作是一棵树，第一层次的研究内容就像是树的养分，不管处于哪个发展阶段都是学科成长不可或缺的。

第二层次的研究内容是相似安全系统原理和方法的研究，一个学科是否成熟的表现是看其是否有较完整的原理和方法体系。相似安全系统学的原理和方法由第一层次的概念元素构成，它们主要用于指导实践相似安全系统学的应用实践工作。

第三层次的研究内容可以统称为相似安全系统工程，主要研究相似安全系统的应用实践，如应用相似理论进行安全系统案例之间比较、分析、评价和设计等。这些实践内容是相似安全系统学第二层次内容的延展，通过相似安全系统工程研究最终达到提高系统安全可靠性的目的。

第四层次的研究内容是根据相似程度的不同，寻找相似安全系统向极值方向演化的各种特定状态及其效果。相似安全系统学的第四层次研究内容如果用“学科树”表示，其研究扮演着定向功能，即树干的各枝干的生长方向和长势。

相似安全系统学的四个层次研究内容也构成了研究相似安全系统学的一种研究体系。

4. 应用领域

相似安全系统学是系统学、相似学、比较学与信息学、心理学、管理学、社会学、环境学和工程学等的多学科交叉分支学科。它是相似学的分支，与相似系统学及安全系统学有着不可分割的联系。根据相似安全系统学的属性和涉及的相关学科，可确定相似安全系统学的应用领域和作用目标，如图6-27所示。

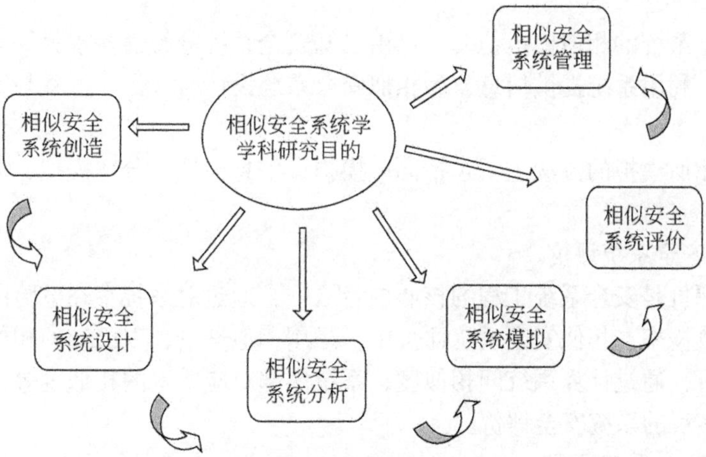

图6-27　相似安全系统学研究目的

（1）相似安全系统创造

所谓相似安全系统创造，是通过认识已经存在的理想安全系统的性质和特征，依照相似性科学原理，创造出更加安全、功能更强的新的安全系统，为提高人类安全状态和造福人类的一系列创造过程。相似安全系统创造的规律有模仿相似创造、相似创新、相似启示创造等。

（2）相似安全系统设计

相似安全系统设计指的是基于安全相似性形成原理，以相似系统建模、相似要素映射、相似特征变换、相似单位重构或重组、相似信息重用、相似模拟等为手段，进行新的安全相似系统设计的一系列实践过程。

虽然安全系统的种类繁多、层次不同，但对于不同类型或层次的系统，支配其相似特性的本质原理是一致的，因此其设计过程及方法均有相似性。例如，常规安全教育系统的设计，在不同的地区或环境条件下都存在相似的过程，尽管存在着规模、方式等的不同，但是开展安全教育的方式方法都可以是相似的。

（3）相似安全系统分析

相似性的本质是系统间客观特性的相似，系统属性的客观性，使得相似性是不依赖于人的主观感性而存在的。在安全科学研究中，如何定性地描述安全系统间的相似、计算安全系统间的相似度，可为不同安全系统的相互借鉴和认识，进一步探索安全系统的未知相似性，进行安全系统相似规律及应用等提供分析途径等。

关于安全系统相似性分析，主要包括安全系统相似特性分析、安全系统相似元分析、安全系统相似度分析等。

（4）相似安全系统模拟

相似安全系统模拟的基本概念是基于安全系统相似性，以实体模型或数字信息处理系统等软件为手段，模仿真实安全系统，或是以某一系统模拟另外一系统，使模仿系统或与被模仿系统之间构成相似系统。通过模拟安全系统之间相似特征本质联系，使得模仿的安全系统与被模仿安全系统一样，可以接受相似指令，执行相似任务，具有相似的安全功能。

通过对安全系统的相似模拟仿真，可由已知安全系统的特性探求另一未知系统特性，为认识、改进、利用系统提供信息，为相似安全系统设计时参数、过程与管理方法的选择提供依据。

安全系统相似模拟的方法主要包括同序模拟、信息模拟、分解模拟、动态模拟、综合模拟等。

（5）相似安全系统评价

系统安全评价是安全系统工程的核心内容之一，通过对系统存在危险因素的分析，估测系统发生事故概率。相似安全系统评价中，运用相似理论，以已知的相似系统作为参照物进行对比分析，通过计算系统间相似度，系统内部对应要素的相似度等，以定量的度量方式实现更加客观的系统安全评价。

（6）相似安全系统管理

相似安全系统管理的含义是以相似原理和相似分析为基础，通过相似性的管理运筹，对安全系统有相似性的问题进行相似操作及相似处理，使得安全系统决策和管理科学化，达到较好的安全管理效果。如若相似的安全系统之间的相似性大，则管理及处理问题的方法就有较大相似性，反之亦然。

安全系统相似管理在以下几个方面实现相似性：以人为主的组织管理与自然系统自组织管理的相似性；不同类型安全系统中的安全管理子系统在结构、方法、性能上存在相似；不同层次的安全管理系统在结构、方法、性能上的自相似性；复杂安全管理系统间的和谐性与相似性。

6.7.3　相似安全系统学的学科分支及分类

由于安全学科具有综合属性，学科领域广阔，系统复杂繁多。根据不同的研究目的、应用实践需求，相似安全系统学的学科分支分类存在着多种途径。通过综合分析现有学科分类的方式，并根据相似安全系统学的属性及现有安全学科分类现状，主要有以下几种分类方式。

1）按照相似领域划分：相似安全系统学可分为自相似安全系统学和他相似安全系统学。自相似安全系统学主要研究安全系统之间的相似性规律及其应用；他相似安全系统学主要研究安全系统与非安全系统之间的相似规律及其应用。

2）按照相似安全系统学的应用程度划分：相似安全系统学可分为理论相似安全系统学和应用相似安全系统工程学。理论相似安全系统学主要研究相似安全系统的方法、规律、原理、算法、准则等；应用相似安全系统工程学主要研究相似安全系统学在各行各业各个领域的应用方法、途径和实践等。

3）按照相似安全系统学的系统显性程度划分：显性相似安全系统学和隐性相似安全系统学。显性相似安全系统学主要研究可见物质系统、人行为系统、物理机械系统、场景系统等肉眼可见系统的安全相似规律及其应用等；隐性相似安全系统学主要研究观念、心理、氛围、信息、组织行为等肉眼不可见的安全相似规律及其应用等。

4）按照相似安全系统学涉及的物质属性划分：可分为软物质相似安全系统学和硬物质相似安全系统学。软物质相似系统学主要研究“软物质系统”，包含能量类物质系统（如光、磁场、电场等）和信息类物质（状态信息、活动信息、指令信息等安全信息流等）的安全相似规律及其应用等；硬物质相似安全系统学主要研究“硬物质系统”，包含形象类、实体类物质（如气、液、固态物等）的相似安全规律及其应用。硬物质系统是明显的，较易引起注意；而软物质系统为潜在的，较易忽视，但软物质系统经常比硬物质系统影响更大。

5）按照相似安全系统学的应用过程划分：可分析相似安全系统创造学、相似安全系统设计学、相似安全系统分析学、相似安全系统评价学、相似安全系统仿真学等。

6）按照相似安全系统学的应用领域划分：可分为通用性相似安全系统学和行业性相似安全系统学，各分支学科还可进一步细分出更多的子分支。

6.7.4　相似安全系统学的发展趋势

由于目前系统学的研究大多以系统分割的思路开展研究和切入的，而系统学及安全系统学的核心是综合、整体的思想。因此，相似安全系统学的提出为如何从整体性开展研究提供了突破口。相似安全系统学强调相似是多层次、多种特性综合系统相似，避免了个别特性相似研究的局限性；相似安全系统学不仅定性地分析系统是否相似，更注重定量分析相似度的大小；相似安全系统学还能把握相似系统间和谐有序，使多个相似特性协调配合。

为了准确把握相似安全系统学的研究方法，以比较安全学的比较思想可作为相似安全系统学研究的切入点；而从相似安全系统学的研究出发，又可作为安全系统学的切入点，并为进一步开展安全系统学的研究提供借鉴。结合上述的分析，可以构建出相似安全系统学的上下左右毗邻学科的发展关系和趋势。图 6-28 不仅表明了由相似安全系统学所延伸出的学科纵向及横向发展关系图，并明确了比较安全学在相似安全系统学研究中的关键作用。

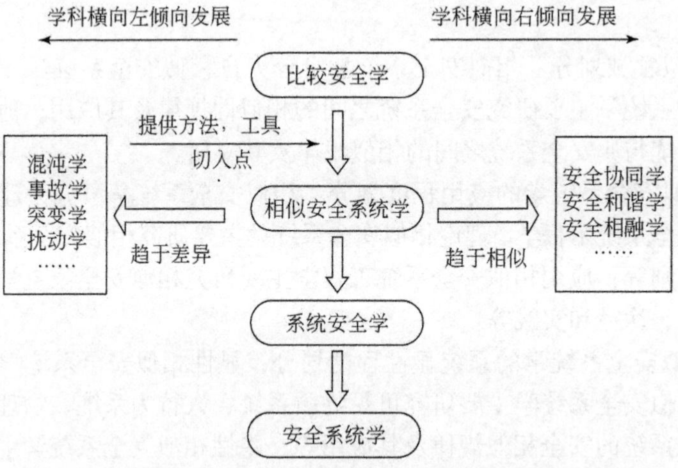

图 6-28　相似安全系统学的毗邻学科关系图

6.7.5　结论

1）通过综合分析相似学、相似系统学、安全科学，给出相似安全系统学的定义和内涵；从安全学科属性和安全系统学特征阐述了创建相似安全系统学具有可行性。

2）在分析了相似安全系统学的学科基础之后，建立了相似安全系统学的学科概念体系，确定了似安全系统学的研究层次和应用领域，为相似安全系统学的研究体系奠定基础。

3）按不同视角给出了相似安全系统学的分支学科分类方式，初步建立了相似安全系统学的学科框架，为相似安全系统学的发展指明了方向。

4）比较安全方法可作为相似安全系统学切入点，而相似安全系统学的研究又可为安全系统学整体性多提供切入点。展望了由相似安全系统学所延伸出的学科纵向及横向发展趋势。

6.8　相似安全心理学

【本节提要】本节为构建相似安全心理学学科体系，促进安全心理学发展，基于相似学、安全心理学与安全科学基本理论，提出相似安全心理学定义，并阐述其内涵及研究意义；剖析相似安全心理学基础理论及研究层次，构建其概念体系，分析其应用领域及示例；基于相似安全心理学研究对象的范围、状态及属性，建立“人数 - 类别 - 属性”三维结构体系；从不同角度阐释相似安全心理学的研究进路。

本节内容主要选自本书第一作者等发表的题为“相似安全心理学的基础研究”[19] 的研究论文，具体参考文献不再具体列出，有需要的读者请参见文献 [19] 的相关参考文献。

人类活动是在“人－机－环”系统中进行的，据相关资料统计，80% ~ 90% 的事故与人为因素有关，而人为因素与心理状态密切相关。在预防事故过程中，不仅要考虑设备和环境的适宜性，还要考虑人的心理因素安全性。因此，研究人的心理状态，并寻找其共性，对预防和减轻事故危害具有重要意义。

安全心理学的基础研究近几年越来越受到学者的关注，但已有研究缺乏从学科角度对安全心理学进行相似研究，揭示安全心理学的相似规律及其应用。鉴于此，本节基于安全心理学的交叉学科属性，拟通过分析相似安全心理学的定义、内涵及应用范围，揭示安全心理状态变化的相似规律，展望相似安全心理学的研究进路，以促进安全心理学与相似安全学的研究与发展。

6.8.1　相似安全心理学的提出

1. 定义与内涵

安全心理学是应用心理学理论和安全科学原理，结合相关学科成果，分析人的心理活动规律和特征，解释、预测、调控人的行为，以减少事故数量或消除事故为目标的学科。相似是客观事物在相同与相异之间达到或妥协到平衡的一种状态。本节结合安全科学、安全心理学、心理学、相似学和相关学科的研究成果，提出相似安全心理学的定义。

相似安全心理学是以解释、预测、调控人的行为为着眼点，围绕心理内隐和行为外显之间的关系，对生产、生活及社会发展中人的心理现象和心理活动过程进行相似分析，研究人在对待或克服不安全心理因素的规律及其在生产实践中的应用，进而提高安全认知与意识的一门学科。

相似安全心理学的学科内涵及本质属性可以从以下几点作进一步解释：

1）相似安全心理学是相似学、安全科学与心理学等学科融合产生的一门交叉性学科，是安全心理学、相似心理学与相似安全学之间直接相互渗透、有机结合的产物，其学科交叉属性如图 6-29 所示。

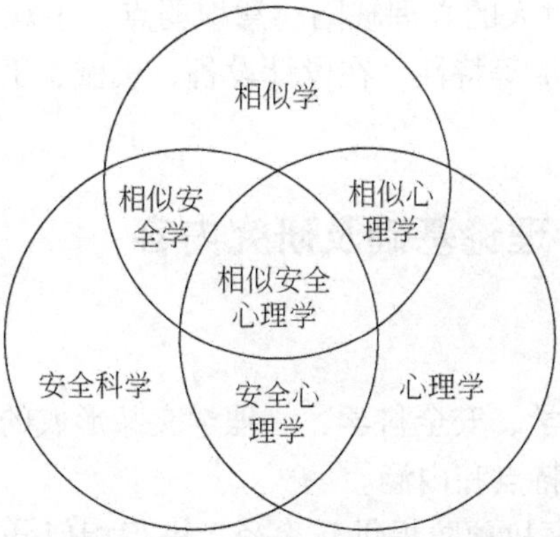

图 6-29　相似安全心理学学科交叉属性

2）安全科学的方法论是安全心理学的指导思想，安全科学、安全心理学、心理学、相似学的相关理论知识体系与实践技能是研究相似安全心理学的学科基础，而相似的思想及相似度表达是研究相似安全心理学的基本途径。

3）相似安全心理学从责任人和受害人的性格、能力、动机、情绪、意志等角度分析，研究心理因素之间、心理因素与风险状况之间、心理变化与行为表现之间的相似特征和规律。

4）相似安全心理学既要研究心理学在安全领域的相似基础理论问题，又要开展在生活、生产中的应用，其研究对象是构成心理因素的性格、情绪、动机，其研究目的是解释、预测、调控人的行为，进而提高人的安全认知和安全意识，调动人对安全生产的积极性。

5）相似安全心理学在安全领域中属于“软件”科学，只有与安全技术措施等“硬件”科学相结合，才能发挥其相应作用，达到事半功倍的效果。

2. 研究意义

相似安全心理学将相似学、安全科学、心理学的先进理念、思想和方法运用于人的生产、生活。因此，作为安全科学及相似学的全新学科分支，相似安全心理学具有以下研究意义：

1）该研究为困扰安全生产的人为因素提供全新的视角和分析问题的新思路，为事故预防及心理创伤干预提供新的途径，为营造良好的企业安全氛围提供理论方法支持。

2）运用相似安全心理学的方法指导安全生产，针对个体或群体不安全心理因素与行为的规律，制定相应措施，消除事故内在动因。

3）相似安全心理学对研究安全科学具有重要指导意义，有利于调整不安全心理状态（如侥幸心理、从众心理、逆反心理、省能心理等），培养作业人员对工作认真负责、专心、细心的良好品格。

4）从相似学角度研究心理特征和规律，揭示安全心理学本质，达到对人的行为解释、预测及调控的目的。该研究对完善安全科学知识体系，并促进其发展具有重要意义。

5）相似安全心理学把看上去毫不相干的学科整合为研究对象，打破学科之间“隔行如隔山”不知借用的界限，为研究安全心理学找到全新的突破口，丰富和发展安全心理学的内容，扩大安全科学的应用范围。

6）相似安全心理学针对人的心理缺陷、意识弱点、主观能动性（多数场合人能及时发现自己的不安全心理状况）等特性，在设计设备、机械、工作场所等时考虑人的心理特点，提高劳动生产率。

6.8.2 相似安全心理学理论基础及研究内容

1. 理论基础

相似安全心理学是相似学、安全科学、心理学交叉形成的一门学科，其理论基础与安全科学密切相关，但又有其特点和内涵。

1）相似安全心理学为事故预防提供新途径，进行相似分析时，既要对特定背景下人的性格、能力、动机、情绪及感知等心理因素进行系统分析，又要探索人类安全认知的发展规律，可运用演绎分析法，结合相似学、安全科学、心理学及其他相关学科的方法进行研究。

2）相似安全心理学运用唯物辩证思想分析心理因素，而相似体现事物在相同与差异间的辩证统一。运用相似思想，分析、比较、归纳安全心理的相似特征与规律，以唯物、辩证的角度，着眼于个体、群体及行业的相似心理因素和特点。

3）相似安全心理学理论需要人类工效学、组织行为学、安全教育学、环境心理学、社会心理学、人事心理学及相关学科的支撑，换言之，相似安全心理学理论应源于上述学科理论的综合、渗透与融合。相似安全心理学的理论基础，如图 6-30 所示。

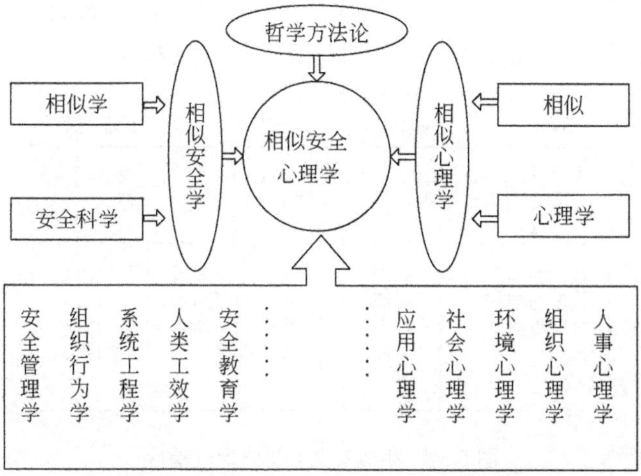

图 6-30　相似安全心理学的理论基础

2. 概念体系

相似安全心理学概念体系包括核心、基本、主要、具体概念。核心概念是相似安全心理学；基本概念包括相似理论、心理学、行为科学、人类工效学、心理功能等；基本概念体现相似安全心理学的基础理论及其在安全生产、生活领域的应用范围；主要概念包括相似特性、相似元、相似度、相似心理、组织心理、环境心理等；相似心理之下又包括感知、能力、性格、情绪、动机、注意等具体概念。

分析相似安全心理学概念体系，可使相似安全心理学研究趋于规范化、具体化、可操作化。相似安全心理学学科概念体系，如图 6-31 所示。

3. 研究层次

结合相似学、安全科学、心理学及相关学科的研究内容，将相似安全心理学分为哲学、基础科学、技术科学、工程技术研究层次。相似安全心理学研究层次，如图 6-32 所示。

1）第一层次为认识论和方法论的研究，包括认识相似安全心理学的本质、结构、发展，观察相似安全心理学规律及其解决问题的方法等，这些研究指明了该学科的发展方向，并为其提供了思想基础。

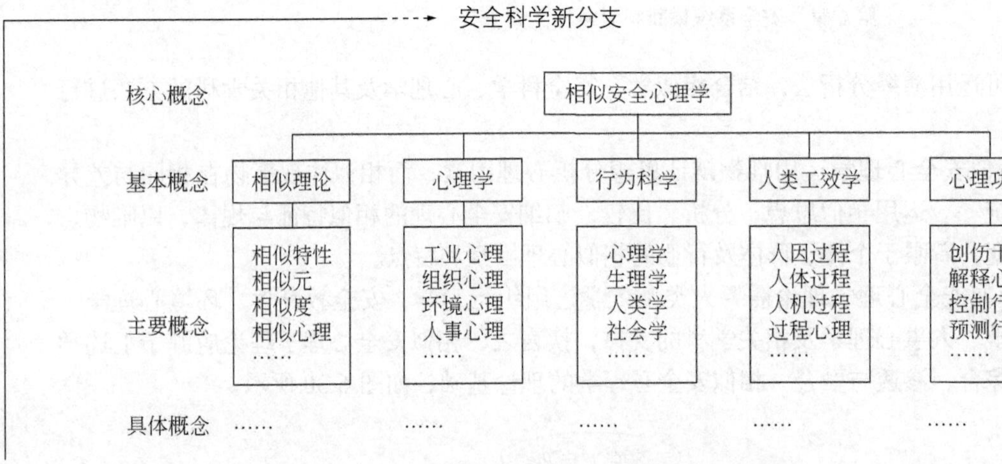

图 6-31　相似安全心理学学科概念体系

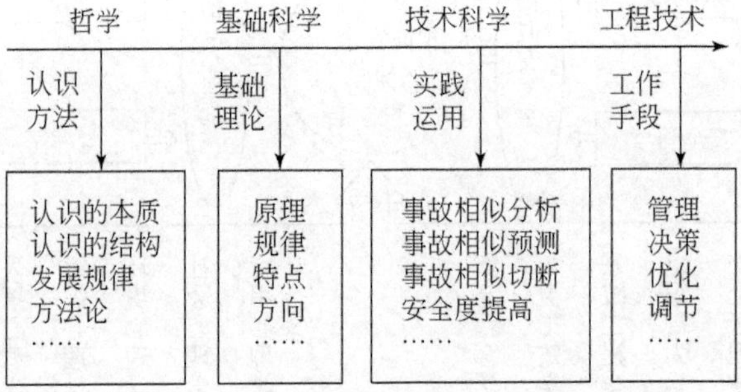

图 6-32　相似安全心理学研究层次

2）第二层次为基础理论的研究，包括相似安全心理学的原理、规律、特点、方法、方向等，这些理论是构成该学科的根基和源泉，贯穿于整个学科体系，是学科发展重要的阶段。

3）第三层次为实践应用的研究，包括事故相似分析、事故相似预测、事故相似切断、安全度提高等，运用第二层次的理论，研究事故中心理状态与失误行为之间的关系，寻求其特征与规律，有针对性地提高作业人员安全意识、克服人的不安全行为及提高作业人员可靠性。

4）第四层次为工作方法和手段的研究，包括相似安全心理的管理、决策、优化、调节等，运用第三层次理论指导安全工程技术实践活动，使人类生产、生活符合相似安全心理学的原理与规律。

6.8.3　相似安全心理学的维度及进路

1. 研究维度

从研究对象分析，随着个体数量的不同，相似安全心理的内涵也会随之改变，可从个体、小群体、大群体乃至各个行业进行分类研究。个体心理是指个体所表现的心理现象与行为规律，可采用观察法、实验法、调查法与测量法研究人的性格、情绪、意志等心理因素；群体及行业心理是指统计层面的心理、大多数人的心理、从众心理等，对安全生产具有重要指导意义。

事故的产生与心理状态密切相关，不同的心理状态对企业安全生产有不同影响。安全度高的企业的安全理念是 “我要安全”，充分发挥人在安全生产中的作用；安全度低的企业的安全理念是“要我安全”，忽视人在事故预防的决定作用。因此，可针对消极、积极、理性、非理性及极端人进行相似安全心理研究，探寻降低事故率的途径。

安全生产的主体是人，与机械和环境不同，人既有促进安全生产的主观能动性，又具有破坏安全生产的潜在性，其本质是人性的复杂性。由于人的心理具有独特性、复杂性、层次性、多变性等特点，可将人性分为生物属性、自然属性、社会属性和情感属性。

根据上述分析，结合美国学者霍尔提出的三维结构，本节提出研究相似安全心理学的“人数－类别－属性”三维结构体系（图 6-33）。

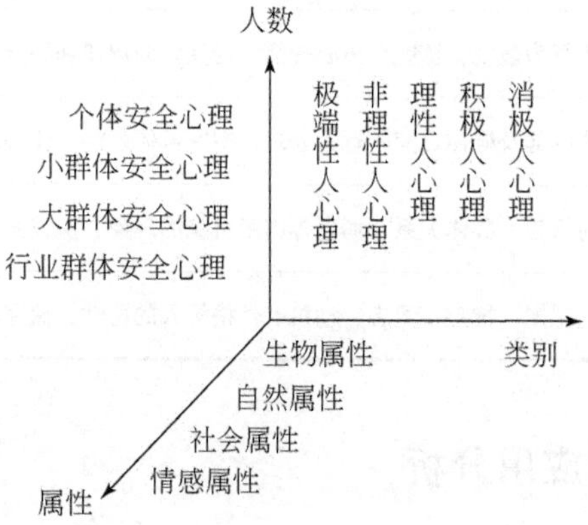

图 6-33　相似安全心理学三维结构体系

2. 研究进路

为对个性心理和群体心理现象进行全面、透彻的理解，达到事故预防及心理创伤干预的目的，可从不同进路对其进行研究，具体研究进路见表 6-14。

表 6-14　相似安全心理学的研究进路

进路类型	相似分类	含义
质与量	质的相似	研究安全心理学本质属性，揭示相似安全心理现象的原理和规律
	量的相似	从整体出发研究安全心理与行为关系，揭示安全心理在生活、生产的原理和规律
静态与动态	静态的相似	忽略时间因素的影响，研究某一时刻、某一历史时期或特定环境中安全心理的相似特征和规律
	动态的相似	考虑时间因素的影响，研究不同阶段、历史、环境由心理引发或造成事故的相似特征和规律

续表

进路类型	相似分类	含义
现象与本质	现象的相似	忽略本质属性，研究安全心理外在表现行为，揭示其特征和规律
	本质的相似	研究安全心理本质属性，揭示安全心理内外之间本质关系
单项与综合	单项的相似	研究安全心理的某一组成因素或属性，探究其相似规律
	综合的相似	研究安全心理的多种组成要素和属性，探究其本质相似规律
横向与纵向	横向的相似	既定时间形态，分析两个或两个以上国家或地区的安全心理状况，探究其规律和特点
	纵向的相似	既定空间形态，分析不同时期及阶段的安全心理状况，探究其规律和特点
个体与群体	个体的相似	分析个体行为表现，探究个体心理活动与变化的规律和特点
	群体的相似	分析群体内部及群体之间的行为表现，探究群体影响个体心理活动与变化的规律和特点
显性与隐性	显性的相似	分析人的行为、群体关系、场景等肉眼可见的现象，探究其规律及特点
	隐性的相似	分析人的感知、情感、意志、动机、性格等人的特性，探究其规律及特点

6.8.4 相似安全心理学的应用分析

1. 应用领域

相似安全心理学是以人的心理相似特征及规律指导人的行为，达到事故预防或降低事故严重度的目的，根据相似安全心理学的属性和涉及学科，可确定其应用领域。

1）事故预防。传统事故预防或控制的主要思维是使人适合机械环境或机械环境适应人，但这两种思维依赖于被动安全控制技术，没有充分调动人的主观能动性，进而使人在生产、生活等领域始终处于“要我安全”状态。随着科学技术发展，工矿企业自动化程度越来越高，人们由传统的复杂化操作逐渐转变简单化、程序化和智能化的操作，导致不注意风险增大，易引发失误情景行为。安全心理学领域引入相似学，研究相似心理特性，使“要我安全”转变为“我要安全、我会安全、我能安全”。

2）安全教育和培训。对“三级、四新、转离岗”人员等进行有针对性的安全教育培训，识别生产中的不安全因素，提高安全培训教育效果及人员安全认知水平。

3）安全认知和意识。安全检查时需对作业场所存在的危险源进行辨识、分析、评估、决策，受过良好安全教育及安全意识高的职工可辨识危险有害因素；事故发生前或初始阶段，心理素质好的职工会及时通过口信、劝告、上报等应急措施，极大程度上降低事故风险和后果。研究人的内隐心理活动与外显行为表现之间的规律，寻求控制事故的最优条件，发挥人的应急反应能力，减少或消除由不安全心理造成的事故。

4）安全设施设计。运用相似安全心理学的原理和规律，对生产设备、安全保护装置、工作场所等进行人类工效学研究，使设备、环境符合人的生理心理特点，提高工作效率，减轻劳动强度，降低工伤事故发生概率。

5）心理创伤干预。事故发生后常会对职工造成心理阴影，导致职工沮丧、萎靡、情绪低落，降低生产效率乃至扩大事故负面影响。根据相似安全心理学的特征和规律，对经历事故的员工及时进行心理干预，提高职工工作积极性及降低企业经济损失。

2. 示例分析

2011 年 7 月 23 日，甬温线浙江省温州市境内，发生动车组列车追尾事故，造成 40 人死亡、172 人受伤、直接经济损失为 19 371.65 万元。此类事故并不是第一次发生，类似事故还包括 2008 年的 D59 次动车组事故、2009 年的 D54 次动车组事故、2013 年的 D28 次动车组事故等。接二连三发生类似事故的原因，不仅要从安全保护装置等技术层面加以分析，还要研究相似安全心理，寻找其特性。

从相似安全心理学角度研究，温州动车组事故是由于铁路工作人员安全意识薄弱，在设备发生故障后，未认真履行岗位职责，未起到人在避免或减轻事故方面的作用，在分区防护信号错误显示时，没能及时有效地沟通，从而引发列车追尾事故。

该事故案例深层次地暴露铁路系统安全教育长期忽略人具有主观能动性的心理特性，形成“要我安全”的文化氛围，使人产生侥幸、省能等不安全相似心理，导致人员在检修设备故障时责任心不强，未及时处理好通信故障，使“硬件”安全防护未能发挥其作用；而长期缺乏安全心理“软件”建设，导致安全功能失效时，不能及时调动人的安全积极性，发挥防止事故发生的作用。若事故预防仅重视安全“硬件”的投入，而忽略了人的相似安全心理“软件”因素，类似的事故还会继续发生。

6.8.5 结论

1）相似安全心理学是以解释、预测、调控人的行为为着眼点，围绕心理内隐和行为外显之间的关系，对生产、生活以及社会发展过程中，人的心理现象和心理活动过程进行相似分析，研究人在对待或克服不安全心理因素的规律与及其在生产实践中的应用，从而提高安全认知与意识的一门学科。

2）相似安全心理学的主要理论基础是人类工效学、组织行为学、安全教育学、环境心理学、社会心理学与人事心理学的原理与方法；相似安全心理学的主要研究内容包括哲学、基础科学、技术科学与工程技术 4 个不同研究层次；相似安全心理学三维结构体系，表明相似安全心理学的研究维度包括人数、类别和属性 3 个；相似安全心理学的研究进路主要包括质与量、静态与动态、现象与本质、单项与综合、横向与纵向、个体与群体、显性与隐性 7 条。

3）相似安全心理学的主要应用领域包括事故预防、安全教育和培训、安全认知和意识、安全设施设计与心理创伤干预 5 个方面；铁路系统安全教育长期忽略人具有主观能动性的心理特性是温州动车组列车追尾事故心理层面的相似原因。

6.9　相似安全管理学

【**本节提要**】本节首先论证创建相似安全管理学的可行性，提出相似安全管理学的定义，并分析其内涵和理论基础。在此基础上，通过分析其研究对象和研究内容，明确相似性动态分析的必要性，因此基于时间等七维度建立相似性分析的锥形体系结构。然后，确立比较法作为相似安全管理学的基本研究方法，并构建方法论体系和“四阶段”研究程序。最后，展望相似安全管理学的应用前景。

本节内容主要选自本书第一作者等发表的题为“相似安全管理学的创建”[20]的研究论文，具体参考文献不再具体列出，有需要的读者请参见文献 [20] 的相关参考文献。

在相似安全系统学的应用领域中，相似安全管理是重要内容之一。相似性是指事物间的共有特性，相似系统理论具有普适性。安全管理经验、模式或相关安全技术能否推广应用到另一个安全系统，取决于安全规律接近程度或安全系统相似度的大小，相似度越大，安全系统组织结构、信息流通方式和功能越接近。因此，相似安全管理学的创建具有理论依据和现实支撑。

相似安全管理学的应用实践先于理论研究，如企业在进行安全管理时，往往会选择类似的某个或几个具备成熟安全管理理念的企业（如杜邦公司、摩托罗拉公司和通用电气公司等）作为开展安全管理活动的参照物。在安全管理系统的理论研究方面，相似性思维是其重要的研究路径，但目前国内外尚未有学者从安全学科建设高度对其开展理论研究。因此，有必要对相似安全管理学的构建进行深入研究，旨在从理论层面为安全管理的应用实践提供指导。

综上，本节从学科建设视角出发，借鉴相似学和安全管理学的有关理论，基于相似安全系统学的理论思想，探讨相似安全管理学的定义、内涵、研究内容与研究方法等内容，以期指导和促进安全管理学的理论和应用研究。

6.9.1　相似安全管理学的定义及学科基础

1. 定义及内涵

通过对事故或安全现象规律的哲学思辨，从安全科学的视角来审视事故及安全现象，本着观察、比较、借鉴与实践验证的学科加工原则，结合相似学及安全管理学的理论，可将相似安全管理学定义为：相似安全管理学是以保障人的身心安全与健康为目的，以相似学和安全管理学原理与方法为基础，在系统规划、计划、决策、控制、反馈等涉及安全管理的环节中，通过相似性的管理运筹，对系统内或系统之间有相似性的安全问题进行相似操作、处理和控制等，使系统形成有机协调、自我控制的安全状态，最终保障安全管理活动顺利运行的一门综合性交叉学科。

基于此，通过以下论述对相似安全管理学的内涵做进一步阐释：

1）相似安全管理学是相似系统理论在安全管理学中的应用，安全科学、管理学和相似学的相关理论与方法是研究相似安全管理学的基础。它是一门交叉性学科，是安全管理学、相似管理学和相似安全学相互渗透融合的产物，其学科交叉属性如图 6-34 所示。

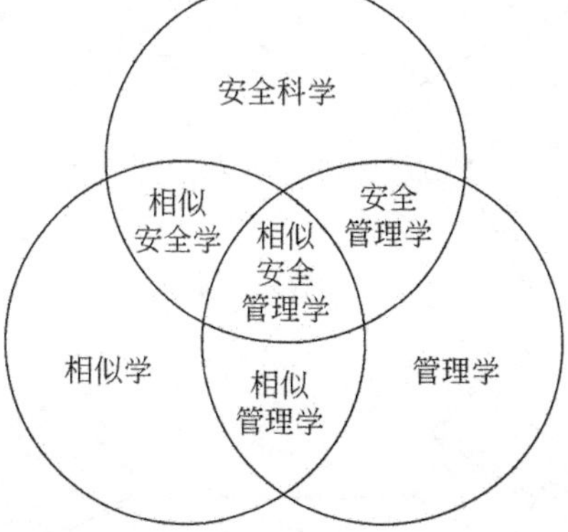

图 6-34　相似安全管理学交叉学科属性

2）相似性分析是相似安全管理学的关键步骤，而相似性分析都始于比较。因此，比较法是相似安全管理学的主要研究方法，分析单元（对象）与分析维度是构成相似安全管理学的基本活动元素，从相似视角出发，做出有益于促进系统安全管理良性循环的安全决策是相似安全管理学的最终目标。

3）相似安全管理学既比较系统与系统之间的差异，即他相似程度，也进行系统内部要素与系统整体的比较，即自相似程度。

4）相似安全管理学的研究目的是研究一切与系统安全管理相似性有关的现象和问题，在安全系统间实现相似特征，解决相似系统在规划、计划、决策、控制、反馈等安全管理环节问题，发展安全管理共性技术，创建安全管理相似模式，寻求安全系统运行效果的最优化。

2. 理论基础

相似安全管理学隶属于安全管理学，辩证唯物主义方法是相似安全管理学的方法论基础。

相似安全管理学基于相似视角研究安全管理问题，安全科学、相似学和管理学的理论和方法是相似安全管理学发展的理论基础。安全科学是研究事物的安全与危险矛盾运动规律的科学，为相似安全管理学的研究提供基本理论；相似学是研究自然界中相似规律及其应用的科学，基于相似学的相关原理，可探究安全管理特性的一般规律，从而为相似安全管理学的研究提供方法指导和实践途径；通过借鉴管理学理论和研究方法、手段和模式等可为相似安全管理学的研究提供指导。

在进行安全管理相似性研究时，需运用安全科学方法、管理方法、比较分析方法、相似学分析方法以及其他学科的方法进行分析，同时，其在进行相似度分析和安全管理实践活动时离不开工程学、信息学、心理学、数理学、行为学与教育学等学科的支撑，其理论基础源于上述学科理论的综合、渗透与融合，如图 6-35 所示。

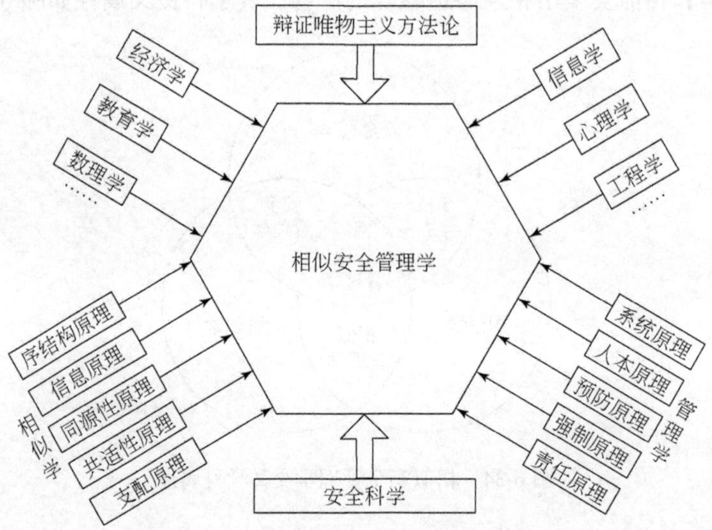

图 6-35 相似安全管理学的理论基础

6.9.2 相似安全管理学的学科基本问题

1. 研究对象

相似安全管理学是在安全管理学的基础上发展来的，因此其研究对象与安全管理学保持一致。它以社会、人、机系统中的人、物资、信息、任务、资金和设备等要素之间的安全关系为研究对象，通过安全系统相似元之间的相似度分析，实现相似系统的相似安全管理运筹，保证系统中安全状况的持续实现。

2. 分析维度及内容

结合安全管理实践活动，确定相似安全管理学将从以下 6 个维度展开相似性分析，见表 6-15。

表 6-15 相似安全管理学的分析维度及内容

维度	具体解释	举例
人	人形成相似的潜在安全意识、安全知识和安全技能等依赖于相似的教育及工作背景等环境。同样的，性别比例、专业技术人员配备比例等的相似性也对安全系统相似度具有重要促进作用。可利用该维度相关要素的相似性进行安全预测，通过预测结果评估相似安全管理活动的可行性	例如，在车间 A 和车间 B 的工人中，初中文化程度都占到 80% 以上，则在进行安全教育活动时，都以浅显易懂为主，应以不安全行为的严重后果而不是事故的原理为主要切入点

续表

维度	具体解释	举例
物	当系统中具有类似的危险源或涉及的原料、产品、废料、中间产品等具有相似的理化性质或数量特征时，安全技术对策的制定和安全管理的重点也基于相似的角度展开	例如，针对遇水生成易燃气体且释放大量热量这一相似特性，凡生产环节中涉及活泼金属、氧化物等的企业应检查自身的灭火器配置和安全管理，撤换泡沫灭火器，从技术上控制车间湿度，从制度上加强水源管理，杜绝爆炸事故发生
信息	安全信息是安全控制的基础。可借鉴系统安全指令信息、生产安危信息、安全工作信息的相似性进行相似的安全计划、安全预测、过程控制等安全管理活动	例如，电子信息、烟草等行业的安全标准化细则虽有所异，但都是以基本规范为制定基础，其安全标准化细则的结构与基本规范保持一致，内容也具有相似性
任务	基于相似的任务维度要素进行相似的安全目标管理，并在管理体系、过程控制等宏观上控制安全系统的相似发展趋势	对于生产任务、安全目标等元素相似的系统，往往实施相似的考核方式，考核数据也从相似角度处理
资金	基于资金比例的相似性进行相似的安全计划活动，安全管理过程中，可基于事故损失、安全经济效益等的相似性进行相似的安全协调活动	同一企业的子公司安全投入结构和比例往往具有相似性
设备	功能、构成、规模等相似的设备，其能量释放的方式和大小以及对人和系统的伤害方式往往具有相似性，其本质安全设计、工作人员防护措施等具有可借鉴性，可利用设备维度相关要素的相似性进行安全设计、安全控制等管理活动	建筑工地、生产车间等存在高空坠物危险的工作环境必须正确佩戴安全帽方可进入

由相似学理论，信息子系统在安全管理中具有反映安全工作、安全生产差异的功能，从中能获知安全系统的运行情况等信息，并用于指导实践，改进安全管理工作，它是促进各子系统共适应的桥梁。而危险性和安全性的区别和对立并不是绝对清晰的，随着子系统彼此适应的不断进行，系统的安全特性会趋向于系统和谐。相应的，系统间的相似特性也会随演化而不断变化，系统相似度是时间的函数。

因此，在进行相似安全管理的过程中，需要进行相似性动态分析，以相似熵描述相似性变化方向与过程，揭示相似性变化方向、系统演化方向及过程的联系。即在横向层面上进行系统间相似性分析的同时，需要以时间为维度，在纵向层面上对系统自身的发展进行比较，比较结果是衡量相似决策正确程度的主要参数。

综上，基于人员、物质等 7 个维度进行的相似性分析构成锥形体系结构，安全管理系统相似性分析要素的锥形体系结构如图 6-36 所示，各维度之间彼此影响，相互促进，随时间的推移而使系统逐渐趋于安全稳定的和谐状态。

6.9.3　相似安全管理学的研究程序和方法论体系

1. 研究方法

为实现预期研究目标，构建相似安全管理学的研究方法论体系，见表 6-16。

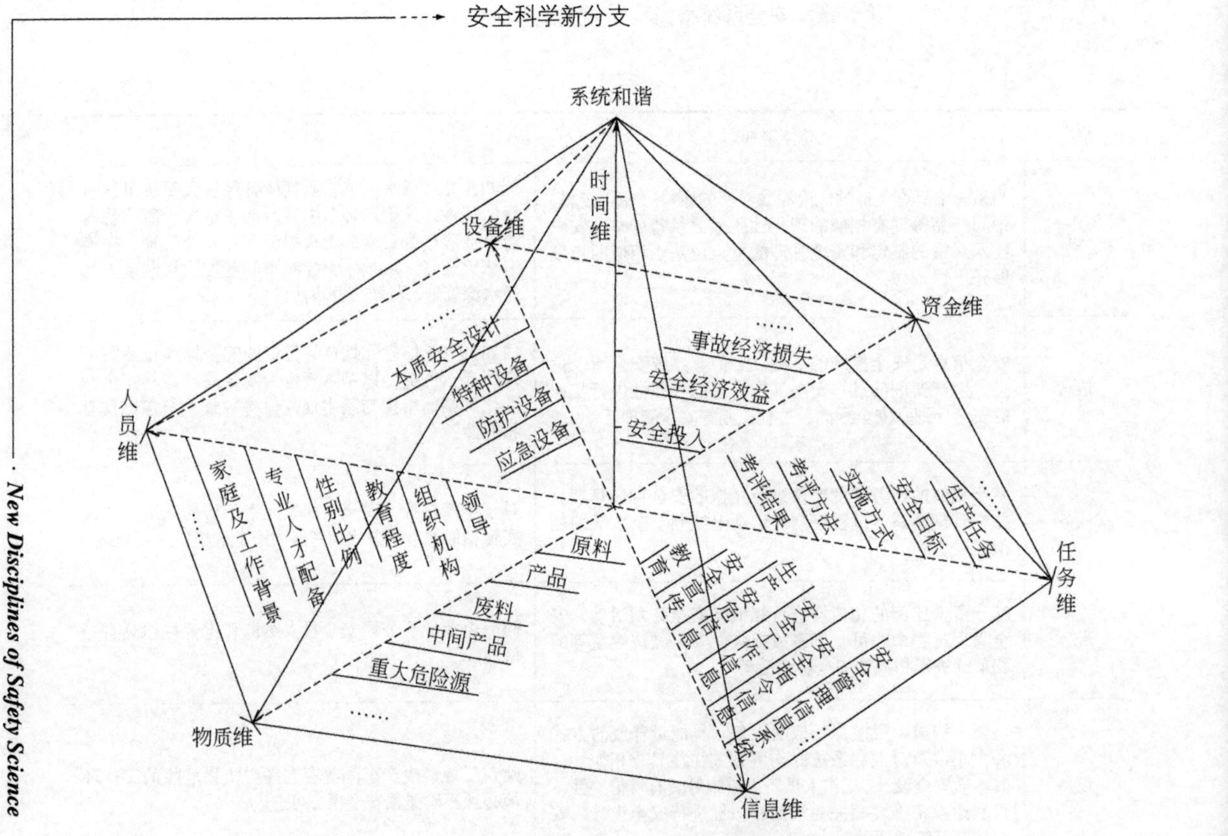

图 6-36 安全管理系统相似性分析要素的锥形体系结构

表 6-16 相似安全管理学的研究方法体系及其应用

方法层次	研究方法	应用环节举例	适用阶段
基本方法	比较法	相似性分析的主要方法。例如，通过初步比较，从不同角度选取认为可供借鉴的系统，通过不同方法分层筛选，确定用于后续比较的相似系统	贯穿相似安全管理全过程
逻辑方法	归纳法、演绎法、层次分析法、结构－功能分析法、分类法	研究安全问题的逻辑和层次，从相似功能角度推导可能的相似安全现象，以此为依据做出安全决策，并通过差异性总结分析对决策做出动态调整	主要应用于分析、安全管理阶段
描述方法	文献分析法、观察法、云模型、仿真法、测量法	资料收集、客观数值确定等过程，如通过测量法确定定量相似值的大小	主要应用于准备阶段和分析阶段
评价方法	问卷调查法、访谈法、统计法、专家打分法、绩效分析法等	将主观结果定量化，最终形成结论，如通过访谈法了解系统的安全状况和满意度	主要应用于评估总结阶段

2. 研究程序

结合相似安全管理学的自身特性，将相似安全管理学的研究程序划分为准备阶段、分析阶段、安全管理阶段和评估总结阶段 4 个阶段。每一阶段由若干个步骤组成。

假设系统 A 和系统 B 构成相似系统，K、L 分别为系统 A、系统 B 并列的相似元数量，N 为 A 与 B 间相似的相似元数量，$q(u_i)$ 为并列元相似值，包括定量相似值和定性相似值。

β_i 为相似元 i 对系统相似度的权重系数。$Q(A, B)$ 为系统 A 和系统 B 的相似度，Q_1 和 Q_2 分别为时间点 1 和时间点 2 的相似度。引用 ΔQ 作为相似熵，用以表明系统间相似性的不确定性。相似安全管理学的研究程序如图 6-37 所示。

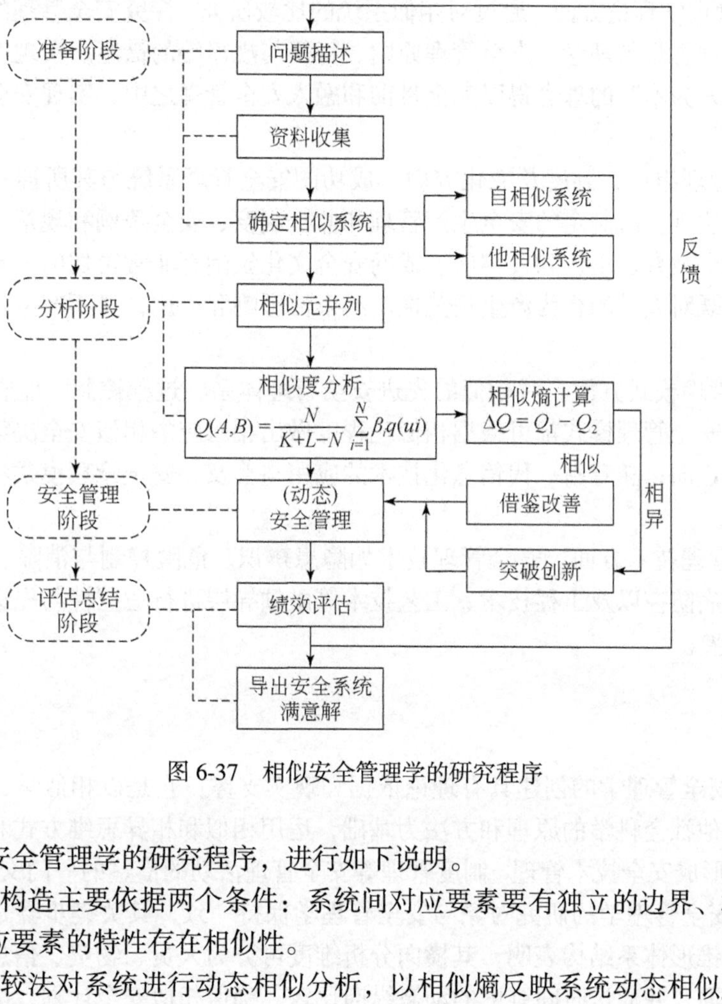

图 6-37　相似安全管理学的研究程序

针对相似安全管理学的研究程序，进行如下说明。

1）相似元构造主要依据两个条件：系统间对应要素要有独立的边界、相对独立的功能和结构，对应要素的特性存在相似性。

2）运用比较法对系统进行动态相似分析，以相似熵反映系统动态相似度，推导系统之间的相似性或相异性，当趋于相异时，需要从反向思维路径——相异性方面寻求安全系统的突破点，进行改革与创新。

系统的安全管理通过安全绩效反馈构成“戴明循环”，是辩证唯物主义“实践、认识、再实践、再认识”的认识规律的具体体现，旨在尽可能地吸收相似系统的先进安全经验，使系统的安全状态循序渐进，达到可接受的水平。

6.9.4　相似安全管理学的应用前景

基于相似视角研究安全管理学，就安全管理学学科建设而言，是极有价值的。事物的功能，就其实质而言，即为该事物与他事物相似性的体现，事物与他事物的相似性越多，其功能就越强大。例如，坦克综合了机动车、装甲车、火炮的各种功能，成为现代战争的最重要的武器之一。一个系统的安全管理，若能将相似系统的出色管理经验技术引用到自己身上，必能如“坦克”一般所向披靡。相似安全管理学将在以下安全活动方面得到很好的应用：

1）安全管理学理论方面。通过对相似系统的比较研究，探究安全管理的相似性规律，可形成安全管理思想与理念，安全管理原则、特征与规律等的借鉴。实现安全管理的理论掌控，使“以人为本”的理念得以完全贯彻和融入安全管理之中，实现安全生产与生命价值的有机统一。

2）安全管理组织、制度及文化方面。成功的安全管理系统与其所拥有的安全资源，所依赖的法律法规，所制定的安全生产管理和监管制度、安全条例和规章、安全管理方法以及其通过安全教育、培训和宣传所形成的安全文化氛围有非常密切的关系，通过相似度分析，可作出既对人员的行为产生规范性、约束性影响和作用，又不产生负面影响的安全决策。

3）安全管理模式方面。对相似的先进安全管理体系、过程控制、监管模式以及信息化安全管理等安全管理模式都可根据相似化程度做出相对应的相似安全决策，从宏观上掌控安全管理的走向；随着新一代信息化技术的应用与普及，安全管理模式将逐渐向精细化安全管理转变。

4）安全管理技术方面。安全管理技术如隐患辨识、危险控制与消除、设备本质性安全设计、职业病防控以及工程技术、工艺技术等由领导层进行适应性与先进性比较研究后可进行相似借鉴。

6.9.5 结论

1）相似安全管理学的创建具有理论依据和现实支撑，它是以相似学、安全管理学、安全科学与其他社会科学的原理和方法为基础，运用相似和相异思维方式和比较方法分析系统相似度，形成安全技术管理、制度管理等安全管理活动的借鉴的一门交叉应用型学科。

2）相似安全管理学的研究对象与安全管理学保持一致，其关键步骤是相似性分析。相似性分析的锥形体系结构表明，其横向分析维度可分为人员、物资、信息、任务、资金和设备 6 个方面，并通过时间维度的动态纵向比较，确保相似安全计划、决策、控制等的科学性，以达到实现安全系统满意解的目的。

3）相似安全管理学的研究方法论体系表明，比较法作为基本方法，贯穿应用于相似安全管理学的全过程。此外，相似安全管理学还需要逻辑方法、描述方法和评价方法等各个层次的研究方法。相似安全管理学的研究程序划分为准备阶段、分析阶段、安全管理阶段和评估总结阶段 4 个阶段，通过信息反馈构成戴明循环，实现安全系统状态的持续改进。

参 考 文 献

[1] 吴超 . 安全科学学的初步研究 [J]. 中国安全科学学报，2007，17(11):5-15.

[2] 吴超，易灿南，胡鸿 . 比较安全学的创立及其框架的构建研究 [J]. 中国安全科学学报，2009，19(6):17-28.

[3] 易灿南，吴超，胡鸿，等 . 比较安全法学的创建与研究 [J]. 中国安全科学学报，2013，23(11):3-9.

[4] 易灿南，吴超，廖可兵，等 . 比较安全管理学研究 [J]. 中国安全科学学报，2013，23(10):3-7.
[5] 易灿南，吴超，胡鸿，等 . 比较安全教育学研究及应用 [J]. 中国安全科学学报，2014，24(1):3-9.
[6] 黄麟淇，吴超 . 比较安全伦理学的创建研究 [J]. 中国安全科学学报，2014，24(3):3-8.
[7] 罗云，田水承 . 安全经济学 [J]. 中国劳动社会保障出版社，2007.
[8] McNutt M. Economics of public safety [J]. Science，2016，12: 676.
[9] Evans A W. The economics of railway safety [J]. Research in Transportation Economics，2013，43(43):137-147.
[10] 马浩鹏，吴超 . 安全经济学核心原理研究 [J]. 中国安全科学学报，2014，24(9):3-7.
[11] 王平，景玉华，许梦国 . 金属矿山安全经济效益研究 [J]. 工业安全与环保，2010，36(1):51-53.
[12] 张建设，李瑚均，崔琳莺 . 建筑施工企业安全事故全损失构成体系构建 [J]. 中国安全科学学报，2016，26(8):151-156.
[13] 袁黎，葛兴，雷智鹞 . 信号交叉口行人专用相位安全效益评价方法研究 [J]. 中国安全科学学报，2014，24(3):85-90.
[14] 李振涛，傅贵 . 煤矿企业对安全创造效益认知水平的测量结果与分析 [J]. 中国安全生产科学技术，2014(1):137-142.
[15] 穆永铮，鲁宗相，乔颖，等 . 基于多算子层次分析模糊评价的电网安全与效益综合评价指标体系 [J]. 电网技术，2015，39(1):23-28.
[16] 岳丽宏，张阿伟 . 基于系统动力学的企业安全经济效益分析—以安全教育经济效益子系统为例 [J]. 中国安全生产科学技术，2015, (12):157-161.
[17] 吉化“11.13”特大爆炸事故及松花江特别重大水污染事件基本情况及处理结果 [EB/OL] . 国家安全生产监督管理总局网 . http://www.chinasafety.gov.cn/2006-12/21/content_211573.htm[2006-12-21].
[18] 吴超，贾楠 . 相似安全系统学的创建研究 [J]. 系统工程理论与实践，2016，36(5):1354-1360.
[19] 康良国，吴超，黄锐 . 相似安全心理学的基础研究 [J]. 中国安全科学学报，2017，27 (4):19-24.
[20] 卢宁，吴超，贾楠 . 相似安全管理学的创建 [J]. 中国安全科学学报，2017，27(4):1-6.